城市日常生活

——1996-2011 筑博的设计研究与实践

Everyday Life of City-Research and Practice of Zhubo's Design, 1996-2011

朱 晔　编著

中国建筑工业出版社

ZHUBO
DESIGN
筑 | 博 | 设 | 计

筑博的思想游记

Thinking tour of ZhuBo

徐先林
Text / Xu Xianlin

十五年的筑博，幸运地搭上了中国经济发展的浪潮，从1996年创立伊始的35人发展到今天1000多人，从扎根深圳到项目遍布全国，其中经历了太多，因此我们决定出一本书来纪念筑博的十五周岁。我们编委会反复讨论本书的内容：是倾述一番筑博人十五载工作的酸甜苦辣，还是展示一下筑博十五年设计业绩的硕果累累？最终大家决定既不要自恋的呢喃也不要推销员的叫卖，而是借此书探寻一下筑博的文化基因，也就是寻找所谓的核心价值观。为了看得真切，我们并不想囿于筑博的前世今生，于是选择了跃入广阔的社会和历史的时空，旁征博引，思前想后，做了一次回溯性的思想旅行。这次旅行在我们一次次的讨论和追忆中展开，留下许多琐碎的叙述和凌乱的草图，仿佛在迷宫里徘徊，我们也请了多位学者赐文指点迷津，渐渐地我们对自己的身份和信念有了一些新的认识，进一步理解了我们是谁，我们从哪里来，我们要到哪里去……

筑博是谁？是一家民营建筑设计机构。筑博从哪里来？从民间来，从市场中来。20世纪90年代中期，随着国家政策放宽，民营建筑设计单位相继成立，打破了国营设计机构一统天下的局面，筑博就是在那个时期诞生的。可见，筑博是放开的建筑设计市场的产物。市场是筑博生命之根。回顾中国的建设史，无论城市化还是建筑设计，至今都没有完全摆脱计划经济的那种自上而下的推进方式。中国的建设长期服务于国家的宏大目标，却有些忽视民众的个体利益。但是随着向市场经济转型，国家意志主导的推进方式出现了变化。1998年启动的住房商品化虽然屡招诟病，但是民众终于有机会用手中的钞票来表达一点自身诉求却是不争的事实。房地产市场为自下而上的动力提供了表达意愿并与权力、资本进行博弈的平台，同时房地产市场发展也加速了建筑设计市场的放开，为筑博这样的民营机构提供了更大的生存和发展空间，使筑博从草创时期的十几个人发展到如今超过千人的规模。所以筑博自然是一个肯定市场，尊重市场，致力于推动中国市场化健康发展的企业。筑博因此也特别看重中国城市建设中各种自下而上的推动力量。筑博来自民间，相信民间。筑博相信市场化和各种民间力量的参与才是中国城市化走上良性发展的关键。

市场化在中国当下空间生产格局中的深远影响早已超出经济领域，成为社会结构和社会意识深刻演变的推手，通过市场化，各种民间意志开始介入并逐渐改变原先为单一行政意志掌控的社会格局，多元化的社会主体从不同的方向参与空间的生产，不同的意志诉求借助市场形塑出携带自身文化基因的城市空间形态，进而通过空间影响生活，最终实现各种主体自身文化的再生产。多样性是城市活力的根本，而民间力量参与和市场化正是实现城市多样性的前提。个中深意至今还没有充分被社会认识，但请相信若干年后人们将会惊叹于它们对中国社会和城市文化发展的历史意义。中国民营建筑设计机构的骄傲也许并不在于创造了多少经典的建筑作品和全新的建筑美学，而在于推动了中国设计市场化的进程，协助民间意志介入中国空间生产的格局，进而影响中国的社会生态。

建筑学是现代性学科的代表，所以难免有启蒙情节。学术精英常怀教化愚众之心，但不幸的是启蒙常被体制收编，变成为掩饰其推行宰制的高雅面具，精英们的宏大理想不经意就落入国族的宏大叙事之中。面对这样的尴尬，习惯于自上而下思考问题的建筑学精英左右为难，或顺从收编或悲观无为，却都是在无意识中认同了权力宰制。但是立足民间促使筑博的设计文化不再继承早已被驯化的正统建筑理论。与精英式的启蒙意识相反，我们逐渐发现筑博的设计文化的本质是“还俗”，筑博的建筑学是向世俗社会学习的建筑学，我们的认识来自于鲜活的日常生活而非理论教条。当我们的目光投向日常生活的时候，常常能为民间千姿百态的生活智慧所启发和鼓舞，这令我们对现实始终抱有乐观的态度。

生活如流水，建筑是容器，生活之水本无固定的形状，只是装在这容器中才有了容器的形状。苦心研究容器的人最后痴迷于各种容器的形状，忘了水本身并无定形。向日常生活学习的我们却更有兴趣了解水无拘无束，自由奔放的性格。渐渐地筑博的设计文化也习得了几分水的灵动，我们的思想不是严整封闭的体系，而是不为形所役的流体，不断地流动、变化、生成又消散，同时我们也有了海纳百川的开放和包容。十五年来，无论国内还是世界范围内的日常生活的变化更是始料未及，所以筑博在设计上唯有抛开成见，以开放的心态去设计，因势利导，随波逐流，全无定式。

向日常生活学习意味着筑博要肯定人，既要肯定人的神性，也要肯定人的俗性，还要包容人性的缺点。筑博做的是服务于普通人的普通建筑。普通人的一些欲望和算计常为专家学者们所不齿，但作为筑博却并不避讳：我们的设计不免用冗余的装饰去肯定这些欲望，也会耍小小的“诡计”去迎合使用者的小算盘。像“罪恶的装饰”和“偷面积”这些超出正统建筑学的行径在我们看来并非一无是处，人性的健康成长本来需要一个过程，不能揠苗助长。有时“上有政策，下有对策”的扭曲做法也是无奈的弱势群体在扭曲的大环境下不得已而为之的生存智慧。所以筑博的建筑相当的“俗”，我们从来没有高人一等的美学，我们关心的是如何为世俗生活营造氛围宽松自由的场所。然而，也许筑博的“还俗”哲学也是筑博不俗的一面，在自恋又自大的建筑师们执着于建立自己标签化的造型语言，沉醉于“看上去很酷”的设计感的时候，我们没有追随这类的行业流俗。我们更关心的是如何通过空间满足普通人的生活需求，用空间建构和呵护生活尊严，伦理和自由。我们希望建筑能为一个社会健康发展创造机会。这使我们总是忙不过来，因为我们常常感到日常生活中还有太多东西我们不知道，还有太多要学习。

筑博到哪里去？作为依赖市场的民营机构，我们必须有一个健康的市场环境。但是现实不尽人意，市场还远谈不上健康。可是健康的市场环境不会无端从天而降，它需要有好的社会环境，需要身处其中的每一个企业主动去争取。所以，为了更健康的社会和市场，同时也是为了自身的生存发展，筑博自觉强化自身的社会责任。我们将投入更多的力量从事城市、文化、生态乃至社会其他多方面的研究和实践。筑博是社会的一个小小器官，本身就承担着一种社会的功能。承担社会责任必须首先壮大自身的力量。员工是筑博力量的重要源泉，所以培育筑博的力量就必须关爱员工，有了员工的成长才有筑博的成长。

在一个全球化的时代，我们的生存环境已经空前广泛地与全球的际遇相联系。以全球视野注视建筑设计这一“古老”的行业，可以看到一场新的变革已经来临。数字技术、工业技术和绿色技术很快会全面改变建筑的工作面貌，社会经济、文化的研究也与建筑学的结合越来越紧密。渴望壮大自身力量的筑博希望能从建筑学这次全球性技术变革和文化蜕变中充分汲取新的能量，所以筑博正致力于全面的技术整合升级和全新的文化融合提升。这次大融合将再一次扩展或者说模糊建筑学的疆界，也将引导筑博走向更广阔的天地。未来一如小径交叉的花园，充满无数的可能，十五岁的筑博正在路上……

这本书是一场思想旅行留下的笔记和地图，我们将庞杂的素材交给了编者朱晔先生，他从中以极简的方式勾勒出纵横交叠的两条线索：纵轴是时间——过去、现在、未来，横轴是空间——居住空间、公共空间和城市。于是原先迂回繁复的讨论忽然变成一幅简单明了的十字网格，我们惊讶于这就是我们身陷其中的迷宫。手持这份地图读者不必再重复于我们线路交错的旅途就可以一览其中的风景。更妙的是这个简单的网格却并没有固化我们如水的思绪，总会有些什么正溢出书外。

最后感谢所有和筑博一起走过这段旅途的人们，我为有幸和你们同行而感到骄傲。

深圳市筑博工程设计有限公司　董事长：徐先林
2011 年 11 月 21 日

武

深圳宝荷医院 吴江市第一人民医院 深圳光明医院

瑞吉酒店

上海复地汽车梦工场 美年广场（鹏基时代创业园） 石家庄中铁广场 金地大百汇 昆明黄金集团超高层 双塔奇缘 张家港

目录

01 城市与日常生活

City and Everyday Life

设计关注生活——筑博总建筑师杨为众访谈

Design Concerns Life–An Interview with Yang Weizhong, Chief Architect of Zhubo Architectural and Engineering Design Co., LTD.

采访、整理 / 朱晔

Interview, Editor/Zhu Ye

朱：作为访谈的起点，我们可否先谈谈筑博设计的起点？

杨：这是问筑博设计作为一家公司的起点？还是问筑博设计这家公司关于设计的起点？说来凑巧，从某种意义上说我们创立这家设计公司的起点与我们设计的起点是重合的。我们创立这家设计公司的初衷之一正是因为我们有了自己独特的设计起点——设计源于生活。当初我是出于个人兴趣自发地关注生活，建筑圈关于形式和功能的争论令人厌倦，常常是“才华横溢”的建筑师偏爱用形式表现自己，而“朴实无华”的建筑师则专注功能组织。但我认为在生活中并没有功能和形式之分，生活是融合了场所、时间、人物、事件的整体，生活中充满了关于时空与人的生动关联，这些和我们所学习的那些刻板教条的建筑学知识非常不同。当我们讨论建筑的功能和形式时，往往肢解破坏了生活的那种整体感和生动性。我希望我们的设计能回到原点，回到生活具体而浑然的状态中去，从对生活的观察和感悟中去引导出我们的设计。

我们刚成立公司的时候正是房地产刚刚兴起的时期，我们的设计业务几乎都是住宅。住宅是最基本的建筑类型，也是和日常生活关联最紧密的建筑类型。这进一步推动我们去观察生活，并基于这种观察去设计。现在公司承接的项目类型繁多，既有公共建筑，也有教育建筑、医疗建筑以及商业综合体等，甚至扩展到城市设计和规划领域，但是设计源于生活的理念却基本上保持下来了。

朱：据我们了解到的，有很多建筑师和设计机构也在标榜其设计是关注生活的，这与筑博提倡设计关注生活有什么不同吗？

杨：要分辨其中的不同并不难，我们可以从三个方面去讨论自己对这个问题的理解。首先，你关注的是哪种生活？其次，你的设计和生活的关系是什么？再次，你掌握了哪些将生活与建筑设计联系在一起的知识和技能？

第一个方面，我们看到许多建筑师所讨论的生活是一种很戏剧化或者很宏大的生活，这是主流话语反复渲染但却空洞而抽象的生活，比如奥运、世博这样重大事件统摄下的生活，民族复兴下的生活，而我们关注的是普通人日常平淡的生活。此外，是被教条化的抽象、空洞的生活，只是泛泛地说强调人性空间，一味坚持一些教科书上关于尺度、距离、比例和空间模式的教条。而我们不信奉理论教条，我们是观察具体的生活情景。再次，在我们看来生活是鲜活的，不断变化的，所以要不断地观察，发现新的变化。所以我们关注的生活有三个特征：日常、具体、变动。观察和理解普通人的日常生活很不容易，因为它非常具体、微观、琐碎，繁杂、其貌不扬，难以理论化。这些生活不断变形、伪装、躲避观察。但也恰恰是这样的日常生活充满生机和奥妙，给了我们很多的启发。

第二个方面，有很多建筑师宣称其工作是设计生活，仿佛建筑师可以去塑造别人的生活，这是很危险的想法，建筑师成了上帝的替身，成了精英化的启蒙者，可以安排别人的生活，教化大众。我们不认为建筑师有这么大的作为，我们的设计只是服务生活，顺应生活，将生活中潜在的一些可能性挖掘出来，能使生活因我们的设计有些许改善就很好了。

我们做不到塑造生活，是因为我们对生活了解得还太少。这涉及第三个方面，即我们掌握了哪些将生活与建筑设计联系在一起的知识和技能？从知识方面看，我们可以从生活对空间的诉求中找到这样一些词语：尊严、伦理、交流、舒适、便捷、感动、震惊等。如果作个简单分类，可以分为群体层面和个人层面，前者在知识上反映为空间的社会学，后者则是心理学和关于身体的知识。虽然人类文明已经很悠久了，但是我们对于我们自己还是知之甚少，几乎只是看到冰山一角而已。诸如人的感官和习惯，虽然时时刻刻在自发地影响我们，但是它们却是隐没在无意识的黑暗之中，我们难以察觉那些习惯是如何形成、运作和传播的。我们的设计是试图去认识这些隐没于黑暗中的真相，将那些自发的现象转化为我们设计的自觉。从技能的方面看，我倾向于掌握一种综合的能力，将建筑以及环境视作一个整体情景的营造，重点在于把握和构想一个整体的氛围。所以，在每一个项目的构思阶段，我总是不断地和团队一起讨论，这个项目整体应该是什么样的一个情景，我首先关心这个整体的感觉是什么。在这种整体感觉的把握之下，我们可以针对生活的需求安排具体的空间策略。比如尊严的感受可以凭借空间严谨的几何关系，以及尺度等；伦理的实现与不同空间的顺序安排有关；交往的发生依赖一个轻松而别致的场所的营造；享乐的需求则需要丰富而有层次的空间经验和光线的明暗变化，而且还涉及对触觉、听觉、嗅觉等其他感官的调动。

朱：在这里人和空间的关系呈现为一种镜像关系，特别是在住宅空间中人会把对自我的想象投射到空间中去。如果这个空间的几何秩序非常明晰，人在这个空间中就会因为容易把握住了空间的几何关系而感到空间与自己有呼应，感到亲切，感到被尊重。空间的几何关系精确、庄重、优美，会让生活于其中的人觉得自身的生活也是井然有序和优雅庄重的。

杨：是这样的，我们以前计划经济时代住宅的设计逻辑是尽可能经济、简单、无个性。所以，空间的几何关系就是怎么紧凑怎么来，没有丝毫的优雅和从容。每个房间只有大小之分，没有功能性差异，这使家庭的生活缺乏仪式性，再加上房间也没有什么顺序上的考虑，伦理的氛围就更加淡薄。我们着手设计住宅的时候就会从这些方面着力。这是些非常具体的技能，我们认为在这里光讲理论是不够的，就像踢足球，是一种本能化的技能而不是靠足球知识，具体设计的时候往往依靠的是长期训练后的直觉，而不是理论。

所以，面对生活，我们既没有宏大的诉求，不指望用设计去创造全新的生活，也不空谈理论，我们是谦卑地向生活学习，务实地解决问题，充满感情地将领悟转化为设计。

朱：这么看来在筑博，设计与生活的关系是非常具体的，蕴藏在一次次的实践中，不是直接剥离出来的理论抽象。那么需要理解筑博的设计也必须回到具体的设计案例中去，能否试举几例让我们进一步理解筑博的设计呢?

杨：那还是从我们早期设计的住宅户型开始说吧。“鼎盛时代”这个项目是筑博最早的项目之一，是位于深圳华强北商圈的一个商住综合体，这种地处闹市又坐落在商场裙房之上的住宅，可以说环境条件不是太好，户外活动空间非常有限。因此，我们把高层住宅的电梯厅设计为一个有自然采光和景观的空间，并且每两层扩大为一个空中花园。这种做法在当时还鲜有先例，所以这种配置了花园的明亮候梯厅一下子就打动了购房者。当时高层住宅的电梯普遍是一个很封闭的、完全靠人工照明通风、纯粹用于交通的空间，而我们将这里变成了一个很惬意的邻里交往的场所。这样的设计就迅速流行了。

20 世纪 90 年代中期深圳的住宅户型是向香港学习，已经有了一个相对成熟的空间模式，这个模式里面客厅是整个户型的核心和重点。大家对这样的户型没有什么质疑。但是我们会有些不同，以我对中国人居文化的观察，我觉得客厅不是我们的传统，在我们的生活中餐厅更重要。一家人聚在一起吃饭是一个很重要的家庭仪式和交流时间。可是在当时盛行的户型里，餐厅是靠近入户门的一个角落而已，没有采光、没有景观，而且空间形态上不完整，只是客厅的附属品。我觉得新的住宅设计可以考虑把餐厅放在一个条件更优越的位置上，突出餐厅对家庭氛围和伦理的建构作用，所以我们很多设计都把餐厅放在景观视野最好、采光充足的地方，而且餐厅还是整个户型空间的中枢，是各个次要空间汇聚的地方。起初我们是在高层住宅中这么尝试。比如，深圳的嘉州花园，餐厅是整个户内空间的视觉中心和高潮。餐厅被安排在一面曲线的落地窗前，景观视野和采光都是最好的。餐厅又是整个户内空间中唯一使用曲线的地方，这使得餐厅的形态变得最有吸引力。同时曲线的使用使餐厅巧妙地成为室内、室外和阳台三种空间的交汇点，这里的视觉经验因为这种汇聚而变得独特。此外我们还利用户内错层将餐厅抬起成为一个可以俯视客厅的空间。后来在花园洋房的设计中我们进一步发展了餐厅设计，使首层的户型进深进一步加大，空间的序列和变化都更有趣了。我们在成都使用这种花园洋房户型时，甲方开始并不接受，但最后还是被说服了。过了两年我再去成都的时候想看看当地出现了什么新户型，这个甲方跟我说不用去看了，几乎都是你当初设计的那个洋房户型的翻版。

“加州地带”（现名“嘉洲豪园”）的另外一个尝试是在住宅上使用观景电梯，在20世纪90年代还没有人这么做过，我们希望这个项目能有一点享乐的气息，所以要提供更丰富的空间体验。于是我们寻找各种可以扩展人们空间经验的环节，其中之一就是应用了观景电梯。以前乘电梯是一种静止、封闭、乏味又令人无奈的经历，而改为观景电梯后，乘梯的经验变得充满乐趣，特别是带着孩子一同乘梯，孩子兴奋得不得了。原来观景电梯基本是用于成人使用的建筑如酒店、办公楼，现在用在住宅中，使这种迅速垂直提升的视觉经验成了孩子们日常经验的一部分。

另一个例子是关于尊严的，我们发现空间的层次可以强化尊严，所以我们在设计住区时会将从小区入口到入户之间的过程分解成七个层次，每个层次之间的转化都会设计成一个节点，对应着一种空间仪式。当初运用这种方式设计出的小区给人一种五星级酒店般的尊贵感，其实并不是用了五星级酒店的装修而是空间语言的效果。

在2000年以后郊区化成了地产项目的主要趋势，我们想如何才能让远离城市、缺乏生活配套的郊区住户感受到城市生活的便捷和活力。在一些项目如“武汉当代国际花园”、“武汉南湖玫瑰湾”等中，我们尝试在小区规划上采用更有都市元素的设计手法。不是去规划通常那种封闭的功能单一的住宅小区，而是将地块切割成几块，形成一组向周边开发的街区，将商业等配套以及酒店和办公功能也混合到这些街道上，让一个住宅区变成了一个适宜步行、内容丰富、空间开放的小城镇。

这些年公司设计的公共建筑多起来了，基于生活的设计思想也同样拓展到了这些领域。我们建筑工作室的一系列项目也是通过营造公共空间去促进公共生活。

我们的城市以前有很多集体生活，但缺乏公共生活。集体生活是人群被动员、被安排，而公共生活应该是人们自发的，能促成个体意见表达的交往行为。通过公共生活，也许我们可以走向一种市民社会。所以，我们比较注意公共空间的可能性，这里面有不少是对公众习惯的考察，我们通过习惯去引导公共空间的出现，而不是硬造一个空间。比如华强北立体街道设计方案，我们并没有因为题目的暗示，过分强化华强北行人和车流的立体分流。我们认为行人和汽车都更愿意使用地面空间，强行立体分流会违背人的习惯而且也对商业生态有害。所以，我们的立体街道设计，不是提供一个普通街道的替代性系统，而是在尽可能保护地面层活力的同时，提供一些空中和地下的公共服务功能，这些功能空间同时可以作为过街的交通空间，让行人有了更多的选择，但是地面的重要性不但没弱化，反而突出了。在水晶岛的设计中我们深知这是一个权力空间，需要的是那种单纯、强悍的几何秩序，但是作为市民社会的推动者，我们希望瓦解这种象征性，让市民生活占领这个政治空间。所以，设计上我们刻意用起伏的曲面去弱化现有的轴线，同时模糊地界定出许多中小尺度的活动场所，在曲面的下面是密集的创意街区，这种密度和尺度与中心区形成了非常强烈的对比，反映了我们对中心区现状的一种批判。

朱：刚才谈到筑博对生活的态度是顺势而为的，但是中国人生活中也有为数不少不那么积极的传统，筑博是怎么应对的呢？

杨：现在的住宅户型成形于20世纪90年代，至今变化不大，特别是空间的序列，是一个很明显的等级化的空间，一进门是客厅、餐厅，然后是一个短走廊通往各个卧室，主卧室肯定在最深处。这也许是传统民居那种重伦理的情节的回归。但是，这种空间布局也束缚了我们对生活的想象。所以，我们也尝试打破这一模式，比如在一些风景很好的场地上，我们试图推出一种更具有享乐气质的户型，这种户型的序列是常规模式的颠倒：进门是卧室区，将餐厅和客厅放在序列的尽端，最大化地占有景观视野。

筑博是一个商业化的设计公司，我们的设计在这个意义上往往是商品，另外筑博是随着住宅商品化的出现而出现的，筑博设计的许多建筑本身也是商品。商品在这个时代其使用价值与交换价值已经越来越脱节，按照法国思想家鲍德里亚的说法，商品的符号价值已经取代了使用价值。

朱：这就是说商品的卖相最重要，筑博一直强调设计关注生活，是在强调设计的使用价值，这与商业社会的发展和筑博商业化设计公司的定位是否有冲突？

杨：我们的整体运营是很商业化的，同时我们确实想使自己设计的建筑物成为真正的商品，具有使用价值与交换价值。运营上的商业化是我们重视工作的效率性和可靠性。我们按既定的程序去完成工作，而不是随意地工作。其实刻板的工作程序反而使我们能够更专注于设计，也使得客户很清楚我们的进度。我们的设计是商品，但我们出售的不仅是图纸，而且更是一种服务。所以，我们很重视客户的感受和意见，尊重客户的利益。但是，我们不惟命是从地去服务客户，我们的价值恰恰在于有自己的设计价值观和实现该价值观的技能。我们成立公司之初，建筑特别是住宅还没有完全商品化，开发商的经营理念也很不成熟，所以比较依赖建筑师的经验和设计素养，那时候不少项目是建筑师在前面探索，不像现在建筑师比较被动，一个项目有很多前期策划、销售分析，对建筑设计形成很大制约。筑博经历了那样一段建筑师很主动地引导设计的时期，形成了比较坚实的经验积累和比较主动的设计风格。所以，我们很自信，我们有自己的见地，不会一味迎合客户，而是通过与客户的讨论，寻找共识。我们要为直接的客户服务（客户支付我们设计费），但是更要为最终的客户服务，这是建筑师的责任。我们必须重视商品最终的使用效果，这样才能为我们也为我们的直接客户建立长久的品牌，这是只重视卖相的商家做不到的。所以，设计关注生活与我们的商业化设计机构的定位并不矛盾，同时它反映出我们在市场中的定位。

朱：筑博追求真实的设计，但是近些年来却做了很多风格化的设计，比如西班牙风格、新古典、新中式等，这些风格化的设计似乎与内部的空间并无必然联系，只是一些虚幻的布景，你怎么看待这样的设计呢?

杨：不能简单地说这些情景化的外观就是不真实的。这些风格化的外观看似像标签一样可以随意替换，但是我觉得这些风格化的外观反映了大众一些很真实的需求。中国富裕强盛起来，人们从原来计划经济时代的外观单一、经济简陋的苏式“赫鲁晓夫住宅”中搬出来，希望能够享受到富丽堂皇的住宅，充分满足他们刚刚被释放出来的欲望，这是合理的。就像一群饥饿的人突然有条件吃了，就会拼命大吃大喝，这时马上制止他们，要他们注意营养均衡，就太不近人情了。我觉得完全可以去满足大众这种欲望诉求，大众的审美和文化素养的提升需要一个过程，压抑和贬低没用而且有害。我们不是那种精英化，用抽象的道德去批评大众的建筑师，我们更倾向于接受大众，认同大众。

其实，风格化的建筑是变了形的世界建筑史，大众对风格化建筑的追逐是渴望占有建筑史。这也是学习认知建筑文化的过程，只不过这个过程在有洁癖的精英建筑师那里显得不怎么赏心悦目，不直截了当。但是，这种迂回是必须的。风格化不是原汁原味地复原建筑史，而是建筑史原来的深度扁平化、庸俗化，历史上所有的建筑风格脱离原有语境变得平等，风格化的建筑师的工作是重新提取、变形、拼凑。

朱：最早一批现代先锋建筑师就是这种混搭和折中的大师，比如15世纪意大利的阿尔贝蒂，自由猎取建筑史的片段是现代主义先锋建筑的起点，这可能不是偶然的。后来，20世纪的现代主义建筑那些抽象的方盒子也并不是突然出现的，都需要一个积淀的过程。大众这些年也迅速地熟悉了这些风格化的建筑，逐渐也就归于理性，逐渐不会为风格化赋予太多文化想象。

杨：是这样的，所以这两年我们做的西班牙风格的项目就少了，我们也在试图将客户的兴趣向更深层引导。现在我们的客户也已经对外观的花样迭出感到厌倦了，我们会更注意建造的质量和完成度方面。大家刚富裕起来的时候，是急着满足一些基本的欲望，现在逐渐转向注意尊严、体面、文化内涵，所以我现在希望筑博讲求精细化，要求我们设计的建筑要有很高的完成度，细部要很精致。这不是表面的精致，而是对生活、对建筑性能的细致入微的考虑。因为经过风格化的喧嚣，现在人们逐渐冷静、从容了，那你的建筑也要能经得起人家耐心地推敲。这是好事，促使建筑师们可以将设计引向更精深的问题。

朱：筑博设计在业界并不太宣传自己，也没有大量作品发表，对此你是怎么看的？

杨：我们一直说筑博的设计是务实的，之前讨论的很多内容都是生活和设计的互动，这要靠现场的体验，我们最重视的现场感受很难在现有的媒体上传播。现在是读图时代，建筑的传播主要依赖图像，所以在很大程度上影响了大众和建筑师对建筑的判断，如果你设计的建筑不能转化为优美或震撼的图像，就很难引起关注。而这使建筑学变得肤浅。我们并不认同为了迎合媒体的特点而去改变自己的建筑观。正是媒体时代对生活的掏空，反而使建筑与具体生活的结合显得弥足珍贵。

朱：筑博是一个很大的公司，有数以百计的设计师，大家不可能是完全一致的价值观和设计思路，你怎么看到公司的涉及文化的统一和多元之间的关系？

杨：筑博有明确的、统一的设计文化，它同时又是多元化和颇具包容力的。因为我们所谓统一的设计文化就是关注日常生活。日常生活本身是生机勃勃、丰富多彩的。所以我们的设计文化自然是崇尚多元化、充满生命力的。因此，筑博可以包容不同类型和气质的设计师。因为我们重视生活，所以我们设计的动力和灵感来自每一个设计师自身的生活感悟。这样的逻辑下我们的设计文化不是孤立于设计师而存在的抽象话语，每一个筑博设计师都是筑博设计文化的创造者。所以，我们发展自己的设计文化其实就是关注每一个设计师的成长，为每一个在筑博工作的设计师提供完善其自身个性的平台和机会。

我们可以看到各种经常用来描述和分析城市的隐
主题公园、织物、梦魇、地狱、巴比伦、波西米
迷宫、机器、马赛克、有机体、系统、网络、文本
常生活”就是我们现在正面对着的生活；故而“

自 20 世纪 20 年代福特主义的推行和工业化现代
在经历了后工业社会与全球城市的发展后，知识
放的可能性的探讨更为迫切。

就中国而言，以土地为核心的城市化进程是改革
今天生活其间的形形色色的城市；我们则如同演
间的舞台之上。荒诞的是：这些让我们不由自主
城市则成为了自上而下的谋划。

在第一章里我们着力阐释城市与日常生活之间的
为主题的各类社会关系的探究，从历史、生产、
后台，勾勒出日常生活更清晰的轮廓。（朱晔）

混乱、丛林、万花筒、竞技场、剧院、下水道、
乌托邦、市场、能量、熔炉、碎片、星系、游戏、
是我们需要一个更为确定的研究对象，因为“日
是中国经过 20 年快速城市化发展至今的城市。

建立以来，日常生活广泛地被霸权与消费所控制。
与信息时代的到来，使得对通过日常生活获得解

以来空间生产的最大动力，这一进程塑就了我们
每日重复而又每日新鲜地出现在这些城市与空
台，竟是借着演员之名而设，兀自复杂地膨胀着，

，更主要的，我们要讨论“城市”：通过以城市
土地、发展等不同维度，我们可以去到城市的

城市 = 经验

City Equals Experience

城市经验的谱系

Pedigree of Urban Experiences

文 / 汪民安

Text / Wang Min'an

城市具有各种各样的功能。但我们先从福柯对城市管治功能的讨论开始。福柯发现，城市的设计实际上暗含着一种巧妙的统治目标。人们对此却浑然不觉。存在着一种城市的权力政治。在某些关键的时刻——我们甚至可以说成是危机的时刻——城市规划本身的管治能力浮现出来。这种管治能力是借助城市的空间布局来实现的。即权力是借助城市中的空间和建筑的布局而发挥作用的，无论是单个的建筑——医院、工厂、学校，还是一片建筑群——街区、城市——都可以设计作为统治之用。西方的城市到底是如何发挥统治功能的呢？福柯在城市处理传染病的方式中发现了它的管治能力。一种是处理麻风病的方式，另一种是处理鼠疫的方式。处理麻风病，是将城市搭砌围墙，将正常人和病人区分开来，将麻风病人扔在城墙之外，也就是说，将城市划分成严格相区分的两个空间，权力在一个空间中，在一个禁闭的空间中，在一个关闭麻风病人的空间中进行排斥性的运作。权力就是借助区隔性的城市空间来区分、排斥和驱逐的。正是利用了隔断的空间，病人和正常人被相互隔离开来。但是，还有一种是处理鼠疫的方式，鼠疫的空间处理在18世纪开始取代了麻风病的空间处理。这个时候，“鼠疫状态中的城市（行政长官）被分成城区，城区（负责人）又被分成街区，街区（巡视员）又被分成街道（监视员、哨兵），所有的空间都被严格地区分，并被严格地管理起来。这四种官员有一种权力的连续性”。他们伸展到每一个空间。每一种空间都存在一个固定的格式，并且互不往来。每一种空间都让人固定下来，让人静止，让人不能动弹，并且每一个空间都得到仔细的检查和观察。

现代城市空间的这种均质化和标准化倾向，无疑压制了美学原则。这就导致了后现代主义的不满

The homogenize and standardization lean of modern city space undoubtedly restrained well. These resulted in the dissatisfaction of the post-modernism.

城市中的每一个人都被格栅化了，同时，他们的身体知识也被固定化了。我们看到，这个井然有序的城市空间，被完全当做一个统治和区分机器。此刻的城市，完全被一种检查的权力所布满，它压抑了城市的其他功能和欲望。城市，在这个意义上，仅仅是一种非人格化的物质机器，它将空间的管治能力发挥到了极致。

这是一个特殊的城市时刻，它表明了城市功能的极大丰富性，这种管治功能远远超出了我们的想象。但是，我们还存在着城市经验的丰富性。什么样的城市经验？我们必须在同乡村的对比中看出独特的城市经验。现代意义上的聚集性城市是如何形成的？它如何从一个农业社会中流溢而出？农业社会及其乡村组织形式是封闭的、固定的、一成不变的，乡村是一个没有历史感的地理空间。这是一个自然的空间，一个农业空间，是海德格尔式天地人神一体化的空间。由于交通技术的滞后，人们一般束缚于一个狭窄的空间内，人们的目光所及，只能是自己生活于其中的周遭的空间，由于对其他的空间缺乏感知，他就无法对自己的空间激起反思，就缺乏空间意识，他看到的变化只能是时间的变化，只能是季节的变化，只能是农作物的变化。在此，只有时间之变，而无空间之变。人们对这个空间非常依赖，这个空间不仅仅是居住的，而且是他们的生存基础，是他们身体的延伸，但是，这个封闭的相对隔绝的空间，恰恰和人建立了一种独一无二的关联。人们愿意将这个空间看成是自己的财富、家宅和根源，人们不会想到自己更换一个空间，不会无缘无故地搬移这个地方，人们同这个空间发生了感情。一旦远离这个空间之时，人们的家园感和故土意识就被反复地激发。空间世代的居住演变成了家族意识、家乡意识、历史意识和根深蒂固的记忆。主体一旦和空间发生了距离，返归的愿望就会喷涌而出。这是前现代时期所发生的主体和空间的亲和力。人们相信，自己所在的地区和空间是独一无二的。他们在此找到了根据，找到了归依，找到了家园，并且找到了终极性的归属：坟墓。乡愁，正是人们离开它之后的难以适应的忧郁表达。

尽管在农业社会也存在着城市，但这些城市还不是现代意义上的都市。农业社会的城市不过是被乡村包围的孤岛。它们并不具有示范和表率的主导作用，只是海洋般的乡村的点缀。只是从 18 世纪晚期开始，现代城市开始成形了，并且吞噬乡村生活。其标志是伦敦和巴黎。现代大都市拜工业主义所赐。在 18 世纪下半期，工业主义在英国猛然加速，它变成了一场暴风雨式的革命。这场革命将自然的封闭性地理空间打破了。19 世纪的铁路和交通技术得到了飞速发展，人们的流动变得频繁。同时，工业革命对劳动力的需求，使人口的空间转换有了内在的要求，人们频繁地从松散的乡村流动到聚集的城市。只有这样，规模性的生产、分配、交换、消费和信贷才有可能。机器——无论是具体的生产机器还是整个城市机器——才会出现齿轮一样精密的分工。庞大的人口数量、中心性地域、交通、建筑、商业大街应运而生。此外，工业生产所要求的大规模的工人聚集，直接促进了工业城市的居住空间的发展，厂房和工人宿舍的关系，成为最初的工业生产空间布局的基础，也是最初的城市空间

刂了个体的丰富性，同时，它的功能主义原则也

of individual. Meanwhile, its functionalist principle restrained its aesthetic principle as

布局的基础。这是全新的生产空间。与此同时，大量的人口聚集，增加了消费的欲望，并使市场进一步地扩大了。城市出现了消费空间，商业大街在慢慢形成。都市逐渐在完善它的功能区分。社会分工在城市中成为必要。在19世纪，一组鲜明的而且日益频繁的物质意象编织了新的地理版图：厂房、轰隆隆的蒸汽机、耸立的烟囱、密集的工人生活聚集区和缓缓爬动的火车。这是一个综合性的相互关联的巨大城市工业机器，它们使本来相对寂静的农业社会，变得轰鸣作响，躁动不安。工业主义，在机器的动力下，形成了一套强大的技术逻辑，它将整个城市的节奏和秩序纳入其统治之下。

工业主义催生出来的现代大都市，颠倒了农业乡村的主宰地位，它们使乡村成为社会的边缘并且依附于都市自身。都市不仅成为权力和经济的中心，而且还在一步步地引导和吞噬乡村的生活方式。乡村反过来成为现代都市的一个象征性的乡愁之所。现代城市，我们看到，就是现代性的光辉表征。这样一个前所未有的现代都市，同寂静的乡村形成了剧烈的对比。轰鸣的机器、庞大的人群、五颜六色的商品、林立的楼房，最重要的是，都市生活瞬息万变，如梦如幻，这都使人的经验分裂成偶然的碎片。目光所及，都是一个缤纷的永不枯竭的印象之流。“从一个地区到另一个地区，呈现在我们面前的城市恰似一幅浮华世态的镶嵌画。” 这些拼贴而成的令人眼花缭乱的城市意象，一方面激发和鼓励个性——个人不断地受到这些意象的刺激，而加剧了躁进的想象力；另一方面，它又是摧毁人性和个性的恐怖机器，喧嚣而凌乱的现代都市将人置入闭塞的状态，因为，剧烈变化的都市让人无所适从、游走不定、居无定所。人们在都市的动荡中被反复地抛向了无家可归的状况。一切都在翻天覆地，人们仿佛置身于一个劈风破浪的船上剧烈地晃荡。现代个体的经验必须直面瞬息万变的都市生活。这种生活内在的“焦虑和骚动，心理的眩晕和昏乱，各种经验可能性的扩展及道德界限与个人约束的破坏，自我放大和自我昏乱，大街上及灵魂中的幻象”等，锻造了现代都市的感受能力，这一切的基础，如同反城市的卢梭准确地表达的那样，是“旋风一样的动乱的社会”。

这是现代都市的感知结构。但是，这样一个盲目而眩晕的都市经验并不意味着都市结构本身的混乱。实际上，在工业资本主义的凯歌声中拔地而起的现代都市总是被规划而成。城市的功能是规划的内在要求。这种规划，从哲学上来说，是笛卡儿理性主义传统的回声。现代性的分裂，其中之一就是人和自然的分裂。笛卡儿主义对大规模的都市建造构成一种哲学鼓舞：人将一个粗暴秩序强加给地理，这是大势所趋。都市作为一个他者对象，就会变成一个人为设计的条理清楚的空间布局，人们正是在此显示出优越的对自然的理性主义权威，这是笛卡儿哲学在规划、在城市化、在对地理的控制方面的表现和宰制。这也是所谓意识哲学将主体和客体对立起来的表现。现代都市化的空间和地理同西方理性主义并非没有关联。而这一方面的巅峰，耸立在柯布西耶的雄心抱负之中。在此，启蒙运动的普遍主义价值观被接受。每个人都是平等的，每个房子都是平等的；每个人的居住要求是平等的，每个人的趣味和价值

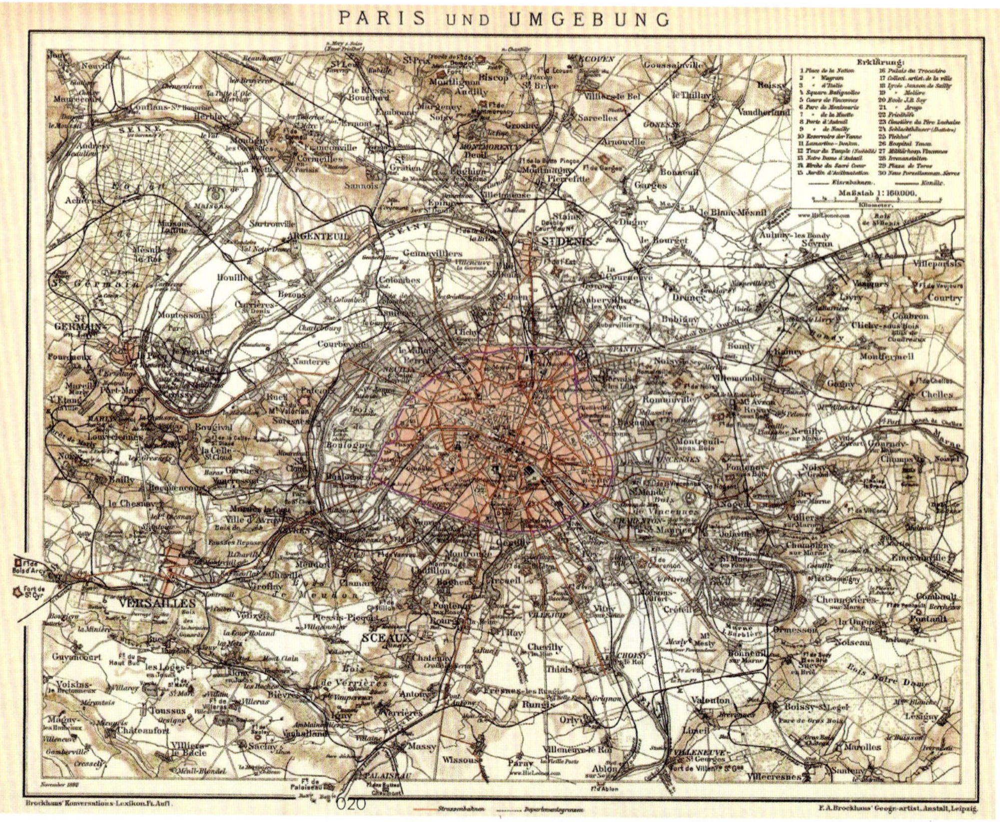

现代城市被视作经济组织变革的产物，其源头可追溯到18世纪中晚期蒸汽机的发明。图为1569年和1898年的巴黎地图，不难发现，随着1870年奥斯曼对巴黎的改造完毕，巴黎已经从田园般的前工业城市演化为了典型的现代城市。

观是平等的：一个普遍主义的整齐划一的城市及其住宅机器就拔地而起。现代主义的城市乌托邦得以构想，而且被付诸实践。在包豪斯和柯布西耶那里，城市建筑是标准化的，并呈精确的几何图式：长方体，直角，简捷，明快，类似于仓库、监狱、庭院。并可以被大量地反复地复制，可以像工业流水线上生产产品一样进行建筑和城市空间的生产。触目惊心的火柴盒般的摩天大楼是它的杰作。在这样的效率和功能至上的城市中，僵硬而明快的空间是决定性的，它完全忽视了人的交流和体验，人成为效率的牺牲品，成为标准空间主宰下的被动的麻木机器。人如果生活在这样僵硬的空间结构中，他不会觉得有什么东西是属于他的，他可以频繁搬家，可以随意更换空间场所，可以居住在城市中的任何一个角落，只要实用就行。而且城市的单调、雷同、结构上的一致性，等等，都不会让人产生归宿感。实际上，没有真正属于自己的有着切身感受的城市地带。这一切使城市的家园概念难以建立起来，城市根本培养不起来认同感。如果说，人通常是按照地域来下定义的，地域和空间的独特性是居住者文化的独特性，也是居住者本身的独特性，那么，标准化的规划正好去掉了人的这种独特性。现代城市的空间不是让人确立家园感，而是不断地毁掉家园感。这就是大规模理性规划所带来的空间孤独。大城市的特征是，在漫漫人流和密集的空间中，你却感到孤独。理性化的城市设计，摧毁了地方的感受，摧毁了对人的认同感，摧毁了情感原则，降低了人们对环境的责任。这是垄断资本主义的表现，刻板的城市，实际上是刻板的生产程序的表现，是流行的，但却是僵硬的、保守的、刻板的福特主义生产的表现；也是反人文主义的物质至上的表现。大规模的生产形式、集中的生产制度、严酷的组织法则、非人化的生产环境，这些都是“国际风格”出台的资本主义经济原因。比肩而立的塔楼，是它乐观而自豪的意象。

在一个规划良好的城市中，上班、下班、学校、商场、住宅等被确定下来。人们只能固定地在这几个框架中穿梭，比如厂房、家庭和商场。人被束缚在有限的几个点上，并且严格遵循机器的作息时间，人变成了一个有固定线路的机器人，他在城市中自动地重复，日复一日。城市空间看上去是开阔的、无限延伸的，但只有那些无所事事的闲逛者、心事重重的游荡者、隐秘的革命党人或者四处寻找机会的妓女，才能洞晓它的最终秘密。群众，则总是在烟囱和厂房竖立的坐标中自我定位。

现代城市空间的这种均质化和标准化倾向，无疑压制了个体的丰富性，同时，它的功能主义原则也压制了美学原则。这就导致了后现代主义的不满。后现代城市，正是要反规划和反理性设计的，同它的哲学原则（德里达的解构主义和德勒兹的游牧思想）一样，后现代空间是要反理性和反中心性的，它反对那种城市中整齐的千篇一律的理性居住机器。遵循鲍德里亚和罗兰·巴特的符号学理论，它尤其要反建筑的功能主义，而强调建筑的符号形式本身。后现代建筑恰好将非实用性的一面进行强调，它对繁杂的装饰、繁杂的耗费、繁杂的符号，充满了兴趣。如果说现代主义空间观的建筑是追求简单和直接，那么后现代主义建筑则是强调矛盾性和复杂性，强调建筑的独一无二的个性化，强调交流。这样，城市中的每一个家庭、每一个饭馆、每一个商店，都在努力寻求自己的独特性，都在标榜内部的差异性。城市中的建筑，更注重室内，更注重装修，更注重自身对室内空间的个性改造。人们努力将空间变成独一无二的艺术品。就整个城市而言，人们也在寻求不同城市的独特性，寻求城市自身的符号学性质，寻求城市的象征主义。功能主义再也不是城市规划的首要准则了。空间现在要变得有视觉感，有感官意义，而不是纯粹的实用意义。如今，各种各样的批评声音都指向类型城市，指向纯实用城市，指向纯功能的居住城市，指向理性主义的经济开发，指向资本家的牟利企图（这些正是现代主义的、实用功能主义的典范）。同时，后现代城市更是一个感官之城。消费性场所取代了生产性场所，成为城市的标志。现在，人们目光所及的是商场、银行、饭店和娱乐场所，而不是厂房、烟囱，后者从城市的地图上消失了。这是一个刺激欲望的城市，这也是一个差异化的城市，同时也是一个层次混乱而多样的城市。空间和居所标志着人的身份，人们再也不在雷同而单调的公寓中出没了，一些有条件的人拼命地让自己的空间变得独特：富人回到了郊区的别墅，艺术家却到了农庄。这就是后现代的丰富的差异性的城市空间景观。在这样一个软城市（相对于现代主义的硬城市）中，快感、美学、欲望、消费，编织了一个感官之城。这也是一个百科全书式的丰富之城，它是互动的、离散的、没有界线的、杂色的、迷宫的、异质性的、多样的、非中心性的、反垄断的、折中的、亲切的、装饰的、点缀的，后现代城市同博尔赫斯的文本相呼应。用詹明信的说法，它是一个不可测绘的地貌图。

城市 = 日常生活

City Equals Everyday Life

日常生活与空间实践

Everyday Life and Spatial Practice

文 / 朱晔

Text / Zhu Ye

五年前的冬天我回老家的时候，看到大姨家的房子就想起了卡尔维诺的《分成两半的子爵》：原本对称连在一起的两套 2 层的小楼房，只剩下了大表姐家这半边，而二表姐家表外甥住的那半栋已经没了。大表姐说去年市里来了个杨市长，杨市长说城市发展的动力就是拆迁，结果很快老家的街上就开来了无数挖掘机，以前沿着京杭运河的那些住家挨着挨着就都被拆掉了，说是要建景观化城市和现代社区。大姨家住在南门外的运河支流旁边，到那年年初的时候也终于轮上了。拆迁办来人和表姐他们谈，第一次大家都试探，对方给的价钱哪怕去到郊区都买不到房，于是整条街的街坊都不答应。几个回合过后，价钱上去了，拆迁办的人说加上拆迁补贴可以去市中心买房了。二表姐的外甥媳妇是户籍警，上面给做了工作，加上孩子要读高中，他们正好看中了一处学位房就搬了。

大表姐说表外甥搬走的第二天挖掘机就来把房子的半边给刨了，同时来的还有上百个警察和特警，还牵了十几条狼狗。我老家是苏南一个富裕而温和的城市，平时大家说话都软绵绵的，大表姐一家人和街坊们都没见过这种阵仗，晚上大家就一起开会商量。商量的结果是继续扛下去，要是真强拆那就去告，而且房子在市中心估计也不会有这么大规模的强拆。确实没强拆，但是停水又断电了。大家就去投诉，回答是城市管网坏了。我去的时候正好赶上了，大表姐后来告诉我说一直到他们搬走前这管网就没怎么好过。

第二年初夏的时候，大表姐和剩下的街坊都搬了，我问大表姐是不是赔偿费多些了搬了新房要舒服些。大表姐说不舒服，一是拖了大半年其实房价也涨了，抵掉增加的赔偿费，比起二表姐家的外甥好不到哪里去；二是停电又断水的半年过得真不是滋味，觉得这栋自己记事以来就住着的房子一下子一点都不像自己的家了。我明白大表姐的感受，面对自上而下的拆迁，大表姐觉得最终自己的记忆和家都被挖掘机刨掉了。小时候放暑假回到老家，只要天气好，每天早晨我们都是在运河边吃早饭的。一般都是豆浆和油条，有时候吃上一顿小笼馒头那就丰盛得不行了。每天吃早饭的时候，恰好是街坊们上班的时候，他们会经过门前打个招呼，而退休在家的老人们则会在散步时停下来，聊聊天，甚至摸着我的头说：来过暑假啊，油条好吃不。我说：好吃。说完，扯下半根，泡在豆浆里。

我只是每几年才回一趟老家，而对于大表姐来说，这栋含着她50年记忆的房子就像一根油条，只不过被扯成了两半来吃，它一点都不像那个卡尔维诺的那个子爵舅舅，最终合二为一成了个完整的人，而是被一半一半地吃进了别人的肚子里。

1 社会与空间自上而下的同一化

在老家拆迁这件事里，表面上冲突的是关于拆迁费的高低，而实际上则是自上而下的城市权力意志和日常生活之间的矛盾，其冲突的焦点在于空间。从1991年全国土地市场确立起，中国城市生产方式最大的转变，即从空间中的生产（production in space）转向了空间生产（production of space），这一改变直接导致了20年来我们日常生活的改变。我们先从外部动力来考察自上而下的权力意志所导致的社会环境的变化，这样的变化反映在社会经济结构和城市空间两个方面。

1.1 社会结构的同一化

对于社会结构同一化的基本原因是经济结构的同一化，政府而非市场主导的资源分配已经主导了中国经济的运行。仍在金融危机中的当代中国，一边是在“倒闭潮”和“跑路潮”中众多活不下去的中小企业，一边是赚得盆满钵满的央企和国有银行。火热的国有垄断资本集团和处于冰点的中小企业构成了中国经济今日的总体面貌。这一状况并非一蹴而就，它是改革开放后各项政策对社会经济持续性影响的结果。对此，我们可以从《两个局外人的对谈录》中得到清晰的观点。在这对谈录的开篇，Y和C即以“国有垄断资本集团”这一中国经济结构的主导力量对社会结构的影响进行了总结。

在计划经济时代，中国的社会结构基本上是同一化的，无外乎工人、农民、干部、知识分子四个基本阶层，其差异主要在于政治身份与单位等级所带来的层级差异。1980年以来的改革开放导致了社会结构多样性的出现。2002年中国社会科学院当代中国社会变迁研究课题组提出了新的阶层划分体系，中国自上而下的金字塔式的十个阶层分别为：①国家和社会管理者；②经理管理阶层；③私营企业主；④专业技术人员；⑤办事人员；⑥个体工商户；⑦商务服务人员；⑧产业工人；⑨农业劳动者；⑩无业失业半失业人员。而中国的产业工人的一半以上，由进城务工的“农民工”组成，农民们构成了整个社会金字塔的底部。但是在社会阶层随着其经济活动方式不断分化的同时，中国的社会结构却随着“国有垄断资本集团”的强大而日渐同一化。虽然国内经济改革的基本方向是市场化，但在国企改革上，面对不同规模的企业有着两种不同的态度：对中小型企业尽可能放手，让民营、外资、合资都进来；对大型企业特别是垄断领域的企业，则尽可能做大做强。这样在改革过程中就出现了两类市场力量，一是国有垄断资本集团，二是多种经济成分，它们的迅速发展使得中国的经济结构获得了巨大的改变。伴随着中小企业的繁荣，中国也以其“外需”经济模式，获得了“世界工厂”的名号。到了1995年左右，随着十四届五中全会对于2010年“两个根本性转变”的提出，国有垄断资本集团迅速崛起并壮大，主导了中国经济结构，确定了中国社会政治结构的主要特征。

在此以后，中国社会的过渡期、转轨期开始逐步地结束，让位于国有垄断资本集团时代，其最主要的特征是：国有垄断资本集团以它的综合优势，迫使其他社会力量、社会成分对其产生依附性。国有垄断资本集团以能源、交通、电信、银行等行业为代表，使得中国改革过渡期的多样性、多变性的特点开始消失，重新导向了社会结构的同一与稳定。2010年，中国中小型企业占国内企业总户数的99%强，其产值相当于国内生产总值的约60%，缴税额约为国家税收总额的50%，提供了近80%的城镇就业岗位，然而他们中的90%以上没有获得过国有银行的贷款支持。反过来看，占国内企业总数不到1%，占城镇就业岗位不到20%的国企在生产着其余40%的国民生产总值。其他经济成分对国有垄断资本集团的依附性，以及国有垄断资本集团与全球化的结合，使其具有了天然的合理性和合法性。这也就不难理解为什么在金融危机下的今天，会出现前面所说的国企与民企冰火两重天的局面。在“国有垄断资本集团”这一主导性经济结构的影响下，尽管人们的生活方式、城市空间等都随着社会的整体发展而更加多样了，然而社会结构的多样性却开始消失，也消除了产生独立政治诉求的社会阶层或阶级的基础。

1.2 城市空间意志的同一化

在社会结构同一化的同时，我们日常生活所处的城市空间也在权力意志自上而下的作用下加速着同一化的过程。进入20世纪90年代，尤其是1998年住宅商品化全面推行后，以土地为核心的空间生产构成了中国城市发展的动力，并且在城市化的推进过程中，随着地方政府的资本化，城市越来越成为权力意志实践的场所。对于城市化进程初期的开发区热、摊大饼热、大学城热等，以及1998年以来的住房商品化，我们大多已经熟悉。2008年的金融危机以来，以宏观调控为基调，政府自上而下的权力意志表达得更为充分，也更财大气粗并且理直气壮。我们以2009年的重庆市为例，来看看权力意志是如何在城市空间中得以实施的。

在金融危机之后的2009年，重庆开始了大手笔的城市运动：森林重庆运动+主城区危旧房改造运动+城中村改造运动+广场建设运动+两江四岸城市设计运动+朝天门改造运动+两江新区规划建设运动+红歌运动+打黑运动，等等。我们可以从空间生产的角度选取几组数据来感受一下“运动”中的重庆：

从2008年起，市委、市政府提出三年内完成主城区约1000万m^2危旧房改造的目标，今年主城区计划改造115个危旧房片区，完成553万m^2的总量；61个城中村被纳入了改造规划编制；到2012年，重庆主城区将新增27个占地1000m^2以上的广场，主城区城市广场的数量和面积在现状基础上分别增加140%和160%以上，城市广场的数量将达到46个，总面积近113万m^2；两江四岸城市设计涉及长江与嘉陵江岸线总长度180km，用地面积约230 km^2；朝天门片区整体开发项目用地面积约175亩，拟建总建筑面积约70万m^2，总投资约100亿元，是包括了交通枢纽、景观广场、商业、商务、酒店与公寓等的城市综合体；作为继上海浦东新区与天津滨海新区之后的“中国第三区”，两江新区规划面积1200km^2，目前已有34家世界500强企业入驻，新区挂牌后希望拉动“成渝经济带”制造业等配套产业年均增长10个百分点……（整理自同期各网站与报刊报道）

为什么在重庆的城市空间领域会呈现出运动的姿态？它们造成了城市的何种改变？其深层动因与效果又在哪里？重庆的城市运动与中国的其他城市一样，有着典型的自上而下的特征，即：由政府发出指令，各级机构依照指令组织其所辖的集体行为。当政府作为公共资源的管理者和城市意志的代言人时，城市运动实际上显现的就是政府意志。政府对于城市表面“姿态”以及内里“发展”的双重需求成为了造就城市运动的双重动力。“姿态”的动力即重庆作为一个直辖市本应有的体面与做派，其逻辑是：重庆要作为具有战略意义的、西部最重要的中心城市实现城市升级，那么就必须预先进行景观升级，摆出一个“高级”城市所应该拥有的、面对世界的姿态来。当姿态做好之后，才能进一步地借助姿态，充分利用直辖市与城乡统筹综合配套改革试验区等政策与机遇，吸引来自全国乃至全球各地的资本入驻，以改善重庆自身后继无力的产业状况与经济落后的社会现实。

机遇是城市运动的重要条件。在金融危机的时局之下，重庆以西部中心城市的定位，提出与成都、西安一起打造“西三角”，旨在建立中国区域经济的“第四极”。而中国的西部大开发，其实质就是要将空间上原始的西部，按照发达的东部的空间模式来改造，这种空间改造，和资本密切相关。资本既是这种改造的基数，也是其目标。大危机即是大机遇，大机遇须得大手笔，大手笔方显大气魄，大气魄就要大动作，大动作才能化危为机。那么什么是大动作呢？回答：运动。运动是急效、快速、风卷残云与成就斐然的，好像只要大家赶快一起来做一件看上去非常正确的事情就可以一劳永逸了。在泛数据化与泛媒体化的今天，运动还有着立竿见影的宣传优势——正向指标节节高升而逆向指标级级下降以激发出阅读者的数据快感，人们还会在各色媒体上看到如军队般行为整齐的身影与沐浴在阳光里的红扑扑的笑脸。运动还是冲动、狂热、简单粗暴与急于求成的，甚至带有某种“伟哥效应”——短时间内的雄起与其后较长时间的疲软。它的作用方式会将历史与社会的厚度铲除，其结果是无论空间景观还是社会景观都呈现出扁平化的趋势。

个体的生活被分割成瞬间的快感与短暂的片段：如果你需要永恒，那么也请瞬间享用。

Individual's life is divided into instant pleasure and short fragments: if you want to enjoy

以重庆江北与北部新区为代表，无辨识度、批量型的开阔绿地与高楼大厦迅速繁殖，干净、空大、条理化且人烟稀疏，城市空间生产所形成的景观正在趋向于整洁的单调，这是从直升飞机与小汽车里快速攫取的视觉景象。以渝中半岛老城区为代表的、历史积淀的、混杂而千姿百态的城市景观也随之衰落——对景观的运动式生产正在抹平景观的历史纵深性——而这种纵深性常常需要借助社群、设施、区位环境与植株等社会、物质、空间与物种要素进行传递。例如在主城区危旧房改造运动中，对成效的评价简化为公布拆了多少面积的危旧房与新建了多少廉租房、经济适用房，而不充分考虑被迁居民的社群网络完善程度、周边设施配备状况、区位、环境、密度、交通等基本问题。

城市景观向来都是权力意志的表现，也即是后者的姿态化与视觉化。景观的多样性说明了生产景观的空间方式的多样性，更说明了支撑空间生产方式的经济结构与权力结构的多样性，这也是生活方式多样性的证明。这种多样性不是自上而下的霸权主义思维所能理解与容忍的，更严重的是社会矛盾会被激化，2009 年重庆的空间生产及其景观美化运动已经充分地说明了这一点：大量的危旧房用地将改造成造福于民的公园或广场。而对原住民的补偿主要有两种方式：一是货币补偿，每平方米补偿 3000 元，每家一般能拿到 20 万元左右，而重庆目前稍微像样的楼盘均价已达 5000 元 /m^2 以上；二是房屋补偿，但是新房面积大，常常需要被补偿居民补交 7、8 万元，这些低收入家庭往往拿不出这笔钱。于是他们要么无处可住，要么成为新的房奴。

由此我们可以看出：

（1）不受制衡 / 监控的权力系统可以对城市 / 空间景观为所欲为；

（2）权力系统的层级化结构会使即便是初衷良好的运动指令在从权力顶端向底端层层下放的过程中逐渐变形走样甚至南辕北辙；

（3）危旧房改造运动成为了一场驱逐运动，弱势群体在超大规模的空间生产与景观清理重塑的过程中将宿命式地成为被驱逐者并且没有讨价还价的余地。究其根本，依旧是公共资源与公权力的垄断式集中使用：它们借着城市之名，以近乎亢奋的方式迫使我们去接受更加单一的城市生活。

2 碎片的个体欲望与片段的幸福生活

齐格蒙特 • 鲍曼（Zygmunt Bauman）在其 1995 年的著作《生活在碎片中：论后现代道德》一书中说：“并非所有的城市生活都是现代生活，但是所有的现代生活都是城市生活。就生活而言，成为现代的就意味着变得更像城市里的生活。”在社会结构和城市意志都更加同一化的当下，我们对城市日常生活还有着怎样的期待呢？

对于个体而言，社会本应该是个充满温情的字眼，它使得人们得以体味瞬间的快感和永恒，从而消除对于生命短暂的恐惧。只有社会才能给我们的生活注入意义，家庭和民族曾经是人们建造起来使得个体能够触及永恒

果你要享受它，那么就必须忘却习惯与约束；如

ust forget habits and constraints; if you need eternity, please enjoy it at this moment.

的桥梁，然而它们都已在忽视人本的宏观意志下瓦解了，国家成了个体的唯一认证体系。在经历了改革开放之后，个体开始从“单位的人”向“社会的人”，更确切地说，向“城市的人”进行转化，这使得个体面临着自由和保障之间的两难选择，选择以什么为职业，背靠什么样的平台，成为了人们日常生活中最难取舍的鱼和熊掌。作为劳动力的个体，要么让自己依附于国有垄断资本集团从而获得保障，其代价是按部就班地让自己与权力意志高度同步；要么以自由的方式被资本所雇佣，而这么一来就会面临社会保障体系的不完善和短期雇佣关系带来的不稳定。虽然大把人挤破了脑袋想涌入公务员的体制，而且国家也在不断通过公务员的扩招建构更为稳定的社会结构，但是受资本雇佣的个体依旧占社会的大多数。但是由于在社会结构中处于从属地位，碎片化的个体无力表述政治意愿，甚至对于集体行为都变得更为漠然。与此同时，消费和信息以无差别的姿态将个体重新俘获，并通过符号系统建构出身份的等级和公共意识的幻觉。由此，个体的生活被分割成瞬间的快感与短暂的片段：如果你要享受它，那么就必须忘却习惯与约束；如果你需要永恒，那么也请瞬间享用。

面对生活的事实不那么美好，“城市幸福度”这个概念被媒体和机构发掘了出来，用以对城市“生活质量”进行讨论。这样的“幸福度”被冠以各种指标，并在经过貌似合理的权重设计与数据统计之后，得出了国内各个城市的幸福指数排名。然而这些数据是如此的抽象并远离我们对日常生活的真实感受，实际上，讨论生活的质量，与其说是在判定一种真正美好的生活应该是什么，不如说是赋予我们那些日常的不满意以实际内容，促使我们去疑问和思考：到底是什么使得生活像现在这样不够美好，并且总是不尽如人意？

在上述两节里我们分析了自上而下的社会环境的改变，这种改变对于我们的日常生活而言，是决定性的，同时也是抽象的。而当我们转而对生活质量进行论述时，其深刻的实质应该是一种“日常生活批判”。提到日常生活批判，就不能不提列斐伏尔。他在 1936 年的《被蒙蔽的良知》中首先提出了日常生活的概念。他关于日常生活批判的思想主要集中在跨越 30 年（1947　1972 年）的三卷本的《日常生活批判》和《现代世界的日常生活》中，而 1972 年发表的《日常和日常性》一文，则是他这一思想的总结和概括。列斐伏尔认为，现代社会的日常生活是一个具有无意识特征的基础性的层次，它饱受工具理性和现代技术所主导的工业文明和官僚统治制度所带来的异化之苦，经受着语言和符号的霸权，它所包含的空间生产则使资本主义得以存在和发展，而人的解放的可能性也存在于日常生活之中。他预想了一个丰富充裕、有更多休闲、在日常欲望和需求之上的个体解放的社会，并指出，这种未来的无限可能性已经在日常生活中出现，但仅仅是片刻的。而自上而下的权力意志的笼罩，由于无法通过政治诉求改善自己的生活，因此人们转而深信通过各种行为获得精神上的自我改善是重要的，比如：吃健康有益的食品、参加各类健身班、学习各类养生知识、接受“心灵鸡汤般”的成功学辅导……总之，人们

将自身的行为转向了日常生活中那些不重要而自己能够处理和对付的各类事情，“做自己能做的事”替代了“做自己想做的事”，而后者则成了终极般的个人愿望。齐格蒙特·鲍曼在《个体化的社会》一书中，将这些个体容易掌控的事称之为“替代性的消遣方式”。在这类消遣活动中，被迫性的消费最为普遍和突出，而另一方面，这也揭示出了在“日常生活”中还存在着其他逃逸方式。

在列斐伏尔看来，日常生活暗示了普通、平庸，而至关重要的是它蕴涵了连续的重现和持续的重复。这样一来，日常生活就构成了所有事情的尺度：社会关系的尺度、时间和空间的分配和运用的尺度、艺术实验的尺度乃至革命与政治学的尺度。资本主义要求人的一切活动，包括日常生活和整个社会文化都直接服务于资本的生产和再生产。在这样的状态下，世界作为统一的整体，变得不可理解和难以辨认，它成为了不可沟通的各类专业理性的碎片。而个体则被分裂为原子化的孤立的消费者，与其他人彼此构成相互的景观。为了给这一切提供合理化解释，在流行的资本主义价值体系中，会着力地对“真实的生活”进行强调，并且将生产与消费、劳动与休闲书写为相互分离的对立面，否定劳动与工作的意义，强调消费、新奇商品与休闲的价值。对此，鲍德里亚在《消费社会》中指出：“没有人需要休闲，但是大家都被要求证明他们不受生产性劳动的约束。”以国内流行的自驾游和“驴友”为例，二者都是以脱离现有生活情境为目标的消遣，在短暂地体验自信和征服“真实性”的另一个世界的远征中，没人再去考虑社会性的问题，甚至这一行为方式就已经成了暂别世俗化的都市的“生活意义”与“个性宣言”的一部分。

在《日常生活批判》的第一卷中，列斐伏尔写道：“真正的日常生活批判将把人（现实的和可能的）与资产阶级的堕落之间的分离作为它的主要目标，并且将暗示一种日常生活的复兴。”而对于真正的人，他的描述是：“在他的现实中，他实践并实现了他的所有潜能。感到与其自身没有深刻的矛盾，他可以沉溺于他自己的自发的生命力。他自身、他的活力、他的天性的所有方面都获得了发挥。也许他是基本的和初步的，但至少他没有生活在被根本‘压抑’的状态中；并且也许他有时会满足地死去”。很显然，对个体欲望的肯定即是反对权力的宰制，以分散与微观的方式从体系化和总体性中逃逸出来。这一方式，是与精英主义的禁欲和高度专业化体制训练背道而驰的，只有这样，个体才不需要知识分子代言，从而实现对自我生活的分散讲述。由此，幸福生活的策略也将是破碎的和异变的。幸福城市生活的目标所要求的是进行一种妥协，它导向一种机会与风险之中的平衡，使相互冲突的要求达成某种“和解”，而非直面冲突的“解决”。也就是说，以有限度地牺牲自由和接受可忍受的痛苦为前提。个体则通过其真实欲望的流动和本能的实践，从日常生活中获取片段的幸福。

3 对欲望的肯定与建筑师的空间实践

面对自上而下的社会权力，建筑师在空间生产中扮演着什么角色呢？他们能否为人们的日常生活提供一些幸福的片段呢？我们还是要从对日常生活的进一步论述来看这一问题。

要使这样的日常生活发生转变，那么就要将生产与消费、劳动与休闲之间相互分离的生活，混合到多变的流动过程之中：在消费和休闲领域，人们要首先发展出一种真实的欲望以代替现有的填充物；拒绝他人所规定的行为方式，不断尝试和获得自己独有的满足；以行为的丰富过程代替单一的稳定性。这要求我们主动去建构一种全新的生活情境，即以“解放了的自由欲望”为基础，去建构个人空间和城市公共空间。在这样的命题下，广大建筑师实际上是大有文章可做的。让人叹息的是中国大部分建筑师都以专业性来取代空间设计背后的社会性，对空间的政治经济文化关系置若罔闻，不思考已经成了设计师乃至知识分子的通病。对此，李巨川 2002 年就在《建筑师与知识分子》一文（载《时代建筑》2002 年第 5 期）中指出：“实际上，当代建筑学的理论和实践早已超越了这样一个阶段。现代资本主义的发展，建筑师职业的高度专业化，使得经典建筑师的意义不再存在。在这样一种情势下，成为大师，创造出优秀的、永恒的‘艺术作品’的想法终于被彻底抛弃。今天最具活力的建筑师，是那些将自己的工作置于更广泛的政治经济文化关系之中，更多地通过一种批判性的因而也是创造性的活动——而不是几件精美作品——来实现一种专业知识分子意义的建筑师。”

建筑师表面上进行的只是对空间的规划与设计，但是在这一设计行为中是包含着空间实践的：建筑师们的设计先被转换为实体空间，再由使用者通过与实体空间之间的实践行为完成。这么一来，建筑师就有了通过其行为来改变与改善我们日常生活的可能。在情境主义的三种主要实践策略“漂移”、“异轨”和“建构情境”之中，建筑师们完全有可能通过“建构情境”的方式，创造出否定庸常景观、还原真实生活的瞬间。“建构情境”（construction situation）是指主体根据自己真实的愿望重新设计、创造和体验人的生命存在的过程。居伊•德波认为：建构情境就是建构革命性的否定景观的情境，情境就是某种“景观的破裂”，而集中的景观从根本上与官僚政治资本主义相联系。故而在情境中，人们能够表达在日常生活中受到压抑的欲望和得到解放的希望。情境式的空间建构，我们可以从历届“深圳城市\建筑双年展”中各位建筑师们带有装置互动特征的作品中得以体察，筑博公司的冯果川与 Laura Belevica、Aaron Robin 于 2007 年创作的“稠空间：蛋”、“稠空间：线”两件空间装置作品，以及 2009 年筑博建筑工作室的“摇摇屋”就属于这一类型。

在更为普遍的设计行为中，建筑师们接受来自政府和资本的两种委托，当面对市场化的甲方的时候，建筑师有着更大的实践空间，这是因为后者遵循着市场化的逻辑，将空间视作社会产品，而建筑师则可以通过其专业知识对资本意志形成屏障，由此营造出更符合人的日常欲望的空间。我们先区分一下需要与欲望这两个层次。人们对于衣食住行这些与生存相关的基本需要是普遍、客观而具体的，它们又受到不同的传统习俗和宗教信仰的影响。无论我们对其是否有欲望，这些需要都是存在的。而欲望虽然被认为反复无常，甚至有着“欲壑难填”的虚伪而腐朽，但是也有相对稳定的、伴随着自觉的主观意志的欲望。这样的欲望决定着个体日常生活的秩序，可以作为我们各种活动和努力的参照目标。由此，个体不断为着这些目标而努力，我们则可以认为这些人都在追求着自己定义中的“善”，这是应该得到他人尊重的。这样的尊重扩展到对他人追求其生活目标的平等权利的尊重，扩展到对他人生活方式的尊重，其结果是一幅自由主义的道德图景，它为现代社会的道德多元化奠定了基础。在这个层面上，我们可以认为：当代建筑师们的工作是右派的，他们实际上致力于对超越普遍性的各向发散的生活意志进行空间塑造。这样的空间实践，首先更依附于市场资本，更加倚重于市场“看不见的手”的自由选择，而间接地拒绝了自上而下的权力意志。其次，因为资本在趋利过程中的流动性，建筑师们的设计必须尽可能地满足消费者们分散而多主体的欲望，这就打破了精英主义和理论体系所诉求的谱系与秩序感，更多地要依赖于人们对日常空间的本能使用。而这样的使用，恰恰是被无意识和黑暗的知识所包围的，也更接近于德勒兹对欲望的肯定。对于拉康和弗洛伊德而言，欲望是由于欠缺而引起的一种主体心理状态，因而它是匮乏式的、收缩式的、否定式的。德勒兹则将欲望看成是生产性的，它具有积极主动的特征，因而是富有创造性的、非中心性的和非整体化的。

当被注入空间的欲望是和尼采所言的意志类似的创造性力量时，它具有的革命性、解放性和颠覆性即会被充分地施展出来。筑博公司 15 年间的实践和由小到大的逐步壮大就充分说明了这点。虽然无法抗逆自上而下的空间权力意志，然而筑博的建筑师们在众多的住宅与城市空间设计之中，通过对空间与人们日常生活相互影响的关注，尝试推动空间资源的合理配置，通过对日常欲望的肯定，建构平常人的人居尊严，从而使其建筑设计追求具有了社会学维度。而这一方式的空间实践方式的本身，也在肯定个体真实欲望宣泄的基础上，实现了他们作为建筑师自身从日常生活中的局部解放。

这时我会想：要是让筑博给我大表姐重新设计她运河边的房子，那会是什么模样的呢？大表姐会要求将房子建得和原先的一模一样吗？会希望在家门前加个院子再建个游泳池吗？或者在客厅里只留下她喜欢的书架？那时她住进去会感到那是自己的家吗？她有这么多钱吗？她拿得到地吗？

de films préexistants
il a été fait usage des oeuvres de
john ford
rio grande
nicholas ray
johnny guitar
josef von sternberg
shanghai gesture
raoul walsh
Since each particular sentiment
particulier
and not the entirety of life,
Reality considered partially deploys
itself in its own general unity
The spectacle in general,
as the concrete inversion of life,
The spectacle presents itself
at one and the same time
as society itself, as a part of so
and as instrument of unificati
The spectacle is not a collection of
images, but a social relation
of the existing mode of production.
in all its particular forms, information
or propaganda, advertising or direct
It is not a supplement to the real
its superadded decoration
In the world—which is in reality
turned upside down—the true
is a moment of the false.
visible negation of life; as a negation
of life become visible.
every other form of speech is banned.
The spectacle is merely the common
language of this separation.
The spectacle reunites the separated,
but reunites it as separated.
The success of this producti
its abundance, returns to the pro
Critical theory should communicate
itself in its own language.
It is critique of the totality
and historical critique.
and an abomination according to
the rules of the dominant language,
and for the taste they have
educated, because in the
Detournement has based its cause on
nothing exterior to its own truth
all durable autonomy to the sphere of
the expressed theoretical, by causing the
It is a matter of possessing in fact
the community of dialogue and the play
with time which have been repre
by poetico-artistic work.

ough the diversity of sentiments,
des sentiments.
and thus rediscover itself
in the sum of diversity.
in love, the separate still exists,
encore,
CE FILM EST DÉDIÉ
À ALICE BECKER-HO
part of society, it is the sector
hat concentrates all looking
is nothing other than an official
language of generalized separation.
positive and also made plain
that much remains to be done.
social praxis that has split into
reality and into image.
is also the real totality which contains
the spectacle.
SHOPPING
But the split in this totality
mutilates it to the point of making
ts monopoly over appearance.
The spectacle forces the submission
of living men to the degree that the
The fact that the practical power of
modern society has broken off of its own
is at the root of the spectacle.
very forces which have escaped
ow themselves in their full power.
powerfully all the details of his
world, and thus finds himself
The more his life is now his own
production, the more he is
ON POURRAIT RECONNAITRE ENCORE
QUELQUE VALEUR CINÉMATOGRAPHIQUE
A CE FILM SI CE RYTHME SE MAINTENAIT :
ET IL NE SE MAINTIENDRA PAS.
itive use of existing concepts,
ncludes both the intelligence
relations between concepts and by the
detournement of all the acquisitions
Detournement is the fluid
language of anti-ideology.
art, having become independent,
resents its world with sparkling
When art, having become independent,
represents its world with sparkling
The greatness of art begins
to appear only at the end of life.
I couldn't sleep.

居伊・德波/《景观社会》

2011 年是中央“四万亿”救市计划的最后一
口号之下，把该花的、不该花的 16 万亿元花了
事故就以生命的代价宣告了中国高铁“大跃进
跟上 GDP 和 CPI 增速的时候，中国已然进化
人为本”的吗？反正我信了。

回头看看新中国成立以来的历程，我们会更明
国成立后的“建设工业城市”；大跃进时期的
下乡”；改革开放后的“建设国际都市”；城市
“大学城热”……这些跃进式发展是由国家的
员依赖政绩，经济依附权力。进而我们发现：
它是为生产而建的，其历时性差异在于生产重
市场化始终是国家资本主义之下“社会主义特
心何去何从，其思维模式依旧是计划经济的思

当住房与医疗与教育一起成了老百姓头上的“
出来呢？（朱晔）

地方政府也在“保增长、扩内需、调结构”的
京沪高铁开通还不到一个月，甬温线“7·23”
的破产。老百姓们在发现自己的消费力始终没
球奢侈品消费的第二大国。不是说好了要“以

到：中国的发展模式处于跃进式发展状态。新中
快上”、“一大二公”；“文革”时期的“上山
中的“房地产热”、“新城热”、“开发区热”、
制所决定的：体制自上而下，资源高度集中，官
国建立以来，中国的城市就不是为生活而建的，
而在步骤上则举国同步。中国改革开放至今的
有限市场化，只有国家权力意志才能决定生产重
非是期望控制得更加精细而已。

大山”的时候，我们的城市到底还要生产些什么

城市 = 生产

City Equals Production

1949年至今中国城市化发展的六个阶段

1949—1957年

以建设工业体系为主，通过对农业和资本主义工商业的社会主义改造，建立国家控制的计划经济体系；

1958—1977年

以意识形态生产为主，城乡二元体制确立，大跃进与十年动乱导致城市的萎缩与停滞；

1978—1986年

以家庭联产承包制、乡镇企业建设开始农村改革，以新一轮的农村包围城市方式开启城市化的复苏；

1987—1997年

以土地商品化带动城市化，沿海城市以招商引资方式逐步建立“中国制造”基地，进行政府控制式的市场化改革；

1998—2008年

以全民住宅商品化带动城市地产热，以土地为核心生产资料的房地产业成为国民经济的支柱产业；

2009年至今

金融危机背景下的政府调控，城市化向区域一体化与城乡一体化推进。

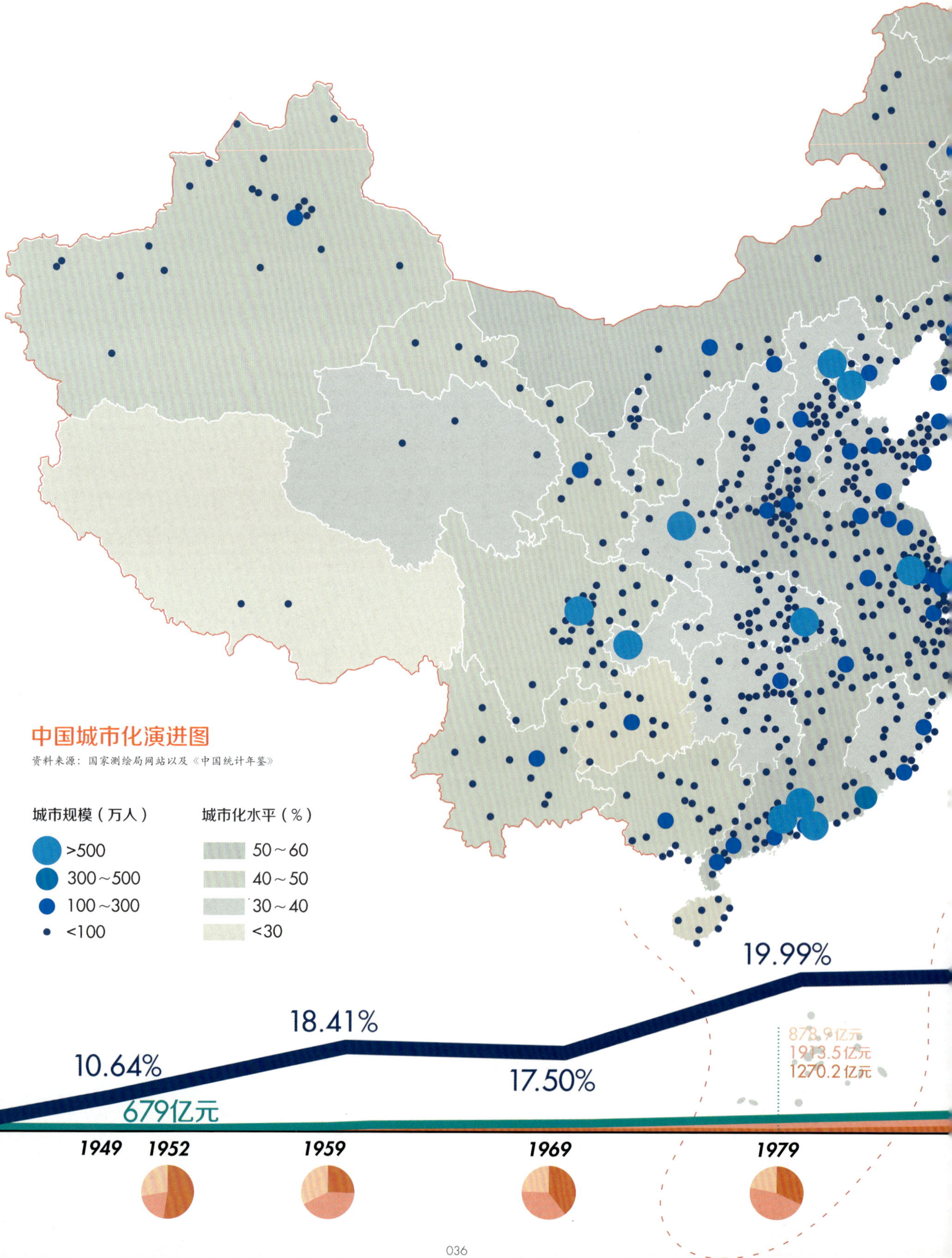

中国城市化演进图
资料来源：国家测绘局网站以及《中国统计年鉴》
城市规模（万人）
>500
300～500
100～300
<100
城市化水平（%）
50～60
40～50
30～40
<30
10.64%
18.41%
17.50%
19.99%
679亿元
878.9亿元
1913.5亿元
1270.2亿元
1949
1952
1959
1969
1979

中国城市化线索（1949-2011年）

Clue of China's Urbanization Process, 1949-2011

文字/朱晔、姜珺 制图/何柳维
Text/Zhu Ye、Jiang Jun Diagram/He Liuwei

新中国建国以来，城市化水平大幅提高，城市个数由建国前的135个增加到2008年的655个，城市化水平由1949年的7.3%提高到2008年的45.68%；城市规模不断扩大，100万人口以上城市从1949年的9个，发展到2008年的122个；而伴随着建国后工业化在沿海和内地之间的几次来回迁移过程，中国的城市布局也由建国之初的集中于沿海，而拓展到了广大内陆地区，城市空间分布日趋平衡；2000年之后，城市群崛起，据统计，2008年全国地级以上城市（不包括市辖县）国内生产总值（GDP）占全国的62%，城市化在国民经济中日益扮演中心角色。

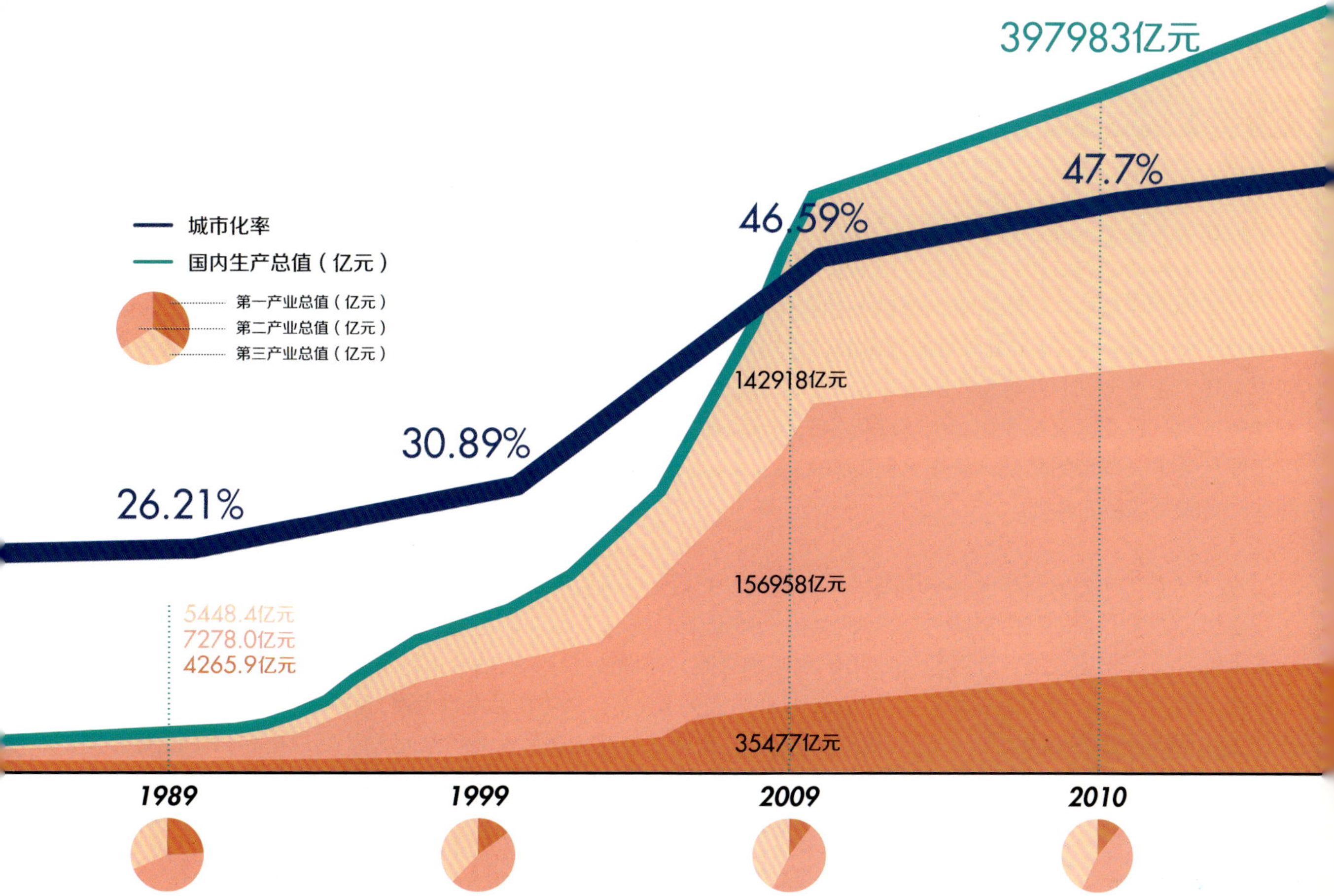

1949—1957 年，建设工业城市

经过了从新中国成立到 1952 年年底的国民经济的恢复期，新中国以 1953 年的“一五”计划为指导，开始了全面建设。面对朝鲜战争和东西方对立的形势，毛泽东说：“现在我们能造什么？能造桌子椅子，能造茶壶茶碗，能种粮食还能磨成面粉，还能造纸，但是一辆汽车、一架飞机、一辆坦克、一辆拖拉机都不能造”，重工业生产顺理成章地成为了国民经济的首选。参照苏联的计划经济模式，并在其全面援助之下，“一五”计划所确定的基本任务是：集中主要力量进行以苏联帮助我国设计的 156 个建设项目为中心、由 694 个大中型建设项目组成的工业建设，优先发展重工业，建立国家工业化和国防现代化的初步基础；发展部分集体所有制的农业生产合作社，以建立对农业和手工业社会主义改造的基础；基本上把资本主义工商业分别纳入各种形式的国家资本主义的轨道，以建立对私营工商业社会主义改造的基础。

在“一五”计划的五年内，全国经济和文教建设的投资总额为 760 多亿元，立足于工业建设的城市规划和建设指导思想，使得社会主义生产体系在较短时间内迅速建立。“一五”期间的各项重点工程在各大中城市的布点和实施，大大推动了城市化的发展，许多新工业和矿业城市兴起，并诞生了 11 座新城市，城市人口数从 1949 年的 2700 万上升至 1957 年的 5400 万，城市人口比例从 5.1%上升为 8.4%。当年在苏联计划经济体制影响下形成的城市规划理论作为主要潮流影响至今。另一方面，农业成为了工业原始积累的基础，合作化运动和随后的户籍制造成了城乡间的二元割裂。在一切为工业生产服务的原则下，城市化进程也以尽可能降低社会成本为指导，这使得城市基础设施在容纳众多工业部门的同时缺少必要投资，变得不堪重负。“控制大城市、发展中小城市并分散布局”的城市化政策，成为了此后中国城市化的基本模式。

“国家在过渡时期的总任务是逐步实现国家的社会主义工业化，逐步完成对农业、手工业和资本主义工商业的社会主义改造。”

——《中华人民共和国宪法》，1954 年

分土地 (fēn tǔ dì)

“打土豪，分田地”的农村政策是与“农村包围城市”的新中国革命方针相对应的：中国的最大问题是农民问题，而农民最大的问题是土地，土地问题关系到政党的执政。1950 年 6 月，《中华人民共和国土地改革法》公布施行。作为新中国成立之后的第一次土地改革，将土地从地主手里分给农民，使农民获得了土地所有权和经营权，极大地调动了农民的生产积极性，解放了农村生产力，为新中国的工业化做好了准备。

xué xí sū lián

学习苏联

苏联援建的156个项目为中心的工业建设，为我国建立了比较完整的基础工业体系和国防工业体系，奠定了新中国工业化的基础。同时，这些项目主要配置在东北、中部和西部地区，使新中国的工业布局第一次由沿海拓展到了内陆。在帮助中国建立工业基础的同时，苏联也把计划经济体制下的城市规划带到了中国：从规划理论、规划程序、规划方法到技术标准，其方法主要是聘请苏联专家来华指导工作。从1952—1957年，在苏联专家的帮助下，中国共有150多个城市编制了规划，这些规划对中国城市规划的影响极深，奠定了新中国城市建设的基础。苏联规划模式的特点在于：城市规划要为生产服务，城市从属于工业生产；比较注重在全国范围内对生产力进行合理布局，以缩小地区发展差异；建立并加强区域中心以促进整个地区经济、社会和文化的发展；控制大城市的发展。

“今后新建的城市原则上以中、小城镇
数中等城市，没有特殊原因，不建设大

yī wǔ jì huà
一五计划

“一五计划”于 1957 年底完成：595 个大中型工程建成投产，初步奠定了全国工业布局的基础；工业总产值比 1952 年增长 128.6%，五年合计钢产量 1656 万吨，相当于 1900 年到 1948 年间总产量的 218%，煤产量达到 1.31 亿吨，比 1952 年增长 98%；产业结构中工业产值所占比重由 1949 年的 30% 提高到 56.5%，工业中重工业的比重由 26.4% 提高到 48.4%。此外，1957 年粮食产量达到 3901 亿斤，棉花产量达到 3280 万担，都超额完成了计划。但在发展的数据背后留下的农业与农村问题、急躁与冒进等，都成为了此后相当长时间的后遗症。

工人镇为主，并在可能的条件下建设少

”

。

——建筑工程部，1955 年

nóng yè hé zuò huà yùn dòng

农业合作化运动

农业合作化运动即对农业的社会主义改造，继第一次土改将土地分给农民之后，第二次土改将土地以社会主义改造为名收归集体。这一运动经历了以下三个阶段：第一阶段是1949年10月至1953年，以办互助组为主，同时试办初级形式的农业合作社；第二阶段为1954年至1955年上半年，初级社在全国普遍建立和发展；1955年下半年至1956年年底，是农业社会主义改造的第三个阶段，也是农业合作化运动的迅猛发展时期。到1956年年底，参加合作社的农户占全国农户的96.3%，其中参加高级社的农户占全国农户的87.8%。期间，中央先后两次颁布“粮食统购统销的决议和计划”，农业资源被牢牢地纳入到了国家的计划经济体系中，成为了为工业发展提供支持的基础。

“我看大城镇不好，要多搞小城镇。”

——毛泽东，1953年

1958—1977 年，跃进、萎缩和停滞

“鼓足干劲，力争上游，多快好省地建设社会主义！”

—— 中共八大二次会议，1958 年

1956 年苏共二十大对斯大林的批判导致中苏关系开始出现裂痕。这一年苏联对波兰和匈牙利的大棒式入侵，随后“一五”计划的成功，使得中国希望摆脱苏联模式，独立探索建设社会主义的道路，这直接导致了 1958 年大跃进的发生。1958 年 5 月，中共八大二次会议正式通过了“鼓足干劲，力争上游，多快好省地建设社会主义”的总路线。对客观经济规律的忽视，使得大跃进中以“高指标、瞎指挥、浮夸风、共产风”为主要标志的“左”倾错误严重泛滥：农村大建人民公社期望一夜跨入共产主义，城市里大炼钢铁力争赶英超美；全国有 2195 个城镇安排了工业项目，三年中共有 3000 万农村人口进城；城市建设中提出要用“城市建设的大跃进来适应工业建设大跃进”的口号，三年中全国设市城市增加了 33 个，建制镇增加了 175 个，城市人口在 1961 年达到 6900 万，占总人口的 10.5%。

“大跃进”使大量农村人口进入城市，“人民公社”运动则抑制了农民的生产积极性。1959 年 7 月，长江洪水、农作物欠收，全国粮食产量倒退至 1951 年的水平，多数省市出现了大饥荒。饥荒宣告了大跃进的失策，国民经济比例严重失调，三年自然灾害损失惨重。据学者的估算，1959　1961 年间，因饥饿而死亡的人数大约有 1335 万人。其中受灾比较严重的地区是安徽、四川、贵州、甘肃、青海、河南。1960 年 7 月起，苏联釜底抽薪地撤走了所有专家，我国国民经济进入困难时期。中央决定从 1961 年开始实行“调整、巩固、充实、提高”的调整政策，包括进口粮食、减少城镇人口、缓建和停建一批工业项目、撤销部分城镇等。一部分新设市恢复到县级建制而一部分地级市则降级为县级市，三年间城市总数合计减少 25 座（1963 年一年就撤销城市 24 座），城镇化水平也骤降 2.46 个百分点，为 16.84%。面对严峻的粮食危机，中央分别于 1961 年和 1962 年两次将 2600 万城镇人口动员回乡和下乡，以减少农村的粮食征购。

经过三年的经济调整，重新均衡轻、重工业的比重，农业从三年饥荒中恢复过来。中央在 1963 年提出了“解决吃穿用”的注重民生的新建设方针，但 1964 年美国在越南制造的“北部湾事件”以及派出核潜艇驶入亚洲沿岸等国际局势的变化，使毛泽东认为国际局势十分紧张，战争不可避免。中央遂于 1965 年将以经济建设为中心的方针转向了战备建设，并开始了 1937 年之后的第二次工业的空间大迁移——三线建设。截至 1965 年，城市人口从 6900 万降至 6700 万，城市人口比例也降至总人口的 9.2%。随后而来的“文化大革命”严重干扰了国家经济的发展，中国城市在跃进和萎缩之后进入停滞阶段，数百万的年轻人随着“上山下乡”而下放农村，城市人口在 6000 万　7000 万间徘徊，城市人口比例也降至总人口的 8.5% 左右。

rén mín gōng shè

人民公社

1956 年中国农村合作化运动基本完成了高级社的覆盖，每社平均 200 户左右。1957 年冬和 1958 年春的农田水利建设高潮，又出现了联队、联社。毛泽东考虑到当时以大搞兴修水利为特点的农业生产建设的发展需要，觉得需要办大社。1958 年 7 月 1 日《红旗》杂志第 3 期《全新的社会，全新的人》一文中，明确地提出“把一个合作社变成一个既有农业合作又有工业合作的基层组织单位，实际上是农业和工业相结合的人民公社”。此后，人民公社运动在各地农村铺开，以急于向共产主义过渡的姿态，刮起了“一平二调三收款”的“共产风”。人民公社内部往往建设得自成一体，各种公共设施一应俱全，对于农民来说，它一定程度上促成了乡村城市化的过程。但公社实行的政社合一和按需分配的制度，却极大地抑制了农民的生产积极性，为大饥荒埋下了伏笔。1961 年，随着公社、生产大队、生产队“三级所有、队为基础”的经济体制的确定，公社“一本账”变为“三本账”，但生产队向生产大队负责、生产大队向公社负责的计划管理体制一直延续到 1984 年人民公社正式解散。

“要在十年到十
设成为社会主义
年到十五年内基

chéng xiāng èr yuán tǐ zhì

城乡二元体制

“一五”时期所建立的以重工业为主的国家工业体系，内在地具有“资本排斥劳动”的机制，而优先发展重工业也需要由农业来为工业发展提供稳固充足的原始积累资本，这种经济建设体制使国家不得不将农民固定在农业生产之中，限制农民进入城市。1958 年，全国人大常委会通过并公布了《中华人民共和国户口登记条例》，使户口登记有了全国统一完整的法律依据，城乡二元户籍制度由此确立。城乡分离的“二元经济模式”从此根深蒂固，直到改革开放后，户籍制度才逐渐有所松动。

左右的时间内，把我国的城市基本建
化的新城市。对于旧城市，也要求在十
造成社会主义的现代化的新城市。”

——建筑工程部，1960 年

shǒu dū shí dà jiàn zhù

首都十大建筑

首都十大建筑是 1958 年 9 月以后开工兴建的，在建国十周年大庆前夕竣工的十大献礼工程，包括：人民大会堂、中国革命和中国历史博物馆、中国人民革命军事博物馆、民族文化宫、民族饭店、钓鱼台迎宾馆、华侨大厦、北京火车站、全国农业展览馆、北京工人体育场。1958 年 9 月 6 日，时任北京市副市长的万里召集北京 1 万多名建筑工作者开会，作关于国庆工程的动员报告。除了组织北京的 34 个设计单位之外，还邀请了上海、南京、广州等地的 30 多位建筑专家，进京共同进行方案创作。建筑专家、教授、工人、市民都提出了自己的建议，人们对各项工程先后提出了 400 个方案，其中仅人民大会堂就提出了 84 个平面方案和 189 个立面方案，并结合工程对天安门广场提出了多种规划意见。在大跃进激进的氛围中，1958 年的天安门广场改造使这里成为了世界上最大的城市广场：占地 $44hm^2$，能同时容纳 100 万人；而首都十大建筑则是中国建筑师在当时的封闭条件下进行的一次独立的现代建筑创作探索。

“三年不搞城市规划。”

——全国计划会议，1960 年

ān gāng xiàn fǎ
鞍钢宪法

1960年3月，毛泽东在中共中央批转《鞍山市委关于工业战线上的技术革新和技术革命运动开展情况的报告》的批示中，以苏联经济为鉴戒，对我国的社会主义企业的管理工作作出总结，强调要实行民主管理，实行干部参加劳动、工人参加管理，改革不合理的规章制度，工人群众、领导干部和技术人员三结合，即“两参一改三结合”的制度。1961年制定的“工业七十条”，正式确认了这一管理制度，并建立了党委领导下的职工代表大会制度，使之成为扩大企业民主，吸引广大职工参加管理、监督行政、克服官僚主义的形式。毛泽东把“两参一改三结合”的管理制度称之为“鞍钢宪法”，使之与苏联的“马钢宪法”（指以马格尼托哥尔斯克冶金联合工厂经验为代表的苏联一长制管理方法）相对立。欧美和日本管理学家认为，“鞍钢宪法”的精神实质是“后福特主义”，即以“团队合作”对福特式僵化、以垂直命令为核心的企业内分工理论的挑战。

“调整、巩固、充实、提高”
——中共八届九中全会，1961年

sān xiàn jiàn shè

三线建设

三线建设始于中央对全球战争的忧虑，为了战备需要以政治力量强力擦写经济空间布局，以军事迁徙的突变方式对工业进行从东到西的乾坤大挪移。1964~1978 年，中国中西部的 13 个省、自治区进行了一场大规模的国防、科技、工业和交通基本设施建设，历经三个五年计划，投入资金 2052 亿元，投入人力高峰时达 400 多万，安排了 1100 个建设项目。三线地区位于我国腹地，离海岸线最近的在 700km 以上，距西面国土边界上千公里，加之四面分别有连绵的山脉作天然屏障，在准备打仗的特定形势下，是较理想的战略后方。其中，由川、黔、滇组成的“两点一线”是三线建设中的重中之重，两点指四川攀枝花钢铁基地和贵州六盘水煤炭基地，一线指连贯四川和云南的成昆铁路。虽然因为战备的需要，三线建设各项目具有不讲求效率的隐蔽性、分散性等非城市化特点，但在宏观层面上再一次改变了国家工业东西部布局的不合理状况，促进了内地省区的经济和科技文化发展，给日后西部的建设提供了条件。

“争取时间，积极建设三线战略后方，防备帝国主义发动侵略战争。”

——1965 年计划纲要

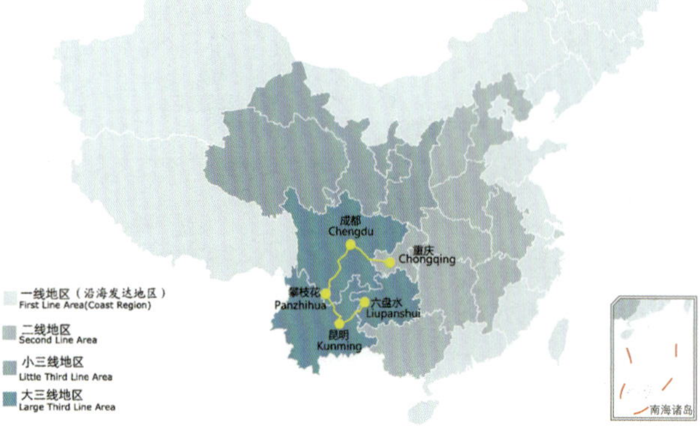

wén huà dà gé mìng

“文化大革命”

“文化大革命”开始于 1966 年，现在被广泛认为是中华人民共和国建国至今最动荡不安的灾难性阶段，被称为“十年动乱”或“十年浩劫”。“文化大革命”自 1966 年开始，到“四人帮”被捕后宣布结束。此十年间，中国的城市化停滞，国家大大加强了业已形成的优先重工业投资和依靠农业进行原始积累的模式，以大量动员城市青年上山下乡和严格限制农民转变身份的城市政策，通过抑制城市化来推动工业化的方式推到极限，城市建设几乎停止，投资强度降低到了有史以来的最低点。在“文革”期间，红卫兵在各地的串联，使得全国上下出现了非生产性的人口流动。北京市的街道名称也被更改为与当时意识形态相符合的革命字眼。

“抓革命，促生产。”

——《人民日报》社论，1966 年

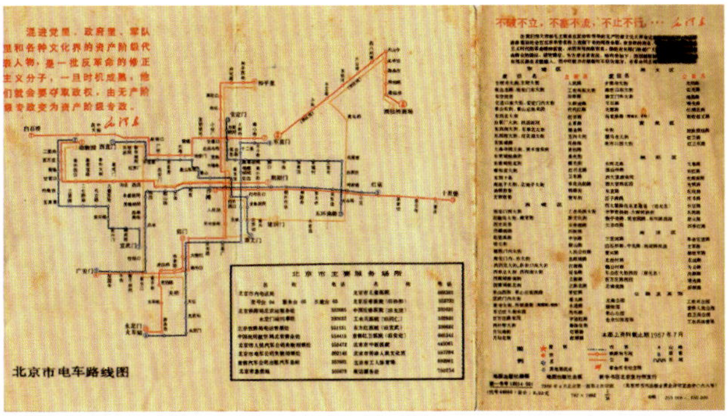

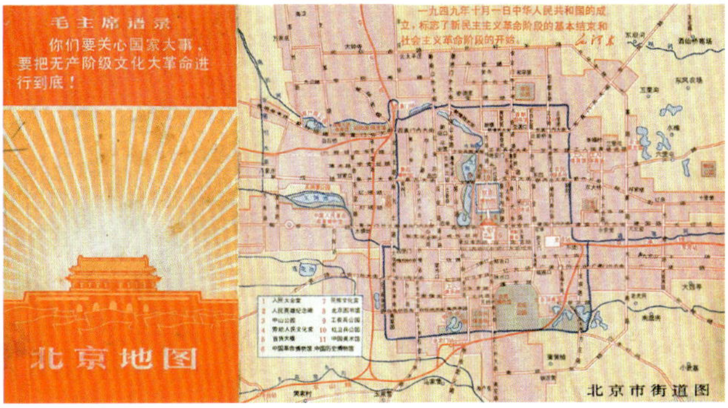

shàng shān xià xiāng

上山下乡

大跃进失败使得城市人口的就业途径变得空前狭窄，众多青年中学毕业后无法升学，面临就业困难。在此背景下，各地于 1962 年起有组织、有计划地动员知识青年上山下乡。真正有组织、大规模地把大批城镇青年送到农村去，则是在“文革”中期毛泽东决定给红卫兵运动刹车的时候。1967 年北京市的红卫兵主动申请到边疆插队落户，拉开了“文革”十年大规模上山下乡运动的序幕。1968 年 12 月，毛泽东下达了“知识青年到农村去，接受贫下中农的再教育，很有必要”的指示，上山下乡运动大规模展开，1968 年当年在校的初中和高中生（1966、1967、1968 年三届学生，后来被称为“老三届”），全部前往农村。“文化大革命”期间，上山下乡的“知青”总人数达到 1600 多万人，十分之一的城镇（市）人口以这样的方式被送往乡村和边疆，出现了罕见的从城市到乡村的人口大迁移。

“知识青年到农村去，接受贫下中农的再教育，很有必要。要说服城里干部和其他人，把自己初中、高中和大学毕业的子女送到乡下去，来一个动员。各地农村的同志应当欢迎他们去。”

——毛泽东，1968 年

rén fáng jiàn shè
人防建设

“珍宝岛事件”之后不久，苏联在中苏边境上陈兵百万。1969 年 4 月中共九大报告称：“我们要作充分准备，准备他们（指苏联）大打，准备他们早打。准备他们打常规战争，也准备他们打核大战。”10 月中下旬，整个国家处于临战状态，战备运动进入高潮。各大中城市大挖人防工事，成千上万的城市居民被卷入紧急战备之中。到 1971 年，国家决定每年用 6 亿元来搞人防工程建设，1972 年毛泽东明确发出“深挖洞、广积粮、不称霸”的指示，使“备战、备荒、为人民”的战略方针更加具体化。从城市化的角度看，这些人防工程的建设是我国城市现代地下空间开发利用的起步，但以战备为目的的建设，整体规划与设计，功能单一、质量低劣、布局与城市建设脱节。

dòng luàn zhōng de jiàn shè

动乱中的建设

1968 年 9 月和 12 月南京长江大桥通车，这是新中国第一座依靠自己的力量设计施工建造而成的铁路、公路两用桥，它的建成开创了我国“自力更生”建设大型桥梁的新纪元。工厂与基建之外，“文革”期间的城市规划基本停止，只有因三线建设而兴起的新兴工业城市攀枝花的规划，与因重建 1976 年遭大地震毁灭的城市唐山的规划，成为了“十年浩劫”中的少数特例。

“工业学大庆，农业学大寨，全国学人

——周恩来《政府

dà qìng yǔ dà zhài

大庆与大寨

大庆与大寨是新中国在 20 世纪 60 和 70 年代中被标榜为学习典范的工业生产建设和农业生产模式，它们不仅仅是中国人民在艰难岁月中奋斗拼搏的精神来源，从规划的角度讲，它们体现了新中国摸索自己特殊发展模式的两种典型。大庆的城市规划首次将工业活动、农业生产和社会服务有系统地集中起来，在新中国历史上首次引入了小城镇建设模式，被称为工农结合和城乡结合的典范。大寨的规划则体现了乡村城市化的过程，表现在通过人民公社化运动，建立大量的城市化设施，如托儿所、诊所、邮局、书店等。这些建设与当时乡村的生活虽然不切实际，但它超前性地预示了今日新农村建设的一些可能路径。

放军。”

告》，1964 年

1978—1986 年，城市化的复苏

“文化大革命”期间停止的高校招生在 1977 年冬恢复，当年有 27.3 万人通过高考回到城市。1978 年，云南知青掀起大罢工，上京请愿要求回城，由此拉开了知青返城的序幕。此后大约有两千万知青陆续回到城市。人口从农村向城市的迁移，预示着在“文化大革命”期间被打断的城市化过程正逐步恢复。1978 年 12 月 18 日，十一届三中全会在北京召开，提出以经济建设为中心，实行改革开放政策。这标志着经历了十年停滞之后，中国各项建设的重新启动。

改革首先从农村开始。1978 年 12 月，安徽凤阳小岗村 18 户农民秘密签订契约，决定将集体耕地承包到户，搞大包干。1980 年 9 月，中央发出文件，将这一做法推广到全国。随着家庭联产承包责任制的推行，土地重新回到了农民手中，激发了农民的生产积极性，农业在改革开放初期出现了超常规增长。农民收入的增加刺激了有效需求，而富余的农村劳动力则获得了自由发展和流动的机会，促成了 20 世纪 80 年代中期乡镇企业和小城镇发展的高潮。

在城市建设方面，1979 年国家建筑工程总局、国家城市建设总局重新成立。当时城市经济体制改革的一项重要任务就是打破长期形成的条块分割、封闭式的城市经济管理体制，代之以充分发挥城市的中心作用，大力发展横向经济联系，逐步形成以城市为依托的、不同网络型的经济区。此外，随着“市带县”体制的推行，“以城带乡、城乡结合”的新型城乡关系逐步建立。在这种形势下，全国广泛地开展了城镇体系规划，从区域范围来研究安排城镇的发展和布局，各城市的总体规划也陆续编制完成。这一阶段，特区城市和沿海开放城市作为中国计划经济向市场经济转型时期的产物，成为了在空间上验证生产资料所有制形式与生产力之间互动关系的试验室和改革开放的窗口。

随着城市化进程的加速，1978—1988 年间，中国城市数目从 193 个增长至 434 个，城市人口每年增长 20.7%，1988 年城市人口占总人口的 25.8%。

jì huà shēng yù
计划生育

我国从 1980 年开始逐步推行严格的计划生育政策，这深切地影响了中国当今的人口与家庭结构。1980 年 9 月召开的五届人大第三次会议上确立了 20 世纪末将中国人口控制在 12 亿以内的奋斗目标，而这一奋斗目标又与人均 1000 美元的追求相联系。弱贫的中国在三中全会之后急需解决的问题就是如何尽快富强起来，并在 20 世纪末尽快实现“四个现代化”的宏伟目标。“人口多”和“底子薄”与经济增长被认为有着必然的因果关系，于是“少生孩子”就成了国家发展的又一出路。1980 年，中共中央发出《关于控制我国人口增长问题致全体共产党员、共青团员的公开信》，号召党、团员带头执行新的计划生育政策，倡导一对夫妇只生一个孩子，即“独生子女”政策。计划生育在城市开始与干部考核、升职、就业挂钩。《公开信》发表后，那些想要两个孩子或者已经有了女孩但希望要男孩的夫妇意识到随后的政策会日趋紧张，故而出现了一次突击性生育的小高峰。1981 年全国人大五届四次会议通过的《政府工作报告》中，把中国的人口政策概括为“限制人口的数量，提高人口的素质”，明确了计划生育工作的范围，根据这一政策提出的“晚婚、晚育、少生、优生”的要求，取代了 20 世纪 70 年代“晚、稀、少”的提法。1982 年，中共十二大报告正式把实行计划生育确定为我国的一项基本国策。

bǎo hù lì shǐ wén huà míng chéng

保护历史文化名城

1982 年国家公布了第一批 24 个历史文化名城，创立了历史文化名城保护制度。之后又陆续公布了历史文化名城保护的名单。同年颁布的《中华人民共和国文物保护法》，则将文化遗产保护纳入到法制化的体系建设之中。1985 年中国加入《世界遗产公约》，文物的概念逐渐被“文化遗产”所取代，中国也开始与国际接轨，申请项目列入世界遗产名录。历史遗产建立起了文物建筑、历史街区和历史文化名城三个立体层次的保护体系，历史文化名城保护也逐渐从抢救性保护、原真性保护逐步演变为强调多样性的保护活用。演变至今日，多数的名城保护和“申遗”在城市化进程中沦为了城市形象工程和商业开发的布景与道具。

“从 1981 年到本世纪末的 20 年，我国经济建设总的奋斗目标是，在不断提高经济效益的前提下，力争使全国工农业的年总产值翻两番，即由 1980 年的 7100 亿元增加到 2000 年的 2.8 万亿元左右。”

——十二大报告，1982 年

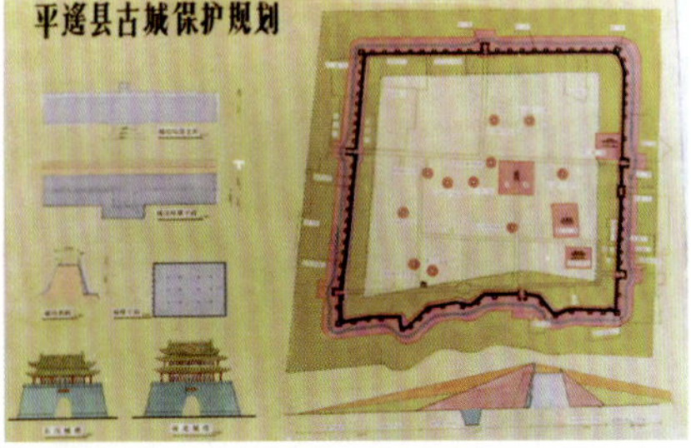

xiāng zhèn qǐ yè
乡镇企业

联产承包责任制使农民能够自由地参与非农业生产，但囿于严格的城乡二元体制，这种生产仍主要集中在农村或城镇，由此促使1978—1988年乡镇企业在全国各地迅速崛起并迎来了第一个发展高峰期。1978—1983年，社队企业在全国各地广泛地兴办了起来。到1983年社队企业共吸收农村劳动力3235万人，总产值从1978年的493亿元增加到1983年的1017亿元。与此同时，农村个体、联户办企业也悄然兴起并逐渐发展壮大。1984年中央4号文件将社队企业正式改称为乡镇企业，对家庭办和联户办企业及时给予了充分的肯定。国家对乡镇企业采取了更加积极扶持的政策，企业在组织生产、产品销售等方面获得了较大的自主权，乡镇企业进入了第一个全面发展的高峰期。1986、1987年仅用两年的时间，就超额完成了“七五”计划的产值目标。到1988年企业个数达1888万个，从业人数达9546万人，总收入达4232亿元。乡镇企业的出现使以轻工业为主的劳动密集型产业兴起，吸纳了大批农村剩余劳动力，其中涌现了一些至今影响深远的乡镇企业模式：以集体经济为主体的“苏南模式”、以个体和私营经济为主体的“温州模式”以及以外资办厂大量吸收外地农民工为主要特点的“珠江三角洲模式”。

jīng jì tè qū

经济特区

1979 年 7 月，中共中央、国务院同意在广东省的深圳、珠海、汕头三市和福建省的厦门市试办出口特区。1980 年 5 月，中共中央和国务院决定将深圳、珠海、汕头和厦门这四个出口特区改称为经济特区。同年 8 月，批准在深圳、珠海、汕头、厦门设置经济特区，并通过了《广东省经济特区条例》，中国的经济特区正式诞生。经济特区作为中国改革开放新体制的试验田，首先被选定于具有经济地缘优势的沿海城市，它们拥有众多特殊政策，并以“时间就是金钱、效率就是生命”的价值观，颠覆了以意识形态为主导的生产模式，拉开了中国对外开放的序幕。特别是其所倚重的外向型经济，改变了新中国前 30 年主要依靠投资拉动经济增长的模式，转向以出口拉动经济增长与城市化发展。1984 年 1 月 24 日至 2 月 15 日，邓小平视察深圳、珠海、厦门三个经济特区和上海宝山钢铁总厂，先后题词肯定了建立经济特区的政策和特区建设的成就，提出：“建立经济特区，实行开放政策，有个指导思想要明确，就是不是收，而是放”。

“沿海地区要加快对外开放……较快
动内地更好地发展，这是一个事关大局
这个大局。反过来，发展到一定的时候
力量来帮助内地发展，这也是个大局。
个大局。”

yán hǎi kāi fàng
沿海开放

1984 年 3 月 26 日至 4 月 6 日，中央书记处、国务院召开了沿海部分城市座谈会，决定进一步开放大连、秦皇岛、天津、烟台、青岛、连云港、南通、上海、宁波、温州、福州、广州、湛江、北海 14 个沿海港口城市。从 1985 年起，又相继在长江三角洲、珠江三角洲、闽东南地区和环渤海地区开辟经济开放区。1988 年，批准海南建省并成为经济特区。这些地区为外商投资者提供优惠，充分利用国外资金、技术、管理经验和本地的优势，兴办中外合资、中外合作和外商独资企业，扩大对外贸易，加速经济发展。由此，中国沿海地区形成了包括约 2 亿人口的对外开放前沿地带，并进而形成了“经济特区—沿海开放城市—沿海经济开放区—内地”这一多层次、有重点、点面结合的对外开放格局。

发展起来，从而带
题。内地要顾全
要求沿海拿出更多
沿海也要服从这

—邓小平，1988 年

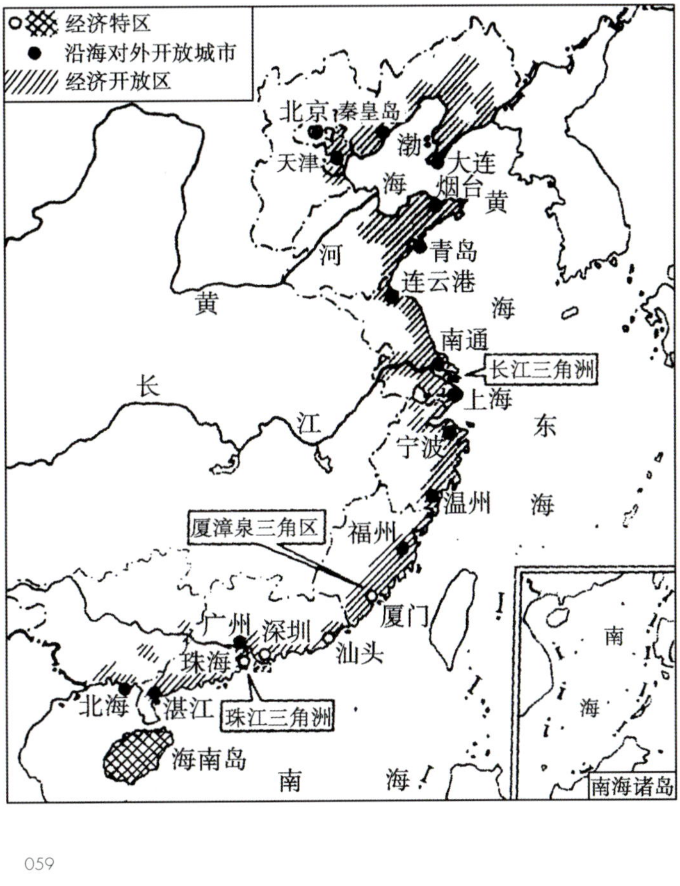

1987—1997 年，以土地带动的城市化

“我的一贯主张是，让一部分人、一部分地区先富起来，大原则是共同富裕。一部分地区发展快一点，带动大部分地区，这是加速发展、达到共同富裕的捷径。” ——邓小平，1986 年

随着乡镇企业的发展和农村改革步入正轨，20 世纪 80 年代中期，面向城市的改革开始启动，其核心是激活土地等存量资本，使之进入市场，以此带动经济与城市化发展。1949 年后，中国确立了土地的社会主义公有制，同时宪法明确规定“任何组织或者个人不得侵占、买卖、出租或者以其他形式非法转让土地。”这就形成了旧的国有土地使用制度的主要特征，一是土地无偿使用，二是无限期使用，三是不准转让。由于没有把土地的所有权和使用权分开对待，致使土地无偿占用，乱占、多占的情况屡禁不止，造成土地资源的极大浪费。改革开放前，中国城镇国有土地实行的是单一行政划拨制度，国家将土地使用权无偿、无限期地提供给用地者，土地使用权不能在土地使用者之间流转。从 20 世纪 80 年代起，中国开始土地管理制度的改革，主要分两方面进行。第一，土地行政管理制度的改革。1986 年，国家通过了《土地管理法》，成立了国家土地管理局。第二，土地使用制度的改革，把土地的使用权和所有权分离，在使用权上，变过去无偿、无限期使用为有偿、有限期使用，使其真正按照其商品的属性进入市场。

1987 年 4 月国务院提出使用权可以有偿转让，同年 9 月，深圳率先试行土地使用权有偿出让，出让了一块 5000 多平方米的土地使用权，限期 50 年。12 月，深圳市公开拍卖了一块国有土地的使用权。这是中国土地使用制度带有根本性的改革：按照土地所有权与使用权分离的原则，国家在保留土地所有权的前提下，通过拍卖、招标、协议等方式将土地使用权以一定的价格、年期及用途出让给使用者，出让后的土地可以转让、出租、抵押。1992 年的邓小平南巡讲话和中共十四大确立了经济体制改革和土地市场培育的进程。中共十四届三中全会决定把土地使用制度的改革作为整个经济体制改革的重要组成部分，并且明确规定了规范和发展土地市场的内容和要求。土改再次成为热点话题，由此引发了 20 世纪 90 年代以开发区热和房地产热为代表的圈地运动，大量财富涌现的过程中，新的利益格局也在重新确立。与此同时，伴随着新的经济体制的出现，构建与之相适应的城市空间体系成为新议题。通过市场配置土地的范围不断扩大，实行土地使用权有偿、有限期出让已扩展到全国各地。特别是在经济特区和一些沿海开放城市，建设用地基本纳入了新制度的轨道。这一阶段，中国的城市化加速发展。城市数目在 1999 年达到 667 个（主要通过撤县改市），城市人口达到 3.89 亿，占总人口的 30.9%；城乡迁移日趋频繁，流动人口数达 1 亿左右。

“土改”

tǔ gǎi

深圳于 1987 年率先在全国采取公开拍卖的方式，试行土地有偿转让，在此基础上，1989 年 3 月人大修宪，加上了“土地使用权可以依法转让”一条。1990 年 5 月国务院颁布《中华人民共和国城镇国有土地出让和转让暂行条例》，规定在获取土地使用权的同时，也可以获取有限度的占有权、利益权和处理权，使用者可以用出售、交换、赠与等形式转让使用权。改革使土地作为商品要素进入到生产领域，为中国的经济发展提供了新的热点，也引发了城市化建设的高潮。1991 年，全国土地市场开始建立。这一改变，使得中华人民共和国广袤的土地资源终于变成了资产，中国城市空间的生产方式由此被重新书写。从行政区划所界定的地表之下，土地爆发出前所未有的地租增值的轰鸣，城市作为权力与资本的集散地，其空间利益分配成为了政府与资本和民众之间相互博弈的热点。

大连[Dalian]

无锡[Wuxi]

北京[Beijing]

佛山[Foshan]

“房改”

fáng gǎi

“房改”即住房制度改革。住房是关系国计民生的重大经济问题和社会问题，在计划经济时代，我国实行“统一管理、统一分配、以租养房”的公有住房实物分配制度。住房改革起始于邓小平在 1980 年关于住房问题的讲话，1980 年 6 月，中共中央、国务院正式允许实行住房商品化政策，自此揭开了中国城镇住房制度改革的序幕。在 1978 年至 1998 年全面确定商品房制度的 20 年间，大致经历了试点售房（1979—1985 年）、提租补贴（1986—1990 年）、以售带租（1993—1996 年）、全面推进（1994—1998 年 6 月）等阶段。1998 年 7 月，《国务院关于进一步深化城镇住房制度改革加快住房建设的通知》（国发 [1998]23 号）公布实施，宣告了福利分房制度终结和住宅商品化制度开始。这一改革与土地有偿使用制度一起，促进了城市建设的投资，房地产随之兴盛，成为新兴的拉动经济增长的产业。

南沙 [Nansha]

苏州 [Suzhou]

北京 [Beijing]

深圳 [Shenzhen]

kāi fā pǔ dōng
开发浦东

1990年4月12日，中央同意浦东开发。浦东开发开放形成了中国沿海地区和沿江地区两个经济带交相辉映的开放格局，带动了拥有3亿多人口、180万km^2的长江流域的发展，也标志着中国参与全球化进程的开始。作为中国城市中改建速度最快、规模最大、效果最好的典型，上海对浦东地区的大规模开发及其发展模式成为全国城市竞相模仿的样板。邓小平曾说："为什么我考虑深圳开放？因它对着香港；开放珠海，是因为它对着澳门；开放厦门，因为它对着台湾；开放海南、汕头，因为它们对着东南亚。浦东就不一样了，浦东面对的是太平洋，是欧美，是全世界。"

"思想要更加解放一些，改革开放的步伐要走得更快一些。改革开放要贯穿中国整个发展过程，不是三年、五年、十年、八年，也不是二十年，因为需要做的事情太多了。"

——邓小平，1988年

fáng dì chǎn rè

房地产热

1992 年年初邓小平南巡视察后发现特区搞市场经济建设之后，城市的面貌有了翻天覆地的变化，其中房地产开发非常成功，认为开发区的经验值得向全国推广。房地产业由沿海城市开始急剧升温，特别是在海口、北海、广州、深圳等城市，月投资最高增幅曾高达 146.9%。同年 11 月 4 日，国务院发布《关于发展房地产业若干问题的通知》，明确指出“房地产业在我国是一个新兴产业，是第三产业的重要组成部分，随着城镇国有土地有偿使用和房屋商品化的推进，将成为国民经济发展的支柱产业之一”，房地产急速膨胀，至 1993 年上半年达到顶峰。全国的土地出让面积由 1991 年的 0.10 万 hm^2 攀升到 1992 年的 2.19 万 hm^2，1993 年达到 5.73 万 hm^2。全国房地产公司从 1992 年 5 月的不到 4000 家，在年底猛增到 1.2 万家，1993 年年底进一步增至 3 万家。1993 年 6 月，时任国务院副总理的朱镕基宣布终止房地产公司上市、全面控制银行资金进入房地产业。由于国家大规模地收缩银根，猛刹地产过热之风，海南、北海的地产泡沫终告破裂，城市中留下大量烂尾楼。此后，1993 年下半年至 1998 年上半年，中国的房地产市场始终波澜不兴。

洋浦 [Yangpu]

三亚 [Sanya]

海口 [Haikou]

儋州 [Danzhou]

1998—2008 年， 城市地产热

“大中小城市与小城镇协调发展。”
——中共十六大，2002 年

虽然国家层面 2000 年西部大开发、2003 年东北振兴战略相继出台，但在这十年真正对中国各地城市化进程产生实质性影响的是由住宅商品化引发的城市地产热。1998 年 7 月，《国务院关于进一步深化城镇住房制度改革加快住房建设的通知》公布实施，宣告福利分房制度终结和住房商品化的开始。这一政策首先导致了“赶末班车”效应：凡是有钱的单位纷纷购买现房，把当时市场上卖不掉的现房几乎一扫而空。房改政策和金融、税收政策的宽松，创造出了巨大的有效需求。1998—2003 年，中国房地产市场迅猛发展。2003 年 8 月 12 日，国务院发布《关于促进房地产市场持续健康发展的通知》，即“18 号文”。首次提出“房地产业已成为国民经济的支柱产业”，还提出要“促进房地产市场持续健康发展”。这两点极大地挑动了房地产商们的神经，被认为是中国房地产市场发展的“新五年计划”，继而被各地方政府推演到极致并演变为畸形的增长模式。2001 年房地产投资 6245 亿元，占全社会总投资 36898 亿元的 16.9%，到 2004 年房地产投资达到 14480.75 亿元，占社会总投资 58620.28 亿元的 24.7%。2004 年开始，国家对房地产市场开始实施宏观调控，主要是收紧土地与信贷，以调控供给为主。随后 2005 年调控需求，2006 年调控结构，2007 年继续调控，然而调控之下中国楼市始终高烧不退，直至 2008 年全球金融危机的到来。

如果把住宅比喻为面包，那么土地就是面粉，各级地方政府则处于面粉交易的核心环节。在现行体制下，由土地产生的资产性收益和大部分税费基本上归地方政府所有，这使得地方政府高度依赖土地收益。政府热衷于批租土地，包括征用农村土地用于大规模的房地产开发，依靠房地产投资来拉动当地的经济发展。这样一来，地方政府实际上成为了经营土地的商人。2004 年出台的土地“招拍挂”制度非但没有平稳土地市场，反而因为土地市场的垄断，人为造成了土地供应量不足：一方面引导开发商竞相提高竞价并囤积土地，另一方面则推动土地价格上涨，进而推动房价上涨，增加了房地产“泡沫”，并最终转嫁到消费者头上。2007 年，全国土地出让收入为 11948 亿元，占同级地方政府财政收入的 50%。在由房地产带来的各地快速城市化进程中，各地政府大量依靠土地财政，越来越资本化和公司化；住房则成了国人的最大宗私人消费，与医疗、教育一起成了老百姓头上的“新三座大山”。

2799票赞成、52票反对、37票弃权

物权法高票通过

jiàn shè xīn nóng cūn

建设新农村

2005 年 10 月，中央在“十一五”规划中，提出了建设社会主义新农村的重大历史任务。2005 年 12 月 29 日，第十届全国人大常委会第十九次会议通过《关于废止中华人民共和国农业税条例的决定》，新中国实施了近 50 年的农业税条例被依法废止。“三农”问题步入了一个新的历史起点。中国的社会阶层分化，首当其冲的是城乡分化。“三农”问题——农民、农业、农村——是中国农村建设的核心问题。新中国在工业化的过程中，主要依靠农业提供原始资本积累，农民被固定在土地上，主要扮演着生产者的角色。随着中国经济从外向型转向内向型，扩大内需成为当务之急。然而作为不对称的城乡二元结构的产物和“让一部分人先富起来”的资本积累结果，农村在整个社会重心中被弱化，农民作为一个数目庞大的社会群体则被边缘化。“建设社会主义新农村”正是在这一现实背景下，对一个长期以来被牺牲的族群，所实施的反哺和再平衡，而土地权益则再一次成为了焦点。

“要贯彻工业反哺农业，城市支持农村的方针。加大对‘三农’的支持力度，推进农村体制改革和制度创新，尽快使广大农村面貌有比较明显的变化。”——《中共中央国务院关于推进社会主义新农村建设的若干意见》，2006 年

guó　tiáo
“国 X 条”

“国 X 条”指由国家最高行政机关以国家指令形式发出的旨在对住宅和相关房地产行业进行宏观调控的政策。这些政策往往由一定数量的相关指导性条文形成，条文数量的多少以“X”作为表述，并在传播中以“国 X 条”作为其简称，例如：“国九条”、“旧国八条”、“新国八条”、“国六条”等。住房除了其商品属性外还有其社会属性，这使其成为了一项关乎民生的消费，需要政府的合理介入和调控。住房市场化经过数年的跨越发展，到 2005 年已经形成了房价高企、楼市发烧的局面。在此背景下，旨在稳定房价的“国八条”和“新国八条”出台，继而在 2006 年 5 月，“国六条”颁布。旧、新国八条以及国六条的相继出台反映出了政治与经济、权力与市场紧密的互动与博弈关系。因为中国房地产市场的土地、资金基本上非市场化，而建筑材料、商品房销售则完全按照市场规则进行操作，由此造成房地产开发的大多数成本由非市场因素所决定，而其收益则由市场供求关系决定，这直接影响了商品房价格的不确定。开发商主导着住房价格，而政府宏观调控仅从合理引导和抑制需求的角度出发，加之中央与地方之间的博弈，并不能改变国内商品房市场的基本局面。需要指出的是，无论在哪个国家、哪种体制，指望市场来取得公正都是幼稚的幻想。社会大众不是冷静的消费者，他们容易被理性逐利的资本煽动而失去理性，掌握着优势资源配置的资本力量却十分善于进行煽动，我国房价的虚假抬升已经说明了这一点。在资本与权力、经济与民生的持续博弈中，政府的理性与公正尤为重要。

“国六条”：楼市调控深度关切中低收入人群

调整住房供应结构、控制房价过快上涨成为城市政府必须履行的职责

新华社上海 5 月 19 日专电（记者徐寿松）5 月 17 日，温家宝总理主持召开国务院常务会议，会议提出了进一步引导和调控房地产业的六条针对性措施（简称新“国六条”）。

仔细研读，人们会发现，新“国六条”关于继续强调“调整住房供应结构”“发挥税收、信贷、土地政策的调节作用”“增加经济适用房和廉租房供应”“整顿和规范房地产市场秩序”“完善市场信息披露制度”等内容，虽在“国八条”中都能找到一一对应的“影子”，但又有所不同。确切地说，新“国六条”不是破旧立新，而是对既往政策的承接、完善、提升，既保证了政策的连续性，又具有“启下”的意义。这从以下三个亮点中可窥一斑。

关怀中低收入人群住房，从“原则”转向“落实”

楼市调控开始深切关怀中低收入人群，并且，这种关怀从“原则”转向“落实”。这一基本判断体现在新“国六条”的第一条、第三条和第五条的内容中。

新“国六条”　首先要求，“切实调整住房供应结构。重点发展中低价位、中小套型普通商品住房、经济适用住房和廉租住房。”

对比研究发现，去年的调控政策强调“改善”商品房结构，中央要求“各地区要尽快明确今明两年普通商品住房和经济适用住房建设规模、项目布局以及进度安排，并向社会公布。”针对目前住房供应结构中依然存在的问题，本次调控新政策则要求“切实调整”供应结构，地方政府必须给出“新建住房结构”的“具体比例”。

业内人士认为，这传达出中央政府强烈要求地方政府通过实际行动来改变当前楼市结构的不平衡现状的信息。“中低价位、中小套型普通商品住房、经济适用住房和廉租住房”在住房开发中的占比将明显上升。一句话，这预示着住房结构调控的实质性深化。

其次，本次调控新政策首次较为系统地明确了解决低收入家庭住房的 4 条路径，即廉租住房、经济适用房、二手房和租赁房。与此前调控政策相比，新“国六条”中的第五条是新增内容：“加快城镇廉租住房制度建设，规范发展经济适用住房，积极发展住房二级市场和租赁市场，有步骤地解决低收入家庭的住房困难。”这表明，与过去相比，现在更强调解决低收入者住

地产投资成正相关性，拆迁强度大，房地产投资规模就不可能小，控制拆迁必然会对投资起到一定的约束作用；从需求来看，拆迁所导致的需求既是被动的又是刚性的，约束拆迁就是缩小被动性需求的过度释放；更为重要的是，这其实正是实现“有步骤地解决低收入家庭的住房困难”的具体安排之一。

“齐心协力”“落实”部署成为城市政府的目标责任

17 日的国务院常务会议要求，“各地区、各部门要统一思想，增强全局观念，齐心协力做好房地产市场的引导和调控工作。”话语之间透露出中央将狠抓调控政策落实的信息。

分析人士指出，“各地区、特别是城市政府要切实负起责任，把调整住房供应结构、控制住房价格过快上涨纳入经济社会发展工作的目标责任制，促进房地产市场健康发展”，这预示着“认真落实去年以来中央关于促进房地产市场健康发展的部署”将成为调控工作的重点，并且，成为城市政府必须履行的职责之一。

尽管在“国八条”中，也曾明确“城镇廉租住房制度建设情况要纳入省级人民政府对市（区）、县人民政府工作的目标责任制管理”，但至今没有完全落到实处。这被业界认为是当下楼市升温的主要原因之一。一位研究者指出，中央政府只能“间接管市场”，但可以“直接管下级”，所以，狠抓调控政策落实，可以说对准了症结。

调控措施更加力求科学

在调控原则方面，新“国六条”所确立的“突出重点，分类指导，区别对待”与去年的“国八条”相同，但多了一条“标本兼治”。这意味着新一轮楼市调控政策将更加追求科学，避免“一刀切”，具体表现在两点：

一是“有区别地适度调整信贷政策”。专家分析认为，这意味着信贷政策将进行调整，试图保护中低收入家庭和首次购房者、小户型购买者的需求，抑制高贷款者、多次置业者和大户型购买者的需求。也就是说，本轮宏观调控不单纯是为了买不起房的中低收入群体，还要解决很大一部分需要买房、但购买力不足以支付高房价的“夹心层”的迫切购房需求。

长沙：稳房价用好供地手段

纠正楼市信息不对称　应导入法律问责制度

眼下的房地产市场，一方是财大气粗，掌控着产品供应量及价格的开发商；另一方是囊中羞涩、市场信息匮乏的购房者，这就像不同重量级别的两个对手，在同一个擂台上竞技。

这场不对等的竞赛引起了人们越来越多的关注：楼市要健康发展，开发商必须诚实公布销售信息，政府部门应当加强信息披露的监管。

信息饥渴　北京建委网站“火爆”

www.bjfdc.gov.cn 是北京市建设委员会下属的网站，购房者可以通过其中“可售商品房统计”查询北京市全部合法项目可售房屋的情况及销售状态，信息细化到每套商品房。“我们的网站每天更新，保证是最新内容；还支持模糊查询，购房者只要输入一个字，就能搜索到相关楼盘信息。”这个网站管理者——北京市建委房屋交易市场管理处处长沈浩说。

4 月底，在披露了北京市待售商品住宅面积占全部可售房面积 60% 的信息后，这家网站前所未有的火爆，这让沈浩感到出乎意料。

在沈浩记忆中，这个网站最高访问量达到每日 90 万次。而记者通过相关查询，从 5 月开始，这个网站的日访问量一度超过 400 万次，目前保持每天约 100 多万次的水平，全球网站排名跃升 1600 多位。

不仅如此，在建设部连续披露我国房地产市场供求真实信息之后，其下属网站受关注程度也明显提高，在建设部公布全国 40 个重点城市房地产权威信息网站域名后，天津、上海、广州等地相关网站访问量也明显增多。

经济学博士乔梁认为，政府下属网站发布的房地产市场信息受到消费者如此追捧，表明在房地产市场上，消费者处于信息严重匮乏的境地。开发商与消费者之间的信息严重不对称，正是导致房地产市场虚假信息泛滥的直接原因。

权威网站　购房者知情还不够

城市房地产权威信息披露网站中，也有的网站楼盘交易动态信息不全、房源信息粗略等，或多或少让购房者知情权有些“缩水”；还有的查来查去，核心内容难觅踪迹，让人一头雾水。或者在显眼位置很热闹地搞一些“经典楼盘展示”“黄金会员楼展”，让人们感到商业气氛过浓。

许多楼盘的售楼部，常用插着小红旗的示意图告知顾客可售房信息。对此，业内人士指出，这些图表有可能存在信息操纵：明明有 100 套房子可售，第一次先拿出 20 套来卖，给外界留下一开盘就销售告罄的印象；第二次再拿出 30 套来卖，因为“供不应求”可能提价，刺激购房者“追涨”，之后再与中介联手，将新房加价出售。那插着“红旗”的图表，在一些开发商手里，就如同是舞台表演的道具。

制止操纵　政府监管不能错位

种种迹象表明，有“幕后之手”通过释放虚假信息操纵楼市。因此，现在很多购房者，不仅要求开发商公布住房“成本清单”，而且要求公布住房销售“信息清单”，包括房源套数、面积、开盘时间、价格、已售套数、可售套数、面积，以及楼盘周边生活设施、教育环境、干线道路、未来发展规划等；还有的购房者要求“政府部门科学收集与整理楼市信息，集中归类，动态发布”。

令人尴尬的是，近年来，出于“经营城市”、增加税收、快速拉动 GDP，包括某些人权力寻租的需要，一些地方及部门领导干部“角色错位”，热衷参与房地产项目的策划、审批和宣传造势活动，看上去俨然同开发商穿一条裤子，讲起话来不是急购房者所急，而是偏向了开发商一边。

乔梁建议，可以借鉴股市的做法来规范房地产市场的信息披露，如规定房地产商有披露真实信息的义务，并且明确规定必须发布的信息种类、时间，并注明对真实性所承担的法律

dì chǎn fǔ bài

地产腐败

房地产业是资金密集、权力密集、制度缺陷密集、暴利密集的行业，而由此滋生的腐败被称为地产腐败。地产腐败愈演愈烈，几乎产生在一个房地产项目的各个环节：如项目立项、规划审批、土地取得、房屋拆迁、金融贷款、建筑安装、质量验收、房屋销售（含预售许可、产权办理）、审计税收等，尤其以土地取得、规划许可等环节为烈。腐败方式多种多样，包括合同欺诈、土地黑幕交易、黑社会行凶、官商勾结等。房地产腐败不仅有可能使房地产业产生泡沫，触发金融风险，而且严重损害到广大市民的公共利益。具有讽刺意义的是，涉案相关职能部门各种规章制度相当完善，程序设计也很严格。而熟知规则的官员们在充当“运动员”的时候，因为自己给自己当“裁判”，所以可以轻易地“依法办事”。表面上程序照走，但是此前台下的权钱交易早已完成。缺乏监督的权力运行使得貌似完善的制度设计形同虚设。而地产腐败的参与者往往拥有比较大的权力，关系错综复杂，只要揪出一个，往往就会牵连出一批。

2008—2011 年，调控下的两个一体化

受经济危机的影响，2010 年的世界各国依旧在寻找着各自经济复苏的出路，而中国则依循着“保增长、扩内需、调结构”的基调，走完了“十一五”的收官之年。作为从计划经济向市场经济转轨的国家，政府在中国经济发展模式中起到了关键性的作用：整体规划国家愿景；维护经济和社会的和谐稳定；协调各地区经济均衡发展；制定适宜的产业策略……几乎在各个领域政府都表现出其强力主导意志。也恰恰因为政府对空间生产的主导，中国城市化进程的两个方向：区域一体化和城乡一体化并未受金融危机的太大影响，并且进一步深入到二三线城市和农村。2009 年，全国范围内经济结构调整和拉动内需的需要，使得一系列针对区域与城市规划的大动作出台，旨在通过更大范围的空间与产业的调整，达到整体促进经济的目的。在这样的背景之下，作为国家战略的区域规划的批复量达到了之前 4 年的总和，广佛肇三市即以同城化为突破口，开启了珠三角区域一体化的新实验。在拉动内需的目标之下，小城镇规划被提升到前所未有的高度，旅游业也被确立为支柱产业。

2010 年的中国，在一片加大宏观调控的气氛下高调开始，关乎民生的住房首当其冲。“新国四条”和“新国十条”通过提高信贷的门槛等举措抑制住房的过度需求，而社会保障住房特别是公租房则成为了扩大有效供给的途径受到各地政府的追捧。随后的旱情与水灾，特别是青海玉树地震和甘肃舟曲泥石流再一次考验着中国政府的应急与防灾能力：一面是泥石流冲击着刚刚建好的映秀新镇，一面是展示北川等地灾后重建的丰硕成果，加之年底甘肃文县灾后重建资金挪用被曝光，中国的灾后重建始终五味杂陈。与之映衬的是宏大的上海世博会与广州亚运会，它们作为大型城市事件展示着中国意气风发的国家形象与文化，向国际社会表述着中国的国家意志。然而空间生产并非一派和谐美好，因为它涉及了广泛的切身利益。在现有的行政体制下，在深入二三线城市的城市化进程中，空间争夺显现得更为激烈。各地不断发生的强拆事件和与此相关的激烈身体对抗，使得迟滞的新拆迁条例终于在 2011 年年初出台。

2011 年是中央“四万亿”救市计划的最后一年，各地方政府也在这一借口之下，把该花的、不该花的钱大把花了出去。面对产业结构调整的步调缓慢和社会问题的不断增多，中国老百姓在回首之中发现：当中国的城市化率在 2011 年达到 50% 的时候，自己的消费力却始终没跟上 GDP 和 CPI 的增速；与此同时，中国在这些年贫富差距的不断拉大中，已经成了全球奢侈品消费的第二大国。

“社会主义和谐社会，应该是民主法治、公平正义、诚信友爱、充满活力、安定有序、人与自然和谐相处的社会。”

——胡锦涛，2005 年

tǔ dì liú zhuǎn
土地流转

2008 年 10 月，在《中共中央关于推进农村改革发展若干重大问题的决定》中提到：加强土地承包经营权流转管理和服务，建立健全土地承包经营权流转市场，按照依法自愿有偿原则，允许农民以转包、出租、互换、转让、股份合作等形式流转土地承包经营权，发展多种形式的适度规模经营。这是新中国成立以来首次提出农村土地可以流转。2006 年年底，“工业反哺农业、城市支持农村”成为国策，“城乡统筹”成为了弥合城乡差异的指导口号。然而“城乡统筹”有文字游戏的意味，表面上看是为了解除城乡二元对立的消极状况，其实城乡历来都是统筹的，而且都是在城市中心主义的立场上由城市来统筹乡村。基于此，城市不可能不掠夺乡村，不可能真正避免二元对立。

zī yuán kū jié chéng shì

资源枯竭城市

2009 年 10 月 20 日，首批资源枯竭型城市编制完成了转型规划。我国先后两批共确定了 44 个资源枯竭型城市，据国家发改委《资源型城市经济结构转型》课题组统计，我国共有资源型城市 118 个，约占全国城市数量的 18%，总人口 1.54 亿人。目前，20 世纪中期建设的国有矿山有 2/3 已进入“老年期”，440 座矿山即将闭坑，390 座矿城中有 50 座城市资源衰竭，300 万下岗职工、1000 万职工家属的生活受到影响。资源枯竭型城市转型是一个世界性的难题，德国的鲁尔、法国的洛林等资源型城市都曾面临这一问题。从理论上说，发展替代产业是资源型城市转型的核心，其策略包括：保持传统的资源性产业，但延长产业链（保二进二），退出传统的资源性产业，转入以现代农业为主的第一产业（退二进一）；退出传统的资源性产业，发展以生态、信息、电子、服务等产业为主的第三产业（退二进三）。从发达国家的转型实践看，尽管有着巨大的财力支持，转型也需进行几十年。我国的资源型城市转型没有经验可供借鉴，同时财力十分紧张，面临的矛盾和问题更为严峻。

qū yù guī huà

区域规划

2008 年下半年金融危机的到来使得我国的经济结构调整更为迫切，遭受冲击的沿海区域经济需要从“外向型”转向“内外结合型”，而中西部地区与欠发达地区也被寄予了通过发展拉动内需的期望。2009 年，在应对金融危机的背景下，国务院共批复了 7 个上升为国家战略的区域发展规划，获批数量是前 4 年的总和。在区域规划批复之后，我国新的区域经济版图将包括：长三角、珠三角、北部湾、环渤海、东北三省、海峡西岸、中部和西部等，全国沿海经济区也将在空间形式上连成一串“金项链”。然而空间的形式寓意难以掩藏其背后的体制问题：我国目前调控区域发展的职能分散在不同部门，加之部门间的职能分工不明确、利益不同都可能导致政策重复与矛盾；法规缺失和跨省协调，更将是中国区域经济发展在规划之后必须直面的问题。一方面是区域规划遍地开花，而另一方面它们多数停留在文字定位上，能明确获得金融、财税等实质性配套政策支持的屈指可数。区域规划实际上成了各个地方之间相互竞争的平台，也构成了地方与中央博弈的筹码，其结果是各个区域都有了规划，也就等于大家都没有。

wèn chuān zāi hòu chóng jiàn yǔ cì shēng zāi hài fáng zhì
汶川灾后重建与次生灾害防治

四川省省长蒋巨峰于 2011 年 1 月 18 日在省人大会议上作政府工作报告时称，汶川地震灾后恢复重建已基本完成，中央“三年目标任务两年基本完成”的要求如期实现。与灾后重建“任务”基本完成相对应的，则是次生灾害的隐患：2010 年 8 月 8 日，甘肃舟曲爆发了导致 1248 人遇难 496 人失踪的特大山洪泥石流；8 月 12 日，四川汶川、什邡、都江堰等地连降暴雨引发泥石流、塌方灾害，至 8 月 15 日，造成 13 人因灾死亡、59 人失踪，2 万多人被紧急转移，2000 多间房屋受损，121 间倒塌，整个映秀新城浸泡在洪水中。汶川灾后重建的高效，是在以政府为主导的对口援建与统规统建下完成的，政府的强力主导使得广泛的民间力量对灾后重建的介入几乎无门可入。对于重建速度与成果的看重，使得更为深层的生态重建与次生灾害预防等问题被人为地忽略了。除降雨量暴增的诱因之外，“5•12”地震才是汶川泥石流爆发的直接原因。直到这些次生灾害再次袭来时，在汶川灾后重建过程中的缺陷如：选择原地重建而不是异地重建、水利工程改造乏力、灾难排查和整治乏力以及对泥石流预警的不足等问题才开始浮出水面。

“多难兴邦。”

——温家宝，2008 年

quán guó zhǔ tǐ gōng néng qū guī huà
《全国主体功能区规划》

2011年6月，《全国主体功能区规划》公布，这是我国第一个国土空间开发规划，是战略性、基础性、约束性的规划。国家层面的主体功能区战略提出构建城市化地区、农业地区和生态地区“三大格局”与优化开发、重点开发、限制开发和禁止开发这四类开发模式。《规划》确立了未来国土空间开发的主要目标和战略格局：构建“两横三纵”为主体的城市化战略格局；构建“七区二十三带”为主体的农业战略格局；构建“两屏三带”为主体的生态安全战略格局。在城市化战略格局方面：构建以陆桥通道、沿长江通道为两条横轴，以沿海、京哈京广、包昆通道为三条纵轴，以国家优化开发和重点开发的城市化地区为主要支撑，以轴线上其他城市化地区为重要组成的城市化战略格局。推进环渤海、长江三角洲、珠江三角洲地区的优化开发，形成三个特大城市群；推进哈长、江淮、海峡西岸、中原、长江中游、北部湾、成渝、关中—天水等地区的重点开发，形成若干新的大城市群和区域性的城市群。这一规划的出台显示了国家依循着强力意志的思路对空间生产的重视，以及在可持续战略下调控思路的精细化。

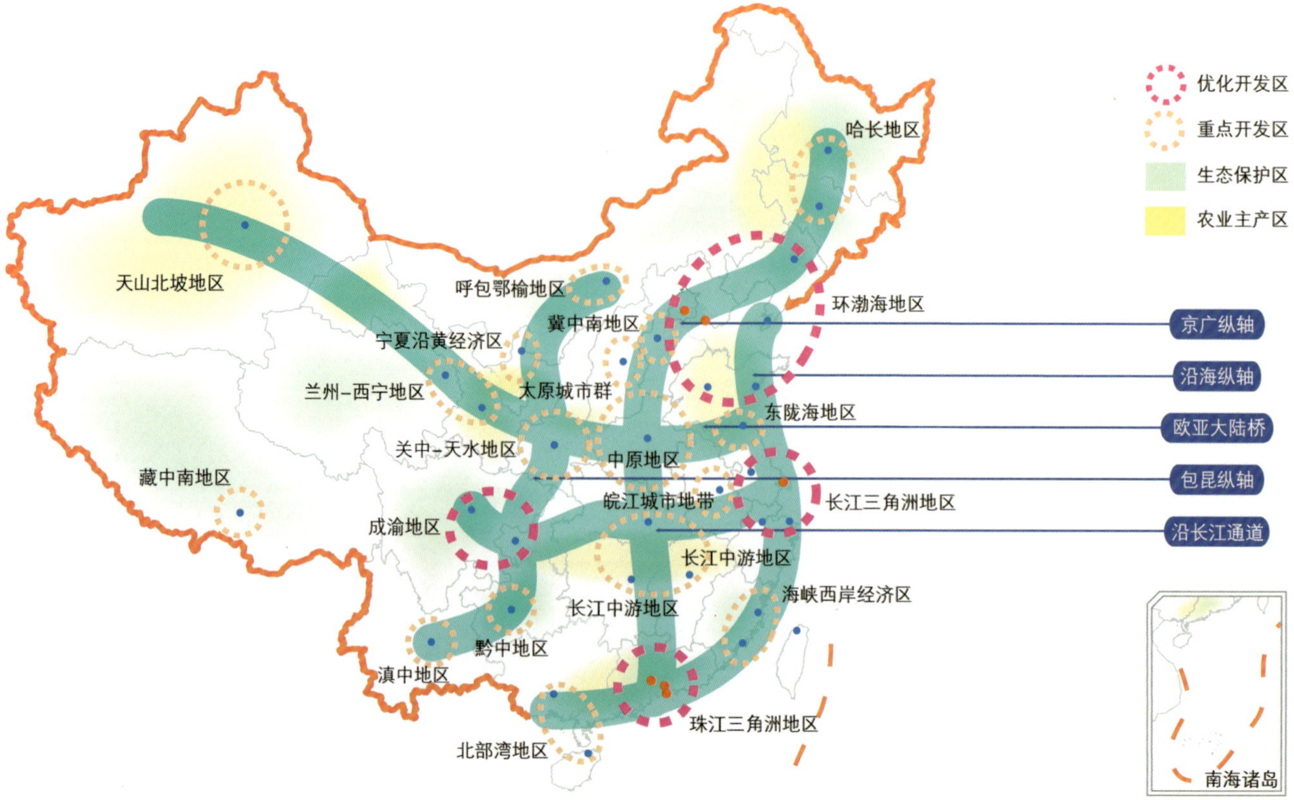

zhū jiāng sān jiǎo zhōu dì qū

珠江三角洲地区

在《全国主体功能区规划》中，优化开发区域包括环渤海、长三角、珠三角三个区域。重点开发区域包括冀中南地区、成渝地区等 18 个区域。《规划》对于珠江三角洲地区的功能定位是：通过粤港澳的经济融合和经济一体化发展，共同构建有全球影响力的先进制造业基地和现代服务业基地，南方地区对外开放的门户，我国参与经济全球化的主体区域，全国科技创新与技术研发基地，全国经济发展的重要引擎，辐射带动华南、中南和西南地区发展的龙头，我国人口集聚最多、创新能力最强、综合实力最强的三大区域之一。其发展策略为：以广州、深圳、珠海为核心，以广州、佛山同城化为示范，积极推动广佛肇（广州、佛山、肇庆）、深莞惠（深圳、东莞、惠州）、珠中江（珠海、中山、江门）的建设，构建珠江三角洲一体化发展格局；促进产业和劳动力双转移，带动环珠江三角洲地区的发展；增强与香港、澳门的优势对接与功能互补，推进与港澳地区的经济一体化，发展与香港国际金融中心相配套的现代服务业，建设与港澳地区错位发展的国际航运、物流、贸易、会展、旅游和创新中心。

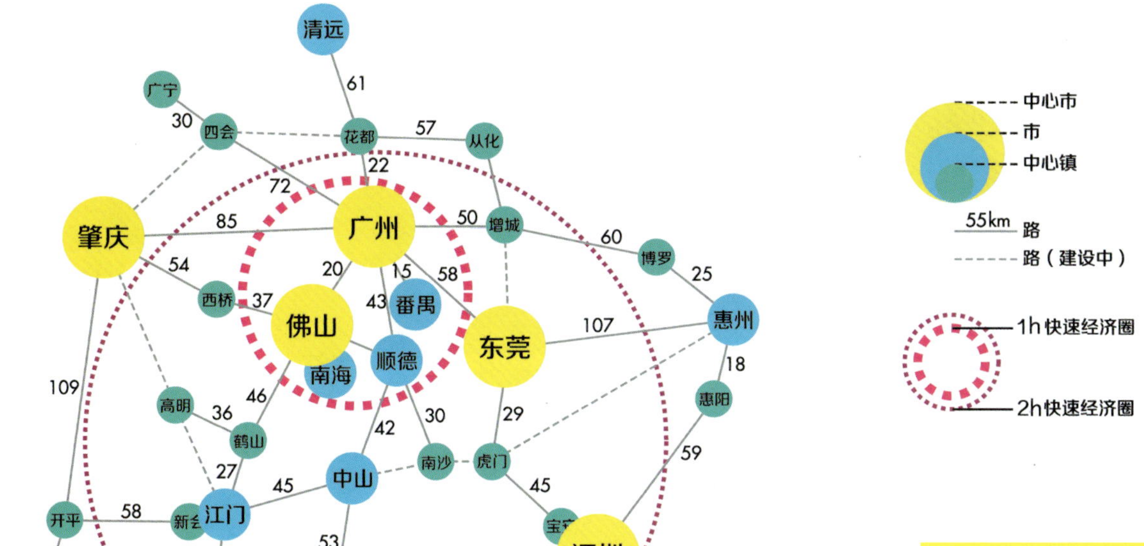

珠江三角洲（不含香港和澳门），包括广州、深圳、珠海、佛山、江门、东莞、中山、惠州和肇庆。2008 年，总人口近 4750 万，土地总面积约 41698km²，其中建设用地（包括城市建设用地、建制镇建设用地和村庄建设用地）面积约 6640km²，GDP 为 29746 亿元。

cháng jiāng sān jiǎo zhōu dì qū

长江三角洲地区

《全国主体功能区规划》对于长三角地区的功能定位是：长江流域对外开放的门户，我国参与经济全球化的主体区域，有全球影响力的先进制造业基地和现代服务业基地，世界级大城市群，全国科技创新与技术研发基地，全国经济发展的重要引擎，辐射带动长江流域发展的龙头，我国人口集聚最多、创新能力最强、综合实力最强的三大区域之一。其发展策略为：优化提升上海核心城市的功能，建设国际经济、金融、贸易、航运中心和国际大都市，加快发展现代服务业和先进制造业，强化创新能力和现代服务功能，率先形成服务经济为主的产业结构，增强辐射带动长江三角洲其他地区、长江流域和全国发展的能力；提升南京、杭州的长江三角洲两翼中心城市功能：增强南京金融、科教、商贸物流和旅游功能，发挥南京在长江中下游地区承东启西的枢纽城市作用，建设全国重要的现代服务业中心、先进制造业基地和国家创新型城市，区域性的金融和教育文化中心；增强杭州科技、文化、商贸和旅游功能，建设国际休闲旅游城市，全国重要的文化创意中心、科技创新基地和现代服务业中心。

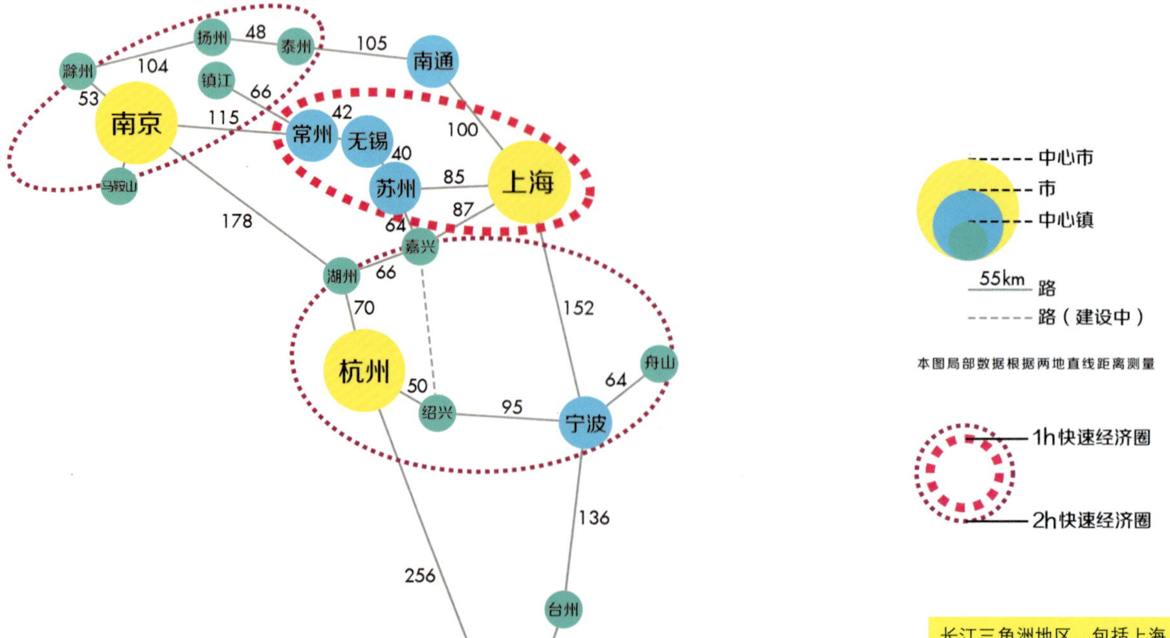

长江三角洲地区，包括上海市、江苏省中南部的 8 个城市和浙江省东北部的 7 个城市，面积约 10.96 万 km^2。2007 年，长江三角洲地区人口近 8540 万人，GDP 为 4.6 万亿元。

huán bó hǎi dì qū
环渤海地区

《全国主体功能区规划》对于环渤海地区的功能定位是：北方地区对外开放的门户，我国参与经济全球化的主体区域，有全球影响力的先进制造业基地和现代服务业基地，全国科技创新与技术研发基地，全国经济发展的重要引擎，辐射带动“三北”地区发展的龙头，我国人口集聚最多、创新能力最强、综合实力最强的三大区域之一。该区域包括：京津冀地区、辽中南地区和山东半岛地区。“环渤海”因为其尺度巨大，更多的是一个区域经济概念，而非城市概念。相较长三角和珠三角城市群而言，以京津冀地区与之比较更为恰当。《规划》对于京津冀地区的功能定位是：“三北”地区的重要枢纽和出海通道，全国科技创新与技术研发基地，全国现代服务业、先进制造业、高新技术产业和战略性新兴产业基地，我国北方的经济中心。

珠三角、长三角和京津冀三个城市群的发展模式各不相同：珠三角依靠外源式来料加工，依托香港世界城市的地位发展而来；长三角是我国最早自下而上发展起来的工业化城市群，是国家保持全国经济持续平稳快速发展的重心；京津冀则以北京和天津为双城，首先是首都地区，继而是北方的经济中心。这三种模式在中国都具有唯一性。

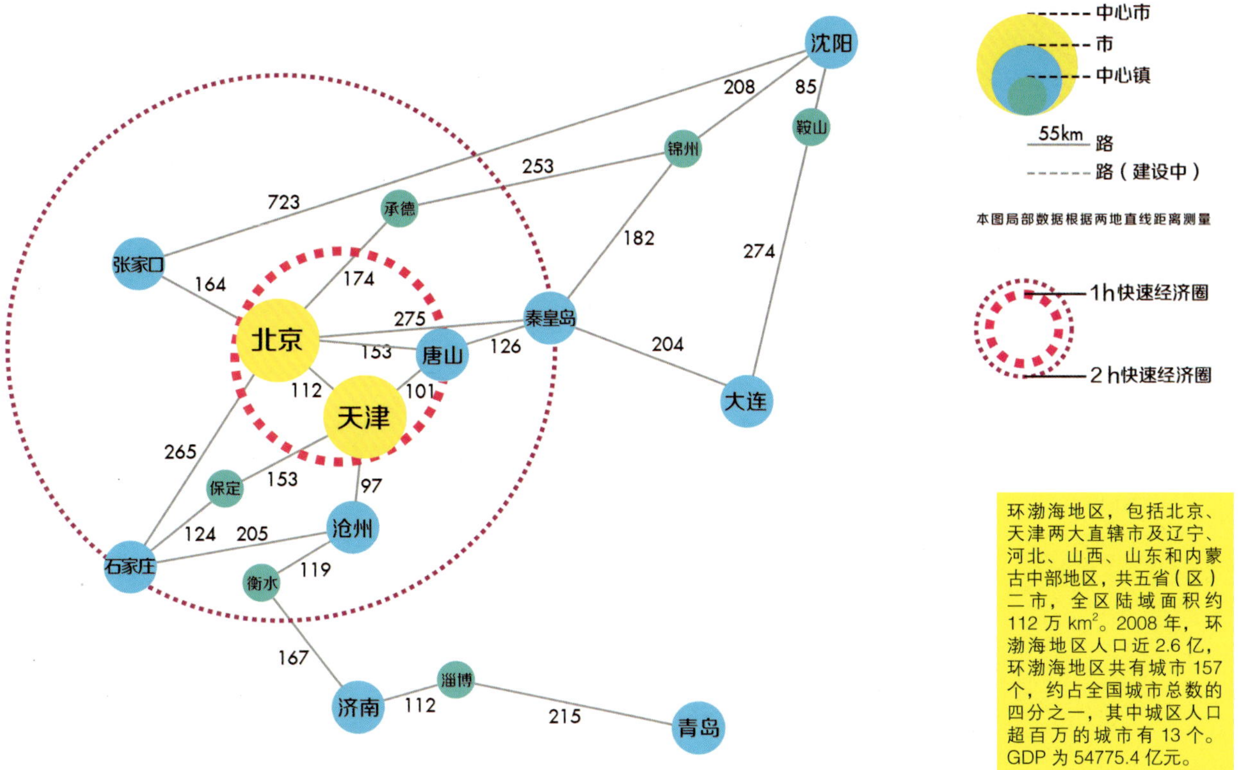

环渤海地区，包括北京、天津两大直辖市及辽宁、河北、山西、山东和内蒙古中部地区，共五省（区）二市，全区陆域面积约112万km^2。2008年，环渤海地区人口近2.6亿，环渤海地区共有城市157个，约占全国城市总数的四分之一，其中城区人口超百万的城市有13个。GDP为54775.4亿元。

chéng yú dì qū
成渝地区

成渝地区属于18个重点开发区域之一，《全国主体功能区规划》对其的功能定位是：全国统筹城乡发展的示范区，全国重要的高新技术产业、先进制造业和现代服务业基地，科技教育、商贸物流、金融中心和综合交通枢纽，西南地区科技创新基地，西部地区重要的人口和经济密集区。

该区域由重庆经济区和成都经济区组成，对于重庆经济区的功能定位为：西部地区重要的经济中心，全国重要的金融中心、商贸物流中心和综合交通枢纽，以及高新技术产业、汽车摩托车、石油天然气化工和装备制造基地，内陆开放高地和出口商品加工基地。发展策略为：构建以重庆主城区为核心，以“一小时经济圈”地区为重点，以主要交通干线和长江为轴线的空间开发格局。强化重庆主城区的综合服务功能，提升先进制造和综合服务水平，建设全国重要的金融、科技创新、教育文化、商贸物流中心，增强辐射带动能力。

对于成都经济区的功能定位为：西部地区重要的经济中心，全国重要的综合交通枢纽，商贸物流中心和金融中心，以及先进制造业基地、科技创新产业化基地和农产品加工基地。发展策略为：构建以成都为核心，以成德绵乐（成都、德阳、绵阳、乐山）为主轴，以周边其他节点城市为支撑的空间开发格局。强化成都中心城市功能，提升综合服务能力，建设成为全国重要的综合交通通信枢纽和商贸物流、金融、文化教育中心。

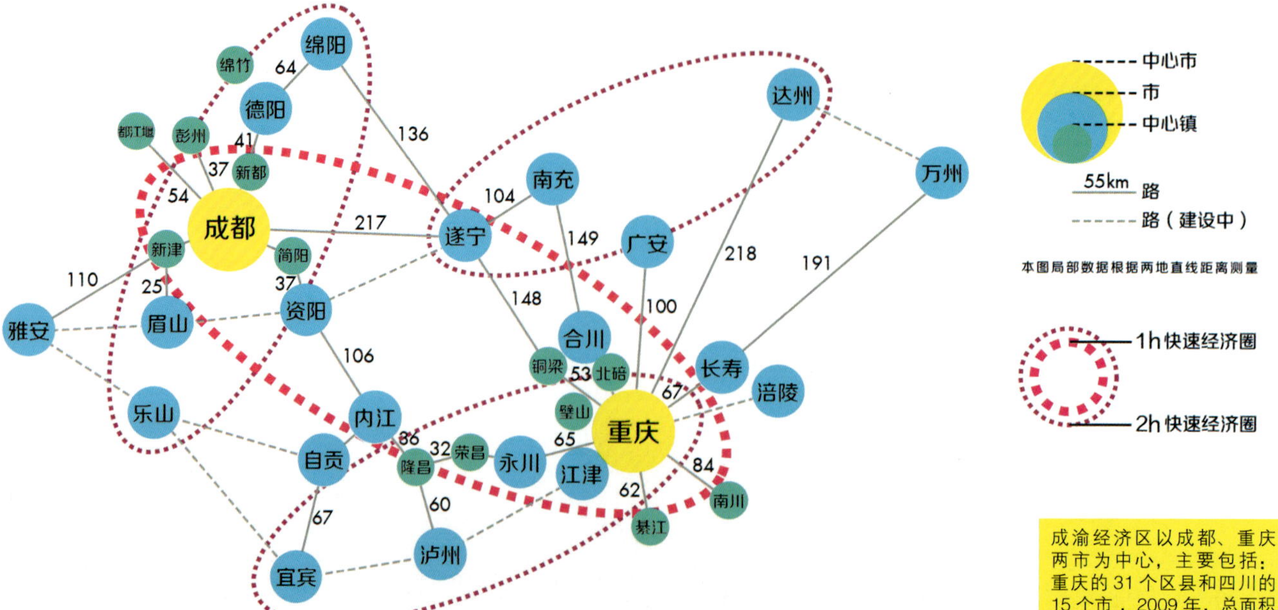

成渝经济区以成都、重庆两市为中心，主要包括：重庆的31个区县和四川的15个市，2009年，总面积约20.61万km^2，覆盖人口9840.7万，GDP总量为1.58万亿元。

chéng shì qún

城市群

在市场化制度的背景下，在地域上邻近而且在经济活动中相互交叉、渗透、吸引、辐射的城市会连接为一个一体化的地区，构成城市群（Megalopolis）。城市群发展的关键，在于城市间网络化的通畅，由资源的共享与流动实现区域内生产要素的优化配置。然而，以行政区划对城市进行管理的方式，造成了跨行政区城市间难以进行横向协调。城市群内部协调机制的缺失，使得“城市群”首先成了一个宏观愿景，其次用于依照区划内城市等级进行利益分配，第三是城市各自为营、各创政绩，最后才进行区域协调。由此，我们审视《全国主体功能区规划》，实质上即通过制度及与之相关的技术设计，谋求空间政治经济、区域协调、永续发展以及官员考核之间的新的平衡，背后依旧是政治与经济在空间上的广泛博弈。

“珠江三角洲、长江三角洲、环渤海地区，要继续发挥对内地经济发展的带动和辐射作用，加强区内城市的分工协作和优势互补，增强城市群整体竞争力，继续发挥经济特区、上海浦东新区的作用，推进天津滨海新区等条件较好地区的开发开放，带动区域经济发展。”——《国民经济和社会发展第十一个五年规划的建议》，2005 年

城市 = 政绩

City Equals Political Achievements

城市资本、复制性空间及其未来

Urban Capital, Duplicated Space and Its Future

文 / 徐敏

Text /Xu Min

当代中国城市，那些正在创建着的或正在迅速发展着的，那些相对沉寂的或正在走向衰败的，在整个国家的空间形态、体制、生产力及其生产关系等宏观层面发生巨大变革之时，无论它们分布于中国行政区划地图上的哪个位置，都处于一段重要的生命周期之中。这个生命周期很可能是一个决定性的时刻，一个决定城市的历史、现在与将来是否存在，以何种方式存在的时刻，一个基准性的时刻，一个幕布刚刚拉开的时刻。对于当代的每个中国城市而言，“生存还是灭亡”的古典戏剧主题早已明确，舞台、背景与开场音乐大致已经准备齐全，戏剧必须准点上演。至于这出戏的剧情、规模、类别与结局，以及它在一个更大的国家整体戏剧中所能承担的角色，不仅取决于每个直接的或间接的参与者，也取决于命运或那个更大戏剧中如上帝般隐匿着的主角将如何介入。即使正剧没有充分的准备，至少这出戏的开幕杂耍时间已经到来，是必须拉开大幕的时候了。

有界无限的城市

再次回到中国行政区划地图。在这份地图上，中国当代城市在中国版图上的平面化地理分布，构建着国家的城市战略。在这种城市战略中，以城市的行政属性为垂直轴的社会权力结构和以城市经济功能特性为水平轴的动态再现了体系之间的相互结合。就前者而言，城市是政治性的，它是国家实施空间地理上的治理与控制的节点，不同城市，在运行这种治理与控制上呈现为有严格等级性的功能，也就是说，每个城市都具有相应的政治角色，它占据着特定国家政治地理上的一个空间点，

无论是以法律条文的方式，还是想象或神话的方式，国家上层建筑与经济结构都是两种作用于当代中国城市的宏观力量，它在同时打造着一个城市

Whether being in the form of legal items or imagination or myths, national superstruct are building political capital and economic power for the cities simultaneously.

通过这个节点实施对特定地理区域的政治控制，并与空间相邻的城市形成并列的或归属性的政治关系。在此，每个城市所承担的角色，取决于它在以北京为中心和顶点的、金字塔般的国家社会权力结构中的位置，并以此标定它的权力层级与辖域范围，而这个社会权力结构，本身与国家的自然地理无关，只与其控制方式与控制能力有关。城市是当代中国特定的社会权力空间。

另一方面，当代中国城市也具有自己相对的独立性，这种独立性来自于城市本身的历史与自然条件，也就是城市自身的地理空间属性，例如，它可能是古代丝绸之路上的某个驿站，或是置身于海边或江边。我们知道，自然地理属性对于城市的创建与发展往往具有基础性的作用，在该区域的历史发展过程中，往往凝结成某种特定的经济功能（比如煤炭工业或贸易），而这种经济功能的发挥则根据各种条件在变化着自己的影响范围。而在这些条件中，经济以其结构性与产业性的方式组成城市及城市间的生产关系，导致了城市在经济领域的地位及其定位。

我们在此看到了两种影响着城市发展的力量，首先是城市的国家政治与行政身份，这种身份本身具有对不同城市资源的控制、调配与整合权力，是它把城市的发展能力转化成资源占有与分配的等级制。它是有限的，有结构性边界的，是在这个边界上对政治、城市与区域地理实现统一的一种限定，是受法律条文所规范的。而第二种力量有时与国家权力相对应，有时并不完全相对等，它依靠的是在当代经济格局中的市场性规则，通过城市的经济功能，包括城市的主要商业产品、在流通网络中的位置、其与周边城市的生产关系来确定。显然，每个城市都在不同等级和不同程度上与国家的上层建筑相联系，同时又与新近迅猛增强的当代中国经济基础结构的变动相关联。而在国家区域行政体系相对稳定的情况下，也就是在通过行政身份来获取资源这一途径相对稳定的情况下，中国城市的发展，以及中国社会的城市化进程，几乎只在经济领域中才能寻找到新的变量与活力，它有可能改变城市的上层建筑身份，突破国家行政区划的限制，获得更广泛的经济生产与资源分配的能量。也就是说，这种力量至少使得我们拥有了想象，对一个城市可能置身于一个无限结构、体系及其历史进程中的想象性叙述。

对于许多中国城市来说，这种来自于经济领域的城市驱动力多多少少与经济全球化的趋势密切相关了，许多城市也已经进入到了国家性的不断扩大市场份额的对外贸易产业链中。那些固定于国家行政权力结构，而无法进入到一个更大的经济生产与分配体系之中的城市，在当代条件下，那些无法突破国家行政区划体制的城市，正如同古典戏剧中那些无法主宰自己命运的悲剧主角，只能生存于自我的挣扎，沉溺于与其他剧中人无休止的争斗，最终只会盲目地走向自我的宿命。

无论作为隐喻，还是作为现实；无论是以法律条文的方式，还是想象或神话的方式，国家上层建筑与经济结构都是两种作用于当代中国城市的宏观力量，它在同

国家上层建筑与经济结构都是两种作用于当代
台资本与经济实力。

omic structure are two kinds of macro-force driving contemporary Chinese cities. They

时打造着城市的政治资本与经济实力。这二者的正向结合，则能导致城市资本的起源。但它们之间更多的是矛盾，是在竞争机制下对市场资源的争夺，是在社会化条件下，而非在行政体制中，表现为城市与城市之间必然会形成竞争性的经济关系，几乎每个当代中国城市都在发掘自己的产业属性，寻找自己在市场领域中的上游与下游。中国当代城市在市场竞争中，呈现为一种弱肉强食的社会形态。

复制时代的城市再生产

政治与经济是当代中国城市进行再生产的两种主要力量，是两种相关却不同的城市再生产模式。

在政治领域中，行政体制的稳定性在主导着城市的简单再生产过程。政府大楼、城市中心广场、主干道、商业区、工业生产场所、主要生活区域等，所有一个城市所应具有的各种功能性空间及其建筑，都正处于重新规划与建设的过程中。这种城市空间的生产之所以是简单再生产，是因为遵循着城市的复制化生产模式，即要在规模上比过去的空间建筑形式更新，而且要更大，需要参照同一行政区划中其他城市的规格与模式，体现出政治体制中城市的等级性与相邻性，其最终的空间参照物是北京。我们可以把这个过程称之为城市的政治空间再生产。

无论以何种方式筹集到城市政治空间的生产资金，无论筹集到的资金足够支撑多大规模的城市空间与形象重塑，我们可以看到，自20世纪80年代以来，这一过程一直在进行，似乎从没有停息过。因此，这是一种全国性的城市空间再生产过程。由于其再生产方式在现行体制下必须参照城市的行政等级体系，其必然结果就是无数复制性的中国城市的诞生，无数的城市通过其等级相邻关系，而成为了相似的空间景观，也就是说，行政区划的相邻关系导致了整体城市空间的相似性。显然，这种相似性来自于当代政治上层建筑的相似性，来自于行政机构的复制性，来自于这种政治与行政规则的相互参照性与等级性。城市的独特历史与文化，以及每个城市居民心中特定的故乡感与家园感，都可能会在这种简单再生产中，在这种复制性的生产模式下被摧毁掉。我们生活在不同的地理中，我们有不同的方言与习俗，但我们实际上却生活在相似的城市中。在一定程度上说，以政治上层建筑为基本模型的当代城市空间形态，只是相似的复制品、物质性的符号再现体、制度与法律条文的复述物。

这样，中国当代城市空间形象的差异性在逐步消失，每个城市的空间特性正在成为历史，新的城市景观把陈旧当作贫穷加以抛弃，而历史感也因此消失了。我们要看到的是，这是当代城市空间再生产的极有效率的方式，无数的新城在旧城的基础上重新构建起来，并成为每个路过者的快速消费品。复制性城市的大量涌现，显然也与我们的历史观密切相关。我们急切地涌入到加速度的现实潮流之中，总是在期待着新的未来，而这个现实与未来又总是与变革相联系，这导致了每个城市的线性历

这个时间限度在城市是70年……而从经济理论
至少构成了城市再生产周期的一个上限。在这
经济体系及其上层建筑是收费者。

The life span is 70 years in the city…from the perspective of economics, the 70 years ar
giant financial institution and the entire national economic system, as well as its superst

史正在瓦解，无数的城市通过相似性而变得平面化。我们已经步入了中国城市的后现代时期，以发展、变革与富强为中心词的现代性宏大叙事却导致了后现代的现实结果与未来起点，这显然是我们始料未及的。我们生活在规模不同、级别相异的城市里，但我们却同时生存于无数相似的、无历史感的空间中。

然而，在另一种城市再生产模式中，经济竞争是再生产的主导性原则，它导向的是城市的扩大再生产，但却必须基于城市的差异性。在过去，不同城市之间的差异性以自然地理为基础，表现为自然资源与地理位置的差异，以及由这种自然地理特性所导致的历史、文化和在国民经济结构体系中的地位上的差异，这是一个长期演变的结果。但现在，以商品交换为特征的城市关系，由于其相似性，由于缺少足够的差异性，导致了这些被快速改造的城市必然进入到更为残酷的竞争格局之中。已有的自然资源被更为快速地开发，而缺乏自然优势的城市必须在条件相同或相似的情况下，等待着成为一个更大经济体系之中的加工基地。在这里，所谓的加工性商品生产方式，也是具有复制性的，是需要更大的规模与更低廉的成本的，是资本原始积累性的。这样，无数相似的中国城市现阶段的发展，主要处于这种原始资本积累，但其相对于更大规模的经济体系来说，比如，针对跨国资本与企业来说，则只是另一个正在进行灵活积累的临时性基地。城市需要这种来自于发达国家与地区的流动性资本，但却又要时刻面临这种流动资本的离去，从而不得不终止城市自身资本的原始积累过程。

显然，复制时代的复制性城市是导致这一切的重要根源之一。

城市空间消费的剩余价值

从目前政府的研究与展望中，我们大概可以了解到，当代中国城市的扩大再生产至少要持续到本世纪中叶。上文已经阐明，这种扩大再生产主要表现在城市规模与数量上，而非城市自我的深度与城市间的结构关系上。导致这种情况演变成一种长期性历史趋势的决定性因素，就是当前城市的生产方式，也就是城市的商品化运动。

当代中国城市的空间特性与这种商品化密切相关，这一过程开始于20世纪80年代，国家对土地的控制，也就是土地的公有制，通过商品手段开始向个人、组织及法人有偿转移，演变为有限度的私有制形式。这里所谓的限度主要是指时间上的限制。我们每个人，包括农村与城市的每个人，开始需要以租赁或购买的方式获得我们自身的居住、生存与生产权。这个时间限度在城市是70年。这是个体生命自然性的社会再生产周期，我们要为自己的有生之年付费。我们每个城市公民类似于某个临时舞台上的过客，或者是这个临时剧院里的临时观众。而从经济理论的角度来说，这70年，就是中国城市的再生产周期，至少构成了城市再生产周期的一个上限。在这70年中，一个巨大的金融机构和它所代表的整个国民经济体系及其上层建筑是收费者，他们的任务是尽量使得每个人都能正常支付他们的生存权费用，使我们能成为城市生产的参与者，也就是使城市变成商品，使我

来说，这 70 年，就是中国城市的再生产周期，，一个巨大的金融机构和它所代表的整个国民

iod of reproduction of Chinese cities, or at least an upper limit of it. A he toll collector to these 70 years.

们必须去购买它，从而从中获得城市扩大再生产的资金及其利润。

对于我们这个有着巨大人口，而土地与空间供应量相对不够充分的国家来说，城市的商品化是一种解决之道，一种并非临时性的政策，而是国家在介入当代中国城市再生产过程中所采取的一种战略。但这种战略却可能，甚至是已经导致了这样一种结果，即城市成为了快速消费品。就如同我们总是感觉自己生存于这个快速变化的时代与环境中一样，国家或政府需要在城市商品化过程中总是扮演甲方的角色，从中获得延续这种快速发展的驱动资本；而相关的投资商，则需要迅速获得利润，以便在有限的土地资源供应中赢得最大的利益。这样，尽管事实上我们参与生产了我们居住的城市，但它显然不完全是我们的城市，它在以自己的欲望与利益发展变化着，在承受着更大的力量的主宰，进入到了与个体存在不一样的生产周期之中。它类似于一个超主体，构成了一种把我们当道具的交换与消费关系，并塑造了一个看似属于我们，却总会把我们抛之脑后的未来。

这就是导致城市成为快速消费品的资本逻辑。必须把耐用品性的城市、空间及住房，一方面叙述为奢侈品，叙述为个体及民族生活与命运的改变与更新的最重要体现；另一方面，要在尽量短的时间内，在消费层面上使城市成为快速消费品，要让人们去迅速购买它、消费它、耗费它，并最终与它分离。这样，当代中国城市自己生长的时限，转变成了一种生命周期，它们越来越受城市商品化与工业化生产的周期与节奏的控制，越来越被一种经济上最有效率的生产方式主宰，越来越新，越来越能在叙述层面上刺激城市居民成为它们的买主，而在所有制层面成为城市的游客。在这里，我们甚至于已经难以设想当代中国城市建设的新思路，但我们大概能预想到目前的城市商品化进程所能导致的结果。那些快速拆迁的老城区，那些快速耸立起来的新建筑，那些快速变化着的景观，还有那些快速衰败着的空间，所有这些都是城市快速商品化的结果与残留，除非我们的生存速度比我们眼前的城市变化速度更快，否则，我们必然会总是生存于一种被抛弃的感受之中。

大多数人与其城市之间精心培育起来的、相互的、创作性的关系也许从未存在过，但当前这种针对城市的快速消费关系，以及这种关系的规模与力量也许也很少有过。我们知道，所有城市创建与摧毁、重建与修复时代的利润，又将会重新进入到城市之中，进入到更大规模的城市再生产与商品化过程之中。若干年后，面对当代政治与经济协同作用的、复制性的、快速生产与消费的无数中国城市，我们正在构建的城市资本，我们正在享用的城市剩余价值，也许都只会转变成叙述，在未来可能只是一种意识形态商品，一种新型的城市生产与建造史案例。只是，其叙述法则与话语特性，在今天，我们还很难想象出来。

我们正生存于一个可以叙述城市的未来，但无法主宰城市的未来叙述的时代。

城市 = 发展

City Equals Development

从城市住宅实践到日常生活的发展——贺承军访谈

Development from Urban Residential Practice to Everyday Life – An Interview with He Chengjun

采访 / 冯果川、朱晔　整理 / 朱晔

Interview/Feng Guochuan 、Zhu Ye　Editor/Zhu Ye

郊区化和住宅的发展

冯：

贺博士，你认为这 20 年中国城市的发展有没有几个标志性的阶段？我说个大概：1991 年出现土地转让的政策以后，1992 年的邓小平南巡带动起了房地产热，然后紧跟着是泡沫和紧缩银根，到 2000 年以前基本上大家的关注点还是在城市内部；2000 年以后，持续直到前几年，基本上呈现为郊区化的过程。现在因为城市里的土地开发已经趋向饱和，很多城市又在做城市更新，好像又把注意力放回到了城市里边。

贺：

应该这么说，你刚才说的 1992 年那会儿房地产并不热。尽管南巡讲话之后经济有点活力，但当时的重点在制造业和三类股，资金都往那方面流，城市并没有多大变化，与地产相关的城市与建筑也没有得到激活。实际上 1992、1993 年的经济都是紧缩的，但激发起了制造业的一拨活力，主要措施是招商引资。外资来了不是建住房而是建工厂、搞出口，当时出口加工的工厂几乎遍地开花。但是那时候整个的国内经济基本上总体还是比较沉闷的，地产也是如此。国内的房地产真正有起色，是从 1998 年开始住房商品化以后，很多地产公司这时真的冒起来了，比如万科就很明显，1998 年以后逐步有了声誉，他们就开始有意识地策划一些口号了。应该这么看：中国的房地产及人居跟政治、经济、政策密切相关。

冯：

可以说20世纪90年代深圳的速度还是比较快的吗？

贺：

比较快！主要是工厂建设比较快，持续十年的四处建设、满地开花，从20世纪90年代初到90年代末。直到1998年各个街道办的主要任务还是招商引资，每年百万工程，即：每个街道办、每个镇，每年新建100万 m^2 才能达标，于是各镇都比超“百万”。当时产业最大，没有住宅，也没有公建，“百万”说白了就是100万 m^2 的厂房。但那么大面积的厂房建起来对城市格局肯定会有影响。目前，深圳有这么多的旧城改造，就是这十年内的百万工程的后遗症。

冯：

那住宅商品化之后，2000年开始的郊区化是不是当时住宅开发的一个特征？

贺：

对。万科就是1999、2000年开始提出郊区化的。那时实际上城市中工厂四处开花的局面已经形成，到处都已经有房子了，中心区即使没有房子也已经被人占了地。万科这样的企业实际上拿不到中心区的好地，它也是根据自身情况提出的郊区化运动。当时万科在深圳坂田建“四季花城”，那个地方没有什么配套设施，道路也没通，更没有公交。万科建好“四季花城”后，自己搞了几辆大巴送客到梅林关。房地产发展到1998—2000年左右应该算是一个热潮，开始有理念了，这个在全国都有所表现，因为地产商尝到甜头了。其标志就是“中城房网”的成立和“新住宅运动”的提出。

1999年5月，深圳万科、北京万通、河南建业在北海发起成立了“全国房地产策略联盟”。随后，联盟取得了建设部、中国房地产业协会的认可与支持。12月，“中国城市房地产开发商协作网络”在北京正式成立，王石担任首任轮值主席，会议提出了“中城房网”的四大功能：信息共享、共同培训、集体采购、集体融资，后来又增加了集体开发功能。沈阳华新国际的总裁卢铿在会上提出“新住宅运动”的构想。到了2000年4月，汪丁丁、黄平、周孝正、杨东平、茅于轼等专家在北京万通新世界广场共同研究、拟定“新住宅运动”宣言。我当时参与了这个宣言的拟稿。“新住宅运动”是对当时住宅现状、生活方式等的全面反思，也是开发商们对中国住宅产业的反思和对今后开发项目的设想，是一场“民间的、文化的、市场经济的”建筑文化住宅运动。到了那年6月，“中城房网”在上海召开大型会议，正式推出了“新住宅运动”。

当时19个房地产公司组成“中城房网”，实际上就是一个民间组织一样的机构。他们从产业的角度、从房地产商的角度来掀起波浪，进行理论上的探索。当时他们有一个宏大计划说要重新翻译世界上的建筑经典，以提供技术理论的指导之类的。但实际上并没做，因为在地产热潮之下，谁都没有功夫做那细活。土地升值、地产得利之后有些开发商就溜掉了，而在“便宜拿地、快速建房、高价出售”的模式下，地产界的技术理论探索已经有些多余了。

冯：

当时地产开发出现郊区化状况的动力是什么？

贺：

当时没有动力，是现实，因为在城市里拿不到地那就只好跑到外面去拿。万科就是郊区化典型的例子，他在深圳的中心区比如华侨城、南山、福田都拿不到地，虽然中心区还有很多空地，但你眼馋也没用，那是人家手里的，和你没关系。万科于是就选择了走比较公开透明的路子。

冯：

当时有没有出现一种对居住文化的追求？

贺：

我跟你说吧，不是文化的问题。最初的开发商都是政治情结很浓的，但他又不能讲政治。于是他们想通过权衡一个综合性的、可以全方位影响社会的一个东西，来推动社会变革。这就是住宅，实际上也是现代城市运动。比如以新的住宅来传播一种概念和内涵，以此推动社会和城市的发展，但实际能做的非常有限。

冯：

最后有没有落实到空间里面？

贺：

有。比如重新倡导现代建筑理念，20 世纪八九十年代官本位意识还是很厉害的，新住宅运动就是要反对长官意志的。但是投资人的审美价值怎么体现？投资人总是有理的，所以建筑师也挡不住他，只是充当一个建设性和批判性的角色。当时把建筑师的创作性劳动提到了比较高的位置，但是让投资人退回投资体系，完全不干涉你的设计过程还是做不到的。

朱：

有说法说基本上建筑师是服务于权力与资本，你赞同吗？

贺：

中国的现实使得建筑师的批判精神只能适可而止。你对于建筑风格可以发言，但是建筑风格不是空间决定的，是后面的权力决定的。不过大家都不会去捅破窗户纸，造成不必要的麻烦。比如深圳的大运会，搞那么多场馆，一下子 60 多个。目前看来是很浪费，这些建筑场馆搞赛事活动是没有收入的，全部得倒贴。

土地收益和政策失位

朱：

无论是政府还是开发商，他们的核心的生产资料还是在土地吗？

贺：

土地！因为那时候还没有实行土地招拍挂，很多土地都只是通过行政划拨。土地指标拿到手里，然后转几道手，只要开发商觉得还可以接受就接收了。原来是产业用地的，或者是工业用地的，改成住宅也比较容易。真正的招拍挂，也就这三五年的事。为什么那时候地产商那么得意？因为不需要什么良好的组织就可以获得很大的利益：首先是地价便宜，行政划拨来的土地很多都是零地价；其次是操作简单，拿了很便宜的地再去招个建筑队就行了，剩下的建筑队会作垫资，然后再把土地拿去银行作抵押获得更多的贷款。这样的机遇对于地产商而言实在是太难得了，他想要推都推不掉，财富也就很快累积起来了。

我那时候在龙华，有个老板带施工队帮龙华镇修了些路，政府没钱给他就说：欠你一亿元，给你块地算了。当时是 2002 年，他说不要，于是到处找关系说：给我钱，哪怕你先给我个 7500 万元，其他的之后再给都没关系。政府说：要么给地，要么没钱。他只好勉强接下这块地，等到两三年后他明白了，这块土地增值了近 30 倍。万科也是 2002 年的时候主动来找我，想要一块地。当时那块地也不是很值钱，但是一看已经有一个小公司先占上了，就有些嫌麻烦，想不要了。后来万科也学会了把土地连带公司给买了下来，这成了这几年一个很成功的拿地模式。把那家公司给买了下来，总算是把地拿下了。

朱：

当时是不是有个土地批文就可以拿到地？

贺：

当时深圳的情况是这样：像经营香港土地的公司有了点余钱，哪怕不出名，在内地加注个公司，然后利用当地的关系交些订金，政府就划出这块地，这样就认可了。

从法律上说，这些契约竞争在深圳是可以大书特书的。这种契约可能在内地其他省市区不管用，比如内地其他省市区你要是交个几百万元土地契约金，人家哪怕给了你个契约，但是转身就可能把地给别人了，契约成了一纸空文。但是深圳很重视契约，你只要有了这个契约就可以放心了，放个好几年都没事。就算契约不那么规范也没事，因为收了几百万元订金，政府也同意把这块地转给他，国土所在上边盖章那就有法律效应了。深圳好在是受香港的影响，有了这个章，有了这个不正规的合同，就没有谁再去强抢了。

虽然这样的情况不一定在台面上有记载，但这里也有感动人的东西：在深圳，你可以放心地投资；而在内地其他省市区，你投个几百万元，哪怕县长签了字，也指不定不算数。在深圳为什么产生这么多不错的企业？就是因为对契约的认可。红包和人情不管用，因为哪儿都收红包，谁都有熟人。在深圳只要签了合同，大家就都认账。

冯：

万科的个案怎么会导致全国各地的开发商都跑去郊区拿地呢？是不是因为大家发现房地产是一个很好的行

20 世纪 80 年代……靠的是激情和理想，靠的
力量没有了，政策也变化了，那么就得靠社会空

In the nineteen eighties, we maintain our common ideal by passion and ambition and b
rely on social space, and begin to settle down starting with community and then extend

当，所以通过郊区化使这个产能释放出来，可以把规模搞大？

贺：

城市核心区都是老城，你要是搞拆迁，那问题会很多，成本也高。老城的房你拆不出来，那肯定是往郊区走啊。而且这样一来可以避免不可控的成本，不需要花大价钱去城市内部打拼就知道自己的房价能涨多高。

朱：

政府会发现在城中进行拆改要付出的代价很高，除了住宅之外，他们会想到其他的空间拉动方式，比如说把一个产业园区丢到郊区，或者通过卫星城、新城、迁移政府中心等方式，来拉动旧城周边的地区。

贺：

原有的城市肯定要做大，没城市的地方也由小到大地做，这样才能容纳更多的人，有更多的产业空间。单纯地往城市周边摊大饼式的扩大，不能叫郊区化。“新住宅运动”持续了四五年后，发现利润实在太大了。最初政府是准备退出这一市场的，准备把住宅这一摊子都交给商人去干，开发商也是抱着改造城市、改造社会的理想入的局。当时各地还同时在搞社会保障房，上海就说不搞了，他们把市场上 3000 元 /m^2 以下的住宅都定义为保障房或者安置房，建设部来考核指标的时候，这一块就被加了进去算作是城市改造和推动市场化的政绩。因为财富累积过快的缘故，开发商的形象就从起初的正面转向了负面。

朱：

中国住房的市场化改革一直存在一个问题，从 1998 年开始，它就没有分清楚商品化住房和社会保障住房这一块，那时候住宅商品化改革，是为了软着陆要去拉动经济的，结果连同社会保障住房这块也丢给市场了。

贺：

这个我要回应一下：当时的初衷是政府少管甚至不管，因为改革的时候政府面对的就是“一放就乱、一乱就收、一收就死”的矛盾。但是，你有没有想到这里边有一个陷阱，谁都看不到的陷阱？那就是我们的土地政策。因为土地急于市场化，而和市场经济相配合的土地制度却是缺失的，那就要命了。当货币也没有那么大强度高效率流通的时候，土地不怎么值钱，制度滞后还可以勉强应付，但是当土地越来越贵的时候，制度的缺陷就暴露无遗了。

政府后来又发现了窍门，因为土地不仅是物质的垄断，甚至构成了整个社会生产的基础。从官方表述看，政府只是代理土地的所有权，但是这个权是始终不会放下来的。2004 年 8 月 31 日正式实行招拍挂，表面上是学香港的勾地和土地市场化，实际上我们走的是政府主导的市场化，政府依旧把大利抓在手里，拿出小块的地去勾。即使这样，这些地可能 50 年都勾不完，况且现在单位面积土地的收益远远高于以往，于是土地成了各地

变革的力量来维持大家的共同信念。现在那种
先从小区开始安定下来，然后扩展到整个城市。

of reform. Now that kind of power has gone, and the policy has changed, so we have to
tire city.

财政的主要来源。政府当然很高兴：发了那么多钱，又通过这种方式把钱拿回来了。甚至有些经济学家肯定要这么说：你看多好啊，钱转着花，一个招拍挂会，又回来了。而且还有人眼巴巴地看着不明白怎么回事，还认为是市场化运作的一部分。土地是无罪的，而程序是正义的，我们的土地制度的问题就在这里。所以我们的生活成本、房地产业和土地就这么给搅拌在一起了：土地的非市场化和其他生产资料的市场化。

冯：

大家普遍还是觉得怎么都要住在城市里，似乎不太愿意住郊区高品质的房子。

贺：

形势比人强，这是人家都知道的。现在大家照样愿意住城中区，因为郊区居住区并不成熟。郊区别墅的安全性不好，住区的配套设施比如学校、医院等都不完备，所以现在大家普遍还是愿意住中心区。但是住中心区要花的代价比郊区大得多，你要去住华侨城，那首先得买得起啊。没办法，那就只能往郊区走了。所以现在深圳观澜、沙井的房子都能卖出去，就是这个道理。

冯：

现在拆城中村盖出来的房子应该也不会太贵，因为它的品质比较差，基本上就是一小块地就盖那么两三栋高层。

贺：

这种贵不贵，显然不是建筑材料或者建造成本的问题，它是炒作问题。最近一年半到两年的强力调控，说明了住房降价的可能性是存在的。住宅成本大家都算得来，从材料上说建造成本更低，撇掉地价后才 600 多块钱每平方米。放在中心区你可以卖几万元每平方米，放偏一点卖 1 万多元每平方米，但成本也就 685 元 /m^2 嘛。

冯：

那在新住宅运动之后，住宅发展又是什么情况呢？

贺：

20 世纪 80 年代末到 90 年代，那几个大的变化已经出现了，后来都是细化。2000 年以来，炒作的东西有很多，无非是一些概念。实际上建筑师们也应该能感觉到，住宅的变化并不大，还是原来有的那些类型，无非做细一点。

2000 年以来，住宅产业化、绿色建筑是同一方向的两大趋势，但成果不多。对于开发商，钱已经不是问题了，他们如果做出些理论联系实际的成果将会是很得意的事。但是这些方面，国家没规范，他做了以后自吹自擂也没用，所以只能浅尝辄止。比如住宅节能方面，住房和城乡建设部搞了 20 多个试点，深圳算示范城市，在技术上包括轻钢龙骨什么的。虽然住房和城乡建设部的布局是必要的，但这些高帽子不可能逼着地产商来兑现，基本上的状况还是雷声大雨点小。住宅产业化方面叫得很响，但真正产业化的东西做得不多。而所谓绿色节能，真正

成熟的技术也不多。我们有的是口号，但革新性的变化似有若无，跟日本的开发商做的距离还很远。

朱：

这是否和中国以一种国有资本的思路进行市场化运作有关，在这样的思路下，政府及其所属公司掌控着社会上绝大多数的公共资源。改革开放之初还有一些活力释放出来，但改着改着就走向了一种新的国有垄断。昨天我看一个电视节目，说中国有中小型企业约一千万家，占中国企业总数的99%以上，对GDP的贡献超过60%，对税收的贡献超过50%，提供了近70%的进出口贸易额，创造了80%左右的城镇就业岗位。但90%的中型企业，95%的小型企业，根本没有从银行贷到过一分钱，它们得不到银行的支持。2008年开始的四万亿元救市，对于这些企业也没啥实质性的帮助。

贺：

四万亿元的投入，三年来负面评价很多，主要还是我们分配资源的渠道太少。像我们五个人今天就要把100万元花掉，我们说不定还真想不出什么招；50个人一晚上花掉100万元，要容易得多。这四万亿元一下子投下去，选择房地产或者选择基建，跟渠道是有关系的，也就是说和产业基础有关系。渠道不够，哪怕这里已经很拥堵了，他也没办法，只能往这里投。决策者会泛泛地认为，按照经济学的效应，先砸出去再说，管它会产生腐败还是什么，只要砸出去了那它就会起作用。实际上，目前搞经济的大多是学工科的，他们是20世纪50年代生人，对计划有种过分的自信。之前计划经济没搞好，但今天我们学了系统学、统计学，所以就想再试一下这样的新计划经济形态还能走多远。

20世纪80年代末以来，中央政府、地方政府都是高度控制公共资源的，现在这个趋势也没有变，它没有扩充管道，只是拼命地把握资源。如果不救市，政府将面临这样的困境：产业沉闷，没有活力，大量的农民工可能失业，他们不回乡下去在城市里待着，你还是得给他们工作做，所以这四万亿元还起着稳定就业的作用。现在看来，短期内这么做可以，长远地看，社会投资于产业的管道不够始终是要解决的问题。

朱：

你刚才说的这种新计划经济的形态，走向的还是国家垄断式的计划经济，这种国家资本主义的形态哪怕能把它弄好也跟市场完全背离的，对吗？

贺：

我们的政府机构现在为什么拼命扩张？扩大财政开支、扩招公务员，造就的就是体制膨胀。公务员尽管工资不是很高，毕竟人数多，所占国民财富的比例也相当可观。他们属于官僚体制的一部分，待遇稳定，而对于他们可能的灰色收入，政府也是睁一只眼闭一只眼，因为这部分人肯定是自己人。

家庭与日常生活的变化

冯：

筑博的住宅设计由杨为众主持，他对于住宅设计有自己源自日常生活的理解。比如在住宅户型里面怎么通过设计去建构人的尊严，因为现在的商品房是大家花不少钱买来的，那就应该让人家买出一种尊严来。再比如，他觉得住宅里面有一种伦理，而以前计划经济时代的房子没什么伦理，大家很粗暴地被分配到了一间一间的屋子里。此外，他很关注餐厅的设计，觉得餐厅是构筑家庭内部环境的主要公共空间，是一个更利于交往的空间，所以他设计的户型里餐厅的景观会很好，这跟一般设计注重客厅不太一样。在他的带领下，筑博的住宅设计并不是随大流地在做，而是有着自己的思考，这样的思考主要针对我们的生活。我大概是2005年年底到的筑博，在这边主要做公建。我做公建的切入点主要也是讨论公共建筑与城市的关系，也是讨论生活这一块儿的。

贺：

我觉得你们的思路挺正确的。我们要探索的住宅日常生活的领域确实还有很多，现在地产高潮迭起，大家对这方面的关注还很不够。关注住宅，关注家庭的构成，这实际上是因为中国的伦理方式发生了变化。这和我们以往关注大风格、街道的立面不同，对日常生活的重视，意味着大的思维背景的转换。中国人的伦理是儒家的伦理，当代发扬起来已经没有了国家行政感召力但深具“家庭利益至上”主义的社会环境。然而从利益格局来看，社会群体中不同个人的不同选择，使得我们可以将关注点落到家庭，因为这是当代社会的基本和声。在中国生存、打拼和发展，都是为了个人幸福，然而个体的探究对于当今社会的研讨不那么有针对性。我们关注家庭的背后，实际上是社会结构在政治经济与社会环境中的变化。为什么这么说呢？因为原来大家关注的是国家的宏大叙事，现在宏大的东西都被大家悬隔了，那我们关注什么呢？宗教只有潜在的影响，但更为核心的事物，是和你每天出去上班、去打拼有关的，是跟你的情感密切相关的，这种与个体有着更直接的关系，又可以作为社会的结构单元被我们关注的，就是家庭。

一个从农村出来上大学的人，大学毕业后会关注自己的老家和宗族，会和自己的父母形成大的家庭。但是如果他在城市生活，慢慢地，他最终又会回到自己的小家庭。这是一个积极的变化，这里面恰恰有很多伦理问题没有解决，而这些伦理问题又是和生活空间的打造相关的。我们具体到一个在深圳的中产，他对自己的老家有非常浓厚的责任感，也就是说他关注的是一个“大家庭”。他就会想自己要有一套比较大的房子，至少150m^2以上吧，能够把父母接过来，或者还能够为自己的侄子、侄女等要到深圳来打拼的亲戚提供个空间，这才构成了他的整个家。作为大家庭里边的儿子，能接自己的父母来养老，双方的父母或亲戚来了可以落脚，这样的家庭空间无形中就到了140　150m^2以上，也就是说要四室以上，才可以满足他的需求。这实际上是房地产发展会充分利用的东西，也是房地产通过广告宣传拿来挑逗你的东西，比如早期开发的大户型就是为了满足像我们说的这个中产的尊严，实现男人的责任感和融入感等。

现在我们发现：随着房价越来越高，资产价值越来越高，大家的生活压力越来越大，要同时满足这么多不大可能。而且实际上社会分工、经济格局、利益博弈、伦理变化，使得小家庭成为了各方关注的核心对象。夫妻双方加小孩，顶多有个保姆，这样的家庭是当代的，他们是当代社会有创造力的、能赚钱的主力家庭构成。当然，更顶端的家庭会拥有更豪华的生活、更大的空间，我们在这里不讨论，我们关心的是一般状况下人的生存状态是怎样的。随着经济的发展，我们的经济政策没搞好，这就导致三口之家的核心家庭会被肢解，这是我们面临的最大的危机。为什么现在政府要这么调控啊？因为感受到了危机：如果不能给未来的年轻人创造建立他们各自核心家庭的条件，如果他们的打拼失去了希望，那么社会也就丧失了稳定的基础。提供给核心家庭安身立命的可能性，这实际上是与政策和现实相关的最重要的社会伦理。

冯：

作为建筑师，我们会探索各种各样家庭构成的可能性，这背后也是对社会脉搏的把握。

贺：

就住宅来说，个性化、多样化的探讨，也还有广阔的空间来做。比如把日常生活和空间整合起来。重视厕所、厨房这些跟个人生活紧密结合的空间，这跟现代化的卫生追求都是吻合的。刚才你引用杨为众的话，我的理解是，重视餐厅跟重视客厅是有差别的，而不同的客厅也有多种多样、不同的生活。

我前天带一帮人去万科的住宅研究中心，发现他们正在做的小户型有意识地让客厅都消失了。你想想，对于现在的打工族，一个客厅对他有什么意义啊，搞一个3.5m以上看电视的间距，这些对他们没意义。对于一个刚毕业的大学生，总共15m^2的居室也就够了：客厅跟卧室一间，然后精巧地布置一个卫生间、一个灶台。这种满足年轻大学毕业生需求的一个独立安身的地方，国家并非做不到，但是一旦经过地产商可能就实现不了，因为将涉及太多的成本问题。而对于政府而言，这真不是什么难事。当然，我这么说绝非主张一切由政府支配是什么幸福的事，而是说在目前政府实际上把控大部分资源的情况下，政府要解决年轻核心家庭的基本定居，不是难事。

冯：

实际情况是万科在做这件事儿，政府反而没去研究？

贺：

政府要忙着更大的事情，把这当小事。大事件是抓形象工程，比如说深圳的大运会，搞那么多场馆，一下子60多个，我都不知道原来运动会有这么多项目。此外，家庭空间与技术设备的关系也是值得推敲的。比如现在的电视可以嵌在墙上，那原来的40cm的距离就可以消失了。也没必要买大屏幕电视，现在经济性的居住，小屏幕电视就可以解决问题。而且现在获得资讯的渠道非常多，如果你想要更全面的视听享受可以去电影院。像以往标准的、大的电视间距只适合老人，大间距的客厅是可以取消的。

朱：

现在的家庭活动一是倾向于户外的实际交际，还有就是3G技术带来的信息随身化吗？

贺：

对，从虚拟变成参与。现在看电影成了个仪式，去电影院看电影，也看人。这些对我们的客厅空间会产生很大的影响，你再富裕一点，可能家里会需要一个仪式化的空间，客厅会重新得到重视。但在目前矛盾高度尖锐的情况下，要保证一个体面的或者像原来那样不怎么体面的客厅没有必要。

冯：

这个十来年中人们的日常生活有没有什么比较有意思的变化？

贺：

我觉得变化还是很大的。回到我们住宅这块，也是回应筑博“城市日常生活”这个主题，建筑师们在这十几年中的努力还是取得了很大的成就的。建筑师会有一种自我实现感：八几年的时候学建筑，好建筑都在杂志上，但现在我慢慢发现，好建筑就在身边。这种好建筑肯定不是理想的建筑，但是你能感觉到它们是有质地的，有对人性关怀的一些空间处理手段。发现这些后，你会很欣慰。就说书城嘛，刚开始出现的时候，我还骂过它，觉得它空空荡荡的，没有对资源充分利用。但是现在这里已经成为了市民平时一个很好的活动场所。这种在身边日积月累的变化，我们也许会习而不察。

冯：

城市有一些积极的公共空间出现了？

贺：

对。现在深圳中心书城周边的不就是一块积极的公共空间吗？现在又从莲花山架了座桥，贯通成了系统，这在全国来看是有典型意义的。以前深圳一位领导认为跨马路的桥不美，跨过红荔路的那个大桥不让建，现在也建起来了，人们可以步行从人民广场到莲花山。

冯：

现在民间的日常生活有没有出现一些自我组织的领域？

贺：

这个有，像我们小区这块，法律定义还不是这么完备，但是小区自治这种概念已经形成了。我来说一点感受：我小儿子小的时候，他独自到小区内去玩耍，万一遇到什么不测怎么处理？这是我当时比较担忧的。回头看看，现在孩子已经八岁了，在这几年小区内没出过什么大的不测之事，这个20世纪80年代建起来的小区也被确认是可信的。这个跟政府没什么关系，也没什么说教，就是我们交付管理费，保安们都不错，把小区照顾得很好，而且已经坚持八年了。这证明了小区这个自治体的可信，也比较亲切。保安在那里，你就会放心地离开小区，不用担心出现什么问题。他会跟你笑，叫出你的姓名。年节时我们也会给他一个小红包表示感谢。住户和保安之间形成了很融洽的关系，这是一个很人性化的变化。这样的自治不是什么党组织下达的任务，它是自己形成的，这种市场模式的契约关系非常简单明晰。这是非常重要的，它就像一个细胞，是可以扩展和复制的。而在深圳，很多小区都达成了这样的关系。在我接触的人当中，没有谁抱怨说他住的那个小区很差劲。再加上建筑师对家的安居有创造性的解决方案，中国社会稳定的一个相当大的因素已经达成了。

之后赚多少钱就看个人本事啦，只要他能住下来就说明他有了在这个社会的生存能力。于是相当一部分人群，通过居住稳定下来了，这也是社会的一个巨大的进步。20世纪80年代激情澎湃的时候就不是这样，当时大家都没有安顿下来，都在外面打拼，那时有很大的不确定性。而在巨大的不确定中能安定下来，靠的是激情和理想，靠的是渴望变革的力量来维持大家的共同信念。现在那种力量没有了，政策也变化了，那么就得靠社会空间，先从小区开始安定下来，然后扩展到整个城市。

深圳在招商引资时期建设于城市中的厂房，在华侨城的运作之下，经过都市实践的设计，已经改造成了全国著名的OCT创意产业园区。

地方财政与土地收益关系图

Diagram of the Relationship between Land Finance and Local Income

编辑/朱晔　图解/张烁、何柳维
Editor/Zhu Ye　Diagram/Zhang Shuo、He Liu Wei

1949年后，中国确立了土地的社会主义公有制，同时宪法明确规定“任何组织或者个人不得侵占、买卖、出租或者以其他形式非法转让土地。”20世纪80年代起的土地制度的改革，主要从两方面进行：一是土地行政管理制度的改革，其标志为1986年《土地管理法》的通过和国家土地管理局的成立；二是土地使用制度的改革，将土地的使用权和所有权分离，在使用权上，变过去无偿、无限期使用为有偿、有限期使用，使其真正按照其商品的属性进入市场。1980年4月，中央首次肯定包产到户。1982年，深圳特区就开始按城市土地等级不同收取不同标准的使用费。同年年底新宪法的颁布，宣告了城市土地的国有化。1987年，深圳率先在全国采取公开拍卖的方式，试行土地有偿转让。在此基础上，1989年3月全国人大修宪，加上了“土地使用权可以依法转让”一条。1990年5月国务院颁布《中华人民共和国城镇国有土地出让和转让暂行条例》，规定在获取土地使用权的同时，也可以获取有限度的占有权、利益权和处理权，使用者可以用出售、交换、赠与等形式转让使用权。改革使土地作为商品要素进入到生产领域，为中国的经济发展提供了新的热点，也引发了城市化建设的高潮。

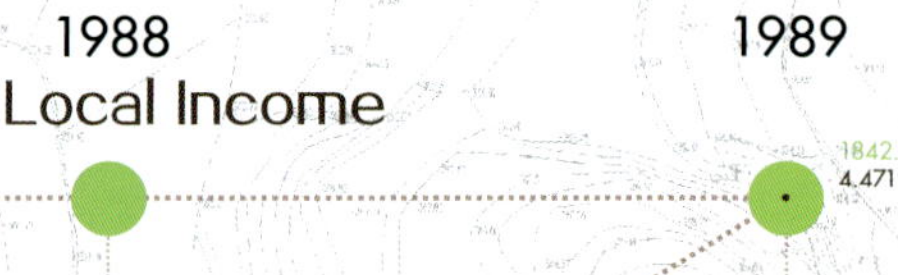

1988年，第一个商品房竣工。中国第一个土地拍卖、按揭贷款真正完全意义上的商品房小区东晓花园在深圳竣工，当时售价1600元/m²。1988年3月农村宅基地有偿使用。山东省在德州地区首先试行农村宅基地有偿使用办法。1988年4月12日，宪法保障土地使用权的商品属性。《中华人民共和国宪法》(修正案)规定，土地使用权可以依照法律的规定转让。这是我国土地使用制度的根本性变革，根本大法承认了土地使用权的商品属性。1988年12月，国有土地有偿使用制度确定，通过《土地管理法》的修改议案，规定“国家依法实行国有土地有偿使用制度”。土地使用权可以依法出让、转让、出租、抵押。

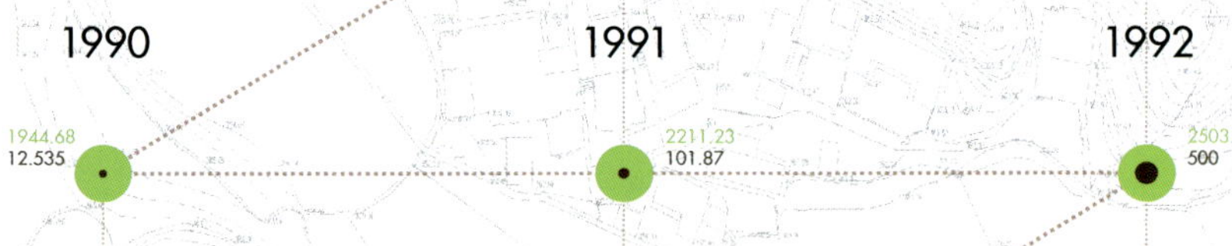

1992年，土地使用制度改革再次成为热点话题。邓小平南巡讲话和党的十四大确立了经济体制改革和土地市场培育的进程。党的十四届三中全会决定把土地使用制度的改革作为整个经济体制改革的重要组成部分，并且明确规定了规范和发展土地市场的内容和要求。通过市场配置土地的范围不断扩大，实行土地使用权有偿、有限期出让已扩展到全国各地。特别是在经济特区和一些沿海开放城市，建设用地基本纳入了新制度的轨道。

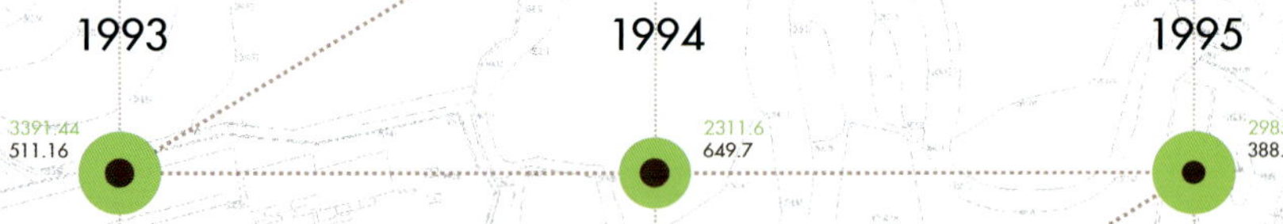

1993年12月13日，《中华人民共和国土地增值税暂行条例》发布，决定自1994年1月1日起在全国开征土地增值税。这一税种的征收，受到影响最大的是房地产开发企业。1995年7月，国家对土地使用权垄断加强。国家土地管理局公布了《协议出让国有土地使用权最低价确定办法》，提出培育和发展土地市场的8项要求，主要是加强国家对土地使用权出让的垄断，坚持政府统一规划、统一征地、统一管理、集体讨论、“一支笔”审批土地；进一步扩大国有土地使用权出让范围，规范出让方式；逐步将用于经营的划拨土地使用权转为有偿使用等。

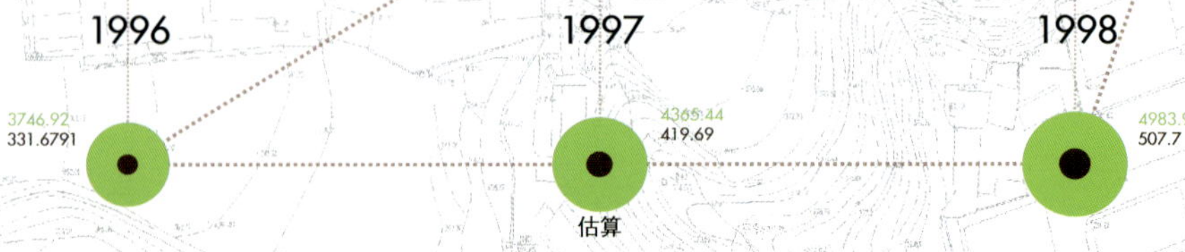

1997年9月，农村国有土地首次向外资开放。新疆维吾尔自治区政府划出24万亩农村国有土地，公开招揽海外客商投资开发，这是全国农村国有土地首次向外资开放。1998年10月14日，家庭联产承包制再次被确认为基本制度。中共十五届三中全会通过《中共中央关于农业和农村工作若干重大问题的决定》。《决定》指出，“要坚定不移地贯彻土地承包期再延长30年的政策，同时抓紧制定确保农村承包关系长期稳定的法律法规，赋予农民长期而有保障的土地使用权”。

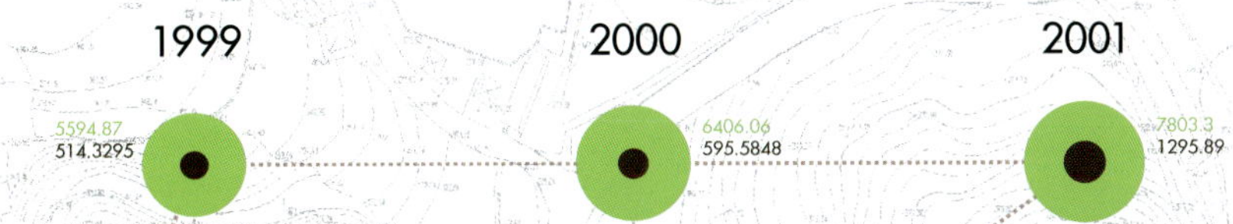

2001年4月30日，经营性用地出让必须招标拍卖。国务院发布15号文件《关于加强国有土地资产管理的通知》，明确提出经营性用地必须采用招标拍卖的方式进行出让，并规定严格控制建设用地供应总量、实行国有土地有偿使用制度、加强土地使用权转让管理以及规范土地审批行政行为等。2002年5月9日国土资源部签发《招标拍卖挂牌出让国有土地使用权规定》（11号文件），叫停已沿用多年的土地协议出让方式，11号文件的颁布被业界称为“新一轮土地革命”的开始。

2004年7月，“8•31”大限。根据国土资源部、监察部2004年第71号文件的规定：2004年8月31日起，所有六类土地全部实行公开的土地出让制度，采取公开招标、公开拍卖、公开挂牌的方式出让土地。此为“8•31大限”。住宅土地用地价格由此一路猛涨。 2005年12月20日，广州首次拍卖出让工业用地。深圳市龙岗区的一宗工业用地及一宗工业配套宿舍用地在市土地房产交易中心成功出让，以高于底价3倍多的价格成交。这是广东省首次在产业用地领域引进市场机制配置土地资源。

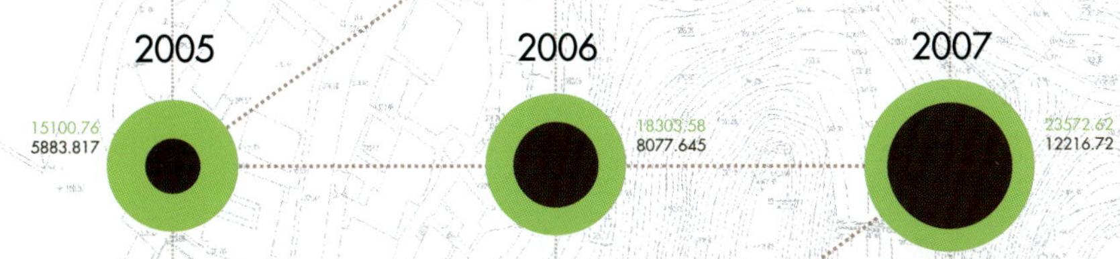

2006年7月24日，国家土地总督察制度确立。国务院办公厅发布《关于建立国家土地督察制度有关问题的通知》，设立国家土地总督察制度，地方土地审批利用纳入督察局监查范围。2007年7月24日，“地王”之争。北辰实业与北京城开集团联合体以总价92亿元拿下长沙一地块，“地王”之争是开发商全国范围内疯狂抢地的一个缩影。2007年10月1日《物权法》实施，土地问题是核心。著名法学家、中国政法大学终身教授江平指出：物权法的核心问题是土地问题，土地问题在中国又是使用权问题，土地使用权在改革开放的环境中的核心问题又是它能不能转让、能不能出资、能不能抵押的问题。

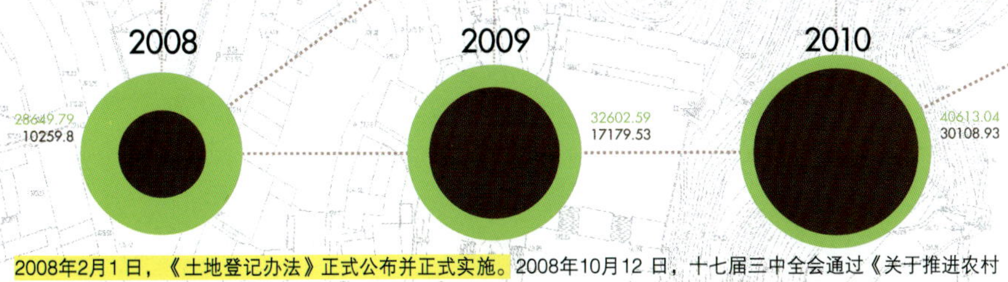

2008年2月1日，《土地登记办法》正式公布并正式实施。2008年10月12日，十七届三中全会通过《关于推进农村改革发展若干重大问题的决定》，决定中提出，按照依法自愿有偿原则，允许农民以转包、出租、互换、转让、股份合作等形式流转土地承包经营权，发展多种形式的适度规模经营。这一决议的出台引起各方关注和热议，被人们称为是继新中国成立初期的“土改”和改革开放初期的“大包干”之后的“第三次土地革命”——“新土改”。2010年1月10日，国务院办公厅《关于促进房地产市场平稳健康发展“国十一条”的通知》。2010年1月21日，中海地产以59.7亿元价格拿下北京丰台区六圈A居住项目用地，刷新了由大龙地产创下的50.5亿元的拿地纪录，成为北京新地王。

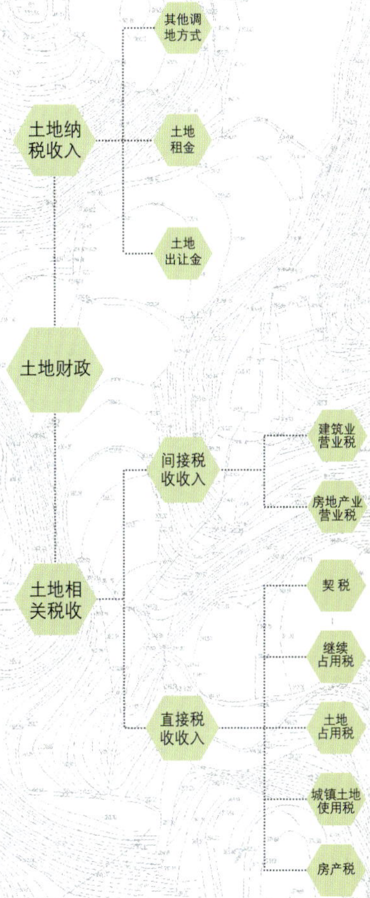

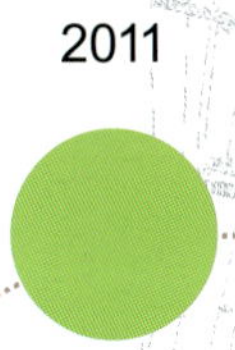

2010年被称为“史上最严调控年”，土地市场政策频出，然而房价却一路上涨，就在刚需族还在对是否买房左右观望之时，各地地王纪录又被频繁刷新。2011年，“民生”与“惠民”成为了调控的要点。从公共风险的角度来看，由城市化发展带来的各地政府长期依赖土地财政的后果，首先是土地的过度资本化，进而由此造成的土地资源利用的结构性风险转化为地方财政风险，并进一步导致财政风险向社会公共领域的转化。

（资料来源：历年中国土地资源统计年鉴、历年国土资源统计公报）

城市＝土地

City Equals Land

土地制度是中国人居问题的关键——黄伟文访谈

Land System Is the Key to China's Inhabitation Problem – An Interview with Huang Weiwen

采访人 / 冯果川、季瑾　整理 / 郑岩、朱晔

Interview/Feng Guochuan 、JI Jin　Editor/Zheng Yan 、Zhu Ye

冯：

想和您探讨一下最近的一些新的政策，这和中国乃至全球如今不景气的经济大环境有关。国家也出台了很多新政策，包括土地流转和新的房贷政策等。您怎样解读这些新政策？

黄：

中国人居的问题，土地制度是要害。中国人居和土地制度关系密切，这也是公众近年来才意识到的问题。“万丈高楼平地起”，土地是最根本的，是人居的基础。中国的土地制度是最复杂而且最深奥的，是不希望被研究的。改革开放的进程中，先是农民可以承包土地，然后是国有企业的权力下放，他们从计划经济的框架中解放出来，可以自己决定生产，最后决定价格。1989年以前出现了原材料和供应的“双轨制”，后来都解决了。但是作为生产资料中最根本的土地，一直实行的还是“双轨制”。1992年深圳开始拍卖地块，土地才可以有偿使用，才慢慢走入市场化，但是即使到现在，土地仍然实行着双轨制。也就是说，土地一直是可以通过不同途径获得的。我们拿生产资料打比方，生产资料大多是从市场上购买获得，但是有人有配额可以从计划经济体制内获得，这样就导致了一个渠道不同的“落差”。这曾经是中国很大的一个问题，但这个问题很快就过去了，就像现在已经没人说倒水货、钢筋、汽车什么的了。但是土地这一块的双轨制仍旧很严重，而且也没有被拿到台面上讨论。如今房地产市场上地产商利润的不同，实际上来自通过双轨制获得土地的成本不同。这导致了中国居住状态的

单一化，根本上则和土地制度有关。

从深圳来讲，居住基本上是三种状态：一是原有的福利房制度，也就是公务员享受的由政府提供的福利房；二是商品房；三是各种出租房，包括城中村在内。这三种来源的住房总体上评价却特别单一：居住者基本上都对房子没有发言权。现在买房的人只能依从房地产商的广告宣传，比如现在流行西班牙风格，因为你是中产，是成功人士，就应该住西班牙风格的。或者你是更成功的，那么你应该住别墅，或者加勒比海风格之类的。也就是说你的居住方式是由地产商和建筑师来决定的。我觉得“人居”状态要有所改善的话，还是要每个人都对其居住方式有发言权。这也是和中国的土地制度有关系的。另一方面，这也和传统的城市规划观念有关系。传统的教科书里的规划理念告诉你，居住就应该采用居住区的方式。现代主义规划理念认为：没有一种常规的混合居住状态，只有居住区、小区、组团的居住土地规划方式。受此影响，很多人认可的土地居住状态就是把大家集中在居住区里，而且最好就是由大的开发建设者来做（不管是政府还是地产商）。相应的配合就是把土地分的块都比较大，这导致小的地产商没有机会去买一块地来盖两栋小的居住楼房。你看现在华南地区碧桂园、星河湾、万科城等，都属于单一住宅区。越是大地产商，越是大的楼盘，居住模式就越是单一。归根结底还是我们的土地制度、我们的城市规划导致了居住模式的单一，包括从住宅的提供上就是单一的，它们基本上都由地产商开发提供。其他城市有些人也在考虑取消地产商这个环节，看能不能合作（比如集资建房）。其实西方这方面也是多种多样的，比如个人建房、住宅合作社之类的住宅团体。

冯：

您觉得这种居住模式的单一除了与土地的提供有关外，它背后的根源是什么呢？为什么没有形成多元化呢？

黄：

最根本的还是土地制度。我国的土地制度在1982年悄悄地发生了变革。1949年以前我国的土地都是私有，比如苏州有80%的房子是私有的，北京有50%左右，这就说明在这个城市中大部分的建筑是由私有房屋构成的。这时候的土地制度是房地合一的，就是说你拥有这块地上的房子，就拥有这房子下面的土地。1949年之后，并没有完全取消私人对土地的这个权利，地契还是有效的。但是1982年就“静悄悄”地把你房子下的土地给抽走了，这在1982年的宪法里“静悄悄”地宣布了一下：城市的土地全部属于国家，农村土地采取集体所有制。土地所有制就只有国有和集体所有这两种了，以前私人（特别是在城市中）拥有的土地，就这么一句话给抹平了。

冯：

这个当时也没有引起什么争论吗？是不是和“文革”有关系？大家的脑子都被“洗”了吗？

黄：

我觉得当然是有关系的，从1949—1982年这30来年，人们在观念上隔了一两代之后对财产的主张和权利的观念就淡漠了，对土地制度就没有人关心了，就不敏感了，就没有人去想这事究竟意味着什么了。按理说“文革”也已经结束了，但是就没有人去讨论这个事情。土地的私有制改变以后肯定会影响到人居的状态。20世纪90年代以前没有房地产市场，此后住宅的发展还受到现代城市规划观念的影响，觉得居住应该变成一种特别单一的状态，而且住宅区越大越好。所以，既然土地由市政府管理，城市规划的观念又是这样一种状态，这就导致不管是政府负责建还是地产商来建，都应该按照居住区来划分大块土地，然后出让。

冯：

现在为什么政府对集资建房这块控制得这么紧呢？实际上，现在对集资建房和小产权房比原来要求还严了。

黄：

这当然是因为我们土地供应制度的单一，所以我们讨论人居就自然联系到房地产，其实二者本来还是相距很远的两件事情。因为人居的状态如果好的话，那么应该是多样化和多元的，每个人都可以探索自己的一种居住方式。因而把人居问题归结到地产问题的话，这是土地制度设计不理想造成的，最终只好把居住问题放到市场上来探讨，而市场并不是万能的。我们目前的土地制度设计是不理想的，就是说一块土地的权利是很不完整的。比如农村土地，农民只有耕作权、使用权，这些权利是受上级控制的。比如县里会说我们都种大豆吧，他这样就干预了你的耕作权。如果城市发展到你耕作的地这边，你的土地也没有权利变成可建设用地。比如当深圳规划为一个城市，而你耕作的土地在这个城市之中，那么你是不能直接在土地上盖楼的。得先让政府来把土地征用了，然后才能够变成城市土地，才可以作城市建设。这就等于政府垄断了土地的一级市场，土地能否建设都得经过政府之手。这个土地制度的设计是相当严格的。

冯：

很多其他国家也说土地是国家所有的，不同的地方在哪里呢？

黄：

应该说现在也注意到这些问题了，虽然和大家期望的还比较远。期望有两个方面：一是土地的权属应该平等，也就是说能够让土地的权利都完整起来，也平等起来。现在国有土地和集体土地是不平等的，城市土地上盖的房子和农村里盖的房子也是二元结构的，农村土地上面盖的房子也不能卖。就是说农村土地种庄稼、自建房用都是可以的，但不能卖。流转的问题好多年前就提了，也有些地方已经实际流转了，当然那只是作为农业用途在承包户之间流转，并不可以改变用途，所以这次大家期望很大。但实际上十七大的这个结果还是个很保守的方式，等于说了一下土地可以流转，对这么多年已经存在了的事实作一个承认，但实际上却没有太多意义。大家期望中的流转是作为商品一样的流转，实际情况不是这样，更谈不上有些学者希望的土地私有化。另一方面，再强化一个概念叫做“土地用途管制”。这个是全世界都一样的，就是说土地该做什么是有规定的。强化的意思是说有了这个规定以后，按照程序来是不是就可以实现土地的这个用途了。现在对于村民而言是不可以的，即使规划了这个土地是城市的，你也不可以按照这个土地的用途来实现。这是中国的一个问题，也就是说土地是可以先赋权给他们的，让他们拥有自己的权利，但是管理上还是用土地用途管制这种方式来进行的。

冯：

您说的“赋权”是指先给农民权利吗？

黄：

以前叫做“土地平权”，土地的权利应该都一样，但现在就是不一样，城中村很多就是。实际上国家通过这个把利益都攥在自己手里了，如果他把这个放下去的话等于农民就可以自己从这块分得一些利益，但是实际上必须经过国家审批，这样中间产生的利益就都归国家了。从深圳的实际情况来看，政府想完全控制土地一直是很好的，土地只有征用才可以建设。制度是这样规定的，但操作起来村民也不完全听话，他一看我的土地一旦给了政府就可以变地王大厦，而我自己只能建240坪或480坪，肯定就不愿意。于是想办法建1000坪，把自己的土地建满，建个七八层或十几层的小楼，这就是城中村。但建完了政府承认不承认呢？不承认更好，那么我这个土地就是没有年期的，就永远这样使用下去。政府要是将这一现象作为问题来干预，那就变成了改造。无非也是一样，把这些没有手续的物业变成新房一赔一地赔给村民，等于还是承认了。原来的制度设计是不允许农民获得土地，作为城市土地开发的利益，这种权利只能交给政府，政府用来经营出售，农民只能获得一点补偿。但农民也不会屈服，他们会用自己的方式来分享土地城市化的收益，无非就是拐了个弯。所以，现在城中村的改造也就是通过另一种方式承认村民的利益。

冯：

改革开放这么多年，也越来越市场化，在产品非常市场化的同时，土地应该也算作生产资料里重要的一个环节，这么多年却一直抓在政府的手里，您怎么看？

黄：

这就是土地制度设计的问题。当初土地制度的设计就是不给予平等的权利。但是土地作为生产资料实际上就是一种商品，自然有它的价值，在市场上能体现出来。你如果不给它一个身份，不给它一样的权利，不可以公开交易，那它就会用自己的方式来交易，用另外的方式来实现利益的最大化。这样的土地制度一开始可能是考虑保护村民的利益，但当土地开始收益越来越大的时候可能就不是在保护而是在压制他，这就成了一个问题。土地作为社会财富只有产权明晰、权利清楚，可以公平地流转、交易，才能使土地的资产最大化。但是如果受到压制，权利不平等，本身市场有价值但是得不到兑现的话，实际上是对社会财富的一种压制。而这种压制是压不住的，可以表面上或者短时间压制，最终市场的利益是不可阻挡的。

如果一开始捋顺了，给农村集体土地和城市土地一样的权利，就都可以按照城市规划的要求来实现；但是由于制度设计的问题，反而要通过很多另外灰色的违章违法的手段来实现，导致城市更加被动。农民最终还是要分享土地的，这是挡不住的。他们本来是种田的，突然之间城市把他包围了，说这里可以建城市了。是你的城市要到他的田地里，而不是他自己要跑到你的城市里来。

冯：

如果土地可以自由流转，那么社会资源就可以更好地优化配置。最近小产权房还不允许加建了，比以前控制得更紧了，为什么？你觉得从国家政策的角度，政府是怎么看待居住问题的，就是说政府是觉得住房的责任应该放给市场去解决，这是一个大的方向呢；或者是说政府觉得这个住宅已经不错了，大家就靠自己的努力去挣住房就好了；还是说政府觉得人民因住房也确实遇到了很大的困难，想通过一些方式去改变呢？因为从普通人的角度讲其实不太能够感受到政府对这些住房困难的一些实质性的优惠手段，廉租房也不是特别理想，经济适用房也比较失败，就是作为一般人来讲感觉不到政府在这些方面的一些作为。作为公务员，您可能会更清楚地理解这件事。从政府的角度，怎么来看待住宅这个问题，怎么样在政策上进行平衡呢？

黄：

我觉得他们也有一个不断转变的过程，很多年以来政府都认为住房是政府的责任。这也和公有制有关系，既然所有东西都是国家的，国家就应该有责任提供房子。当然这个时候提供的房子是一种低质量的房子，因为国家是主张先生产后生活的，能想象的也就是“楼上楼下电灯电话”，进步是很慢的。土地有偿使用以后，才想明白应该交给市场。这一交就尝到了甜头，然后就都交出去了。深圳在2000年以前房价基本上都是比较稳定的，这个稳定还与深圳市住宅局有关。住宅局盖了很多房子，不仅仅有福利房，还有微利房。微利房主要提供给一些事业单位，有一些标准，但还是便宜。这些大型的住宅区，比如梅林、莲花北等，还是起到作用了的。但深圳市也在考虑市场化干脆做得彻底一点，就把微利房给取消了，住宅局也取消了，也就不盖房子了。结果房价飙升了以后住房和城乡建设部也意识到这个问题，所以又把政府在住宅方面的责任再重提，开始制定各种政策。但是这一块最让人搞不清楚的就是，政府如果盖房子，到底应该为谁盖？像早些年北京的经济适用房，分配得一塌糊涂，基本上是应该分配的和不该分配的对象全都搞反了。政府现在盖的房子名堂也多，有的叫经济适用房，有的叫政策用房，有的叫廉租房，有的叫安居房，但它们都是为哪些对象来做的却搞不清楚。去年或者前年也意识到这个问题开始调控的时候，就开始重新建一批政策用房。报纸也登了，而到了分配的时候该分配的对象还买不起，就只有放弃了。

冯：

能从“土木再生”的视角再谈谈对中国农村人居的看法吗？

黄：

中国人居要是按照人口来分的话，城市化人口是45%，还有55%的人口是居住在农村的，这就是最大的问题。农村的人居问题以前是自己就解决了，各地都有自己的居住文化，用乡土的、本土的民居形式解决。现在的问题刚好从传统的居住开始转化，包括民居的逐渐没落。民居属于传统的居住方式，也是传统的建造方式，现在正在被放弃，而新的建造方式在乡村也没有发展出来。他们就只有一个路子：简单地模仿城里头的居住方式、建造方式和审美方式。这个模仿是很成问题的：一是放弃了自身的传统文化，二是人居模式不能只靠模仿。当四川不再用穿斗结构来建房，要用混凝土时，模仿下来的就是混凝土预制板，搁在墙上地震一摇就掉下来了，这就是一个建造方式的问题。当乡村放弃了自己原有的建造方式准备转型的时候，得不到一些帮助和辅导就只好模仿。具体方式就是这些农村的包工头到城里干了几年，知道城里头怎么盖房子了，回来就照着盖。只是盖得土一点，省事一点，不到位一点。传统的建造方式比如乡村的穿斗等结构是成熟的，代代相传的，这种结构方式中不需要现代建造的配套监督体制，如监理、质检，或是建设局去推广什么材料。但是当他们放弃这一套去向城市学习的时候，只能够用模仿，因而各方面都打折扣，就会出问题。我们要说的是乡村能不能有别的方式，他们的人居能不能有一种新的民居演化方式。土木再生就是以此作为契机去重新思考这个问题的，一方面从专业人士的角度扭转学科只为城市服务的观念；另外一方面要让农民理解居住不能光从城市的视角看，要结合实际和传统进行逐步的转换。

冯：

我们在震后也去过灾区什邡那边，和村长说了两个多小时的话，说还是传统的木结构建筑更好，用别的材料盖可能这些房子热工性能更好。但他最后跟我说，你和我说这些没有用，我们村民已经想得都很清楚了，想很久了，我们这次全部要盖砖瓦房。结果变成了利用这个机会要彻底现代化的一个局面。观念上要想转变难度是非常大的。我们希望他们村里的规划是可以由我们民营企业帮他们做的，这样我们会很用心地去做，甚至提供每一个单体建筑的设计。但他们就说规划实际上是由对口的单位（就是国家渠道）给做的，户型是国家已经选定的七种户型（所谓的标准的新农村户型），大家就像买楼一样从这七种户型里面选。作为一个村长他也不可能决定整个村的设计规划都由一个民营的单位来做，很难。为了不承担责任，他也就决定都用国家的这个接口。那我问他们的规划什么时候能出来，他说上面就从来没管过，国家对口扶持的就过来看过他们一次就没再出现。一直也没有提规划这回事，他们就一直在等着。

黄：

农村人居原本是被忽略的，所以尤其重要，实际上这是国家政策和专业上的一个盲区，能做的事情很少。这首先是一个国家要考虑的问题，其次是一个专业学科要解决的问题，如果这两个都不能解决的话，就只能依靠个别建筑师的社会责任感。现在的状况就是只有个别建筑师的社会责任感在起作用，国家没有起到作用，专业学科也没有起作用。灾后重建以及55%人口的农村人居环境是跟更多国土面积的生态环境有关的，所以很重要。作为整个乡村居住模式的领域，如果没有专业服务，将成为最大的一个问题。现在就个别建筑师，比如谢英俊能想到发挥建筑师的社会责任，但我觉得这是不够的，必须上升到学科、国家的层面来对待。

冯：

这更新了我们的认识，本来觉得“土木再生”只是一个震后话题。

黄：

因为你是讨论中国人居嘛，如果只是谈城市、房地产，那这些事情都不会包括。但人居问题这个反而比较主要，比房地产、楼市都更重要。首先，从数量上，55%的人口更重要。另外，它是原本被忽略的所以尤其重要，实际上是国家政策和专业上的一个盲区，能做的事情很少。也做过，比如说社会主义新农村规划，但这也恰好是不灵的一个方式，恰好就是缺乏对农村人居方式的研究，社会主义新农村往往是送规划下乡的仿城市别墅区的一种方法。

冯：

建筑师往往以一种居高临下的方式去推广这种事，根本不去了解那个地方是怎么回事，只是把他学到的东西植入到那里。我们一个国外的老师就很不赞成中国在各个地方都发展城市这种做法，对整个自然环境、生态环境的破坏很大。其实大城市有几个就行了，其他的小城市就保持适当的规模，不要都变大成区域性的中心。因为城市化的文明对整个自然环境、生态环境都会带来非常大的破坏。

黄：

这位老师说得也不完全对，城市化的趋势也挡不住。这块和55%人口的城市人居环境是有关的，跟更多国土面积的生态环境也是有关的，所以很重要。城市已经那么集中了，反而是该怎样就怎样了。当然我说的这个数字不是静止的，城市45%、乡村55%，整个目标其实还是要增加城市人口的比例，减少乡村人口的比例，合适的是城市70%，乡村30%，这是我们的目标。也就是说城市还是要扩大，这是没有办法的事。这是全世界的规律。但在这个动态变化过程中，即使乡村人口会减少到30%，这也只是数量上的改变，作为整个乡村居住模式的领域是没有专业服务的，这是最大的一个问题，不管所占比例多少。

冯：

大城市不要盲目扩张而是要提高效率，尽可能集约地使用土地，使城市的空间每平方米都能高效地使用，而不是低效地。现在中国恰好有大量的这种空间，比如空置的房屋、区域等，没有发挥城市的作用。

黄：

需要注意的是小城镇化也形成了很大的污染，因为大城市人比较集中，污染也能集中处理；但将过多数量的小城镇作为区域中心相当于把污染撒开了，处理起来更加困难。

空投城市——造城的七个地址

Airdropped City — 7 Sites for Making City

文字/姜珺 制图/何柳维 Text/Jiang Jun Diagram/He Liuwei

河流是城市最早的发生地。首先，这一自动循环的能量系统提供了人类聚居的物质需求——饮用和灌溉；其次，对于河流定期泛滥的治理，也因为大规模人力的投入而激发出早期的集权政治；而在陆上交通尚未发达的时代，河流则提供了便捷的天然航路，这种依赖于河道水系的交通方式不仅以水上贸易的方式刺激了城市的发展，决定了城市的布局（多数“江城”都出现在两江或三江交汇处），并且也为后来的海洋文明、资本主义以及资源与信息的全球化埋下了伏笔。在造城运动将地址选择在河边时，它的经济学动机不再是交通，而是景观。由于此时城市中心的河道交通已被道路和桥梁所取代，河流变成了一个中空地带。“无敌江景”的诱惑，有时会导致河流两畔的高楼自发地密集成人造峡谷，以形成对“观景权”的垄断；另一方面，由于上方依然保留着难能可贵的“空”，河流被打造成观光性的“水上走廊”，这里能够看到完整的两岸城市天际线，其中包括那些聚集在河道两畔的摩天屏障，以及其他被粉饰一新的沿河立面。在围绕着河流进行的一系列河道治理和主题开发之后，未来的河流将可能成为城市中央的游乐场和主题公园，以弥补它作为视觉景观在功能上的空缺。

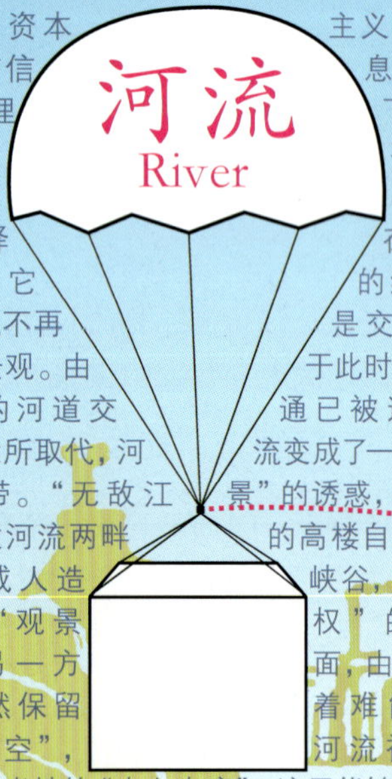

在中国，几乎所有大城市的造城运动都会在外围遭遇工厂。这些庞大的工业乌托邦建筑群建成于“工人阶级领导一切”的工业主导时代，“大而全”的造城原则，令每个大城市都同时是一个被厂房包围的工业城市；工业区通常位于当时的城市近郊，在“独立自主，自力更生”的纲领指导下，它不仅为所有职工及其家属提供居住、就业、教育、劳保和福利，同时还配备着食堂、礼堂、俱乐部等独立的城市机能，因此能够独立地展开以社会主义生产为中心的生活，是真正对中心城市起到疏解作用的“卫星城”。多年之后，整个国家已经历了由计划向市场的转型，卫星城和它的主体城市也经历了此消彼长的变化：前者在整个国有企业的转制中衰退，后者则在消费的刺激中扩张，当时还是城郊的工业区，迅速被以中央商务区、博览会、购物中心和高尚社区为代表的新城中心所淹没。与农村和居民区不同的是，厂房因为有着明确而集中的产权关系，在拆迁行为中能够迅速地为新城出让空地；这种出让意味着：在一个正在升值的地块上，计划经济遗留下来的固有资产的生产利润，还不如市场经济以房地产和大型公建的方式、利用同一地块所产生的销售利润。它见证了城市由生产型向消费型的质变。

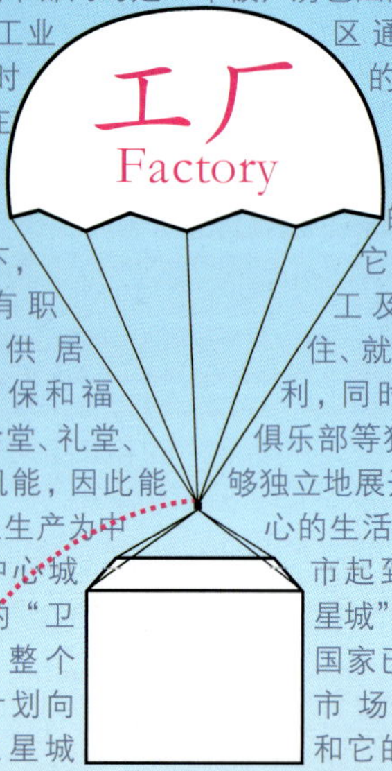

道路是城市的链接体，对外链接不同的城市，对内链接不同的城市机能。如果城市的各机能保持相对独立，道路就会萎缩到仅仅用于管理的尺度；如果各机能之间的协作被高度计划，道路上的流动就是确定的，对城市就不意味着更多的机会；而当城市机能之间以自由市场的方式分工合作时，道路上的流动就变得不定向和不可测；对道路的毗邻即可将城市的可达性最大化，从而实现效率和机会的最大化。一个路边伴生型的城市，不仅可能通过道路最高效地接近城市，同时也可能从道路的“过客”身上吸收最大的城市资源。在这一机制中，道路不再仅仅是城市的链接体，而是城市的催化剂；城市以这一交通骨架作驱动，以路网作为地块划分的准线，从逐渐饱和的城市，到没有间隙的城市群，逐渐滋生起整个系统化的空间结构。以道路的延伸带动的造城需要投入巨额资金。在中国，这一成本通常由政府承担，从而使得这种城市化带有强烈的政府计划性。然而，仅仅依赖道路推动的城市化是一种单薄的模式，具有导致房地产泡沫的风险——路边的城市不仅可能是一个迅速生成的新城，也可能是一个烂尾城或者空城。

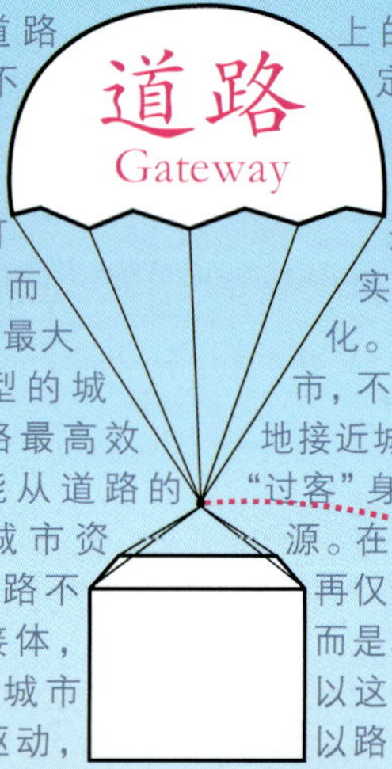

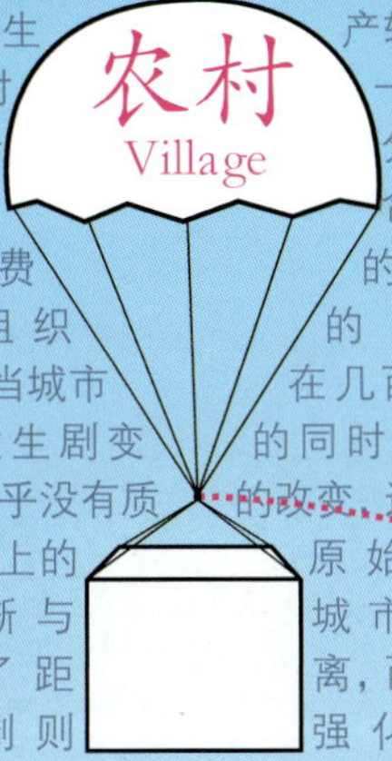

农村是与城市相对的人类聚落形态。在同样的地平线上，前者进行的是与土地本身有关的耕作，通过农业的方式对之进行地域的划分和土质的垦殖，通过自然作物将自然土地人工化；而后者则将这种直接的农作物生产转变成对一个基于分工、合作与消费的社会组织的建构。当城市在几百年内发生剧变的同时，农村几乎没有质的改变，这种生产上的原始性逐渐与城市拉开了距离，而户籍制则强化了这个二元结构之间的差距。“村”变成“城”有两种方式：“村”自然进化成“城”，或“村”被改造成“城”，后者体现了更典型的城市化方式：在“农村包围城市”的城乡格局中，通过城市向农村“征地”，进行土地及其空间结构的城市化。然而，城乡之间的“征地”与城市向自然山水扩延不同，它涉及两个不同人群之间的交换：不仅是土地本身，还有世代被系附在土地上的农民；他们的劳动方式，因为耕地的失去而发生质的变化：从在自有耕地上的自给自足转变为对城市的依赖（从外地的农民工到本地的城市村），而这种变化表面上增加了造城的成本，但实际上也为造城准备了大量的廉价劳动力，从而使造城活动在整体上更为速成。

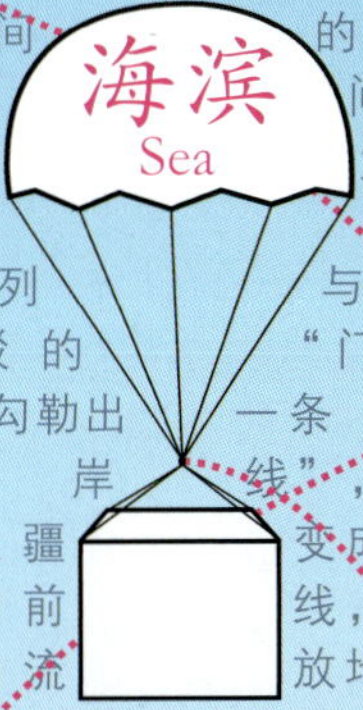

海滨曾经是陆地文明的临界点。在自给自足的封建围城时期，城市大多向心地分布于内地，滨海城市的设置多出于防御(卫城)而不是交易和观光。相对于富庶的中原，这里曾经是蛮荒的边疆、零散的渔村、被贬谪者的流放发配之地。海洋文明的到来改变了海滨的含义：海洋不再是陆地之间不可逾越的屏障，而是繁忙的国际交通空间；与中心城市在内部管理上的优势不同的是，它们更强调对外交易，因此比中心城市更靠近邻接的边缘；而与陆地上的国与国之间的边境线不同的是，海洋因为有公海作为之间的公共空间，具有更大的开发性。一系列与海洋接驳的“门户城市”勾勒出一条“黄金海岸线”，蛮荒的边疆变成了开放的前线，政治犯的流放地变成了淘金者的乐园。在沿海城市成为港口城市的同时，它也伴随着沙滩文化的传播变成了滨海和旅游城市。前者需要深港，后者则需要浅滩。沙滩定义了城市和自然之间最广阔的交界面，它的阳光、海洋、树荫和沙质共同构成了一个天然的、可低成本维护的主题公园，由此吸引更多相关的城市内容：美食、娱乐、宾馆和居住等。这一以狂欢为中心的造城模式（尽管它具有季节化的时令性），根据快感的深浅刺激着不同的城市密度，重塑着海岸线上的城市景观。

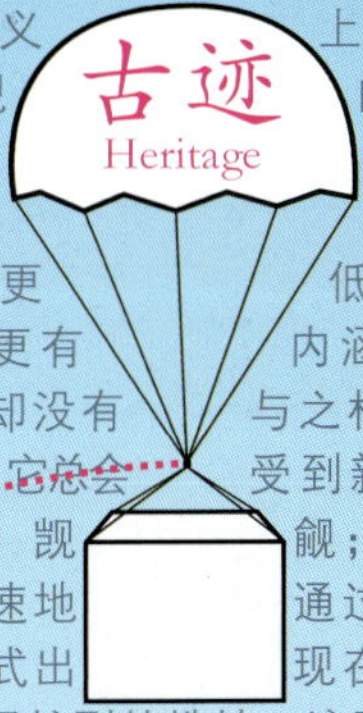

古迹即历史的遗迹，其中的内容随着整个政治上层建筑的瓦解而大势已去，作为空间的建筑实体却以其难以改变的物质性遗留下来。作为历史的物证，古迹在一个时过境迁的城市中能够起到梳理因果、对照现实的镜鉴作用；但由于大部分古迹实际上已经死亡，如果没有更新的内容去强化它，古迹就会变成空洞的模型和标本，并且丧失对自己的支配权。在一个利润本位的城市中，只有意象、没有内容的古迹永远是被动的。尽管它可能在名义上受到法规的保护，但由于它通常有着更低的密度和更有内涵的景观，却没有与之相应的产出，它总会受到新的内容的觊觎；后者会迅速地通过拆建的方式出现在法规没有保护到的地块。这种矛盾随着古迹所在地段的升值而加剧，它意味着更多的内容聚集在一个躯壳周围。有时它们会以历史为名，以靠近古迹为荣；更多的时候它们会以未来为名，秘密地消灭古迹。未来必须以弑父的方式建设于历史的废墟之上，这是我们时代最大的宿命，二者的矛盾是容积率的矛盾，而矛盾的根源在于：未来从一开始就选择了将历史的遗址作为造城的工地。

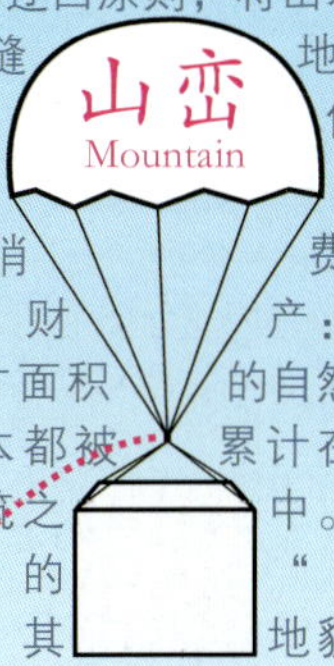

作为基地，山峦对城市起着既抗拒又吸引的双重作用。一方面，这一由地壳运动生成的地貌，以其曲折迂回的表面抗拒着交通，从而也遏制了城市的大规模发展(现代化之前，大部分“山城”都以河流作交通)；另一方面，由于山峦并不遵循城市的效率法则，其褶皱性质也为人提供了一个可以藏匿和纵情的天然迷宫。中国的山水画就曾系统化地体现出古人的山峦情结：从对“纵情山水”的迷恋到对“天地造化”的崇拜。山峦被视为一个垂直和没有边界的园林，一个从地理到心理上的“反城市”。当自然的造山运动遭遇现代化的造城运动，地貌的缓慢重塑即被迅速的人工改造所取代。在山峦的吸引力变成楼书诉求和旅游广告的同时，其天然屏障的抗拒力则自动屈从于愚公移山式的开垦和所向披靡的桥梁隧道。现代化的交通不仅破解了迷宫的迂回原则，将山水和城市无缝地链接成一体，也将景观变成了消费品和私有财产：其中每一寸面积的自然/非建筑成本都被累计在所建的建筑之中。一座未来的“山城”，其地貌、植被和气候将因为经济利益而不断重新组合，内部的岩石实体则逐渐被基建和其他城市功能淘空，地表成为培植各种人造景观的躯壳，其下是密布的能量与数据网线——一个被严格监控的迷宫。

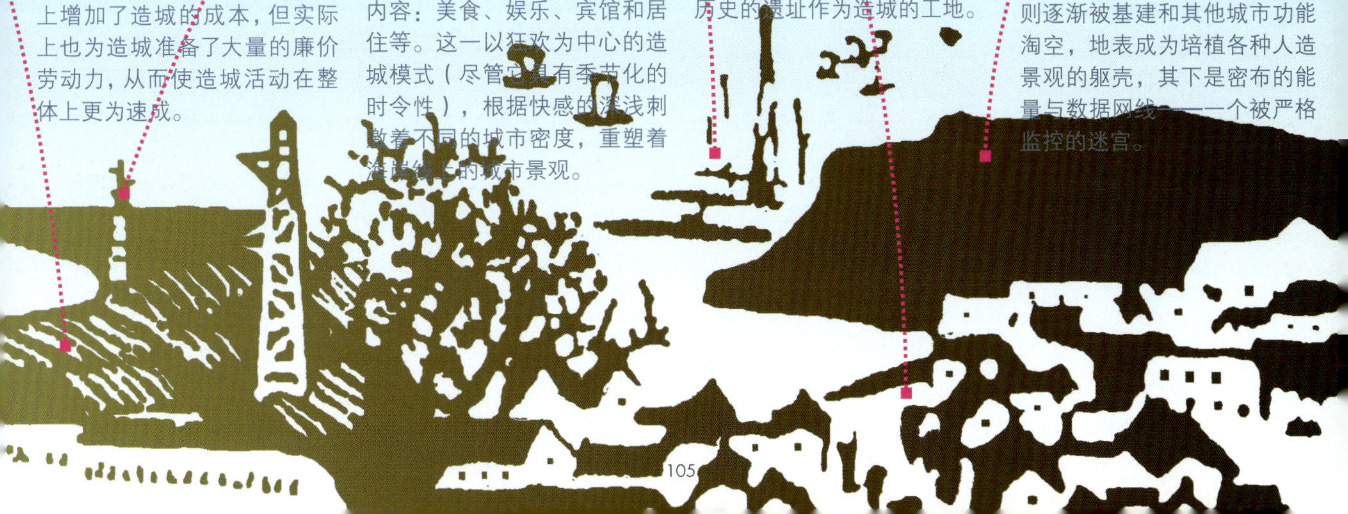

城市 = 造城者

City Equals City Builders

造城者和他们的城市

City-Makers and Their Cities

文 / 冯果川

Text / Feng Guochuan

造城者在这里是指造城的主体，可分为三类：官、商、民。根据造城者的构成排列组合得到七种造城的可能模式：①官造；②商造；③民造；④官商合造；⑤官民合造；⑥商民合造；⑦官商民合造。

现实中我们常常见到政府工程、市长工程（官造），房地产开发（商造），经济适用房建设（官商合造），但是我们却很少听说民众造城。能听到的民造行为也往往是带有负面和不法意味的，比如城中村、违章民房等。可城市最终还是民众修建的，只不过他们的角色不是主人，而只是被雇佣的劳力。中国的造城运动基本上是自上而下的，在对中国造城模式的列举中我们不难发现这样一个特征：造城者与城市使用者的分离。进一步说，是造城者的意愿与使用者意愿的背离。城市是民众的生活场所，但既没有合理的制度保障，他们自身也没有足够的力量掌控自己的家园的变迁。作为城市主人的民众，他们的意愿的缺席，构成了中国式造城的背景。

1 官造城市

造城者：地方政府

造城样式：城市经营、政绩工程

这里的官确切地说是地方政府。因为现在政府的财政支出中地方政府承担着远比中央大得多的比例，这种趋势就一直在加剧。1980 年中央与地方的财政支出在总支出中分别占 54.26% 和 45.74%，而到了 1998 年已经变为 28.97% 和 71.03%。但同时地方政府在财政总收入中

我们的地方政府之所以视城市为一种“经营”是政治体制的问题。

Our local city government considers city as a “business”, because of the structural defec

的比例却逐年减少，1980年中央与地方的财政收入在总收入中分别占24.52%和75.48%，1998年则为49.58%和50.42%。从这里可以看出两点，一是地方政府在城市建设中是政府方面的主导力量，二是地方政府的财政收支很不平衡。（资料来源：中国统计年鉴）

财政的投入可以控制城市的发展方向。中央财政上投入少那么在经济上的控制力也就相应的小，这就难免地方政府为了局部利益而损害区域的和国家的整体利益。相比之下，美国1954—1987年联邦政府的财政支出占全国财政支出总额的比重却平均达61.52%。美国的这种模式被称为财政联邦主义，按照马斯格雷夫（Musgrave）的经典表述，“财政联邦主义的核心在于，资源配置政策应该根据各地方居民的偏好不同而有所差别；而分配与稳定政策则主要归中央一级政府负责。”而中国与自身的中央集权的政治体制相矛盾的是地方财政收支特别是支出比重过高，反映出中央与地方在行政权力和经济权力上的不平衡。1994年我国实施分税制改革，基本目标是提高中央财政收入占全部财政收入的比重，一定程度上加剧了这一缺陷。在财力大量向上集中之后，地方政府的职能、职责范围几乎丝毫未变，使得地方政府的财力与事权及支出范围极不相称。要干的事多而来自税收渠道的收入来源少，必然迫使地方政府千方百计地寻求一切可能的财政外收入。这样我们就明白了地方政府这些年为什么热衷于所谓的“城市经营”了。

1.1 城市经营

“城市经营”（Urban Management）这个舶来的词中的Management译为“管理”更准确，译成“经营”显示出中国式的语用。国内政府和学者常常这样解释“城市经营”：“政府在市场经济条件下，运用市场的手段对城市的各类资源、资产进行资本化的运作与管理”；“把城市当成一个特殊的产业来经营”；要“以市场运作的方式经营城市，实现投资主体多元化，项目营运市场化，设施享受商品化”……可见，中国式“城市经营”的核心是谋求经济利益。这种逻辑下，市政府俨然成了资本的管理者甚至是资本家，而市民则只是被操控的资本的一部分。

中国式的“城市经营”的敛财之道大致有以下五种：

（1）通过土地出让获利。这是中国式“城市经营”的最主要内容，因为政府完全垄断土地一级市场，所以“卖地”对政府而言是一条最为便捷和大宗的收益渠道（那些生活在土地之上的市民和农民却没有资格守护自己的家园，近年因强制拆迁引起的官民冲突不胜枚举）。

（2）建立基础设施项目投资回报补偿机制，吸引外部资本进入城市基础设施建设与运营领域（道路、桥梁是多了，但收费站更多）。

（3）向外部投资主体出让政府所拥有的资产的所有权。包括出售政府拥有的中小企业、办公楼等（这也构成了国退民进的欢宴中的一道大菜，让我们听听郎监管的疾呼吧）。

（4）利用政府掌握的特许经营授权的职能，对城市公共设施的特许经营权以及依附于公共设施之上的冠名权、广告设置权等进行拍卖转让（广告覆盖了城市表面，广告平面设计正在取代建筑立面设计）。

面是因为政府财政的结构性缺陷，另一方面则

ent finance and the problem of political system.

（5）将一些原来由政府直接从事的市政事业委托给民间企业去做，如清扫保洁、垃圾收集、街道两旁绿化、市政设施维护等（由纳税人支付的非营利性公共事业变成了一桩生意，实际上是以牺牲市民的福利水平为代价换取政府收入的增加）。

以上五项中土地有偿出让是中心工作，土地成为政府的摇钱树。据国土资源部统计，到2002年年底，全国累计收取土地出让金达到7300多亿元。很多地方，土地出让的收入规模甚至可以与税收收入相匹敌，成为城市建设的重要乃至主要的资金来源。

把发达资本主义国家的“城市经营”（城市管理）和中国式“城市经营”比较一下，我们可以把中国式“城市经营”称为资金获取指向型，而前者则往往是服务效率指向型。例如，在1971年日本出版的《城市的经营》一书中，时任神户市长的宫崎辰雄先生将城市经营的内涵概括为：高效地提供城市公共服务；涵养税源以确立城市的财政基础；与市场经济所导致的外部负效应相对抗，维护公共的利益。从书中所介绍的神户市的范例内容来看，神户市的城市经营显然是“以人为本”，把公众的利益放在首位，政府在资金获取方面的成功也是服务于这一目标的。

我们的地方政府之所以视城市为一种“经营”，一方面是因为政府财政的结构性缺陷，另一方面则是政治体制的问题。改革开放后，有的地方政府对民意仍不够重视，民众也缺少表达自己意愿的有效的、合法的渠道。相形之下，《城市的经营》中的神户市的政府行为却是建立在尊重民意、鼓励民众参与的基础之上的。为了更好地把握市民对市政管理的需求，政府实施了对全体居民的问卷调查，并建立了审议会、市政监督员、市政恳谈会等多项制度，积极推进居民对市政的参与。为了尽量减小市场经济带来的外部负效应，市政府与当地的大企业签订了《公害防止协定》，明确了减少污染排放的目标与责任。宫崎辰雄先生认为，一切行政活动的终极目标都是最高效地提高市民的福祉水平，如果说企业经营的理念是“以最小的成本获取最大的利润”，那么城市经营的理念就应当是“以最小的市民负担获取最大的市民福祉”。

案例：大连市

以整治美化城市为突破口，增强城市的吸引力与辐射能力，大连走上了国际市场成为名牌城市。在计划经济时期，大连只是一个传统的工业城市。到20世纪90年代初，随着对外开放和经济体制改革的深化，大连市有了新的总体发展战略：“要面向市场、面向国际，把大连建设成现代化的国际性城市；城市的主要功能是旅游、商贸和港口”。为改变城市面貌其主要措施是美化城市，实现城市的“绿、透、通”：首先是进行城市的绿化，铺草地、栽大树，街道成为绿色的长廊，居住区内都有了街心花园，全市的绿化率达到了40%；其二是拆除大院的围墙，装上通透的新式栏杆，庭院绿地与沿街绿地连成了绿化系统；其三是拆除棚户与临时建筑，清理马路市场，使道路通畅，改变了脏、乱、差的市容

面貌；其四是把老市区的工厂迁至郊区，通过设备更新和技术改造，使老企业蓬勃发展；其五是老市区上百万居住拥挤的市民，迁进花园式的小区，提高了生活质量。与此同时，大连市大搞“腾笼换鸟”，通过大量城市土地功能的置换，市政府掌握了大量土地，然后利用级差地租以地生财，政府获得了大量的城市基础设施建设资金，从而就能改善投资环境，“笼”升级了，“好鸟”就蜂拥而至了。大连通过调整土地使用功能，以最小的成本换取最大的效益，从1992～2001年，全市的土地及其地面实物总共升值了5倍多。通过招商引资，使大连的工业、港口交通都得到了发展；更为突出的是建设了一大批高档的旅游宾馆、贸易中心、展览馆等公共设施，增强了城市对外开放的功能。截至1999年，全世界有150多个国家和地区与大连有贸易关系；146个跨国公司在大连开办了175个项目；全世界的500强企业有53家在大连有分公司；1993年以来，举办过326次各类展览会，12次国际服装节，14次出口商品交易会，还有12次赏槐节和4次烟花爆竹节。对国际、国内市场的不断拓展，使大连的投资回报率高达216.5%。

1.2 政绩工程

众所周知，有些地方城市政府热衷作秀，好大喜功，善于耗巨资制造表面而短暂的效果。政府这方面的思维可谓颇具后现代色彩。政府都明白自己的责任是提高城市的质量，但中国的一些政府更明白这种提高必须是可见的，政绩必须便于衡量。于是政府运用综合手段对城市进行包装，大搞“形象工程”、“市长工程”和媒体宣传，导致城市生活拟像化，城市景观布景化，同时加重了市民的经济负担。近年来，不少城市兴建大剧院、博物馆等公共设施，表面上这些是为了提高城市生活质量，但这些昂贵的设施与普通市民的日常文化生活又有什么关系呢？大概只是“路过”。但是恰恰是这些纳税人只能偶尔路过的建筑，不由分说地浪费着他们的血汗。

一些地方政府急于求成，盲目建设，甚至大搞“政绩工程”、“形象工程”，导致政府投资工程拖欠工程款现象突出。据国家统计局统计，到2001年年底全国各地政府投资工程拖欠工程款达660.75亿元，占全部拖欠工程款的26.7%。建设部的调查显示，政府投资工程拖欠工程款的比例与上述统计大体相当。如广东省政府投资工程拖欠工程款55.36亿元，占26%；重庆市政府投资工程拖欠工程款29.06亿元，占28%。

案例：阜阳机场

原阜阳地委书记王怀忠为了把阜阳建成“国际大都市”，耗资3.2亿元建了一个国际大机场。政府官员、教师、农民每人均被摊派数百元的机场建设费。阜阳机场建成后属4C级机场（可起降波音737以下机型），是仅次于合肥机场的安徽第二大机场，然而统计报表显示：安徽省阜阳机场自1998年12月建成通航后，旅客吞吐量最多的2000年也仅有7339人次，平均每天旅客才10多人次；到了2001年，由于缺乏支线飞机经此编织航线，上半年旅客吞吐量只有2963人次，而下半年机场只得关闭；到了2002年全年吞吐量仅920人次。据称为了吸引客源个别航线的机票甚至低过火车票。阜阳机场每条航线的年度财政补贴高达400万元，加上190多名员工的工资和庞大的运转、折旧费用，虚有其表的“大机场”成了地方财政沉重的包袱。据估计，王怀忠的一系列“政绩工程”使阜阳到期财政负债达20多亿元，相当于目前财政可支配收入的5倍，至少透支了阜阳其后10年的财力。但王怀忠本人却升为安徽省副省长。2002年10月14日，王怀忠因涉嫌受贿罪被捕。2003年12月29日，被济南市中级人民法院一审判处死刑。2004年2月12日，经最高人民法院核准，王怀忠被执行死刑。

2 商造城市

造城者：房地产商

造城样式：房地产开发、圈地炒地

这里的商是房地产商。1992年邓小平的南巡以及1994年中国的改福利分房为商品房买卖的房屋制度改革，直接掀起了全国各大城市的房地产热和圈地炒地热。

2.1 房地产开发

以北京为例，1993年房地产投资为58亿元，1994年为100亿元，而1995年跃迁至353亿元，2003年达到1202.5亿元。2003年北京市房地产投资占全社会投资的比重达到55.7%，商品房施工面积达9070.7万 m^2，竣工面积达2593.6万 m^2（以上数据源自北京市统计局网站）。房地产的开发建设已经大规模地、深刻地影响着城市的景观。

对于房地产商来说他们开发的小区、大楼都不过是商品，其中生活质量与房地产商的赢利目的没有必然的联系。商人的目的只是商品的交换价值的实现，而生活质量至多与房地产的使用价值相关，鲍德里亚提醒我们在消费社会商品的交换价值不再以使用价值为载体（甚至从来都不以使用价值为载体），交换价值依仗的是符号价值！中国的房地产商似乎对此领会得特别快，在商品购买的瞬间，使用价值并不能马上兑现，这时商品只要“看上去很美”就可以了，所以房地产商利用这个时间差兜售的同样只是布景城市，布景建筑的物质和文化的成本相对于“真实”建筑都低得多。消费社会的消费是与文化联系在一起的，商人们明白在文化和公共领域里的权力对于当下商业的重要性，不但可以将资本的增值过程自然化、合法化，而且文化资本与商业资本的结合也为房地产业带来了新的超额利润。因为商人的逻辑是以金钱为中心的，所以他们对文化的倚重是不带有批判性的，商业文化是一种肯定的文化，即使是社会和民众的缺点也被肯定和利用。商业文化像一个溺爱白痴孩子的伟大母亲，纵容孩子所有的错，其结果就是消费者的阿斗化。

在中国房地产商与其他商人不同的是他们很张扬。潘石屹、张宝全、冯仑等地产大腕的知名度远比那些富豪榜上的巨富要高。房地产商像明星一样积极地抛头露面，搞活动、搞展览、抢着发言，积极争夺社会公共话语权力。同时，在物质实体和政治文化两个方面控制城市空间，是中国房地产商的独特空间政治策略。

在中国式的房地产的布景式造城运动和空间文化包装下面的仍然是落后的建筑工程水平和基于其上粗放式的空间生产方式。虽然文化上标榜着“以人为本”和“个性空间”，但实际上是雷同的建筑空间和拼凑的粗劣的造型。建筑上小小的、边缘性的“改进”都会被地产商放大到“空间革命”的高度。

空间与人是相互铭写的，二者的特点通过这种铭写交织在一起。这种粗放的空间大生产的结果是造成了居住者的粗劣化和生活水平事实上的低下，长期生活在“空间假货”中的人也变得虚假。

2.2 圈地炒地热

伴随房地产开发热潮，一场土地资源的争夺战也在如火如荼地进行，不见硝烟弥漫，但见荒地片片。发展商大量置地的原因很简单，再过两三年，北京房地产市场的中小企业就会被自然淘汰，大企业拼的就是资金实力与土地储备。而资金可以再生，还可以融资和拆借等，但土地资源则不可多得。另一方面，市场发展到一定规模，管理政策会相应出台。政府出于对市场的保护，将对一级市场进行控制性管理，土地将进入政府强化管理和拍卖程序，届时获得土地的机会因此大大减少，成本也会大大增加。所以开发商要与政策赛跑，抢在政策出台前疯狂圈地。

以1987—1992年间发生的大规模开发区“圈地热”为例：“圈地运动”首先于广东兴起，港资以深圳为基点，不断涌向珠海、汕头、广州以及整个珠江三角洲，各市、县纷纷建立“开发区”，仿效深圳搞土地有偿转让，以此吸引外资。1992年香港资本市场总量的十分之一均投向内地房地产业。一时间，“开发区热”遍及全国，巨额台资投向厦门、福州；大连、天津、青岛则开始吸纳日本和韩国的资金；当年，各地政府都将“引进外资”列为主要政绩。但仔细考察就会发现，从1991年开始至1993年初蔓延全国的所谓“外商投资热”，其真相就是外商对商品住宅楼宇、别墅、写字楼和通用厂房的投资迅速扩张。据估计，中国这几年开放房地产市场所吸纳的外资，占了“引进外资”总额的90%左右。据建设部公布的资料，截至1993年3月宣布清理时，中国大陆县级以上的开发区已达6000多个，占地1.5万km^2，比中国当时城市用地面积总量1.34万km^2还多出0.16万km^2。而且，这还不包括那些未统计在内的村级、乡镇级开发区，“圈地”热于此可见一斑。（资料来源：何清涟《现代化的陷阱》）

自20世纪90年代末又兴起了新的一轮开发区“圈地热”，而且这一次来势更猛，全国现有各级各类开发区6015个，其中经国务院和省级政府批准的只有1818个，占30.2%；其余4197个均为省级以下开发区。1997年至今，开发区规划用地扩张到3.6万km^2，6年激增2倍，总面积再次超过了现有全国城镇建设用地面积总和。（资料来源：大众网，2004年3月4日）

很多地方借“开发区”、“大学城”、“工业园”、“城市扩建”之名乱占土地已经到了“荒诞”的程度。荒诞表现在两个方面：一是占地面积远大于实际需要，二是规划规模远超出开发能力。以至于很多“开发区”

我们看到在中国造城者与城市居民之间存在着
义上的，而且到目前为止没有完备的制度和程

We can see a gap of aim and interest between Chinese city-makers and inhabitants. Th
bridge the gap.

规划中的高新技术生产企业难觅踪影，简易的布景建筑却遍地开花，用途则是与生产和科研相去甚远的歌舞厅、美发店、饭馆。有的开发区成了地方党委、政府办公大楼所在地；有的开发区征地后却无力开发，干脆闲置，年复一年只见荒草萋萋。

圈地热的并发症就是炒地热。1993年上半年，那些圈地热中被圈的土地经三四次转手后，市场价格涨至原价的一二十倍。广东淡水、惠东的地皮更是成了"要多少有多少"的无限供给局面。这些地方的土地价格随行就市，全视经办人得的"好处费"多少而定。一些能拿到"条子"批地的人，几乎不用资金，只需交一点点手续费拿到"红线图"后，便马上将土地脱手，立成巨富。那是一个神话的年代，中国以世界罕见的速度造就了一批大富翁，这些富翁的贡献只是让整个社会都陷入一种投机和浮躁的心态中。"圈地炒地热"并未引发"建设热"，一些地区至今还徘徊于"圈地热"退潮后的经济低迷之中。

案例：海南"圈地运动"

1988—1994年间，卖土地一直是海南政府财政的主要来源，而炒地皮也是投资者获得高回报的最佳途径。作为一项吸引投资者的举措，政府以较低的价格将土地大量批租出去，然后拿土地的出让金投资于基础设施。由于政府在批租土地时毫无节制，以致大批土地落入企业或个人手里，然后这些企业从炒买炒卖中牟取暴利，其结果是政府应得的收入大量流失，而真正的投资者却苦于无地开发或被迫受让高价土地。

海南真正的圈地狂潮出现在1992年正式批准洋浦开发之后，省会海口、旅游城市三亚和洋浦周边地区均成为全国土地"大批租"的热点地区。在1991年年底至1992年年初，海南的房地产开发公司大约只有372家，注册资金13亿多元，1992年年底便迅速增加到1000多家，注册资金达到40亿元，1993年4月，房地产开发公司的数量又猛增到1500余家。当时，各种渠道都流传着炒地赚大钱的信息。圈地、炒地意识已经渗透到各种职业各色人等。为了弄到"人情地"、"关系地"，无论公司还是"空手道"的炒家，都不择手段，高额的回扣已成为人人皆知的秘密。这种愈演愈烈的"圈地热"、"炒地热"，造成对土地管理的一种失控状态，也使一些地价信息失真，使人们难以把握整个土地市场的地价水平及发展趋势。大量的级差地租在"圈"、"炒"中流入公司和炒家们的腰包。有人估计，海南那几年批租土地给圈地者，损失至少在100亿元以上。而当时海口、三亚等城市的土地近乎圈光，政府手中所能控制的土地所剩无几。

正所谓爬得越高摔得越惨，1992、1993年海南的GDP增长速度分别高达40.1%、20.9%，位居全国前列；而1995、1996年跌至4.3%、4.8%，连续两年在全国排名倒数第一，由此进入持续多年的经济低迷。在这大起大落中首先被甩出来的就是房地产泡沫，550多幢"烂尾楼"遍布于海口、三亚两市。炒地皮热、炒楼花热，此后的炒股、卖彩票热……在海南，历次发财的机会大概都与"权力寻租"有关。这场房地产泡沫对海南经济的负面影响是深远的。主要表现为：积压了近500多万平方米的商品房，沉淀了近300多亿元的资金；破坏了城市规划，

利益上的裂隙，这种裂隙是政治经济学结构意
≥这样的裂隙。

political economic sense, and so far there is not a mature institution and procedure to

给一些城市的下一步规划带来了困难。1991年至1996年年底，全省新增非农建设用地68万亩，其中闲置建设用地35.8万亩（闲置用地是指不足项目总投资的25%的用地）。投入房地产的资金大量沉淀，其中90%为国有银行资金。（资料来源：蔡慎坤《海南：十年反思》）

3 官商合造

造城者：官＋商

造城模式：经济适用房、旧城改造

从上面对官造和商造两种模式的分析上已经可以看出他们合作的一些可能，这是权力和资本的相互吸引和寻租。一方面，政府依靠引入资本搞活区域经济，增加政府收益。而资本则通过与政府联手获得了某些政府授权和优惠政策，甚至是国家暴力机关的强制力的庇护。官商联手的模式的弊端甚多而且往往是结构性的。在这种联手模式下政府和开发商的身份、角色以及相对应的责权界限模糊，导致本来是裁判员的政府变成上场队员，政府利益介入之后就很难以公正的、非功利的态度对待城市的公共事务。这里举两个例子，一个是经济适用房建设，另一个是征地/拆迁。

3.1 经济适用房

在中国式"城市经营"下西方的福利性的社会住宅变成了房地产商开发的旨在赢利的经济适用房，结果是经济房价格并不经济，不少只是略低于商品房，其利润空间并不像国家规定的3%那么可怜，其价格低很大程度上是因为开发成本低，据一位业内人士说："开发经济适用房，用地不要钱（经济适用房项目可以免交土地出让金），报建费等许多费用可免，其启动资金还不及商品房开发启动资金的1/4，资金回笼也快。"

另外，开发商只关心经济适用房的销售的经济效益而轻视其社会效益，在住房资格的审查和放号等环节管理不严，而一些投机者看中经济适用房价格低廉，通过虚报个人申请资料，甚至伪造户口簿、单位公章和职称证书等手段取得购买经济适用房资格，进行炒房或租房获利。2005年6月初，北京市建委首次公布46户骗购经济适用房黑名单，弄虚作假、骗购经济适用房的罗某、谢某、王某等46户家庭被市建委取消经济适用房购买资格。据了解，这是自1998年北京市实行经济适用房政策以来首次公开骗购黑名单。

在买方作假的同时，放号权也为经济适用房的开发商提供了"寻租"的空间。北京天通苑的放号风波证实了这一点。根据中央电视台等媒体的报道，"炒号"队伍中多了开发商、物业公司的身影。另据媒体报道，2005年三环新城的放号竟然是从163号开始的，至于163号之前的房号作了怎样的处理，开发商并没有给出明确的解释。目前，开发商拥有的最大权力就是放号权，至于放号的时间和方式都是开发商说了算。京城绝大部分经济适用房的放号时间都是集中在短暂的几天时间内完成，之前并不做广告宣传之类的大范围告示。而购房人获得放号的信息渠道也仅仅是通过网络或者消息灵通人士的相传。导致经济适用房的社会作用不能正常发挥。

案例：今日家园

1999年9月23日，今日家园在国贸中心开盘，仅3天时间就狂销815套，3.3亿元轻松落入张宝全的口袋中。

经济适用房作为微利商品房，只是在土地供应政策和价格管理政策上区别于一般商品，其余仍按市场化运作。为谋取高额利润，开发商经常在房屋上做文章。这就导致许多经济适用房户型面积超标、设计高档、装修豪华。今日家园正是这么干的。

《中国新闻周刊》记者在北京市规划委的网站上发现，编号为京规行决字(2003)第0010号的行政处罚决定书中写道：北京安地房地产公司(今日家园开发商)擅自将北半部5栋楼由16层建至18层，南半部8栋楼由20层建至24层，增加建筑面积55756m^2；此外，该公司在所有13栋住宅楼的建设中，因封闭阳台、设备层加高、扩大地下车库、施工误差、设计漏算等原因，增加建筑面积107722m^2。总共超出规划面积竟然高达近16万m^2。（资料来源：《中国新闻周刊》，2005年6月27日）

3.2 征地/拆迁

在拆迁和征地方面，官商联手的结果是市民和农民利益的损失。在现行制度下，政府和用地企业分享了土地用途转换的收益，农民则基本被排除在外。根据有关研究，2001年政府从土地一级市场上获得的收入为1318亿元。房地产业中谁能够通过关系得到比较廉价的土地，谁就有可能获取暴利，由此还引发了大量幕后的权钱交易。土地被廉价征用，政府对被征地农民的补偿标准过低，根本无法与国家赋予农民的长期且有保障的使用权、收益权和转让权对等。一些地方由征地所引发的尖锐的社会矛盾、群体冲突乃至流血事件已经充分暴露了这一问题的严重程度。类似的现象在城市拆迁安置问题上同样存在。随着城市房地产开发力度的加大这种矛盾还在日益扩大。

案例：湖南嘉禾拆迁事件

偏居湘南一隅的嘉禾县，在2004年因强制拆迁事件而闻名全国。引发该事件是累计投资达1.5亿元，位处嘉禾县城最中心地带的珠泉商贸城项目，工程总占地面积超过12万m^2，其核心项目就是建起一个面积超过8000m^{2}的大型商贸城，即珠泉商贸城。这一项目充满悬疑与隐情，一个纯粹商业的房地产开发却被当地政府当做国家投资项目（“嘉办字[2003]136号文”这样写道：“珠泉商贸城是国家国内贸易局商业网点建设开发中心投资开发，属2002～2004年全国50个商业网点建设示范项目之一”；嘉禾县第14届人民代表大会第一次会议《关于加快建设珠泉商贸城的决议》也明确说明，这项工程“是国家建设项目”）。明文规定不得低于900元/m^{2}出售的地，开发商竟只花了30元/m^2。而且这样一个商业开发被地方政府上升到政治高度，不是越权违规操作又是什么？嘉禾县在未进行规划项目定点的情况下，为开发商发放《建设用地规划许可证》；先办理《建设用地批准书》，再补办土地使用权挂牌出让手续；在开发商未缴纳土地出让金的情况下，发放《国有土地使用证》。在缺乏拆迁计划、拆迁方案和拆迁补偿安置资金足额到位证明等要件的情况下，为拆迁人发放《房屋拆迁许可证》；在没有按规定程序举行听证的情况下，对11户被拆迁人下达强制拆迁执行书。在项目实施过程中，县委、县政府滥用行政权力强制推进房屋拆迁，还创造性地推出了“四包”、“两停”政策：公职人员必须保证他们的亲属，在规定期限内完成拆迁补偿评估工作、签订好补偿协议、腾房并交付各种证件，甚至还要保证他们的亲属对拆迁及补偿不满意时，不集体上访和联名告状。而不能完成这一任务的将被暂停工作、停发工资，甚至是被开除或下放到边远地区工作。2003年12月份以来，先后因此对11名公职人员进行了降职、调离原工作岗位到边远乡镇工作等错误处理，并错误拘捕李会明等3人。

珠泉商贸城开工仪式上甚至打出这样的标语：“谁影响嘉禾一阵子，我就影响他一辈子”（当年慈禧办寿修圆明园时，对为筹建海军而希望国库拨款的官员丢下的一句话，“谁今天让我不高兴，我让他一辈子不高兴”）。据新华网北京电：对嘉禾县房屋拆迁中损害群众合法权益问题，中央高度重视。根据国务院领导的批示，湖南省政府、建设部联合调查组通过深入细致的调查取证工作，基本查明主要违法违规事实。调查表明，这是一起集体滥用行政权力、损害群众利益的违法违规事件。

4 民造城市

造城者：民众

造城样式：集资建房、城中村、私建违章建筑

本文开篇已经提到作为城市“主人”的民众在如火如荼的造城运动中只是沉默而被动的大多数，这场城市的狂欢的主角并不是他们。但是，民众也在策动自己的造城运动。这些民众造城行动在国家的空间政治统治下展示出比其他造城者更为复杂的空间策略。

4.1 集资建房

现实中集资建房其实不是真正意义上的民众造房。因为民众很难在建造中成为合法主体，所以集资建房往往是以单位名义进行的。单位体制可谓中国特色，单位实际上是集合了多重身份的综合体，生产机构、行政单位、社区组织、福利组织等。单位既全方位地管理、监视着个人，但同时也全面地呵护个人的利益。单位是伟大的母体，养育着单纯化的个体。在房改之后，单位虽然不能再继续提供福利住房，但她的母性仍然存在，所以单位组织集资建房在若干年来一直是缓解住房压力的有效途径之一。单位出面的集资建房相对于个人集资有诸多便利。一来单位是社会承认的行为主体，即使单位没有开发权也可以委托开发商，并对其进行监督。其次，单位本身组织完整，富于社会经验，能够在建设过程中整合意见、有序地工作。再者，单位有财力和土地方面的优势。此外，单位在与审批部门的关系等方面也有个人难以获得的优势。那单位集资建房为什么又有民众色彩呢？是因为一者资金主要来自单位职工以及职工的住房公积金，二者职工可以对所建房屋的设计施工等环节进行有效的意见参与和监督。但是，单位集资建房并不是一个成熟而完美的途径。在一个既缺乏诚信，制度建设又不完善的社会中很难避免利用集资建房的寻租活动。

还有一种不那么现实的集资建房，就是2004年年末从北京兴起、火遍全国的个人集资建房热。其中反映了几个问题：

（1）民众对现有住房体制以及高房价的强烈不满；

（2）民众自主意识的充盈；

（3）网络成为中国这个国家中最重要的公共空间。

但是，这场个人集资建房热，至今有花无果，没有一个项目进入实质操作阶段。而且在对待个人集资建房问题上，官、商的态度相当一致，都是大泼冷水。2005年年初建设部在听取了北京、成都、南京、厦门、上海五城市主管部门的意见和建议后明确表达了否定意见（新华网，2005年2月16日）。4月，京城地产界名人潘石屹在其主持的一档访谈节目中，遇到个人集资建房热的发起者于凌罡。尽管于凌罡用了不少生动的语言试图打动潘石屹，但是老潘简单的几个问题便把集资建房说成了可能性为零。潘石屹认为，目前政府的有关政策是针对生活困难人群提供经济型住宅，那些想以低价格得到商品房的市民恐怕还是得不到政策和法规的支持。即便奇迹发生，“于凌罡们”冲破重重阻碍合作建房成功，也并不意味着这一模式可以复制。北京的房价收入比达16，远高于4　6的合理水平，如果按照房价收入比来统计困难户的话，恐怕大部市民都有资格要求政府提供经济住房而不是商品房，而地产商们却无耻地强迫我们接受他们的剥削。

案例：于凌罡们的建房梦

2004年12月北京联想集团一位30岁出头的电脑工程师于凌罡在网站发布了自己个人集资建房的设想。一张帖子迅速招募到500人参与，并成功组建了行政、财务、法律和工程四个小组，2005年1月中旬“合作建房联盟”的成立标志着这支合作队伍正式组建。据测算，个人集资建房可省掉开发商利润、广告销售费用、机构维持费用和项目贷款利息，房价一般要比周边项目商品房低40%。2005年南京、厦门、成都、岳阳等城市相继出现个人集资建房网站。在西方，上个世纪，自建住宅是低收入者解决住房问题的有效途径，而且也分担了政府的负担。可是在我国当今社会中这却是个遥远的梦。下面是“我爱南京”自建房网的价值观，让我们记住他们的“梦话”：

我们用合理的价格买到合适高品质的住房；

要消灭开发商的暴利；

要去除华而不实的市场推广费用；

我们不要偷工减料的住宅；

我们不要短斤少两的面积；

我们不要天花乱坠的宣传；

我们要为自己建设美丽的家园！

4.2 城中村

城中村的情况和单位大院有相似之处。一是地处城市。二是自给自足，自成一体。三是与单位大院一样城中村既是生产组织也是生活组织，有组织、有纪律、有领导。所以，城中村其实也是城中城。单位大院与城中村最大的不同是单位大院的土地是国有的，而城中村的土地是集体所有。因此，城中村的土地和建筑不像其他单位那样容易听规划部门的摆布。因此，在城中村中民造才成为可能。但城中村的建筑中个人修建和集体修建往往是混杂的，因为城中村的一些建设活动也是在村干部的领导下有组织、有步骤地实现的。近年来，城中村，特别是广东一带的，被说成是城市中的癌症，是景观、公共安全、法制等方面的破坏者和隐患所在。这似乎搞颠倒了。因为并不是城中村侵入城市，而是城市包围了农村，吞噬了农田。农民们只是在失去耕地后，靠在自家宅基地上盖房子收租获利而已。这不过是他们在自身生存环境改变后的应急性调整，城市却要降罪于他们，欲将其从他们自己的土地上驱逐出去，这不是很不讲理吗？我们不能再随意诬蔑城中村，那些高密度、低质量的城中村是政府的问题，不是村民的错。李培林认为："实际上，城市土地的收益率，存在着一个自由竞争的均衡价格，在某种制度约束和管制的条件下，会出现收益率降低和'租金消失'的现象，但'租金'不会真正的消失，它会以别的形式得到补偿或以政府成本的形式表现出来。""城中村"的住宅建筑不是没有制度约束的，政府规定村民的住宅最高可以盖到 3 层半，否则就要罚款，但村民们都违规盖到 6　8 层，因为租金增加的收益足以超过罚款付出的成本。在市区地价高涨的情况下，一般分布状态的 6　8 层的住宅还不足以达到土地收益的均衡价格，而 6　8 层似乎是政府可以容忍"村民"违规建筑的最高极限，在此情况下，"村民"为了补偿自己的土地收益低于竞争均衡价格的差价，就只有最大化地利用可支配的面积和空间，这就是"城中村"密集建筑"怪物"产生的根本原因。

4.3 违章建筑

这里说的不是那些有后台的理直气壮的违章建筑，而是社会底层民众的为了生存，不顾法律法规而采取的空间营造的极端方式。这些城市的空间政治中被挤压到边缘的小人物们不得不以自己的空间策略来反抗，所以他们的空间策略充满机智与哭喊。这些廉价的，时刻准备着毁灭的建筑也因此更有生命力与柔韧性。它们是一种建筑学之外的知识体系，两者在对空间的认知、评价和营造方面都有明显的分野。这里简述一下这些违章建筑的特点，有助于我们了解城市底层的空间战争和生存状态。

（1）规模小：有些甚至超出了建筑学的尺度，一个房间可能只有 $2m^2$。

（2）功能高度混合。

（3）建筑具有不可画性：目前建筑学所构想的建筑都是画在二维图纸上的，而许多违章建筑是没有图纸的，反过来其生成的空间也很难转译在笛卡儿坐标系中。

（4）可变性：有些建筑平时空间可以敞开，甚至延伸到街上，城管将至，建筑立刻收缩、封闭起来。一个水果摊，白天可能只是一组山坡。

（5）建筑材料特别：材料特别廉价，一个建筑的造价可能是零，即全部由废弃物（垃圾）建造而成；特别轻（轻到足以随风而逝）；特别拼凑，不是基于美学，却有现代艺术的视觉效果；选材与地点有特别密切的关系；材料功能特别，比如一物多用，或是用途的将错就错。

（6）构造方式特别而且简单：有的违章小建筑完全是用合页以及插销进行连接的，有的仅用铁丝捆绑而成。这些构造完全可能不用任何工具而仅靠人力徒手完成，直接反映了身体与建造 / 建筑的关系。

由上述特征可知，违章建筑是不求长久只争朝夕的建筑。它们是紧急的、流动的建筑，此消彼长，在时间、空间的迷宫中与城管部门展开游击战。违章建筑的分布绘制着城市动态的权力地图。据说，如今城市已经使用航拍全景图片来搜寻违章建筑。如果贫民们掌握这样的信息，那么在无处藏身的情况下违章建筑只能进化它的伪装术，比如变成一棵树。

结语

虽然中国的城市化进行得轰轰烈烈，举世瞩目，但是通过对几种造城者以及他们的造城目的、样式的分析，我们看到在中国造城者与城市居民之间存在着目的和利益上的裂隙，这种裂隙是政治经济学结构意义上的，而且到目前为止没有完备的制度和程序来弥合这样的裂隙。甚至对于一些造城者来说他们并不热爱城市也不了解城市，造城对他们而言只是攫取经济利益、政治资本和象征资本的途径，只是手段不是目的。在这种情况下的城市又碾碎了多少普通人的城市梦想和目标，这样的城市只是那些骄傲的造城者抛给民众的一个或轻或重的后果。但是，民众在漫长的历史中习得了他们独特的生存之道，他们在生活上的弹性和韧性，使他们可以适应任何城市。我们看到在城市空间的生产上，商人、政府和民众之间大相径庭的空间策略。政府和商人们占据着空间生产的正当性，他们的空间生产是大模大样的，即在明处的、大规模的、全局性的、统治性的、拥有强大经济支持的空间生产。而民众的空间是零敲碎打的，即在暗处的、零散的、微观的、应急性的、调整性的、寄生的、低成本的空间生产。如果用战争来作比喻的话，政府和商人进行的是正规军的阵地战，民众进行的则是非正规军的游击战。从这个角度看，中国式造城就是这样一场力量悬殊、风格迥异的空间战争。

大型楼盘是大规模商业造城的典型。图为重庆某开发商在房交会期间展示的楼盘模型。

城市 = 历史

City Equals History

珠三角 1793—2003 年的镀金史

Gold Plating History of Pearl River Delta, 1793- 2003

文 / 冯原、杨小彦

Text / Feng Yuan，Yang Xiaoyan

200 年来，珠三角贪婪地把发达世界的建筑景观和符号揽到自己的怀抱，这是它向往全球化的特有模式。从西洋风格、先锋派建筑到迪斯尼乐园般的富人住宅，从农民村到国际会展中心，都能在这一片用金色装饰起来的土地上找到立足地。

1793、1839、1958 和 1992 年，对于广东珠三角来说意味深长，彼此之间穿插着一条历史之链，链条的开始或中间可能被涂上了红色，最后却是金色的，充满着财富的炫耀力量。

当土地被建筑符号所覆盖时，对于不同社会等级的人们来说，建筑意味着什么？是可以炫耀的符号资本，是可以出租的屋村，是梦寐以求的安乐窝，是规划部门的容积率，是建筑师值得自豪的作品，是城市建设的成就——人的财富状况决定了建筑的风格走向。

炫耀财富的诀窍（1793—2003 年）

1793 年，大英帝国使团在马嘎尔尼率领下踏上了广州的土地。站在马嘎尔尼的“原点”（下榻公馆的位置）隔江相望，200 年前广州城的天际轮廓线，在 100 多年以前就戛然而止，随着十三行和商馆区在 19 世纪末期毁于大火，马嘎尔尼所看到的那个广州城便只留存在外销画当中。今天，广州历史的源头起始于租界时期的沙面岛，它的西端是庞大的白天鹅宾馆，它的东端则依次可以看到文艺复兴风格的粤海关大楼和装饰艺术风格的爱群大厦，当年著名的海珠石早就被延伸的岸线埋没。当年广

处于符号博弈食物链顶端的属于“国际制造”
国设计团队联合组成，他们共同生产超大规模的

The “internationally-made” class is ranked at the top of the food chain in the game c
transnational design groups. They produce hyper-scale construction projects together, w

州的“中国公馆”已经变成了白云山脚下“欧陆风格”的大型别墅群“鸣泉居”。

从前还在“中国宫殿”里躲闪的“西洋风格”现在已经在广东珠三角地区泛滥成灾。那些一座座拔地而起的被命名为“白宫”或“国会大厦”的建筑，通过改头换面的大理石罗马柱、铸铁窗花、裸女雕塑以及耀眼的装饰纹样，在具体书写着“现代性”与“国际化”的定义。到了2003年，财富步履蹒跚地在广东珠三角现形，并获得了相对合法的地位，炫耀之风很快就转变成了难以遏制的珠三角的集体无意识，炫耀本身也迅速成长为一门不断增值的产业。整个珠三角就组成了全球化当中一个“国际化”的想象共同体。

保护身份的战斗（1839—2003年）

1839年1月6日，湖广总督林则徐被道光皇帝委任为钦差大臣，赶赴广东督办烟务。1840年，鸦片战争爆发。在1840年前后的那些日子里，珠三角的本地人心目中可怕的敌人是从嘉、潮、惠一带移民进广东西部的客家人，因为彼此之间要争夺种种资源，从丧葬的风水到耕作的田地、村舍与水源，甚至包括参加科举考试的名额，都在必争之列。到了咸丰年间终于爆发了惨烈空前的土客大械斗，延续了十多年，残酷的复仇行为也导致了最早流落海外的华工现象。随着北美淘金热的兴起，广东四邑一带农民便只身下远洋求发展。

距离省城广州西南方不到150km，便是珠三角西部的典型侨乡——开平。今天的开平最让人称奇的景观便是随处可见的昔日碉楼，上半部是西式的，让巴洛克、文艺复兴、古罗马和新古典主义的建筑符号竞相拥挤在一起，下部则是坚固单调的“军事要塞”。西洋化的碉楼建筑是珠三角第一波“国际化浪潮”的有力见证。许多年过去了，华工们在北美的第二代或者第三代变成“衣锦还乡”的金山客，回到父母的故乡来大兴土木。金山客意味着有钱，所以他们成为兵匪觊觎的绑票对象。碉楼混合了抵抗动乱与荣耀乡里的双重目标，于是它们便建造得既像豪宅，也像囚牢。然而，作为豪宅，它们太过炮楼化了；作为囚牢，它们又太过华美。这才恰到好处地表达了其诉求：炫耀和保护财富。碉楼于是成了唯一的“财富安全岛”。这样一来，金山客就创造了一套有效的炫耀性与保护性同时并存的建筑符号，其编码与解码程序是：金山客－北美－西洋帽子－财富的象征－回乡建屋－保护与监视－碉楼－叶落归根－荣耀乡里。

开平碉楼所象征的那场竞赛并没有停止，坐落在一望无际的芭蕉田后面的“豪华孤岛”正从珠三角的背景中争相而出，在第二波“国际化浪潮”的推动下如火如荼地展开。建筑的符号竞赛表现在第一层面，在地产商之间比赛对命名的较量，他们要创造一种超越现实的“异国生活图景”，从夏威夷到加勒比，从罗马花园到巴黎塞纳河，从威尼斯到黄金海岸，全球范围内的名城胜地便成了激发命名想象力的源泉。第二层面，消费者之间比赛对理想生活模式的追逐。人们不仅在购买供人居住的房屋，还在购买整个世界的幻象。坐落在珠三角冲积

这个等级的生产者们由中心城市的决策者和跨
项目，目标就是与“世界同步”。

The producers of this class are constituted by decision-makers in the central cities and
e to “keep the same paces with the world”.

平原上的“豪华孤岛”，已经被尽可能地放大成所谓“上流阶级”的典型庄园。今天豪华建筑的主人们焦虑的不是兵匪，而是稍纵即逝、难以确定的“财富身份”。新富们在符号—身份—财富的固定搭配中寻找到了方向感。

城中村的博弈规则（1958—2003 年）

1958 年 4 月 30 日，广州市东郊的棠下生产合作社，农民社员们迎来了伟大领袖毛主席的视察。若干年后，一幅由画家陈衍宁创作的著名的油画《毛主席视察广东农村》，就是以此为蓝本的。

到了 2003 年，“棠下”已经变成贴着黄琉璃瓦片的牌坊上的两个大字，通往黄埔区的中山大道整日车水马龙。岂止是棠下村，在珠三角地区，沿着主要公路干线到东莞、顺德、佛山看一看，昔日的农村几乎被城市化的扩张势头所淹没。不过我们仍然可以分辨城市中的“农村形象”，那就是拥挤不堪的、人流杂乱的、几乎没有预留什么公共空间的房屋群落。

城市中的农民们生活在另外一种想象中，他们固执地只追求一样东西，那就是建筑面积。在宅基地上从事建筑生产的最大利益，就是把建筑面积尽可能地扩大、再扩大，其邻里“公共领域”可能是全世界最为狭小的，小到不容人过的缝隙。于是，这条缝隙就成了各方丢弃破纸片、塑料袋等垃圾的地方。广东农村向来有自己的公共领域，就是人声鼎沸的粤式茶楼。恰恰就是以这一类茶楼为中心，都市—村庄构建起了一个自生自灭的生态体系，其中，一切都得遵循“面积最大化”的经济原则。同时，这种城中村又是一个自由进出的场所，是外来打工者的栖息地。

炫耀的美学在这里行不通。无论是棠下村，还是三元里；无论是深圳的布吉，还是中山的小榄，所有的村民们终于还是根据“经济理性”来规划自己的追求，却为大量的“暂住人口”提供了居住空间。从这个意义上讲，城中村是城市当中唯一没有明确的等级划分的公共场所。

当然，只要经济上有条件，城中村人也会自发地向城市新富等级靠拢，甚至在相互攀比的炫耀热潮中会超过城市阶级。小榄镇的农民一旦开始建设自己的别墅区，在高高的围墙内，巴洛克的山花和罗马柱直接用整块的大理石制作，然后精心而不合美学情理地使用到新别墅上去。这种比赛现象绝不是孤证，这恰好说明，在新时代的珠三角，当年的那些“金山客”遍地都是。

食物链与符号新物种（1992—2003 年）

1992 年，改革开放的总设计师邓小平南巡广东。之后，广东珠三角地区由此掀起了新一轮的建设高潮，出现了独特的建筑“分层景观”，那就是以村 - 镇 - 城为不同单位，出现了不同级别的建筑综合体与生态圈，如同互相依存的“食物链”。

第一层是工厂—农村的综合体，它出现在各个县级城市之间，在连片的农田和拥挤的村舍当中夹杂着厂房和工业园区，村级领导、等待年终分红的村民们、港台与本地工厂主、数以百万计的外来民工共同组成了一个闻名全球的世界工厂。

第二层是从过去的村庄迅速发展起来的明星小城镇。小城镇以味觉为指引，建起了众多的豪华酒家和超级饭馆；以身体快感为指引，建起了各种大型的桑拿浴、洗脚堂、歌舞厅和夜总会。有趣的是，当地人把这些娱乐场所当中最有气派的叫做“歌剧院”，尽管从来也不会上演莫扎特的《魔笛》。围绕着“上等身份”这个象征，小城镇建起了高尔夫球场，以及一系列享受型俱乐部。在小城镇，整个建筑规划追随着味觉、听觉和触觉。追随着身体每个部位的快感而建立起一连串的“快感建筑”。

第三层是处于顶层的中心城市。以土地为中心的建设热潮，使中心城市最终不可避免地要变成符号利益激烈博弈的战场。于是，我们就观察到了另一条符号博弈的食物链。

处于符号博弈食物链顶端的属于“国际制造”等级。这个等级的生产者们由中心城市的决策者和跨国设计团队联合组成，他们共同生产超大规模的建设项目，目标就是与“世界同步”。在这方面，广东珠三角众多的中心城市似乎已经大大落后于上海和北京，但他们正在奋起直追。次一等级属于“设计院制造”，官方认可的建设专家们囊括了绝大部分政府的建设项目，在建筑外观上大搞所谓的“现代化”几何图案拼贴。再次一个等级是“房地产制造”。房地产商的原则是“符号追随销量”。以高层住宅上的窗户为例，十年前还只是个简单的方框，大约在七八年前就改成了半圆形，又在五六年前加上了装饰的线条，两三年前终于有某个地产商把窗户做成了飘台式，一年前则出现了落地式。前不久半弧形玻璃在独领窗户装饰的风骚，很快就让圆塔状的弧形玻璃取得了新一轮的胜利。最次一个等级理当归于各种“机会主义设计师制造”。珠三角繁忙的公路两侧到处都充斥着不知名的“机会主义设计师”创作的建筑产品。

关键是，政绩和利润是同时产生的，所以最大的问题便是赶快立项、赶快申报、赶快拨款、赶快投资和赶快成为建筑事实。基于两种不同的立场，甲乙双方的利益却又常常很难达到最佳的重合点。从领导们的立场出发，最佳的结果当然是“好政绩”+“好设计”。从承接建筑的专家立场来看，最佳的结果应该是“好设计”+“高利润”。领导们会追求好政绩，可不懂专业设计；建筑师团队想追求好的设计，不过难以抵御“高利润”的引诱。这说明，为什么让建筑美学家感到痛心疾首的事情老在发生，为什么理想主义者喜欢说广东是块文化的沙漠。如果我们对这一类问题当了真，这只能说明我们根本就不懂得城市。城市在发展，与城市有关的设计博弈也在发展，所以符号的战场就变得越来越激烈了。在 2003 年 11 月召开的“建筑景观设计博览会”上，来自德国、澳大利亚的设计事务所煞有介事地摆开展台。他们怀里揣着“国际专业证书”，嗅觉灵敏，正向珠三角扑来。珠三角现在是，未来也肯定是一片养活各种建筑与符号动物的“亚马逊丛林”。

金色的“土改”（2003 年以后）

新一轮的“土改”是金色的，因为土地不再只生产粮食，甚至不再主要是生产粮食。土地生产利润，土地长出金钱。2002 年，广州市政府宣布，把散布在广州城中的 132 个“自然村”的村民正式划归为城市居民。村民们的房屋私产迟早也要被再一次改革掉，混乱的村屋很快就要被气派的公共广场所取代。金色土改的对象不再限于土地，而是立于土地之上的各种过时建筑。

到了 2003 年，当英国的走红建筑师扎哈•哈迪德 (Zaha Hadid) 在广州歌剧院的竞赛中拔得头筹时，她就真的为广州城带来了真正国际化的符号礼物——由几块巨大的砾石般造型组合而成的前卫建筑。无疑，未来的洋建筑将会重塑珠江沿岸的风景线，让广州看起来更像“国际都市”。

说到底，珠三角是独一无二的，眼下它正在贪婪地把发达世界的建筑景观和符号系列揽到自己的怀抱，这是它向往全球化的特有模式。从最离经叛道的先锋派建筑到迪斯尼乐园般的富人住宅，从拥塞不堪的农民村到钢铁加玻璃幕墙的国际会展中心，都能在这一片用金色装饰起来的土地上找到立足地。珠三角的远景是，你能想到的，这里会有；你想不到的，这里也会出现。

珠三角，一片金色的土地，竖立着金色的楼房，生活着金色的人们，生长着金色的利益。在一片金色的海洋中，寻回原色谈何容易。

改革开放之后，珠三角成为了香港“前店”的“后厂”。图为广东顺德附近的珠江流域，集装箱货轮沿着珠三角发达的水系驶往香港。

城市=违章

City Equals Violation of Rules and Regulations

普通居住之镜的两侧：违章建筑与商品房

Ordinary Housing on Both Sides of the Mirror—Illegal Construction and Commercial Housing

文 / 冯果川

Text / Feng Guochuan

商品房这种中国经济改革启动后的新事物极大地改变了大众的居住状态，但是仅对商品房进行研究使我们忽略了城市普通居住的另一个重要方面：违章建筑。这些房改前就存在的特殊建筑，在中国快速的经济发展和城市化的刺激下急速膨胀，其对大众居住的影响也较之前更甚，贺承军博士指出违章建筑与合法的商品住宅构成了一种有趣的镜像关系，考察违章建筑和小产权住房对于更深入地理解商品房的演变以及整个中国城市的大众居住现实都非常重要也非常必要。本文得到贺博士的宝贵指点，在此特别感谢。

一、概念解释

违章建筑：主要包括：①未申请或申请未获得批准，未取得建设用地规划许可证和建设工程规划许可证而建成的建筑。②擅自改变建设工程规划许可证的规定建成的建筑。③擅自改变了使用性质建成的建筑。④擅自将临时建筑建成为永久性建筑（1990年4月1日施行的《中华人民共和国城市规划法》第39条和第40条，2008年1月1日起由《城乡规划法》替代）。

违章建筑最主要的特征就是不具有合法性，即违章建筑是不受法律保护的。由于其违反了法律的禁止性规定，所以原则上不赋予当事人所有权，不能依法进行产权登记(《城市房屋权属登记管理办法》第5条和第23条)。

我们这里讨论的主要是城市中的违章建筑中很大一部分是所谓的小产权房。小产权房分为两种：第一种解释是按房屋再转让时是否需要缴纳土地出让金来区分的，

如果说违章建筑构成的病态景观是一面镜子，那
而是中国土地制度和房地产发展的不健康。违

If a morbid landscape which is consisted of illegal buildings is a mirror, it does not re
real estate. Illegal buildings are actually caused by government itself.

不用再缴土地出让金的叫大产权，要补缴土地出让金的叫小产权。按这种解释普通商品房就是大产权房，经济适用房就是小产权房。

第二种是按发证机关来区分，由国家发产权证的房屋为大产权房。由乡镇政府发证书的房屋叫小产权房，又被称为乡产权房，乡产权并不构成真正法律意义上的产权。乡产权房或小产权房，按法律规定不得买卖，不得出租获利。我们这里讨论的小产权房指的是后者，也常被称作农民房。

小产权房之所以成为违章建筑，是因为高速城市化出现了“城市包围农村”，大量小产权的农民房成为城市中的建筑。在经济层面上，当农民将小产权房用于出租或出售时，就突破了小产权房仅供自住、不得用于谋利的限制，于是就成了违章建筑。在建筑层面上，这些小产权房没经过政府规划审批，没有规划许可证，其设计和建造也未遵守相关规划和建筑规范规定，所以从这方面看也是违章建筑。

二、违章建筑的疯狂景观

违章建筑中最著名和最典型的恐怕要算广东地区的城中村，它们畸高的建筑密度和不受法规制约的建筑“设计”使其成为城市中的奇观。对城中村的看法基本可以分为褒贬两类：憎恶者攻击城中村形象丑陋恶俗，密度过高，居室终日不见阳光，市政配套条件差，环境拥挤肮脏，治安混乱，总之是严重影响城市形象，居住质量低下，应予以铲除的城市毒瘤。而赞扬者称颂城中村狭窄而热闹的街道，鳞次栉比的商铺，三教九流的人群和便宜、便利的生活，他们认为城中村是深圳最富有城市活力和多样性的地方。在褒贬对立的观点中，我们恰恰可以看到城中村极端的、戏剧性的甚至可以说是疯狂的状态。

三、违章建筑的生存之道

违章建筑既然是违章的，那么就必须有其巧妙的生存策略。这些违章建筑事实上采用的策略往往不是建筑空间形态上的策略，而是政治性的策略：即对权力的依附。

四、违章建筑的制度成因

《土地管理法》第2条规定：“中华人民共和国实行土地的社会主义公有制，即全民所有制和劳动群众集体所有制。”在法律上两种所有制的土地是具有平等地位的。但从修建于集体所有制土地上的建筑不得交易这一规定就可以看出，集体所有制的土地受到诸多限制。农村的土地也不能自行买卖，在城市化过程中只能统一由政府征用，农民只有土地的使用权没有所有权，而农民又不能像城市人口那样享受基本的社会保障。在城市化过程中，面临土地被征用，生活没有出路的农民只好在自己保留的宅基地上建房通过收租度日，这是政府与村民间的博弈平衡。政府低价地获得了农村土地，将村民的宅基地集中设置，成为城市中的“孤岛”，作为交换条件政府对于“孤岛”内村民的建设行为睁一只眼闭一只眼，于是这里就成为违章建筑疯长的地带。

映照出的并不是"村民"的利欲熏心、丧心病狂，
…到底是政府自己造成的。

… and insane of "villagers", but the unhealthy development of China's land system and

五、大众居住之镜

如果我们仅仅观察商品房的发展，而不考察违章建筑的复杂情况，那么我们很容易被改革30年来商品房发展的"伟大成就"所迷惑。商品房巨大的建设量和快速发展演变，确实有其值得称颂之处，但是当我们将违章建筑与合法商品房互为镜像时，就会发现商品房对于大众居住特别是城市底层人群的居住问题的贡献是比较有限的。

中国的开发商在进行房地产开发时，往往非常短视，总是急于赚取富人的钱财，既无视大众居住所蕴藏的巨大、刚性的居住需求，也无视自身的社会责任。著名的北京地产商任志强更是抛出了"只为富人盖房"的无耻言论。这导致现实中拥挤的违章建筑在相当长的时间内担当着解决城市大量底层人群的居住问题的重任，底层人群的合理的居住需求由于政府政策导向的不力和房地产不健康的发展不得不长期被压制和忽视。

这些利益被忽视的底层大众却是大城市稳定、繁荣发展的重要推动力量，居住在城市中心的大量底层人群为城市提供了大量廉价的服务。如果按照政府和地产商的商品房开发逻辑，这些穷人将被迫迁出城市中心，居住于地价低廉的郊区，这将明显增加这些服务的成本，减缓城市的发展，同时也使这些人群面临着失业的危险。《美国大城市的死与生》一书中有力地阐释了穷人与城市中心的这一相互依存关系。所以，这些年来，虽然政府在廉租房方面进行了很多努力，但是收效甚微。在解决城市底层人口居住问题方面，政府廉租房与城中村的违章建筑相比可以说是忽略不计。正是城中村使大量底层人口以低廉的成本居住在城市中心。

与泡沫化的商品房相比，违章建筑还是平抑房价的重要砝码。由于城中村中的违章建筑数量巨大，又受法律限制难以买卖，于是形成了庞大的廉租房市场，供应充足，这对于平抑这些城市的房价和房屋租金起到了很大的作用，这就是为什么城中村违章建筑众多的深圳虽然物价水平高过北京，但是多年来房屋租金水平却明显低于北京的缘故。由于中国的城市缺乏量化的管理手段，政府对居住问题的调控能力是很有限的，但是违章建筑却凭借其完全自发的市场调节机制，实际地解决了底层大众的居住问题。无论是房地产的炒作还是宏观政策的调节，这个庞大的城中村出租屋市场都起了减振的作用。所以，我们看到违章住房和小产权房虽然一直为主流话语所排斥，但是它却是政府公共决策的隐形的背景。

经过上面的分析，我们可以发现貌似病态的违章建筑对这个社会的巨大贡献和貌似成绩骄人的商品房的巨大局限。这时我们还能简单地去谴责违章建筑吗？如果说违章建筑构成的病态景观是一面镜子，那么里面映照出的并不是"村民"的利欲熏心、丧心病狂，而是中国土地制度和房地产发展的不健康。

六、走出困局

虽然违章建筑对于底层大众的居住有着重要的贡献，但是毕竟是无奈之举，也是城市的一种病态。但是要想

改变这种状况，一方面政府和房地产业应该积极关注普通居住这一巨大的刚性需求构成市场，切实满足底层大众的居住需求，这可以帮助房地产业走出当下的泡沫化泥沼。另一方面，我们不能简单化地以拆迁和整改的方式去铲除违章建筑，因为部分违章建筑的背后原因是社会利益分配的不公，贫富的分化，对底层人群特别是对农民利益的剥削。其改革自然应该是从底层人群特别是农民利益的保障上着手，让农民享受到改革的利益而不是扮演改革的牺牲者。

国家对小产权房始终没有松绑，社会各界则对该问题存在着广泛的争议。图为上海某待拆的小产权房。

我们的城市有什么功能呢？它属于我们大家吗
化，当代中国城市的主要功能已经逐步从生产
料、以空间生产为主要生产方式，完成了由计
未使得城市服务于城市大众，而是更多地服务

首先，城市服务于基建，城市在扩张中以汽车
街道；其次，由于土地归属于权力和资本，故
建筑、商业建筑与楼盘的大量兴建；第三，由
信息模式，城市中原有工厂企业因为土地增值的
由于居住方式的变化，家庭被分散地在居住小
求被放大，而这部分需求大量地被消费空间所
纠缠在一起，成为了形象工程的一部分。

由此可见，在城市功能不断转换与演进的过程
食民间散乱而丰富的空间生产方式，它们借着
的城市生活。（朱晔）

戈们的生活更美好吗？经过了 20 年的快速城市
J消费型城市转变，城市也以土地为核心生产资
寸代向市场经济时代的转变。而这样的转变，并
资本。

人的尺度，宽阔的道路取代了适宜步行的小尺度
空间也大量呈现为权力与资本意志，表现为政府
导致的生产转移，使得城市生产机构多为知识与
皮梯级地转移到了层级更低的市郊与区县；第四，
为陌生的邻里，这使得城市居民对公共空间的需
最后，城市中原本缺失的公共空间，大多和政绩

力和资本意志正在用单一替代多样性，并加速蚕
名，以近乎亢奋的方式迫使我们去接受更加单一

城市 = 功能

City Equals Function

机场 / 北京

路网 / 重庆

城市交通 / 湖北武汉

城市 = 行政

政府 / 江西南昌

公安 / 重庆

税务 / 广东广州

城市 = 机构

医院 / 福建漳州

学校 / 四川成都

银行 / 上海

城市＝生产

工厂 / 福建晋江

规划机构 / 广东广州

公司 / 广东深圳

城市＝消费

商场 / 上海

超市 / 重庆

街市 / 重庆

城市 = 居住

家庭 / 福建泉州

社会 / 重庆

重庆

博物馆 / 四川成都

美术馆 / 广东广州

图书馆 / 广东深圳

城市 = 公共场域

广场 / 重庆

公园 / 湖北武汉

街道 / 上海

宗教 / 四川成都

遗产 / 江苏苏州

地方戏 / 福建莆田

城市繁荣的另一面，是弱势化的农民、失去活
一体化”两大趋势中，后者来得更为真切和生
中国人口大多数的农民未能成为现代化成果的
是社会差异化发展的后果。2005 年年底，“工
成为了弥合城乡差异的指导口号。然而，“城
立的消极状况，其实城乡历来都是统筹的，而
于此，城市不可能不掠夺乡村，不可能真正避
在“城乡一体化”中，其土地权益将再次成为

成天在城市里边，我们不一定有时间去看乡野
村实施的状况，《重庆到武隆的 42 组风景》
可以观察到更为广袤的空间生产，因为风景本
景里，可以看到正在进行的以铁路和路桥为对
方临时抱佛脚的护坡加建；还有滑稽的楼盘、
的绝望，在于它们被当下的空间生产的权力与
然概念。或许等到农业资源成为社会稀缺资源的
而目前，我们看到的满是在农村的“新愚公移

和边缘化的农村。在“区域一体化”和“城乡
示着中国的城市化进一步向农村推进，尽管占
城乡一体化是城乡差异的后果，而城乡差异又
业、城市反哺农村”成为国策，“城乡统筹”
表面上看是为了解除 1958 年以来城乡二元对
城市中心主义的立场上由城市来统筹乡村。基
立。农民们已然构成了整个社会金字塔的底部，

也因为移动的限定，无法观察城市化在中国农
的一些注解。坐火车和飞机的不同之处，在于
权力与资本的，也是从属于意志的。在这些风
基建；也可以看到因为雨季到来，为了防止塌
滩；更可以看到依旧绝望的风景。而这些风景
略，兀自野生着、蔓延着，更贴近于风景的自
业才会再度欣欣向荣，农村才会再度生机勃勃。
（朱晔）

chǎng
厂
tián
田

fó
佛
jiā
家
rén
人

02 居住与日常生活

Inhabitation and Everyday Life

“普天之下，莫非地产；率土之滨，莫非楼盘”
们的幸福而着想的，而是社会生产体系的需要
们塑形为合格的消费者。住宅产业在现实之中
进行了包抄。最重要的产品甚至不是住宅，而
住成为了日常幸福生活之梦的一部分。这样的
风暴之后的 1998 年全面推行住宅商品化开始繁

住宅是我们每天使用频率最高的空间，它既是
权力实践的空间。计划经济时代，大家都是单
住房。这些住房的模子直接从苏联老大哥那里
产”、“服务于人民生活”，以大量复制的无
秩序的承载。

1998 年全民“被买房”之后，住宅被裸露于政治
与银行与中介与建材与家用电器、与物管与停
母娘与生活压力与存折与“拼爹”发生了无穷
拥有的消费，它管用 70 年。

在本章中，我们通过筑博设计实践中的案例，
被动的情形下，建筑师们是如何通过空间的设

当下我们城市生活的现实。生活并非是为了人生产体系以媒体、空间和物品作为中介，将人和文化的生产，从观念和体验两个方面对我们费者和居住文化的生产。由此，消费社会的居始于 1991 年中国土地的市场化，自亚洲金融

间形态，又是一种基层的社会组织，同时也是都拿着级别与岗位的不同工资，享受着福利性，它们以社会主义式的经济与实用“服务于生一刀切断了中国传统“宅院”在空间上对社会

之中，瞬息之间与政策与 GDP 与地产商与土地、市与地铁与儿子升学女儿入托、与未婚夫与丈系……住宅成了我们的日常生活中一项最持久

与日常生活之间的各类关系，探讨在生活整体用住宅满足你回家的幸福感的。（朱晔）

gōng rén xīn cūn
工人新村

工人新村始建于解放后的上海，目的是为了改善当时 300 万职工的住房困难问题。1951 年 5 月曹杨新村奠基，1952 年 5 月建成，6 月第一批 1002 户居民入住，带有强烈的“工人色彩”：居民中有 114 名劳模和先进工作者，其他的基本上都是老工人。这个占地 200 亩，环境宽敞、房屋建筑实用美观，从幼儿园到中小学校、合作社、医疗站、公共浴室、文化馆等设施配套齐全的新式住宅区，是当时上海工人阶级梦想中的天堂。作为全国首个工人新村，曹杨新村也成为新中国城镇新建民居的范例、全国各地大规模建造工人新村的肇始。从 1952 年曹杨新村奠基开始，至 1958 年，上海就辟建了 200 个住宅新村，合计建成住宅 468 万 m^2，有 70 多万职工和家属搬进新居。

(嗯工作室)

dān wèi 单位

进入社会主义时期后，中国单个的家庭被肢解，变成了传统价值寄生的空间。此时的个人从家庭中被分离出来，而被编入了“单位”的体系。计划经济时代个人的爱恨情仇、生老病死都跟随着单位的计划性而进行，住宅作为单位福利的一部分，依据单位的级别和个人的资历进行分配。属于单个家庭的院落消失了，大杂院、宿舍楼建构起集体式的邻里关系。住宅是仅仅提供居住功能的机器，其他的功能则由以单位为核心建设的食堂、澡堂、幼儿园、医院等公共空间提供，同时将个体生活暴露在公共的监视之中。

（姜珺）

dà yuàn
大院

大院是单位制度框架下产生的社区模式。由于各单位只对所属部门负责，“社会主义大家庭”的大院事实上已完全超越了家族概念，而成为了单位进行封闭式管理的社区。院落的集体主义价值在社会主义语境下被空前地放大。它被普及到从城市到农村的各级党政军机关，从一线城市到三线城市的各级企事业和厂矿单位，以及农村中的公社和大队。大院的“就地就业”模式，使得住宅被约简成单身个人或核心家庭的单位宿舍；而一个大院也可能是一个微型城市，自给自足地提供包括学校、医院、影剧院等社会职能和公共场所。其中一些公共场所甚至吸纳和取代了独立住宅的日常功能：公共食堂取代了厨房，公共澡堂取代了浴室，而大院中的托儿所和幼儿园则将家庭主妇从传统内务中解放出来，成为单位工作流水线上与男性平等的一分子。

（姜珺）

tǒng zǐ lóu
筒子楼

筒子楼建筑又称为兵营式建筑，一条长走廊串联着许多个单间。筒子楼面积狭小，每个单间大约有十几个平方米的面积。筒子楼是颇具中国特色的一种住房样式，是 20 世纪七八十年代中国企事业单位住房分配制度紧张的产物。这种有着长长的走廊、卫生间和厕所都是公用的房子，其前身不过是各个单位的办公室或者是单身职工宿舍。曾经有无数的中国人在筒子楼里结婚生子，奏鸣着锅碗瓢盆交响曲。

(嗯工作室)

一方面是房价上天，另一方面是穷人住不起；
缺失；一方面是宏观调控跟着金融危机到来，
和房地产商想的和消费者想的其实是三码事。

地方政府想的更多的是批租土地以获得财政收
得收益，银行们背靠着政府协助开发商，这使得
土地又抵押出资本之后，开发商开始研发、设
我们有了关系。对于消费者而言，在政府、银
是买那里的权利，之后就是掏干净腰包“血战
产商之口时，没啥好奇怪的，因为中国的企业
产市场也是一个非市场化和商品市场化并行的
而建筑材料、商品房销售则依据市场规则，这
定，而收益关系却取决于供需平衡。

中国的楼市基本上就是政策市。无论是楼市发
政策关心的更多的是国际经济环境和产业结构
姓大都玩不起，而且手中的牌都一口气押到了

大量商品房空置，另一方面是社会保障性住房
是面对楼市忐忑着……说穿了，地方政府想的

政绩，开发商们想的是通过开发房地产项目获
建起来之前你连门都摸不着。资本置换了土地，
、管理，直到住宅产品进入销售阶段，它才和
商共同组成的牌桌上，我们只有选择买这里或
。所以，当“为富人造房”这样的话出自于地
备以公共契约进行自律的素质。而中国的房地
地产开发的土地、资金基本上是非市场化的，
的房地产市场的大多数成本由非市场因素所决

观调控，无论是救市还是加强社会保障住房，
事，房地产无非是政策的一张牌，只不过老百
子上而已。（朱晔）

1978-2011年中国住宅发展政策沿革图 整理/朱晔 图解/何柳维

Figure of the History of China's Housing Policy, 1978–2011 Editor/Zhu Ye Diagram/He Liuwei

（1978~1991年）理论突破与试点起步：**1980年1月**，《红旗》杂志发表苏星“怎样使住宅问题解决得快些”一文，指出住宅是个人消费品的重要组成部分，应该走商品化道路。**1981年**年底，全国试点城镇售出的住房只有**3000**余套，全价售房很快被贴售房所取代。**1982年**国务院在郑州、沙市、常州、四平四个城市以“三三制”试行新建住房补贴出售。**1983年2月**，《经济日报》报道中国人民银行负责人谈话：国家鼓励私人购房、修房，要试办购买住房储蓄、修房储蓄等项业务。**1984年**国务院批准试点城市实行“公有住房补贴出售”。同年，广东、重庆开始征收土地使用费。**1986年1月**，国务院召开城镇住房制度改革问题座谈会，决定成立国务院住房制度改革领导小组和领导小组办公室。**1987年8月1日**，《中华人民共和国土地管理法》正式实施。**1987年11月26日**，深圳市政府首次公开招标出让住房用地。**1988年4月12日**，《中华人民共和国宪法》（修正案）规定，土地使用权可以依照法律的规定转让，承认了土地使用权的商品属性。同年，中国第一个土地拍卖、按揭贷款真正完全意义上的商品房小区东晓花园在深圳竣工，当时售价**1600**元/m²。**1990年**上海市房改方案出台，开始建立住房公积金制度。**1991年**全国第二次住房制度改革工作会召开，这个阶段房改的主要内容是出售公房，国务院先后批准了**24**个省市的房改总体方案。

（1992~1997年）非理性炒作与调整推进：**1992年**房改全面启动，住房公积金制度全面推行。**1992年1月18日**至**1992年2月21日**，邓小平视察武昌、深圳、珠海、上海等地并发表了重要谈话，随即是“房地产热”的出现：房地产月投资最高增幅曾高达**146.9%**。**1992年11月4日**，国务院发布《关于发展房地产业若干问题的通知》，明确指出“房地产业在我国是一个新兴产业，是第三产业的重要组成部分，随着城镇国有土地有偿使用和房屋商品化的推进，将成为国民经济发展的支柱产业之一”，房地产急速膨胀，至**1993**年上半年达到顶峰。全国的土地出让面积由**1991**年的**0.10**万hm²攀升到**1992**年的**2.19**万hm²，**1993**年达到**5.73**万hm²。全国房地产公司从**1992年5月**的不到**4000**家，在年底猛增到**1.2**万家，**1993**年年底进一步增至[illegible]万家。**1993年7月**，国家大规模地收缩银根，猛刹地产过热之风。**1994年4月**，建设部出台《城市新建住宅小区管理办法》，规定“住宅小区应当逐步推行社会化、专业化的管理模式”。**1994年7月18日**，《国务院关于深化城镇住房制度改革的决定》发布实施，这是第一个体现了社会主义市场经济体制要求的改革方案。**1995**年，宏观调控继续深

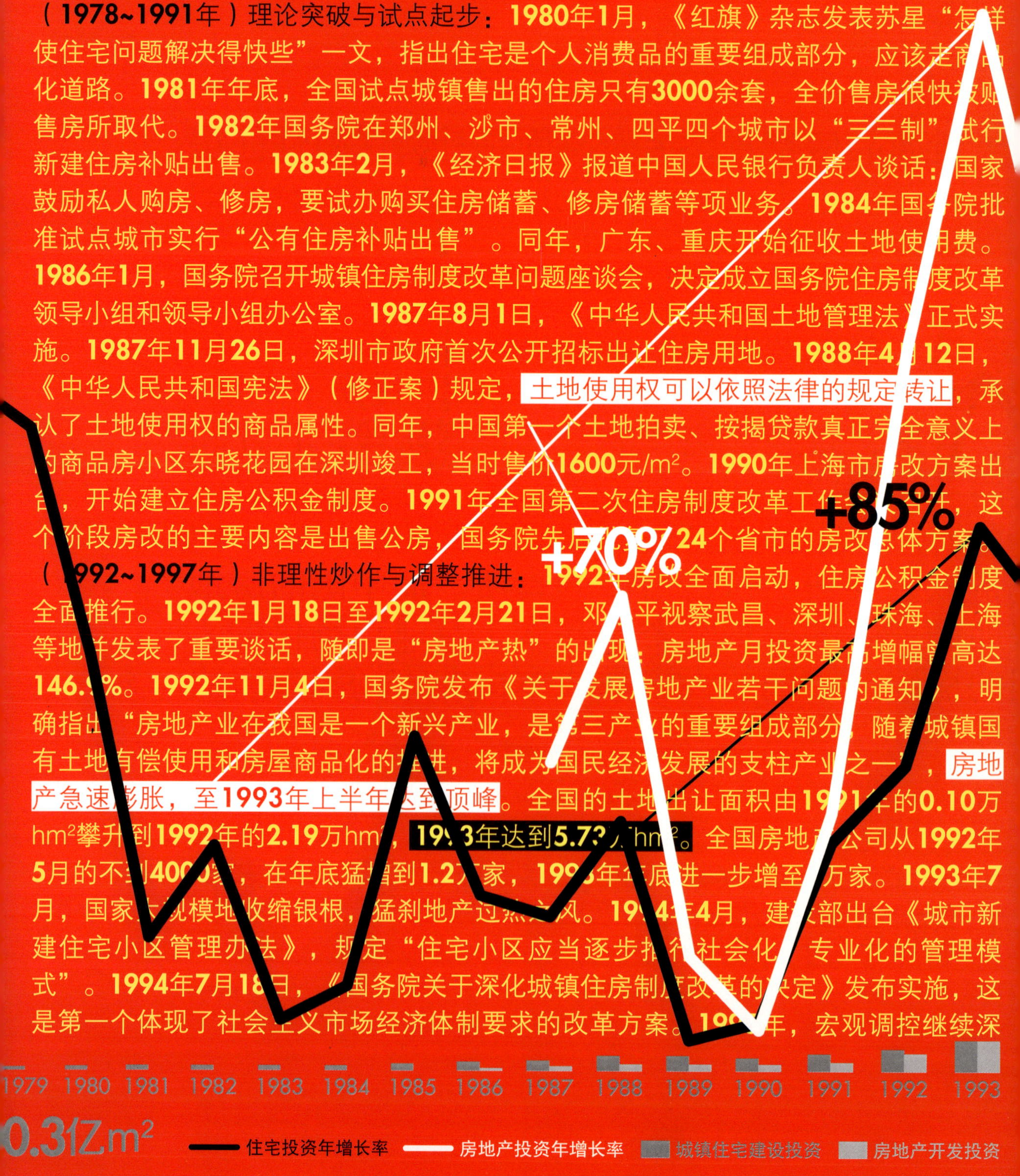

化。炒到地价**100**万元/亩、房价**4000**元/m^2的海南地产泡沫破灭。**1997**年**2**月**19**日，邓小平在京病逝，享年93岁。**1997**年**7**月**1**日，香港回归。**1997**年**10**月**23**日，香港恒生指数跌破9000点大关，东南亚金融风暴演变为亚洲金融危机。（**1998~2003**年）住宅商品化与高速增长：**1998**年**7**月**3**日，《国务院关于进一步深化城镇住房制度改革加快住房建设的通知》即**23**号文件，宣告了福利分房制度终结和住宅商品化制度开始。**1999**年**1**月，建设部出台《关于**1999**年向职工出售公有住宅楼房的价格及有关政策的通知》，规定自**1999**年**1**月**1**日起，出售公有住宅楼房取消标准价，一律实行成本价。**1999**年**2**月，央行下发《关于开展个人消费信贷的指导意见》，在“积极开展个人消费信贷”的引导下，贷款买房、按揭等新概念开始登陆中国内地。**1999**年**5**月**18**日，深圳万科集团、北京万通地产和河南建业集团等一批在中国具有市场影响力的房地产企业在北海共同发起成立“全国房地产策略联盟”，后命名为“中国城市房地产开发商协作网络”。**2000**年**2**月，建设部部长俞正声在国务院新闻办公室举行的新闻发布会上宣布：“住房实物分配在全国已经停止！”**2000**年**6**月，由王石、卢铿及中国城市房地产开发商协作网络倡议发起的“新住宅运动”大会在上海召开。这次会议提出，房地产要“面向新经济，关注普通人”。**2001**年**6**月**19**日，央行发布了《关于规范住房金融业务的通知》（**195**号文），规定对未取得四证的项目，不得发放任何形式的贷款，且企业自有资金不能低于开发项目总投资的**30%**。**2002**年**5**月**9**日，国土资源部令第**11**号发布《招标拍卖挂牌出让国有土地使用权规定》，自同年**7**月**1**日起施行。**2002**年**6**月，七部委联合发文，要求整顿和规范房地产市场秩序，随即出台了一系列具体措施，整顿成为主基调。央行也在发布的第三季度货币政策执行报告中，提醒各商业银行要切实加强信贷管理，警惕房地产泡沫的出现，并重申严禁发放“零首付”个人住房贷款。**2003**年**6**月**13**日，央行发布《中国人民银行关于进一步加强房地产信贷业务管理的通知》，简称“**121**号文件”，引起轩然大波，信贷手段成为调控房地产最有力的工具。**2003**年**8**月**12**日，国务院发布《关于促进房地产市场持续健康发展的通知》，即**18**号文。首次提出“房地产业已成为国民经济的支柱产业”，还提出要“促进房地产市场持续健康发展”。这两点极大地挑动了房地产商们的神经，被认为是中国房地产市场发展的一新五年计划”。**2003**年**12**月**1**日，于凌罡以“蓝城木鱼”的网名在网上发帖，号召想买房的网友联合起来自己建房，国内合作建房起步。但由于缺乏相关的政策法规以及受制于土地“瓶颈”，合作建房模式举步维艰。

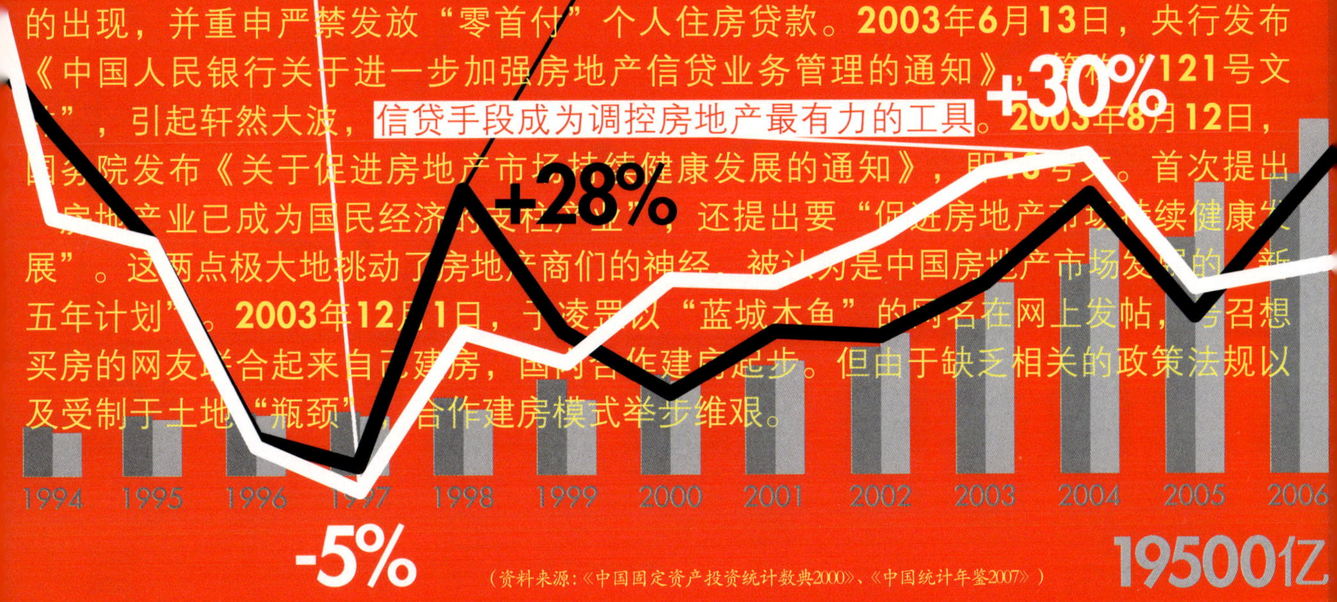

（资料来源：《中国固定资产投资统计数典2000》、《中国统计年鉴2007》）

（**2004~2007年**）楼市发烧与宏观调控：**2004年3月31日**，根据国土资源部、监察部**2004年第71号**文件规定：**2004年8月31日**起，所有六类土地全部实行公开的土地出让制度，采取公开招标、公开拍卖、公开挂牌的方式出让土地，又称“8·31大限”。从此后土地价格开始大幅上涨。**2004年5月**，我国第一部《经济适用住房管理办法》正式出台，经济适用住房面积严格控制在中小套型，中套面积在80m²左右，小套面积在60m²左右。**2004年年底**，任志强说：在市场经济条件下，开发商唯一的目的是逐利，而不是承担社会责任，谁出的钱多就卖给谁是没有什么不对的；而“穷人”的住房问题是由政府负责的，而不是由开发商来承担。此语一石激起千层浪，揭开一场公平与正义以及政府职责的社会范围内的大讨论。**2005年3月**，国务院办公厅下发《关于切实稳定住房价格的通知》（“旧国八条”）；**2005年4月**，国务院出台的《加强房地产市场引导和调控的八条措施》（新“国八条”）；**2005年5月11日**，国务院转发了建设部等七部委的《关于做好稳定住房价格工作的意见》，即**25号**文。结果表明，除上海当年出现短暂的房价下跌外，总体上全国房价仍在持续上涨。**2006年4月28日**，央行加息**0.27**个百分点。**2006年5月29日**，国务院办公厅转发建设部等部门《关于调整住房供应结构稳定住房价格意见的通知》。**2006年5月31日**，国家税务总局发布了《关于加强住房营业税征收管理有关问题的通知》，打开了二手房征收营业税之门。**2006年7月12日**，建设部下发《关于落实新建住房结构比例要求的若干意见》，部署落实“**90/70**”政策，但各地执行并不到位。**2007年8月7日**，国务院发布《关于解决城市低收入家庭住房困难的若干意见》，该文件被认为是对“房改”的总结，是住房新模式的转折点。**2007年10月**，国土资源部发布第**39**号令，规定未缴清全部土地出让价款，不得分割发放土地证。**2007年10月1日**，《物权法》正式施行，动拆迁须进一步合法化。但农民的房产、地权问题悬而未决，只能留待法律实施过程中去逐步完善、解决。**2007年3月18日**、**5月19日**、**7月21日**、**8月22日**、**9月15日**、**12月21日**，央行连续**6**次加息。房贷负担迅速加重。（**2008~2011年**）持续调控与住有所居之梦：**2008年5月30日**，国家多项调控近期开始施行，土地阀门再度把紧。**2008年7月14日**，国土资源部表示：小产权房不给宅基地证。**2008**

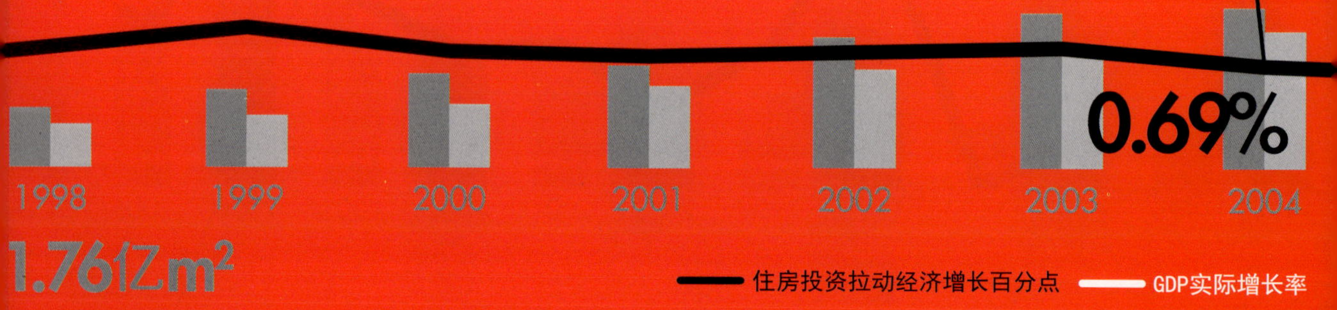

年8月11日，国务院新规：商品房销售应明示能源消耗指标。2008年9月15日，央行宣布“双率”齐降。2008年10月12日，系列新政支持房地产，比如个人首次购买90m²及以下普通住房的，契税税率暂统一下调到1%；对个人销售或购买住房暂免征收印花税；对个人销售住房暂免征收土地增值税等。**2008年10月28日，央行年内第三次下调利率，房地产全面救市开始**。2009年3月30日，全国保障性安居工程工作会议在湖南长沙召开。2009年12月9日，国务院常务会议决定，收紧住房消费的若干优惠政策。2009年12月14日，国务院常务会议提出，加快保障性住房建设，遏制部分城市房价过快上涨的势头，力争到2012年年末，基本解决1540万户低收入住房困难家庭的住房问题。2010年1月10日，国务院出台“国十一条”，严格二套房贷款管理，首付不得低于40%。2010年3月10日，国土资源部再次出台了19条土地调控新政，该通知明确规定开发商竞买保证金最少两成、1月内付清地价的50%、囤地开发商将被“冻结”等19条内容。2010年6月17日，七部委联合下发《关于加快发展公共租赁住房的指导意见》，各地公租房建设如火如荼。2010年7月，国家统计局发布了《2010年上半年全国房地产市场运行情况》，数据显示，全国70大中城市房价同比上涨11.4%。2010年9月29日，“新国五条”出台，以巩固房地产市场调控成果：房贷首付款比例调整到30%及以上，暂停三套房贷；调整契税和个人所得税优惠政策；严打捂盘惜售，加大住房交易市场检查力度；加快推进房产税改革试点工作；房价过高上涨过快城市限定居民购房套数，实行政府问责制等。2011年1月26日，“新国八条”出台，中央要求地方政府合理确定本地区年度新建住房价格控制目标，并于一季度向社会公布；调整个人转让住房营业税政策；继续强化差别化住房信贷政策，对贷款购买第二套住房的家庭，首付款比例不低于60%。2011年3月，全国两会期间，政府宣布：未来5年，中国将建设3600万套保障性住房，今年1000万套，明年1000万套，后三年1600万套，使保障性住房的覆盖率达到20%，每5人就有1个能享保障房。2011年3月各地相继出台2011年房价调控目标。截至3月31日，全国657个城市(包括287个设区城市、370个县级市)中，有608个城市(包括281个设区城市、327个县级市)公布年度新建住房价格控制目标，占92.5%。除北京以外，大多数城市房价控制目标均未提到“降”字。

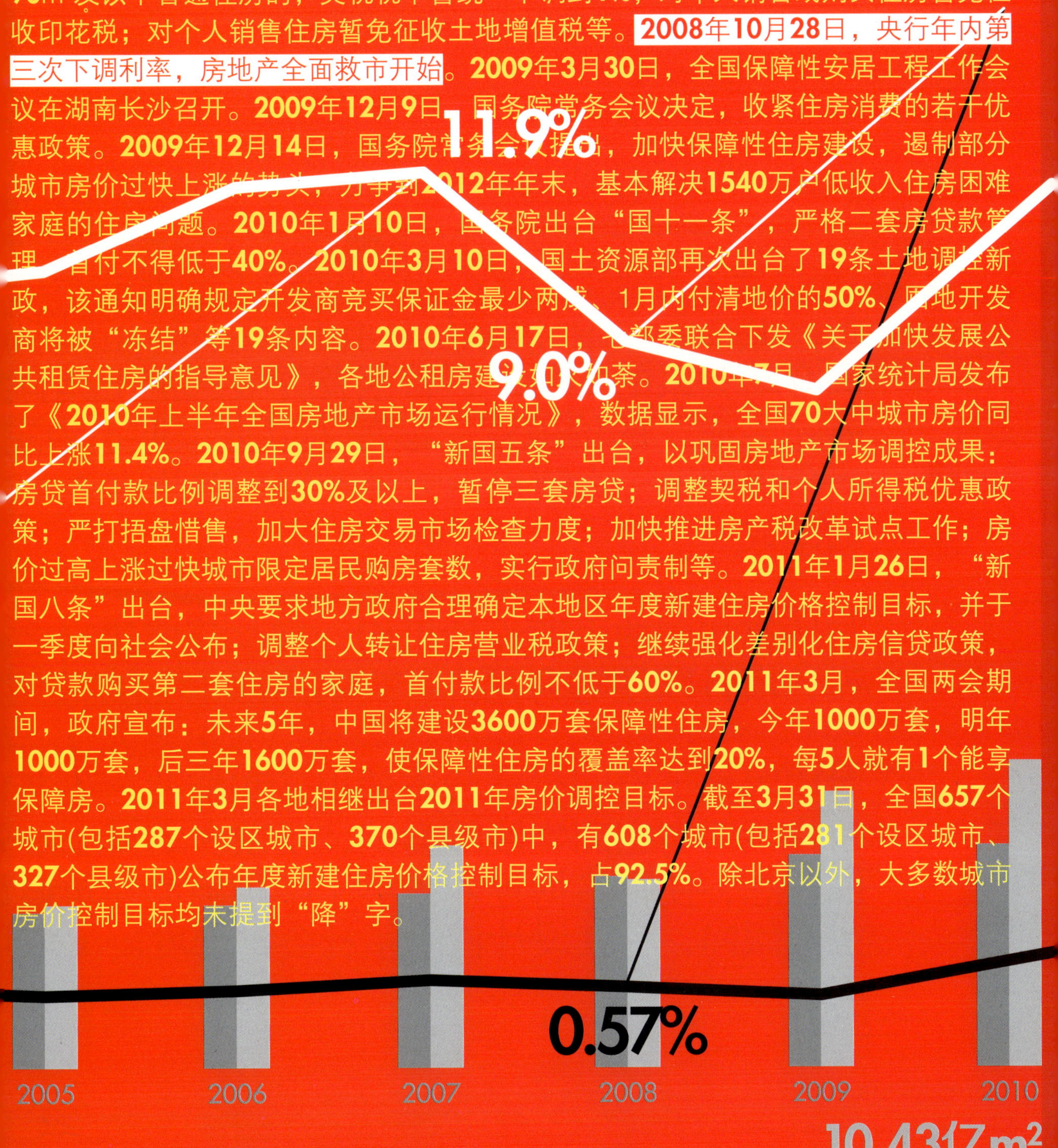

（资料来源：《中国住房发展报告》、中国国家统计局网站）

我们把时间倒回 15 年，倒回筑博创建的时候。

1992 年邓小平南巡后，深圳加快了发展的步伐
特区城市是中国计划经济向市场经济转型时期
间互动关系的实验地，特区首先被选定于具有
就是生命”的价值观，颠覆了以意识形态为主
当年深圳地王大厦以两天半一层楼的建设速度，
随即成为了特区的新地标。

与所有初创的民营设计机构一样，筑博建立之
设计项目以住宅为主。可贵的是哪怕在初始孵
资源的合理配置，通过设计重拾平常人的人居
对中国当下空间生产状态的揭示和描述，不断
日常生活与空间实践的尝试，反映在筑博 1996
的理念，使得筑博逐步脱离了中国当前建筑设
主义倾向，为其设计注入了社会学维度。（朱

创业、建设国际化城市”成为了新的战略部署。
作为政府验证生产资料所有制形式与生产力之
优势的沿海城市，并以“时间就是金钱、效率
产模式。1996 年 3 月，筑博公司在深圳创立。
当年国贸大厦创下三天一层楼的“深圳速度”，

于中国大规模的城市化和空间生产进程，并且
博就以城市与建筑设计为媒介，尝试推动空间
严。在设计实践之外，还通过理论研究保持着
建筑和建筑师自身进行批判性反思。这些关注
年的大多作品中，并作为持续生长并日渐成熟
合市场商业化倾向和单一追求视觉美学的形式

日常生活 = 住宅

Everyday Life Equals Residence

鹏兴花园是深圳莲塘地区最早的一批住宅，也是**筑博**最早的项目之一。随着早期地产商在城市中的大举拿地，分期建设，小型建筑公司也迅速加入到大面积造城的过程中。在这个时期，对于消费者来说，住宅的“有”或“大”已远远不够，他们需要更优质、舒适、愉悦的居住体验。在鹏兴花园中对普通人生活的关注与设计实践，为日后的诸多项目奠定了基础。

1996

鹏兴花园 / 广东深圳 /1996-2003 年 / 深圳鹏基（集团）有限公司 / 600000m^2

日常生活＝城市生活

Everyday Life Equals City Life

"城市中心的建筑应该是什么样子？"是筑博在鼎盛时代项目思考的重点，我们尝试让城市中心区的建筑造型能低调并优雅地融入周边环境。其立面开槽等造型手法在当时建筑业内颇为先进，赢得诸多好评，这种手法后来在全国被普遍学习,成为点式住宅的设计范式之一。

1998

鼎盛时代 / 广东深圳 /1998–1999 年 / 深圳鹏盛地产实业有限公司 /150000m²

标准层平面图

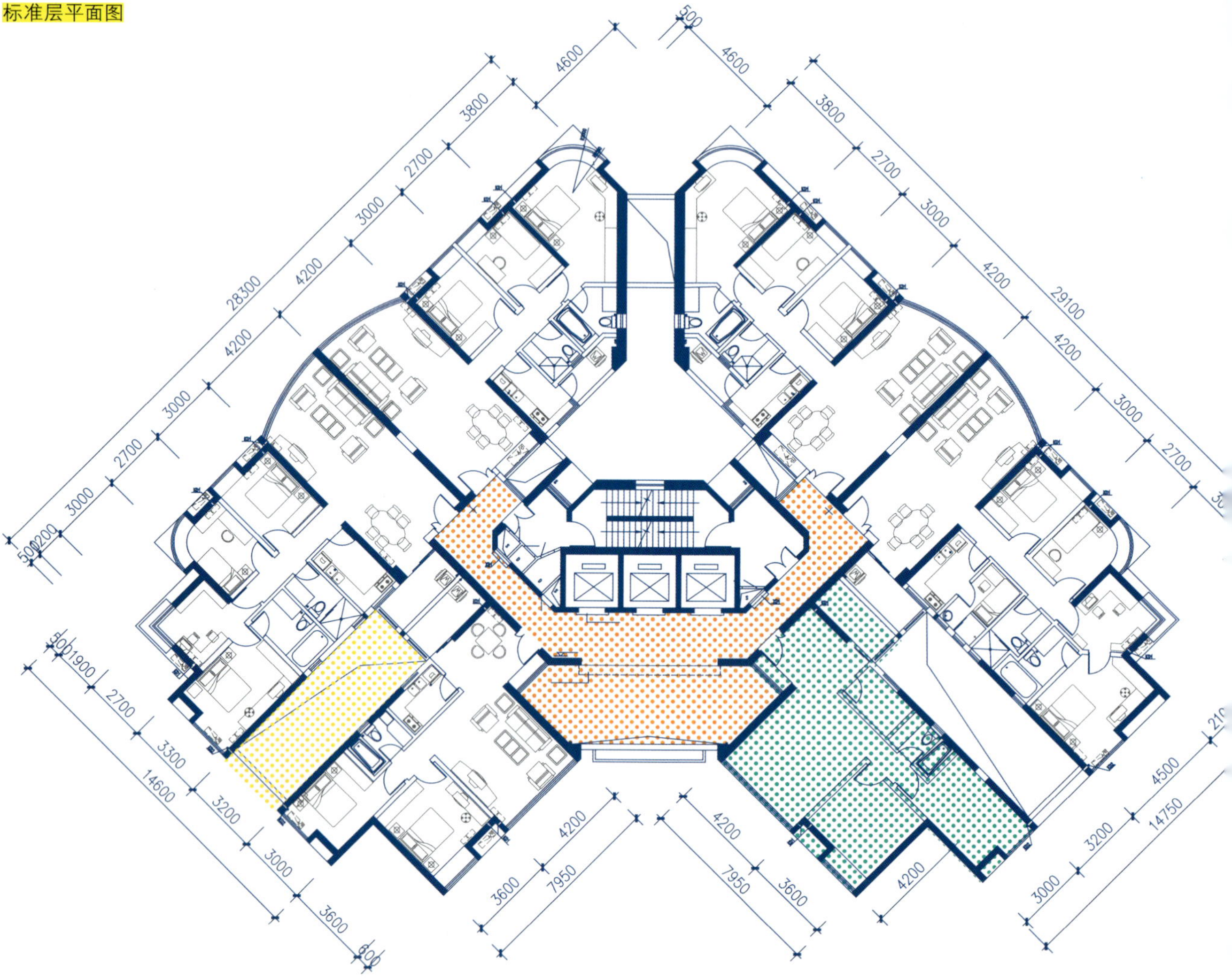

立面：开槽

我们在本设计中思考，一栋位于城市闹市区的住宅建筑，如何与周边城市区域更协调，在满足功能需求的同时，提升建筑的外观，使建筑更好地融入城市。鼎盛时代作为国内最早的一批使用立面开槽的方式隐藏各类管道，增加户内采光的作品，在当时的深圳引起了强烈反响。立面开槽使得住宅立面更整洁，在保证户内空间功能与品质的同时，美化建筑立面，为当时千篇一律的住宅建筑带来了新的风景与可能。放弃客厅阳台而改做大面积玻璃的做法，进一步提升了建筑的造型感，同时提高了户内的整体采光。

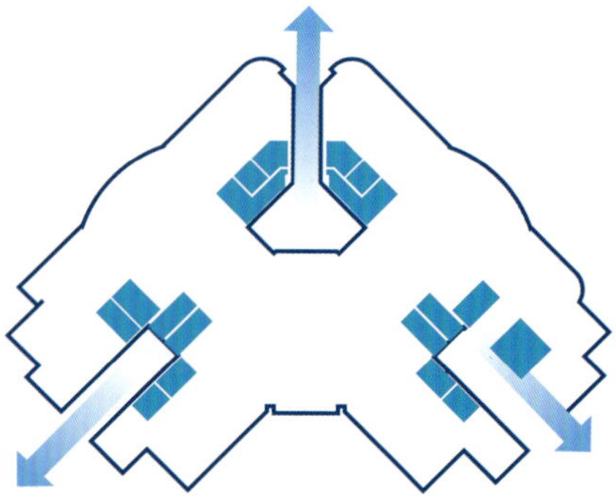

户间空间：电梯厅

早年住宅设计以经济性和效率为导向，以牺牲普通人的居住品质、生存尊严为代价，住宅在此期间成为纯粹的居住机器。电梯间是关于生存尊严的叙事，此期间电梯间作为交通空间,常以入户流线和公摊面积作为设计依据。电梯间封闭，不通风，不透光，空间品质恶劣，候梯过程体验差。我们将电梯间交通空间放大并建立独立公共空间，使其功能性超出一般交通空间，建立起户间邻里的交往可能。候梯区域视线通透，辅以绿植，将枯燥的等候转化为具丰富体验的享乐。以此提升居住品质，在细节处维护普通人的生活尊严。

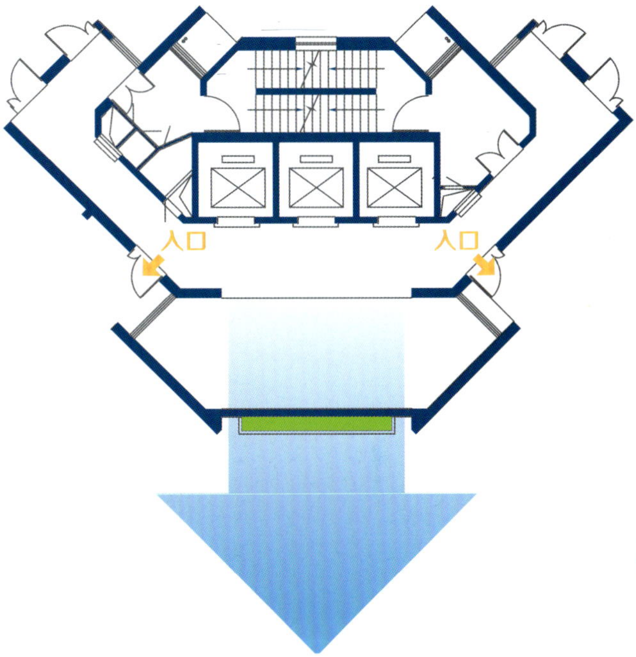

户内空间：餐厅

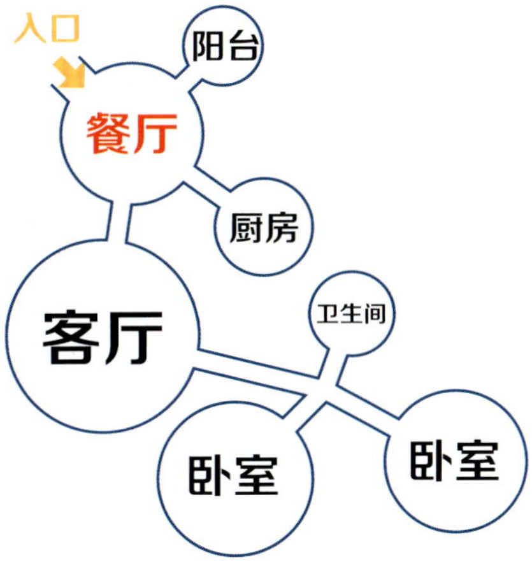

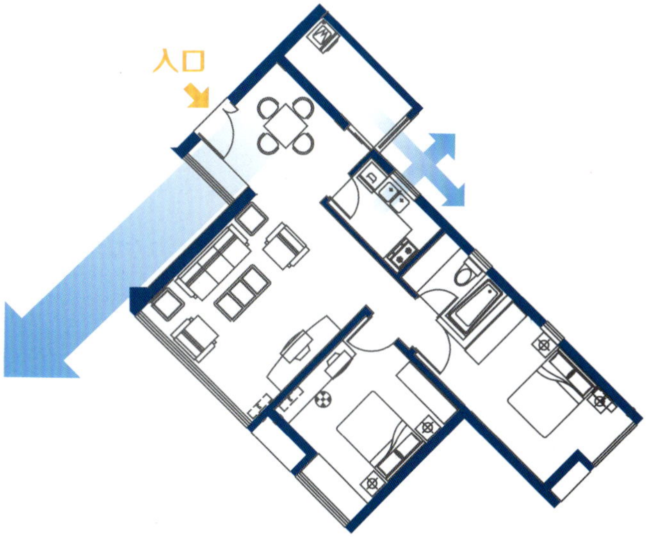

餐厅的布置是中国传统家庭伦理建构中的重要一环。在鼎盛时代的户型设计中，我们充分考虑了餐厅对于中国人日常生活的重要性，将餐厅在户型空间序列上，摆放至一个更优的位置。即使在中小户型中，尽可能满足采光、通风、景观等优势条件，使用餐空间具品质，用餐环境更舒适。

同时经由立面开槽的方式，厨房、阳台、卫生间均保证了一定的采光和通风，对于以普通城市居民为销售对象的中小户型而言，无疑是对居住品质的极大提升。

日常生活=伦理

Everyday Life Equals Morality

在加州地带（现名嘉洲豪园）的设计中，筑博将中国传统家庭伦理观念投射到住宅设计中，以对生活方式的关注，从细节处改善居住环境。观光电梯在住宅中的运用在全国尚属先例，这源于筑博对住宅的思考——居住怎么可以更舒适，更愉快。这些细节一改普通住宅效率、功能至上的表达方式，对享受和娱乐的关注，实际上是在**构建普通人的生活尊严**。

1999

加州地带 / 广东深圳 /1999-2000 年 / 深圳市新洲实业股份有限公司 / 57272m²

标准层组合平面图

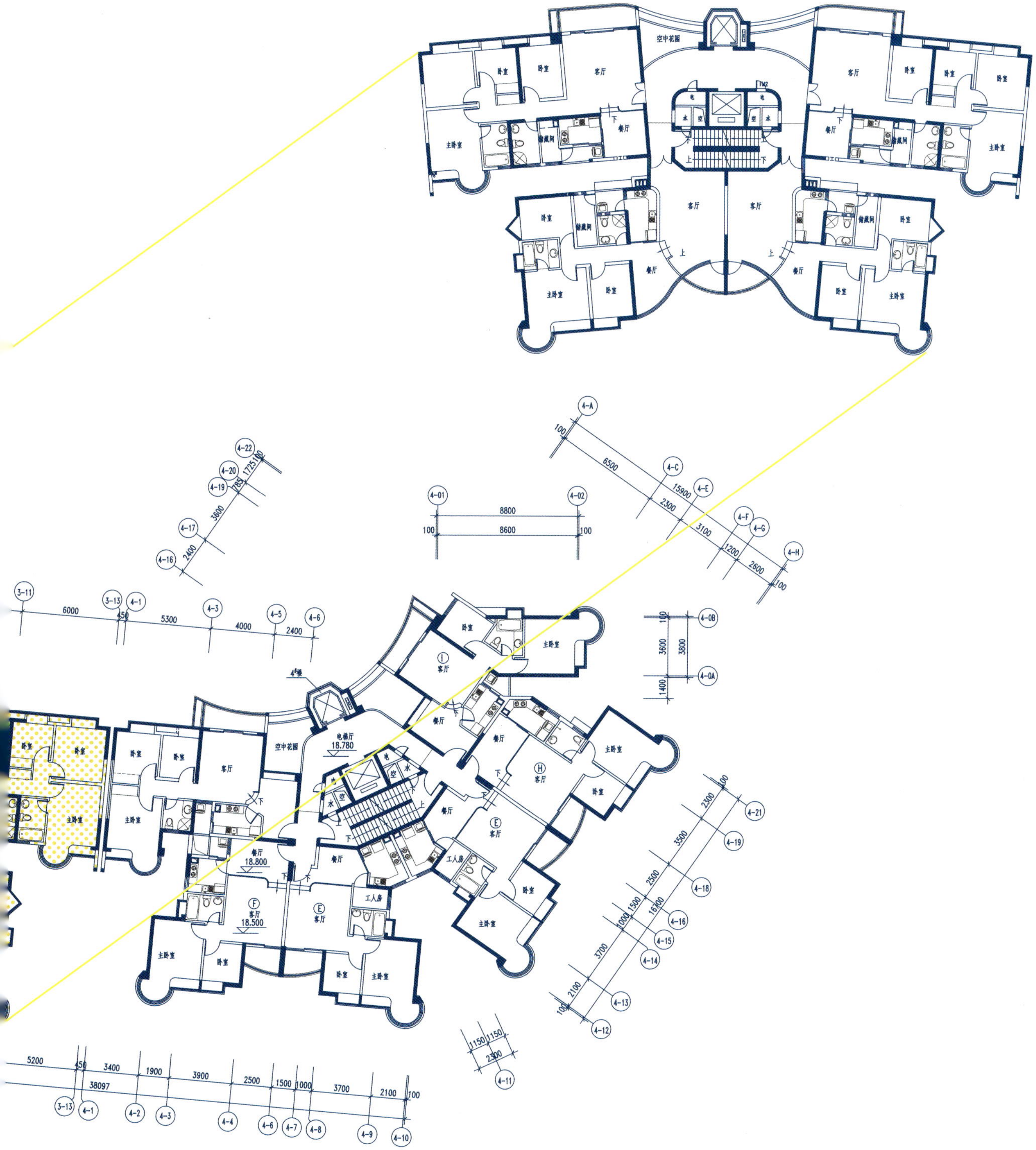

户型 A/B 平面图

观光电梯

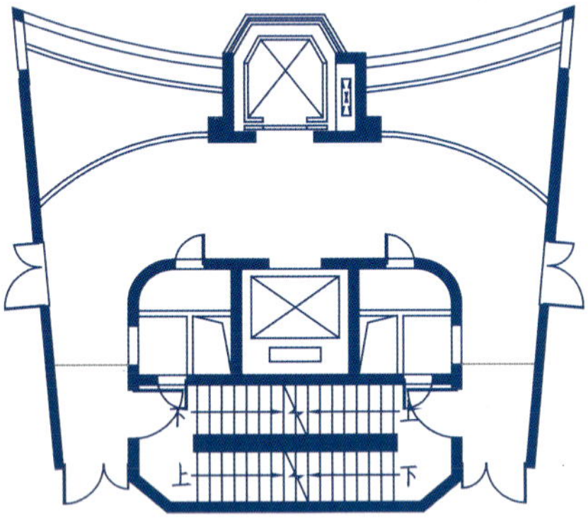

观光电梯对于普通电梯来说，为使用者提供了与普通电梯截然不同的使用体验。普通电梯的体验是被动的、不可视的，以“跳切”的方式将人从一个高度平面上运输至另一个高度平面，整个过程沉闷消极。观光电梯则将日常生活中不常见的垂直运动体验带给使用者，在使用过程中可以尽可能地享受城市景观，将运输变成休闲、享乐的过程，使回家的体验更加愉悦、丰富。将高档酒店中的设计元素引入住宅，一方面提升了居住趣味，更重要的是为普通住宅带来了关于奢华的幻觉与想象。

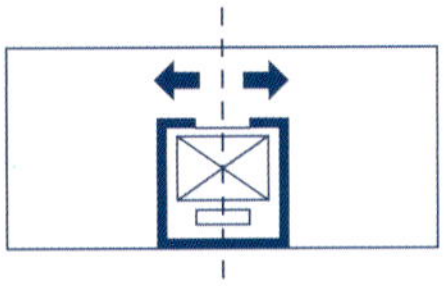

中心对称

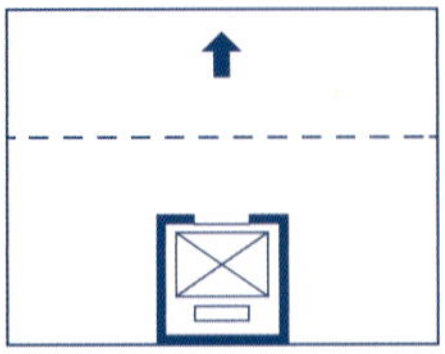

放大

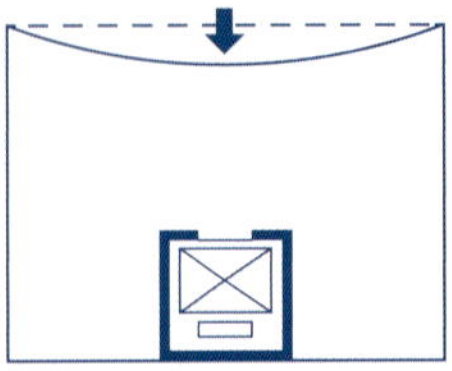

弧形空间

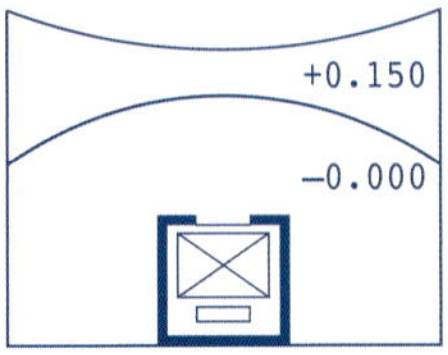

标高区分

电梯间

除对交通空间的放大，满足景观及通风要求之外。加州地带的电梯厅打破了传统电梯厅的方整形态，而使用弧线来提升空间的趣味，强化了其公共及休闲属性。标高上的区分，将电梯厅划分为交通空间和公共空间两部分，凸显出电梯厅的休闲特质，同时曲线的设计将其再次强化。

餐厅

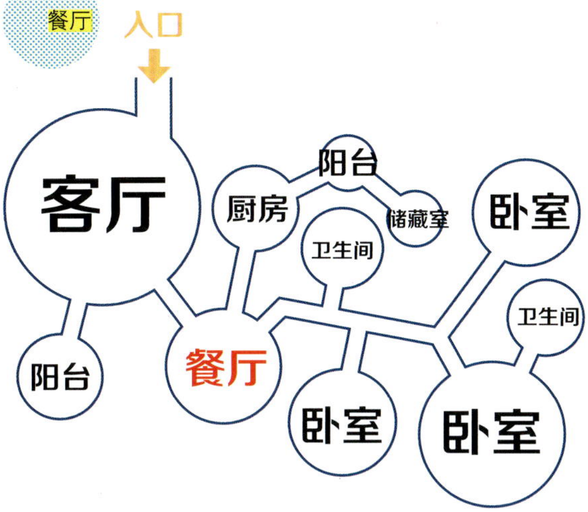

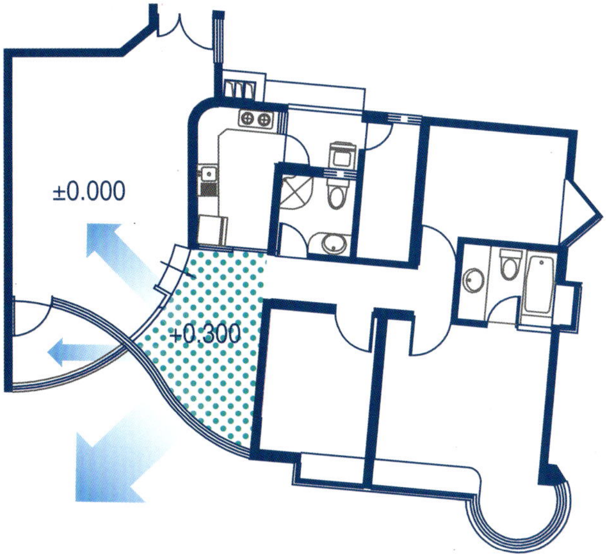

加州地带的户型设计中，餐厅的地位进一步提高。错层的设计体现了空间秩序对尊严的塑造，它将豪宅中的台阶（阶级）元素单独提取出来，为平层住宅建构了一套关于豪宅的符号想象，让普通空间沾上豪宅氛围。标高的区分使餐厅空间的地位高于客厅，同时位于整个空间序列中的正中心，视线范围最大，可看到餐厅（室内空间）、阳台（灰空间）、城市景观（室外空间），景观资源最优。餐厅和客厅分享整个户型中唯一的弧线，两道弧墙将室内外空间模糊并交织在一起，将餐厅提升至整个户型空间趣味的高潮。

卧室

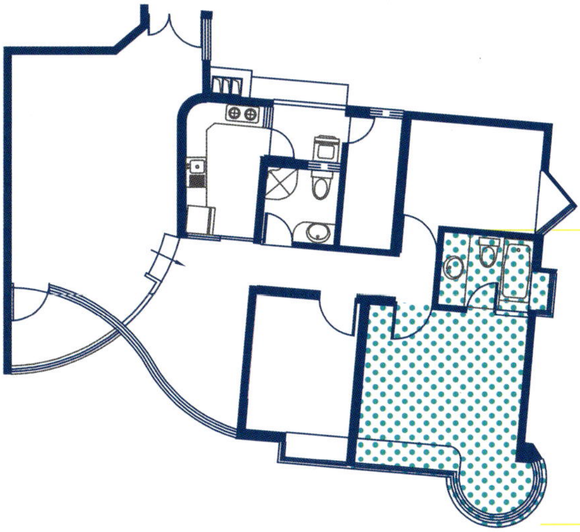

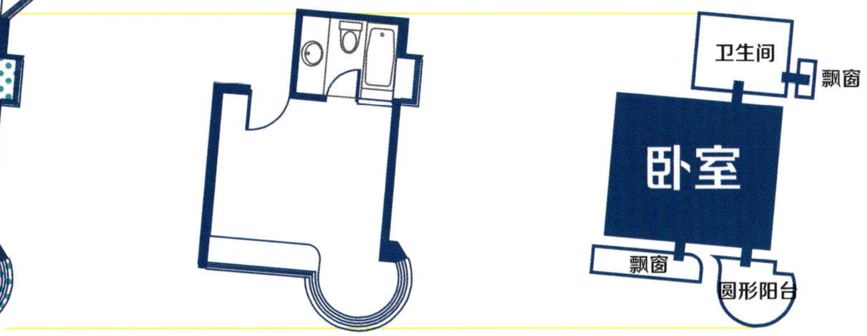

主卧室是关于伦理等级的叙事，位于整个户型序列中的尽端，面积最大，即拥有最高级别的伦理等级，这正符合中国传统的家庭观。我们用增加飘窗、独立卫生间、圆阳台的方式去丰富主卧室的“附属叙事”。

hù xíng
户型

户型这个词在国家规范中并没有相应的概念，而是用“套型”。定义是：按照不同的使用面积。居住空间组成的成套住宅类型。户型按照用地特征、地域性特点、规范限制、开发商要求、设计师意图等各种影响因素，会出现千变万化的形态和布局。但是户型间却存在着一种普遍性，它们具有一种趋同的倾向，因此我们也可以挖掘出一种“普遍户型”。这是一种在结构上的趋同性，选项的设计上将外形的变化视为噪声加以过滤，而侧重于对空间结构、空间状态（明与暗、开与闭、分与合等）的统计，所以统计的结果呈现出趋同性主要是因为结构方面的趋同。而且，对比南、北、中的户型差异，发现其结构基本是一致的，最明显的区别是环境因素造成的：北方普遍户型卫生间为暗厕（减少外墙为了保温），而南方普遍户型卫生间为明厕（开窗为了自然通风）。这些普遍户型在绝大多数统计项上的特征也是基本一致的，这说明，中国大城市的普通住宅有超地域的普遍性。“普遍住宅”并不普遍，大多数户型都分享了“普遍户型”的主要特征，但又有细微的区别。所以，普遍户型其实是一个从现实中抽取出来的“原型”平面。

（文 / 张烁，图解 / 张宇）

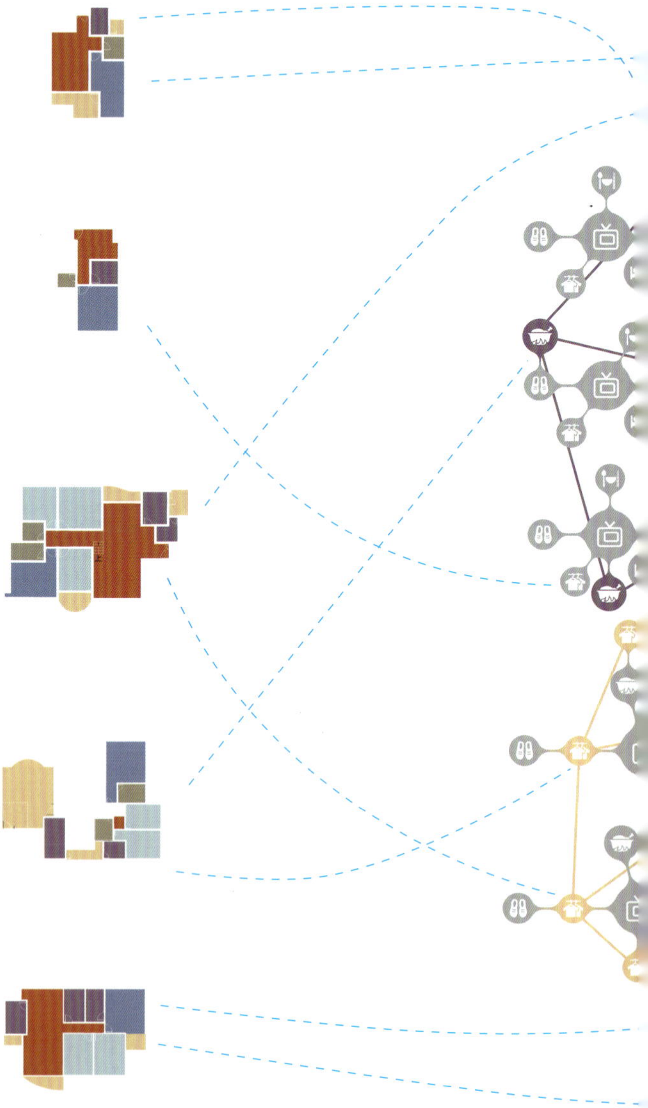

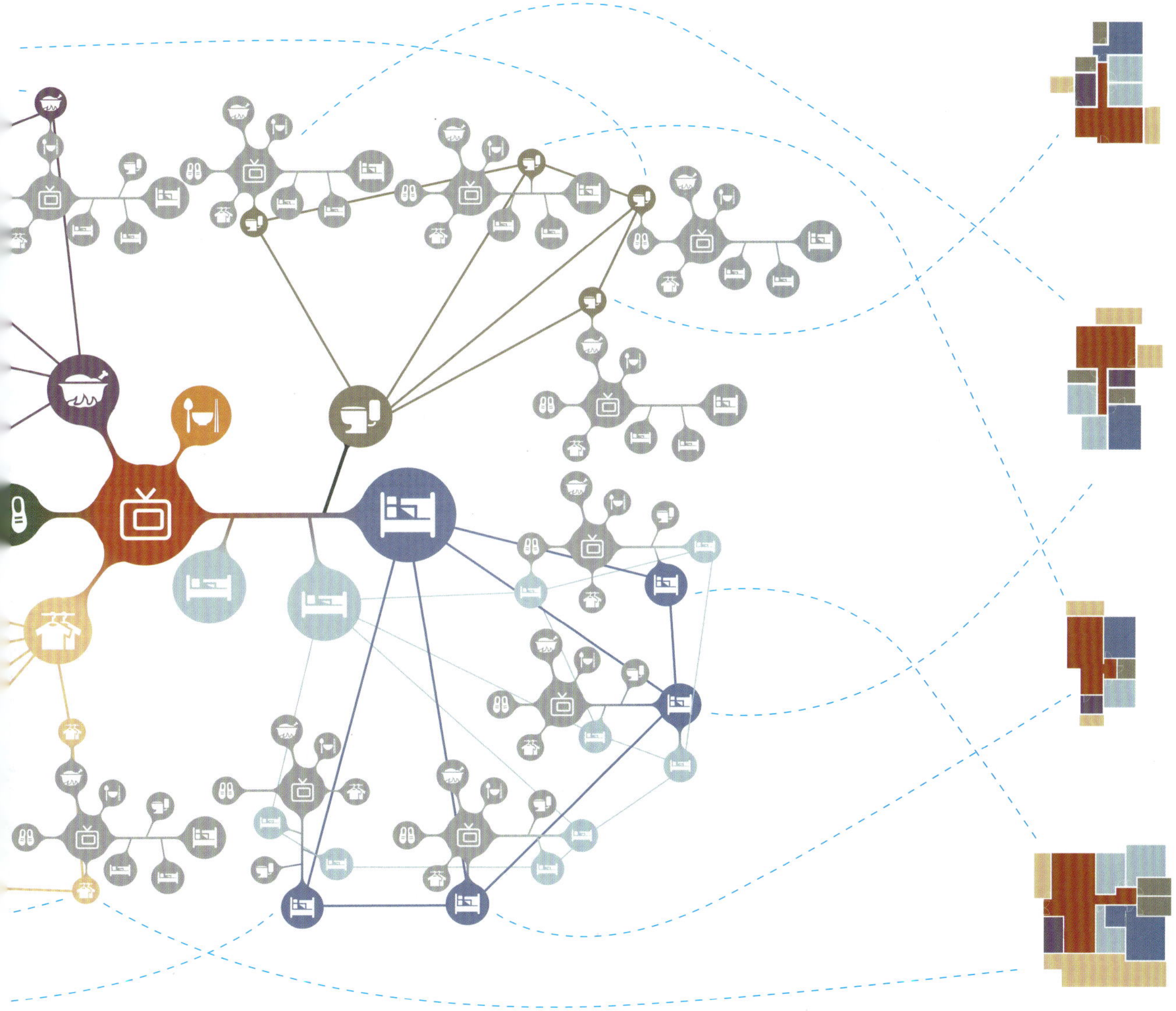

日常生活＝多功能

Everyday Life Equals Multifunction

内地对于城市综合体最早的理解来自香港。香港因为人多地少为了节约用地，在建筑底层安插数层商业，上层塔楼布置办公，酒店，住宅等其他功能。**城市综合体**在国内的大规模建设，事实上是在 2007 年之后，通常伴随着城市更新和旧区改造。千禧年之前，城市富余用地尚多，城市综合体的引入，更多的是为市民提供了一种关于高密度"国际大都市"奢侈及消费生活的想象与体验。

1999

华强广场 / 广东深圳 /1999-2008 年 / 深圳华强集团 / 241561m²

华强广场已成为华强北路最醒目的地标。

华强广场的早期方案是与HOK合作完成的，也是筑博的第一个合作项目。为日后的诸多国际合作项目积累了很多经验。

日常生活 = 普通

Everyday Life Equals Common

都会100位于华强北地区中心，在设计过程中筑博尝试去除一个建筑过多的矫饰，而让建筑以谦虚的形象融入城市，成为城市中低调的一位普通人。这种建筑称为普通建筑，它们不需要特殊的表达和宏大叙事，它们仅仅是以平常的手法在书写城市的历史，它们可以存在于任何一个像深圳这样快速发展的城市。是普通建筑在建构我们的城市，与我们的生活发生最密切的关系，它们是城市生活的主体。

2000

都会 100/ 广东深圳 /2000-2001 年 / 深圳市中昊源投资发展有限公司 / 77450m^2

日常生活＝休闲

Everyday Life Equals Leisure

金域蓝湾项目中，筑博尝试用设计酒店的方式来设计住宅，使普通住宅拥有豪华酒店般的入住体验。在筑博的建议下，甲方请了一家专业酒店景观设计公司来进行本案的景观设计，使金域蓝湾的小区景观风格上接近东南亚酒店。同时我们用自创的“入户的七个步骤”来为住户回家的路程营造连续、错落、丰富的体验，这些方法延续到筑博的各个项目中，以低调但贴心的方式改善着无数人的日常生活。

2001

金域蓝湾 / 广东深圳 /2001-2003 年 / 深圳市万科房地产有限公司 /102466m²

酒店式的小区及体验在当时的深圳引起了巨大反响，是当时万科的主推楼盘。

曲线的立面保证了每户都能看到海景，最大化地利用了自然资源。

入户的七个步骤

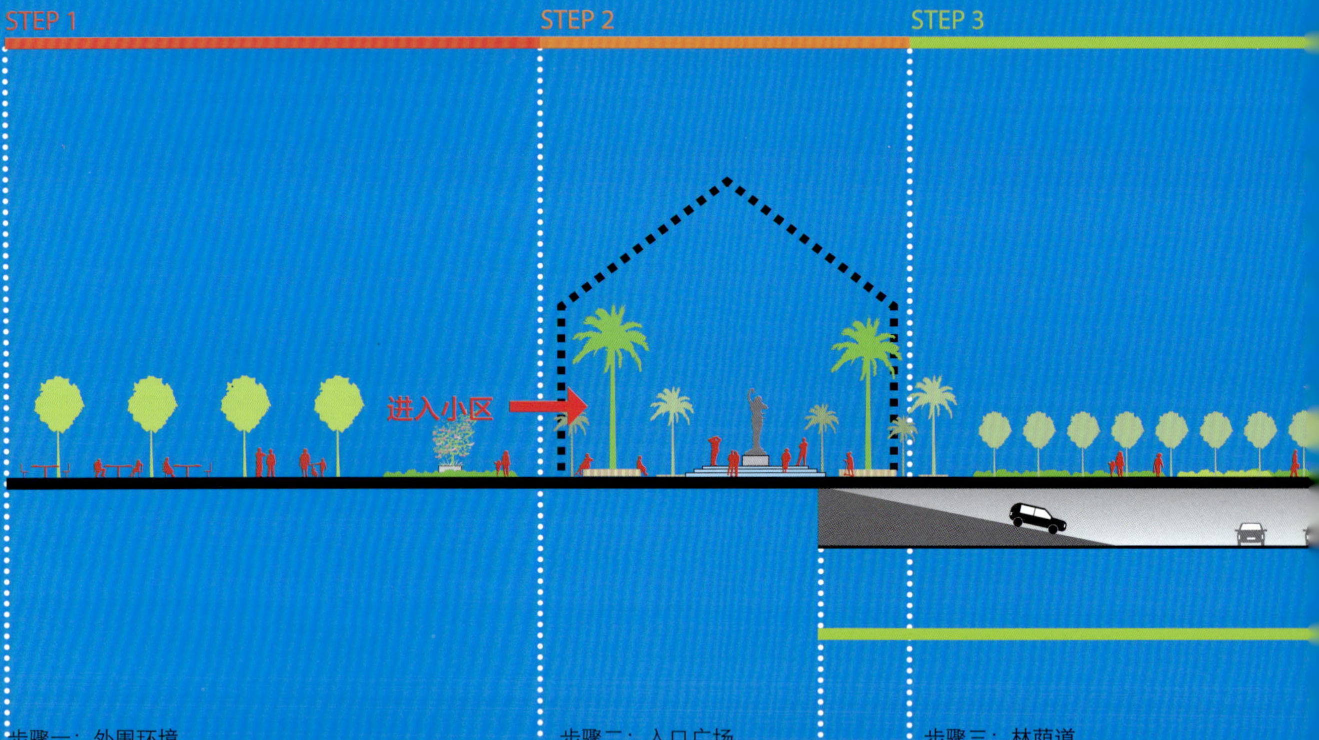

步骤一：外围环境

在小区外布置树阵、休息座椅，组织有秩序的商业空间。营造舒适便捷的小区外围环境的同时，为城市提供良好的公共空间。

步骤二：入口广场

昭示性的入口在增强小区辨识性的同时为住户提供了家的归属感。在随后的项目中，入口广场发展成小区会所、小区大堂等城市性更强、更舒适的入口空间。

步骤三：林荫道

位于入口广场之后，进入小区后的第一类空间，尺度感较入口广场缩小很多。为小区提供了空间变化和仪式感。

步骤三：地下停车场

地下停车场设置透光井，并于其下设置绿化空间，改善沉闷的停车场环境。

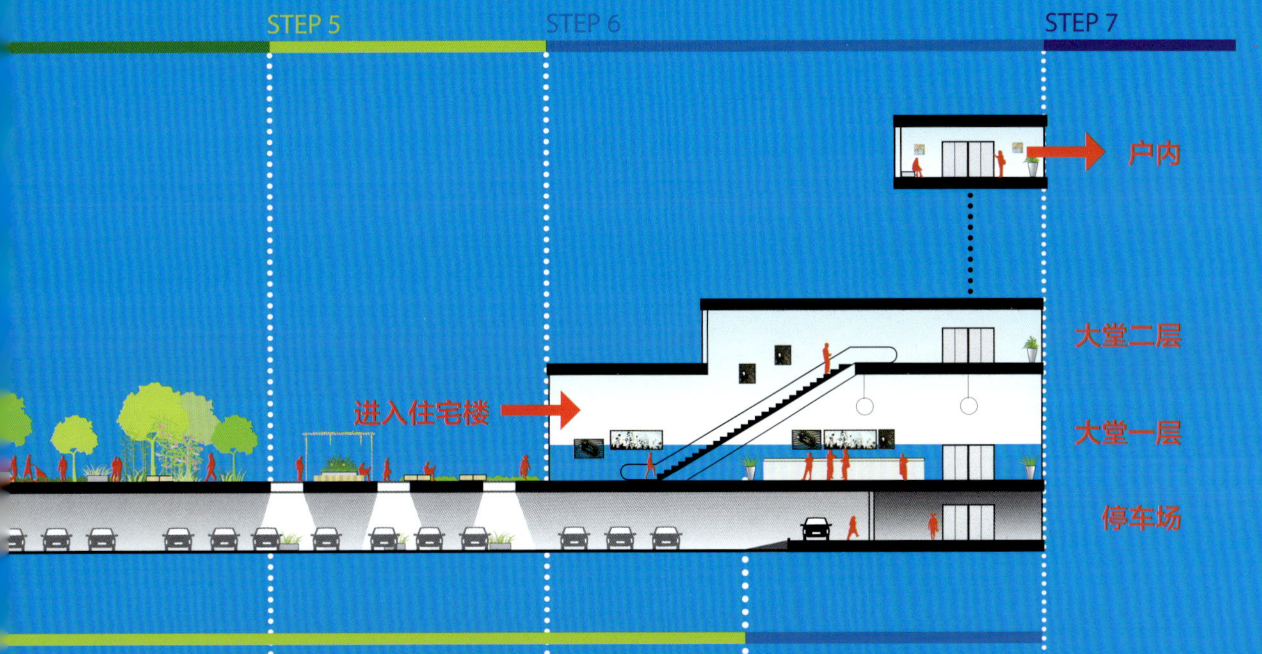

园

要的活动空间，也是
丰富的部分。

步骤五：组团花园

组团花园位于住宅楼之前，作为疏散空间的同时，标示出住宅的独立性。

步骤六：底层大堂

底层大堂设置休息厅，入户电梯厅专门设置自动扶梯，强化入户仪式感。

步骤七：户间

保证电梯间空间的通风采光和视野，设置公共空间。

步骤四：车库回车场/电梯厅

为地下停车场大厅入口设立独立回车场，方便同车人下车，减少在停车场的行走路程。

碧海红树园 / 广东深圳 /2001-2002 年 / 深圳泰然实业有限公司 /200000m^2

在碧海红树园的项目中，我们延续并改进了金域蓝湾的设计理念：把自然资源和休闲体验放在考虑的第一位，这让我们成功拿到了这个项目。

"万丈高楼平地起"，土地是中国人居问题的
中国的城市化发展开始了轰轰烈烈的推进，土
性收益和大部分税费基本上归地方政府所有，
动当地的经济发展以获得 GDP 的收益。拿地是
上已经成为土地经营者的地方政府进行着交易
地双轨制获得的土地成本的不同。目前的土地出
开发商则将这笔钱转嫁到了消费者身上，从而

迈入 21 世纪后，中国的房地产价格持续高涨，
与西方郊区化的动力来自社会整体生产机制变
力就是土地。因为城市之中的土地大多在招商
建新的楼盘就将面临高昂的拆迁费用和较长的
二选择。（朱晔）

也是要害。1991 年，全国土地市场开始建立，
了主要的空间生产资料。由于土地产生的资产
方政府热衷于批租土地，依靠房地产投资来拉
开发的首要步骤，大大小小的开发商们与实际
项目利润的不同，实际上大部分取决于通过土
把 70 年的土地使用权一次性地转让给开发商，
房的售价。

把各自在城市中的楼盘开发行为称为“造城”。
消费的兴盛不同，中国的郊区化运动的直接动
已经被使用了，在城市中一是拿不到地，二是
，故而郊区成了开发商们在成本核算之后的不

日常生活 = 政府行为

Everyday Life Equals Government Behavior

地租竞争与城市景观的多重性

Multiplicity of Rental Competition and Urban Landscape

文 / 冯原

Text / Feng Yuan

当代中国城市的高速扩张已是个不争的事实。这种史无前例的速度至少造成了两个方面的结果：一个是中国城市景观的趋同化，另一个是城市面貌的现代化衍生出更为深层次的社会问题，制造出众多的得益者和被牺牲者。空间的利益分配已成为政体与民众产生矛盾的热点。其实这是一个问题的正反两面。前一个问题是看得见的表象，第二个问题才是实质要害。

首先让我们来观察一下中国城市的地表景象。要理解当代中国城市主要的空间特征，以及要思索隐藏在城市形态背后的原因，我们就应该把城市纳入到由来已久的总体行政权力框架中来考察。由于有一个统一的行政权交接规则（官员的任期为四年），城市决策者采取了几乎相同的策略，"有利"于某个城市的公共建设一旦被证明是成绩，就会迅速地被其他城市所仿效。以四年制和过期作废为准则，追求公建的高速和高产就不是个非理性选择。在蓬勃的地产市场，地皮、贷款和销售广告才是真正的"看不见的手"，共同的利益追求最终选择了香港贝尔高林公司[1]的热销货——这就是"贝尔化"的华丽布景：安徒生童话般的住区，钟塔大门里面是无数的喷泉和棕榈树。被谢绝在孤岛式的豪华大盘之外的"边缘人群"照样为城市添加上了无数的边缘景观——高楼大厦旁密如蜂巢般的城中村。这些大同小异的城市景观集合使得中国城市的外貌具备了统计学上的意义，我们在一个城市中所观察到的地表面貌，很多都是"先进经验"的复制品和基于同样理由需要掩饰的城市疮疤。我相信摩根—斯坦利公司分析中国银行效益的笨办法是对的，他们让金融专家到每一个城市开着车满大街转，清点烂

〔1〕贝尔高林是一家美国注册的大型景园设计公司，其香港分公司较早进入内地市场并设计了众多的住区园林，对国内住区景园设计的潮流影响较大。

假如真的存在着城市共同体，那也是炫耀性公
喜的得益者和无助的牺牲者共同组成的。

Appearance landscape of a city refracts a mirror of rent monopoly, that is, a dream fro
advertisements, but the reality of spatial deployment is a process of monopoly-redistrib
it is a trinity of conspicuous governmental construction projects, exotic settlements anc

尾楼的数量，然后就大致推算出过去几年银行的呆账数额。如果愿意的话（今天已经有城市学者这么做了），统计 100 个城市的政府大楼和公共广场，我们也不难推测出隐藏在这种空间的宏大叙事之后的利益分配真相。

其次，城市建设在相当程度上反映了“地租级差”的现实状况，这种级差在城市之间被适时地表达为“城市竞争力”。如此，中国已跃升为一个巨大的城市赛车场。竞赛从领先的东南沿海一直蔓延到中西部内陆，从标榜国际化大都市到争夺区域性中心城市，总之，星罗棋布的城市就如同一辆辆开足马力的 F1 方程式赛车。“我们正冲在最前面”绝不是在电脑赛车游戏机前发出的虚假的欢呼。在媒体所制造的传播浪潮中，城市天际线的变化与竞争的心态拼合出一幅真实的多棱镜式的图景：高层建筑、公共广场乃至每一个住区的落成都在修改空间景观与 GDP 增长的数据。在这个意义上，没有人能够站在看台上静观这场“城际 F1 大赛”。城市建设造就出中央商务区、攀升的地产价格、新的高尚生活方式，同时也改变了社会分层的格局。在这场城市变迁的连续剧中，豪华大盘的背后是旧城区以及城市文脉的消失；城市小资蜂拥进简约主义的单身公寓的自命不凡与拆迁户等待回迁的苦恼同时并存。所有这些，一个城中村小餐馆的营业额与跳楼自杀的烂尾楼开发商都和城市的发展态势联系到一起。我们都在分享现代城市地租的增值，又不得不为“管不了”的公共资源配置支付自己的那份成本。地租并不仅与市政府、银行信贷处或房地产商有关，每个阶层的社会行动者其实都不缺乏理解地租的直觉。从私人的角度，地租表现为我们生活在某个城市所拥有的权益，这些权益是与空间有关的。这就是为什么一个城中村的农民也知道盖楼房而不是去种田更有甜头，他们是为了争取地租增值。地产商愿意出高价争夺一块靠近市政公园或滨水区的地皮，其实是在争夺景观的地租差价，这种差价同时也在左右购房者的偏好，最后左右了政府主持的土地拍卖会以至整个地租的不平衡分配。城市之间的竞争仍然反映了地租的等级，比如成都永远都不会和上海竞争，却会与重庆较劲；上海为什么就能吸纳最多的国际资本？可能是地租级差约等于城市“发达级差”的缘故。如果真是这样，那么我们应该不难理解大卫·哈维（David Harvey）提出的“集体象征资本”的概念——城市的名声不仅使城市的地租总量增值[1]，还构建出大众的城市无意识。城市的竞争当然也是一场创建名声和虚构时空的较量。很显然，摩天大楼和世纪广场之类的公建确实会给城市和市民带来集体荣誉感，同时又把每一个人拉进了地租—空间分配的变局之中。这就带来了前述的马克思主义式的问题：地租竞争为什么总是倾向于垄断？从社会分析的角度来看，城市的外貌景观折射出一幅地租垄断的镜像，从公建项目的立项审批到广告人为地产楼盘策划的梦境，空间配置的现实都是垄断——再分配，并双向地制造出欢乐与忧愁。事实就是这样，假如真的存在着城市共同体，那也是炫耀性公建、异国情调的住区和城中村的三位一体，也是由欢喜的得益者和无助的牺牲者共同组成的。

---

〔1〕大卫·哈维的《地租的艺术：全球化、垄断与文化的商品化》。

国情调的住区和城中村的三位一体，也是由欢

ation and approval of governmental construction projects to the planning of real estate ates joy and sorrow simultaneously. The fact is that, if city community is really existed, e-city, and composes of people benefit from the joy and helpless victims.

与其像愤青般的景观设计师那样去指责大而无当的公共广场、铺草皮等炫耀性公建项目，还不如去思考一下地租是如何被垄断和再分配的运作过程。按照大卫·哈维的解释："垄断地租乃源于社会行动者专断地控制了某些直接或间接的可交易项目，历经一段时间后，得以实现利益，增加所得。"在发达资本主义国家，与垄断地租的势力相抗衡的是寻求新的都市管理模式：把国家权力、市民组织和私人利益混合起来。而当下的大多数中国城市，地租垄断却为资源配置上的"民主集中制"打下了坚实的基础，我们只能指望领导者的好眼光和最好四年之内就能完成的好项目。有些城市，比如广东的中山和浙江的宁波，好眼光选择了岐江公园和老外滩计划。这些例子告诉我们：宣称某种景观的独特性能为城市增加地租总量，也强化了这些中等城市的集体象征资本。然而，更多的例子却显示了城市独特性的消亡，典型的如北京正在发生的，在敏感区域内拆除宝贵的四合院以换取批量生产的新式豪宅，表面上看，这是小部分人的经济纠纷，实际上却是以损失整个北京城的独特性为代价的，从而也就以极少数人的利益抵消了城市的地租增值。地租交易的不透明程序不断改变着人群中的强弱对比。当自家的四合院既是老北京城的文脉又被地产商纳入开发范围时，不出所料的是后者总会战胜前者。我们只有感叹垄断地租的强势与城市文化和私有房主的共同弱势。在广州和深圳，高楼大厦和城中村造成的"空间精神分裂"使政府的规划陷入僵局。今天的领导者正在为过去的城乡二元化体制支付决策成本。城市飞地中的农民们不想成为市民，是因为他们意识到农民身份要比市民更容易要到城市地租增值中属于他们的份额。今天的空间分配完全以地租的增值为导向，而农民们的理性证明了一个道理：除却那个属于所有人的大一统的城市意象，城市空间还是个以身份划定的等级空间。当公共建设和地产开发成为推动城市地租总量增值的主要手段时，在很大程度上，我们都生活在一个城市中的两种空间里，第一种空间隶属于地租分配的组织模式，所有城市居民，不管你自愿与否都逃不脱这个等级模式：第一类的人享受着单位制度留下的地租份额；第二类的人向地产商付费以交换高尚生活的梦想（现在一、二类的人愈加模糊不清）；第三类的人就只好选择拥塞的城中村作为栖身之地。中国的城市大致上可以划分为"有行政保护"的居住、按购买力获得的居住、低收入的边缘居住这三种模式。

最后我们谈谈第二种城市空间，它好像属于所有人，既属于城市居民也属于观光客。它被有目的地嵌入到城市的身份骨架中，以赢得在集体象征资本上的喝彩。这个空间大概也是属于艺术的，如同有些城市中的蛋糕店已经自命为"艺术蛋糕"一样，美化这个空间有如为它加上奶油花边装饰，以使它看上去更像是为庆典而准备的喜庆礼物。在广东的东莞，新兴的松山湖区在两年内已经遍植数千株成材的大树，还有无以计数的从湖南、广西运来的大树集中在田野中等待承担改善景观的使命。先忘掉这个惊人的高速度，绿树成行的风景也掩饰不了这场地租竞争的激烈性质，我们想想，即使在树木的身上，也同时兼具被拆迁、创造景观和使地租增值的命运。即使是一棵树，也要在四年制的期限内，在贝尔高林式的园林或高新开发区的绿地上为营造集体象征资本贡献出一份力气。我们更应该设身处地去想想，我们的城市，我们的力气，还有你我的权益。

速成城市——造城的 11 个动作

Fast City– 11 Steps of Making a City

文 / 姜珺

Text / Jiang Jun

1. 圈地

quān dì

圈地，即对土地的圈围。这个动词作为术语进入辞典来自于英国15—18世纪的“圈地运动”。这场被视为直接推动资本主义原始积累的运动，事实上是英国农－牧结构之间的土地之争，作为农业生产的土地被强制性地圈围，用作更高利润的牧业生产，最终以资本主义牧场对封建庄园的兼并而告终。在这一模式中，“圈围”被用作对土地所有权的重新标识和土地性质的重新定义。在新的生产方式中，土地能够产生更高的生产力，这也使得圈地具有“土改”的经济动因和革命动力。在造城中，“圈地”是通过并购的方式实行对基地的占有的，无论这块基地上原先的属性是荒地还是农田，是工厂还是旧居民区，“圈地”之后都将被重新定义，用于产业的更新和升级（通常是第二、三产业替代第一、二产业），或者被还原成为原始的土地资源，以“储备土地”的方式，准备用于更高生产力的造城活动。

2. 开垦（kāi kěn）

开垦源自于一种农业行为，即将荒地垦殖成良田。农业开垦通常表现为获取和扩张田地的过程，将坡地改造成为梯田、将大海围合成沙田，使之顺应农业生产的需要。在造城活动中，开垦被升级成为获取和扩张城市基地的过程。在一个大规模的项目中，更多的资本和劳动力投入使开垦具备了神话般的力量：移山（将整座山头夷平或改造成大尺度的梯田），填海（将浅海改造成陆地），蛮荒的地貌被重新修整，无序的因素被重新整合，地形图被重新编码成为地块图和区划图。这种对自然物质环境的索取和改造成为造城之前真正的项目，一件大地艺术。

3. 筑路

zhù lù

起先，两个既有地点之间的联系自发地生成了道路（“走的人多了，就有了路”）；这一逻辑在造城运动中被颠倒过来，道路可以自觉地用于在既有和未有的地点之间制造联系（“有了路，走的人就多了”）。道路是城市在一切非城市领地延伸的触角，以至于只要毗邻道路，即使在乡野郊外也能得到城市生活；道路是一个连续性的网络，通过筑路，旧城和新城，当地、外地和“飞地”被无缝地链接在一起，从而将一端过剩的利益、关系和交易疏解到另一端，将不同的资源配置之间的交易最大化。在这一链接和疏解过程中，道路扮演着预设的管制作用：通过路线的编织，重新进行地块的划分；通过出口的设定，重新定义节点在区域中的重要性；通过对速度和流量的控制，重新确定城市辐射范围的半径；通过对路径类型的分配，引导城市内容的功能层次。

4. 拆建（chāi jiàn）

当建筑比它所占据的地块更廉价时，就有可能被拆除，并重建起与地价相匹配的建筑。在以拆建方式进行的造城中，对建筑及其所占地块的价值评估通常会涉及两种不同的价值观：一种是经济学，一种是考古学；由于二者评价的分别是建筑的有形价值和无形价值，当建筑在经济学上毫无价值，同时又是考古学上的文物时，矛盾就会发生；如果城市无法对二者的评价加以协调，矛盾通常就会以拆建而告终；在一个利益至上的社会，这是有形价值对无形价值的胜利。“拆”与“建”是城市自我更新的辩证法，是城市对建筑价值的裁判；它质疑了建筑的恒久性，将城市的临时和无常赋予建筑的凝固与不变；它用契约的方式为建筑标明有效期，在这一既定的时期内考核建筑的价值；它强调土地胜过强调建筑；它宁愿用更新的方式去解决新的问题，而不是高成本地维持一个旧的僵局；拆建以建筑的生老病死换来了城市试验的自由，它以不断抹去重写的方式证明：建筑只是城市能量转化中的一个过程与片段。

5. 改造

gǎi zào

改造，即在旧城的基础上造城，同时不以破坏旧的机理为代价实现新的需要；通过建筑学的介入，改造以新旧合一的方式，满足了考古学的保护伦理和经济学的创造欲这一双重需要。改造的对象通常也可能是面临拆除的对象，它们陈旧甚至荒废，但其根本问题在于旧有空间结构（小尺度/非商业）对于已变化的环境（高密度/商业化）的不合时宜。改造的理念，来自于在两个看来不可能协调的极点之间连线，通过系统化地改变旧有空间的组合和使用方式，在旧有的结构和新环境之间激发新的关系。在这种关系中，新的内容被注入旧的空间，前者与城市之间的关系，将极大地强化后者的存在意义，令之进入新一轮的生命循环。

6. 仿造

fǎng zào

仿造是造城中最速成的策略之一，也是垃圾文化的重要组成部分。为了以低成本的方式获得昂贵的意象，仿造将造城的诉求投射于一个易识别的符号化对象，以快餐式的阅读方式提取片断化的编码，并在造城中重新加以编辑，以适合新的语境，从而营造与对象相关的意象。表面上，一份没有原创性的赝品与设计无关，然而考虑到将一个环境中的对象以“乱真”的方式投射到另一个毫无关联的环境之中，设计的能量便体现出来：不在于仿造的逼真度，而在于赝品以何种方式顺应新环境的需求；在形象与内容的反差之中，只有通过系统化的“错位”，被仿造的对象才能和现实一一对应起来；而经过“错位”，任何赝品都将变成一个杂交的产物；它至少可以是异国情调的粗野简化，至多，则可以成为一道主题公园式的奇观，围绕着足尺的微缩景观，在造城中牵起“文化－旅游－消费”的链条。

7. 复制（fù zhì）

速成城市的标准动作，指建筑在相邻或不同位置的批量重复。复制同时也是一切设计软件的标准指令，通过拷贝和粘贴，信息完成了异地的繁衍。这也使得我们便于理解在造城中的一些相关概念："标准层"（Typical Floor）和"普通平面"（Generic Plan）等，它们被储存成为模块，随后以大规模克隆的方式应用到别处，从而完成从建筑到城市的普通化和标准化的过程。复制使建筑和城市具有了产品和标准件的性质，并向着在流水线上批量预制的方向发展，这使整个造城变得既快速又廉价；但另一方面，由于复制针对的是社会单位之间的相似性（个人、家庭、社区），强调对行为的统一和规范，以及个体对千篇一律的适应性，它必然对多样性与差异性产生抑制作用（尽管这种差异性在建筑后期的使用中会自发表现出来）。但这一负面作用并非无可救药，单体的复制令建筑师可以将更多的精力放在单体之间的组合关系上，通过环境的变化为单体输入变量，从而生成一个"大同小异"的空间。

zhuāng shì

8. 装饰

装饰是结构表层的褶皱。尽管在功能至上的现代主义时期，装饰一度被视为与功能本位背道而驰的罪恶，但如今它的反客为主和泛滥，说明它至少有着精神分析意义上的功能：当结构的粗野、低调和直白不能令人满足甚至不能被人接受时，装饰能够产生弥补性的心理抚慰功能。如果说结构是建筑的载体，装饰则是社会学意象的载体：权力的象征，财富的炫耀，品位的彰显，本能的暗示；一切在建筑设计中无力承载的意象，全部都灌注在肮脏的细节之中。装饰通常只是结构的“外挂”，但它在意象上产生的召唤作用也可能令结构变成装饰，甚至连极少主义也变成了装饰。在社会学意象过剩的造城活动中，装饰工程的造价可能比土建工程更为昂贵，从前用于结构的材料如今被用于装饰，最沉重的材料被用于最浅表的意象。在一个有着严重心理隐疾的社会，如果要说装饰是罪恶，它就是不可救赎的原罪。

zào jǐng

9. 造景

人类史同时也是一部改造自然的历史。最早它曾经被农业改造成用于食用的农作物，如今则被造城运动驯化成用作观赏的景观。自然景观是评价造城成果的重要指标之一，但造城的手段（尤其在翻天覆地的大规模造城中）通常需要将基地内的原有植被连根拔除，造景是对这一矛盾的补缀，是自然被夷平之后的重建。在当代中国，造景通常是造城后期的收尾工作，这种后发性使得造景被简化为造城中的“填空”。人造景观也是被预制的景观，自然植被驯化成为和瓷砖一样的预制产品，成为造城建材的一部分。为此，农田中种植的可能不再是农作物而是草坪，苗圃和植物园中则倾向于引进更容易移植、快速存活而廉价的物种。这一要求使得造景往往局限于几种植物，它们也构成了造城中的标准化景观。在更高级的阶段，造景和造城将不再区分。二者将被视为地貌的两种类型，从而进入统一的人造过程之中；景观被作为城市肌理重新分配，城市隐藏在景观之中。

10. 拼贴 (pīn tiē)

拼贴最早出现在现代主义中时具有双重作用：用于强调现实的无序，或用于在看似无关的事物之间制造联系——混乱之中的逻辑。Photoshop 是拼贴艺术的里程碑。这一当代最普及的造城软件，利用数字环境的无重量性，能够轻而易举地实现风格、材质、景观、建筑乃至整个城市的乾坤大挪移，以电影蒙太奇的方式将不同时空的元素拼贴在同一界面之中。在 Photoshop 中造城可以得到一个拼贴意象的新城市，其中的一切都呈现出最高级的理想状态，但拼贴上的天衣无缝和时空上的明显错乱令这一画面流露出超乎现实的混乱，同时，这种混乱又是现实的某种征兆，因为城市也可能正是按照同样的拼贴手法，向着一个最高级目标建设和生成的。拼贴是日常世界混乱逻辑的显证。

11. 混合

hùn hé

混合是拼贴的最高状态，它将拼贴对象分解成微粒并加以混合，令对象之间的关系具有应变性，可随外界需要而调整组合关系，从而实现资源之间的最优组合和交互性的最大化。通过外界参量的引入，混合将拼贴的对象由相互冲突的景观和意象，升级为交叉反应的内容和事件。一个混合的城市依然可以是一个速成的城市，它的速度不仅体现在建成，同时也体现为内容和事件的快速变化；混合的城市也是一个临时的城市，它用自身的变化对抗外部世界的不可测，以局部的稍纵即逝建构起整体关系的永恒；一个混合的城市极有可能是一个垃圾文化的城市，同时也可能是一个具有丰富差异性和极大选择的城市；对于混合度和差异性的控制，将决定这个城市的组合是无序竞争还是有序合作；混合的城市建构起的不是凝固的空间，而是生生不息的城市生态。

在经历了最初几年"新住宅运动"的尝试之后
前闪现过的社会理想丢到了脑后，他们雄心勃

楼盘是开发商们集体造城的成果，它们构成了
独立王国。自圈地之日起，楼盘就界定出地理、
还是郊区化的"新都市主义"，都在致力打造
资本准入式的，楼盘按其价位高低构筑起了不
市的消极关系，转化为孤岛式的居住乌托邦。

在地产市场滚烫的时候，开发商们唯一要担心
断出台的"国 X 条"和"地王"、"房奴"、
策"这一民间法则的胜利。2008 年上半年的政
市"成了一边倒的趋势。直至 2010 年强硬调
开始了"严冬"。为了及时获得资金，开发商
们的资产瞬间蒸发，从而引发了多起怒砸售楼
各种技巧规避政策变化所带来的风险，而直接
时候资产贬值。（朱晔）

开发带来的巨大利益使得开发商们过早地把之
了各式各样的“造城”。

中大大小小的封闭式微缩景区与资本准入式的
力的边界：无论是“高档社区”、“尊贵大盘”，
的美好新生活，然而这一美丽新生活的方式是
当代紫禁城。它们以有条件的开放传达出与城

策。然而在各种政策与开发商的较量之中，不
的出现，都表明了在中国“上有政策、下有对
强调控，而下半年金融危机的到来则使得“救
限购令的下达，终于使得中国楼市在2011年
价售楼。这使得刚刚拿出血汗钱买了房的楼主
。对于政策化的住宅市场，开发商们可以利用
果的依旧是消费者们：涨的时候当房奴，跌的

tōu miàn jī

偷面积

地产商在开发过程中有严格的容积率限制。而地产商为了争取更大的利润，就要想办法提高住宅单位面积的价格，在与同档次楼盘的竞争中体现出“性价比”优势。因此，在合法的情况下偷面积，并将“偷”来的面积赠送给购房者，提高单位面积的价格，就成为地产商变相突破容积率的不二法则。尤其以深圳的“偷功”最为精妙。偷面积的做法也并不单纯发生在建筑设计师的手上，民间也常用外建厨房、建出挑的防盗窗的方式来增加房间使用面积。但是在 2007 年 5 月 1 日发布新的计算方法和规范之后，偷面积已经变得越来越困难。

（文、图解 / 张烁）

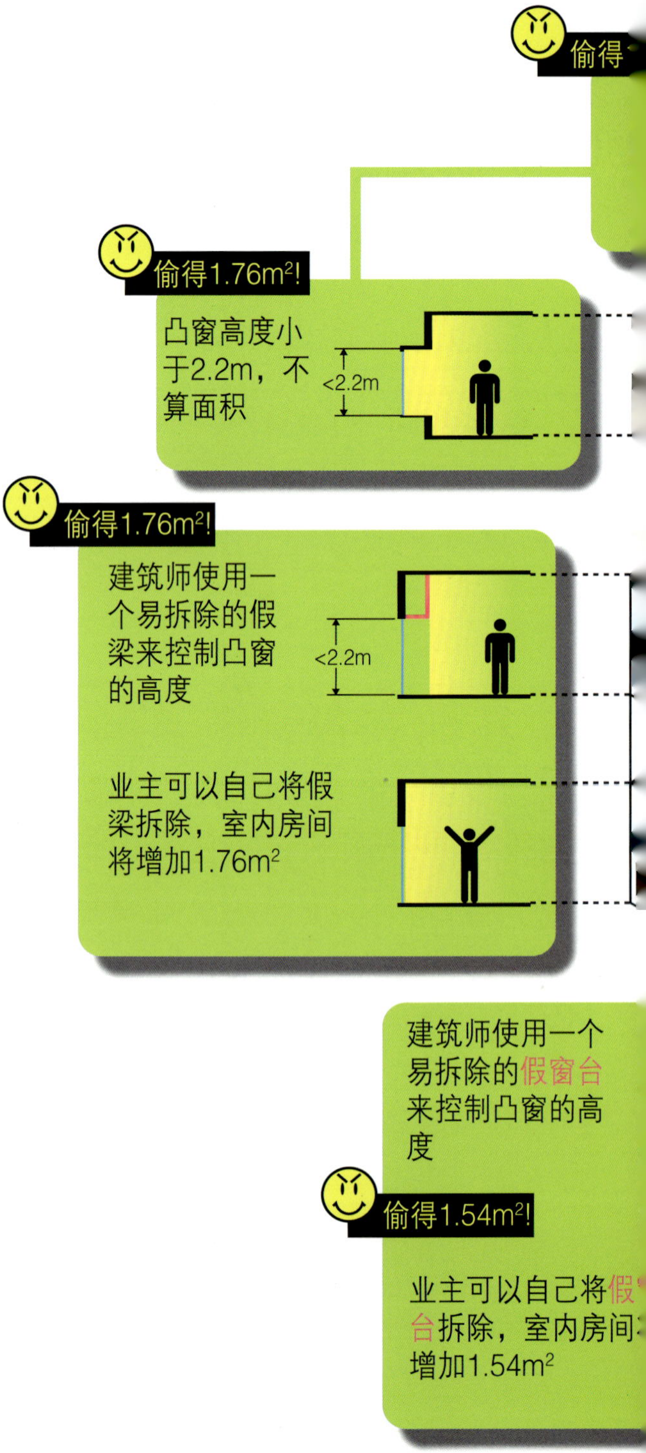

案例：

（1）低台凸窗和落地凸窗：把带窗外墙向外推移，把窗台放到最低，做成大玻璃窗，这样在外立面上会凸出一部分。

（2）超大入户花园和大阳台：入户花园和阳台只计一半建筑面积，通过做大面积入户花园和阳台偷面积。

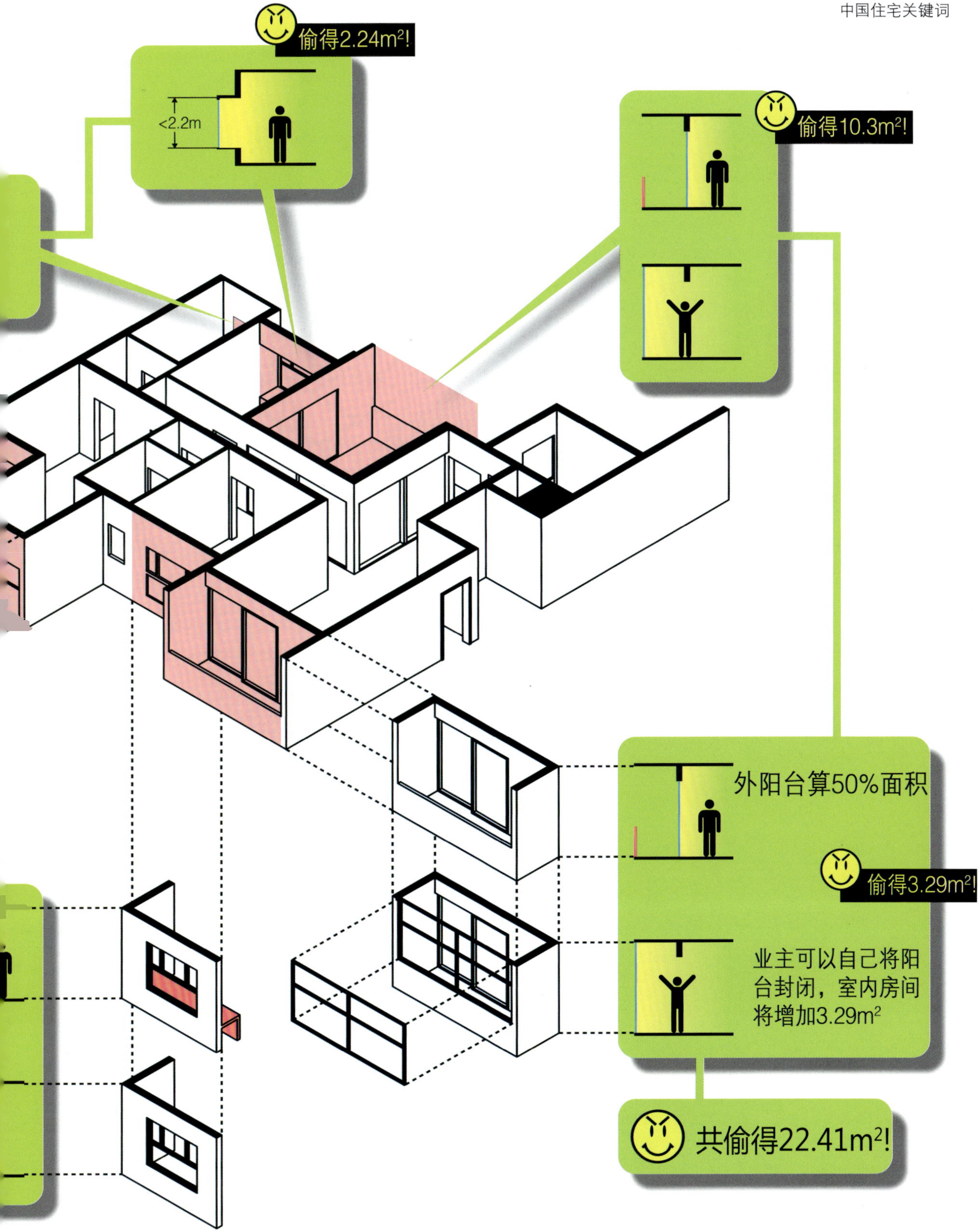
偷得2.24m²!
<2.2m
偷得10.3m²!
外阳台算50%面积
偷得3.29m²!
业主可以自己将阳台封闭，室内房间将增加3.29m²
共偷得22.41m²!

（3）层高做大：将房屋层高设计到 5m 以上，在上层做一个阁楼，使空间得到充分利用。

（4）空中单元连廊：在两个单元之间做一个连接的空中过道，房屋验收后，分割给两户人家，作为自己的私人空间，多出一个休闲空间。

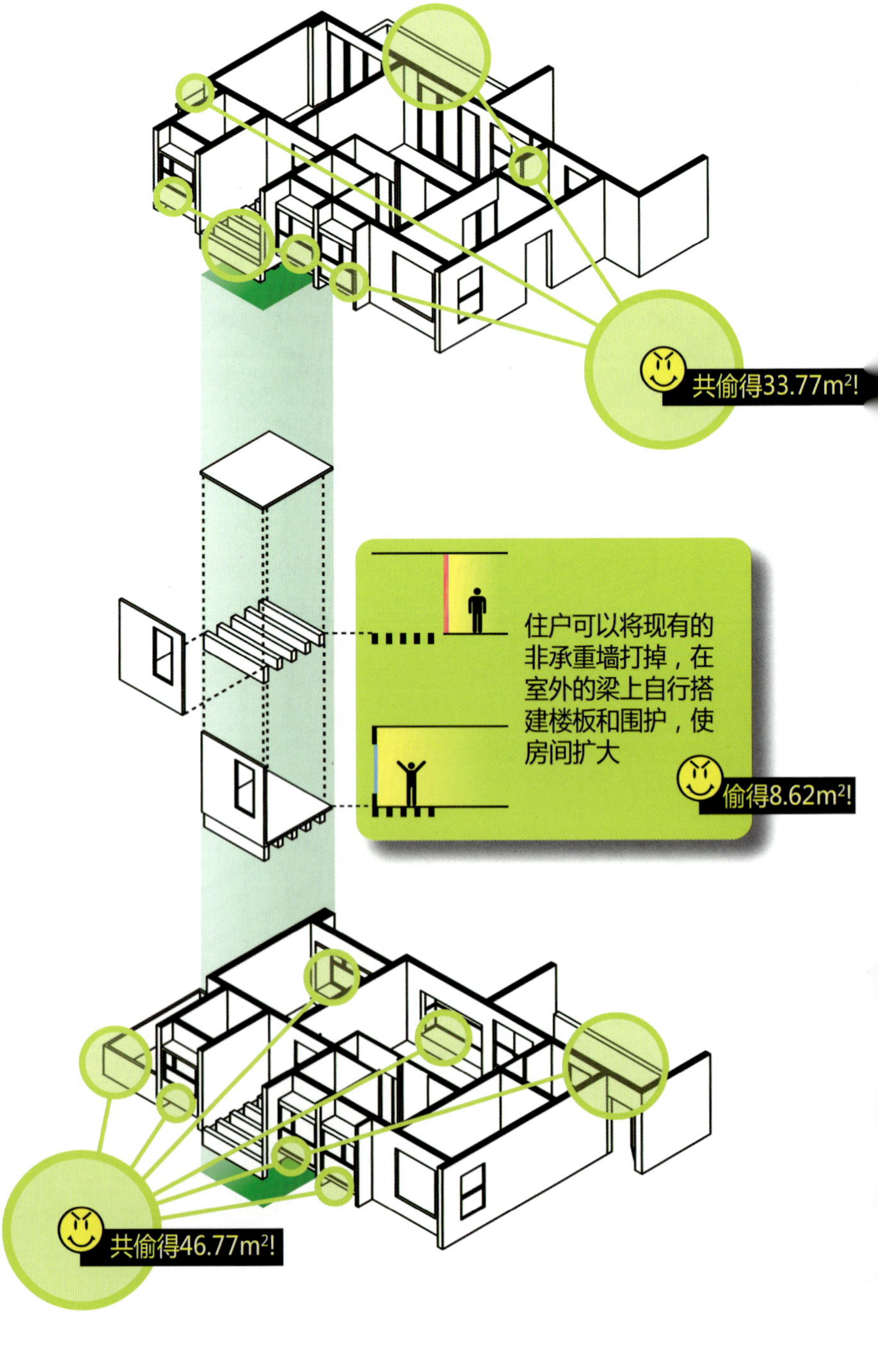

>4.8m
>4.8m
根据当时规定，
阳台层高大于
4.8m，不算面积

90/70

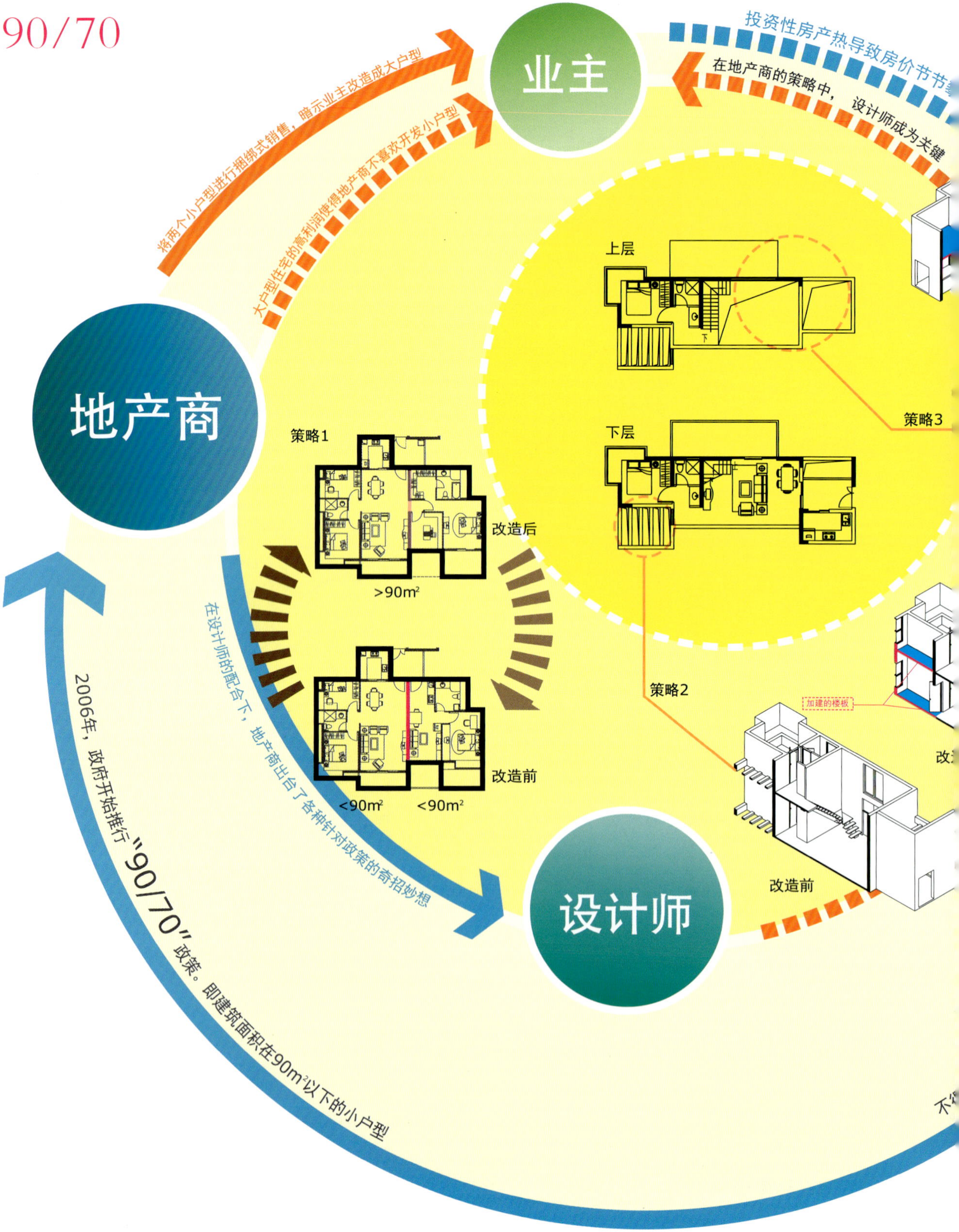

业主
地产商
设计师
投资性房产热导致房价节节
在地产商的策略中，设计师成为关键
将两个小户型进行捆绑式销售，暗示业主改造成大户型
大户型住宅的高利润使得地产商不喜欢开发小户型
在设计师的配合下，地产商出台了各种针对政策的奇招妙想
2006年，政府开始推行"90/70"政策。即建筑面积在90m²以下的小户型
策略1
改造后
>90m²
改造前
<90m²
<90m²
上层
下层
策略2
策略3
加建的楼板
改造前

2006年5月29日，国务院办公厅转发了建设部等九部门《关于调整住房供应结构稳定住房价格的意见》（俗称“90/70”政策）。这项政策规定，自2006年6月1日起，凡新审批、新开工的商品住房建设，套型建筑面积90m^2以下住房（含经济适用住房）面积所占比重，必须达到开发建设总面积的70%以上。“90/70”政策的出台，影响了开发商的利润，因为大多数开发商都将目标客户锁定在社会中上阶层，并不重视普通大众的居住需求。但是因为政策的影响，开发商并不愿放弃其锁定的富人市场，只能用各种“招数”来应对，比如将120m^2以上的大户型硬性分割成两个小于90m^2的住宅进行出售，但是这种硬性分割造成了这两个单独分割出来的住宅在独立使用上会产生极大的问题，包括采光通风的缺陷和功能的不合理等，几乎无法单独使用。但是在销售环节中，地产商会“暗示”购房者一次性购买这两个本应合并在一起的住宅，然后把中间的分隔墙打掉，就成为一个功能完善、平面布局合理的大户型。因此，几乎所有的购房者都选择了“合并购买”。另一方面就是用各种偷面积的手法来突破90m^2住宅限制。这样一方面地产商完成了国家的指标，另一方面又成功销售出去了大户型住宅。但是在一些城市也存在着这样的情况，普通购房者的理想住房面积本身就在90m^2以上，如果此时继续执行“90/70”政策，等于打压了老百姓改善生活质量的愿望。户型也成为“90/70”政策遭到质疑的一个原因，因为墙厚、采光、通风等诸多方面的影响，90m^2在北方通常只能做到两室两厅，而在南方却可以轻易达到三室两厅。这就让“90/70”政策在实际实施的情况下又多了一重阻碍。（文／张烁，图解／张甜甜）

城市人居景观

Urban Housing Landscape

摄影-拼贴/朱晔 制图/孙海音

Photo-collage/Zhu Ye Diagram/Sun Haiyin

优享城市核心资源，写意畅达人生
自在灵动的户型，倾心演绎亲景生活，诠释经典时尚空间
尽享都市繁华的宁静，彰显尊贵生活的从容
独特的精神文化内核，东方梦想新轮回，世界华人的回归之所
高尚居住方案
山、水、林自然融合，都市唯一原生态居住典范
引领街区生活，静享都市繁华
视觉通透流畅的步入式景观阳台，俯瞰窗外四季风情的270° 八角阳光房
优享城市核心资源，写意畅达人生
唯身临其境，才能充分聆听到身心与美景、生活与自然和谐的心灵语言
高尚纯别墅本色，无愧金银湖中央别墅之典范
高尔夫私家公园，自由挥洒人生
人文艺术与自然景观深层融合，综合打造中央商务区文化生态大盘
随意创造
营建现代都市与传统文化完美结合的情致景区
步移景异
纯明客厅 独立厨卫 超大面宽
引领街区生活，静享都市繁华
非一般新锐、飞一般生活
广告里的海滩美景在哪儿
什么热销，糊弄人的！这楼盘自买自卖。
是电表失灵了，你们拖欠电力局电费1万元
老子要退房
赠送面积竟然要收费
换不换物业，该我们业主说了算
开发商明明还剩20多套房，为什么不给我们安置
二楼开了家KTV，影响我们正常生活了
拆迁补偿款什么时候兑现
哪楼的往下丢垃圾了？什么素质
小区大门都被你们建筑垃圾堵住了
没房没车没老婆
楼市没有跳水，只是在做俯卧撑
那钉子户和开发商僵持两年了？真不容易
保安偷拍业主洗澡
你们没搬迁许可证这样拆迁是违法的
回迁期被开发商延了4年多
开发商补偿的钱不够买原来面积！这些开发商想榨干穷人的油了
违建房不能补偿，拆除后我们哪里安家
听说可能半夜来人强行拆除啊
我们都爱廉租房
钉子户，没有最牛只有更牛
公民合法私有财产不受侵犯
开发商请人提杀猪刀来强拆啦

yàng bǎn jiān
样板间

样板间是房地产销售环节中，为某一个户型精心布置装修后作为展示的“广告间”，买房者一方面可以更直观地理解房屋的功能和优缺点，另一方面也可以作为日后房间装修布置的参考。但是通常地产商都会用一些手法来使得样板间脱离买房者实际的生活标准，以达到更加美观、更加宽敞、更加明亮、更加刺激购买欲的目的。如使用小体积的家具，增加室内光线亮度，使用高档装修材料，高档家具电器等。消费者现在也对样板间持较为谨慎的态度，因为之前相当多人都曾掉入样板间“陷阱”。样板间为消费者搭建了一个生活的伪场景，它是一个按照地产商意愿制作的布景，它随时上演着包含希望和欺骗的电影。如果说样板间是一个“内布景”的话，楼盘的表皮建筑风格就是这场电影的外布景。它们共同作用，为消费者搭建着一出出虚幻的希望。

（张烁）

这是你看到的房子。

máo pī fáng

毛坯房

又称“清水房”，是中国商品房出现后才出现的新概念。主要指住房内部不做装修，墙面、地面、顶面不做面层；套内只留门框，不留门扇；卫生间不安装卫生设备，只留给水、排水接口；厨房内留有低档洗涤盆及变通水嘴；无灯具，只留电线接头；不封阳台。还有的边房间不砌隔墙，由住户自由隔断。毛坯房推出后，曾在楼市风行一时，但弊端也越来越明显，进行毛坯房再装修，容易破坏结构，浪费材料，更为主要的是给购房者带来诸多不便和苦恼。毛坯房最早是为了适应不同住户经济情况而对房间作出的一种最低装修方式。住户可以根据自己的喜好和经济情况自行决定房屋的装修和布置档次。但是它同时带来了一些问题：施工质量不同，装修时间进度不一，都会造成管理上的混乱和不便。2010 年深圳取消毛坯房，均使用一次性装修。并且规定在第一次装修之后 8 年内不能进行第二次装修。很多人大代表认为这样做可以减少装修的垃圾污染。

（张烁）

室内人居景观 Housing interior image

文字-制图/张烁 Text-Diagram/Zhang Shuo

这是你最后住的房子。

客厅:

现代家庭的客厅已沦为展示主人品质生活和文化品位的博物馆，各类文化符号的堆叠与拼贴共同构建着现代家庭室内的戏谑场景。改革开放初期，电视仍为一个家庭的奢侈品，因此诞生了“电视墙”，用以凸显和放大家庭的经济实力。

餐厅:

与客厅纯粹作为展示的文化堆积有所不同，餐厅的文化堆积更多地发生在具体对物的使用上，其他的餐厅文化及礼仪被剥除，而仅留下了对物的挪用和符号的展示。

卧室:
卧室的温馨及丰富性展示着家庭生活的幸福程度，但过多的物的堆积如数不尽的枕头、靠垫，没有带来舒适，反而对日常生活带来了些许不便。

厨房:
随着生活节奏的提高，中国传统饮食文化中工序复杂的“煎炸烹煮”也被压缩和简化。各类厨用工具、电器将厨房打造成一家之中最“高科技”的房间。

háo zhái

豪宅

豪宅一般指位于高级地段，拥有独一无二的景观，用料及建筑过程细腻，同时住户可以享有尊贵与私密的住宅。豪宅一般配备有私人会所、游泳池、网球场、迷你健身房、24h 物业管理，而周围则有停车场、购物商场、电影院、游艇码头等。随着中国房地产的蓬勃发展及新一代富豪的兴起，超级豪宅及富人区相继产生，并于 2002 年兴起一股“豪宅热”。中国内地的豪宅居住者一般是社会及经济地位较高的人士，比如影视明星、外籍高管人员、有钱的企业主、新兴 CEO 以及高干子弟等。近年来，不少豪宅开始把目标对准各个地方的名胜景点，如北京香山、陕西华山、江西庐山、山东泰山、广州白云山等风景区，现今都无一例外地成为富人的后花园。豪宅（富人区）与城中村（贫民区）是在中国城市化进程中分化出来的社会的两极，贫民住宅早已达到了它简陋的底线，而豪宅却依然在无限度地向奢华发展。超级豪宅、天价豪宅的出现，更加凸显了中国社会阶层的差异日益加大的现实。

（嗯工作室）

fáng jiāo huì
房交会

房地产产品交易展示会的简称，房地产的营销方式之一。指某一城市或某一地区通过展会形式，集中展示各开发商的产品，吸引消费者参观并促成交易。房交会以多个楼盘集中展示，提供现场咨询或支持会场交易的模式，在房地产发展的初期起到了集合信息、方便买卖双方的作用：开发商面对更为集中的客户，往往会推出优惠促销手段，或以各种奇艳的现场促销行为来招徕与会者的关注；购房者也不用逐一考察就能集中了解、对比各楼盘信息。随着近年房地产市场宏观调控的强化，由国企主导的地产商整合与并购，以及住房刚性需求造成的市场细化，都使得房交会不再有往日的火爆与风光，地产界约定俗成的“金九银十”也在 2011 年变成了最惨淡的“铜九铁十”。图为 2007 年重庆春季房交会期间，某开发商临时雇请促销人员应对火爆的楼市。

（嗯工作室）

fáng dì chǎn guǎng gào

房地产广告

房地产广告依据其目的可分为促销、形象、观念、公关四种类型，它们都直接服务于房地产营销，起到传播信息、吸引买家、宣传造势、扩大地产商品牌影响等作用。房地产项目的大量性与同质化，“建得好不如卖得好”的现实，使得地产商们往往要求其广告尽述利好地过度修饰，由此产生了拗口的成套“地产广告体”语汇。地产广告语的普遍夸张被广大网民们整理了出来，成为了在居住压力之下对开发商的调侃。

(嗯工作室)

远离闹市喧嚣，尽享静谧人生——地段偏远；
回归自然，享受田园风光——郊区乡镇；
坐拥都市繁华——紧邻嘈杂的闹市；
绝版水岸名邸，上风上水——挨着臭水沟；
东方威尼斯，演绎浪漫风情——挖个水池；
亲水豪宅——紧贴着条小河；
叠水丽景——小区有喷泉；
视野开阔，俯瞰全城——地势高；
台地叠景，冬暖夏凉——地势低洼；
托斯卡纳风格——外立面贴砖；
观景露台——楼顶是平的；
邻里亲近，和谐温馨——楼间距小；
无敌海景——能看见一丝海面；
超大绿化，满眼绿意——边上是荒草地；
公园拥抱的房屋——边上有个社区绿地；
紧邻中央商务区——边上有家银行；
政务区核心地标——边上有个居委会；
浓厚人文学术氛围——边上有所学校；
拥抱健康，安享生活——边上有家诊所；
繁华闹市——边上有家小超市；
闹中取静——边上有家大超市；
与 LV 为邻——边上有家大商场；
纯居住社区——项目缺少商业配套；
CBD 核心区——边上有商务酒店；
后 CBD——边上有四星酒店；
泛 CBD——边上有三星酒店；
这里充满朝气——边上有经济型酒店；
豪宅配套，尽享银行家俱乐部的风雅——小区有会所；
简约生活，新都市主义——小区没有会所；
经典洋房——没有电梯的 6 层公寓；
私密两梯两户——有电梯的 6 层公寓；
管家式服务——门口有保安；
和谐的邻里关系——门口没保安；
一线生活——挨着地铁线；
立体交通——挨着地铁口；
交通枢纽，坐拥城市繁华——附近多公交车站；
私属领地，坐拥升值空间——附近无公交车站；
你能听到的只有“宁静”——远离主干道；
你到任何地方永远只有一步——紧邻主干道；
回报客户——卖不动打折；
回报社会——还卖不动继续打折。

——网络流行的《雷人地产广告语大全》

fáng nú 房奴

“房奴”就是房子的奴隶，指为了获得住房而背负着接近自己偿还能力极限的（银行）贷款的社会群体。在房价不断攀升的 2005 年到 2006 年一季度，市场上中低价格的商品房日渐稀少，导致很多购房者背上了沉重的还贷负担；同时中国人民银行 2004、2006 年先后宣布的加息进一步加重了人们对房贷负担进一步提升的担忧。2006 年 4 月起，“房奴”一词开始流行，并被列为教育部 2007 年 8 月公布的 171 个汉语新词之一。在抵押贷款购房后，“房奴”们在生命黄金时期中的 20 ~ 30 年，必须每年用占可支配收入的 50% 甚至更高的比例偿还贷款本息，从而造成居民家庭生活的长期奴役般的压力，影响正常的生活消费。这一群体的大量存在是房地产开发和投机既得利益体共同作用的后果，而“房奴”这个词应运而生，也成为了中国房地产泡沫的象征。

（嗯工作室）

chǎo fáng tuán 炒房团

“团”表明群体的集合，而非部队编制，然而“炒房团”对于中国住房市场却发挥着比部队更大的杀伤力，他们的武器很简单：金钱。炒房团做的事情就是以团伙的方式购买住房，通过囤积房源人为地造成市场供需关系的改变，再将房价抬高后售出赢利。他们首先以地缘归属作为团队信任与组建的基础，用热钱游走于可以进行房地产市场操作的城市，以团队作战的方式集体杀价、集体抬价、集体抛售，以共进共退的集团效应实现房产投机获利。住房成为商品是炒房团得以大展拳脚的根本，他们实践着资本理性的趋利原则，钻的是中国住房市场在双轨制下的空子，却承担着来自道德的批判，因为炒房团的获利就意味着普通居民购买住房的成本的增加，而对于房地产商的利益则丝毫无损。2003 年起，温州炒房团初具规模，他们将经商挣来的钱当做房地产投资的本金，在全国范围内大肆买房进行投资。温州炒房团所到之处，房价无一例外地都要大幅上扬。在他们的示范作用之下，2006—2007 年，山西炒房团、深圳炒房团等开始深入北京、天津、广州及珠三角地区，将这些区域的房价一再推高，造成全国房地产市场在刚性需求和市场需求下的普涨。然而恰恰是因为中国房地产市场的双轨制，宏观调控可以直接影响住宅市场，也成为对抗炒房团的主要武器。

（嗯工作室）

wù guǎn
物管

物管是“物业管理”的简称，是物业的一种增值服务，是为了让物业这种实体设施正常进行运作，而对其进行的监督、控制及管理。其目的是让物业体现其最高的价值，并使业主拥有高品质的居住使用环境，包括有安全管理、设备管理、卫生管理、行政及财务管理、代理及生活服务等。物管往往与开发商有着千丝万缕的联系，所以物管利用开发商给予的权力侵占本属业主的公共收益，如出售小区停车位、侵占林园、变围墙为铺面等时有发生。业委会的缺失和开发商的强势使得业主在维护自己基本权益的过程中经常遭遇“物管打人事件”，物管的名声在某种程度变得和“城管”一样。

（嗯工作室）

bǎo ān
保安

中国现代保安服务业是在改革开放的背景下，为适应社会各界对安全需求的迅猛增加和日益多样化而兴起的。人们最常见到的物业保安是物业公司根据《物业管理条例》自己配备的保安人员，因为保安需求量大、工作量大而工资又低，所以物业公司一般不从公安机关批准和认可的正规保安服务公司，而是从非正规渠道聘请保安。大部分保安人员都并未取得保安员职业资格证，这使得保安的素质良莠不齐。小区的保安一般肩负有保护小区公共安全、维护小区秩序、保护小区公共财产安全等职责，但不少小区的保安经常因为渎职而造成业主财物丢失，有的保安自己就是入室偷盗的小偷，更有甚者，因为其老板是物业公司，所以原本应该保护业主安全的保安往往成为殴打业主的打手。鱼龙混杂的保安连同他们身着的各种式样的仿冒警服成为城市里不可或缺但又备受争议的一个群体。

（嗯工作室）

日常生活 = 买房

Everyday Life Equals Buying House

地产商是大型建筑公司主要的服务客户，在与各地产商的合作中，筑博完成了大量的住宅项目。在众多项目之中，筑博从没有将逐利作为首要目标，而是在诸多设计条件和各方利益的限制之下，尽可能使用建筑师的知识和技术，为普通人营造舒适、有尊严的居住环境，为城市创造更优美、更现代的都市天际线。

2002

盛世鹏城 / 广东深圳 /2002–2003 年 / 深圳鹏盛地产实业有限公司 /150000m^2

高层住宅

沃多夫公馆 / 广东东莞 / 2007-2010 年 / 东莞市风临房地产开发有限公司 / 52167m^2

兰亭坊 / 陕西西安 / 2006-2008 年 / 西安天地源房地产开发有限公司 / 160000m^2

我们融入了中式建筑的设计元素，使项目能更好地融入古城文化。

高层住宅

华府海景 / 上海 /2009-2010 年 / 上置集团有限公司 /111842m²

海景大厦
贵宾热线
021-572

高层住宅

松山湖 / 广东东莞 /2007-2010 年 / 东莞市风临房地产开发有限公司 /77000m^2

高层住宅

玫瑰湾 / 湖北武汉 / 2006-2010 年 / 武汉泰然房地产有限公司 / 76000m²

一梯一户为立面造型提供了更多的可能性。

高层住宅

玫瑰湾 / 湖北武汉 / 2006-2010 年 / 武汉泰然房地产有限公司 / 76000m²

提供了具有亲和力的公共空间。

高层住宅

奥林春天 / 福建晋江 / 2007-2010 年 / 福建浔兴房地产开发有限公司 / 183000m²

奥林春天背靠八仙山自然生态公园，景致优美。

高层住宅

麓谷林语 / 湖南长沙 / 2008-2010 年 / 湖南保利房地产开发有限公司 / 1154600m²

单位大院的崩溃改变了人们对住宅的想象，取
费时代的美丽新生活是资本准入式的：人们所购
小区配套设施等消费点组成。家庭被瞬间和随
重新熟悉。在重组的社区中，如果要保护个人
构社会公共性的又一契机。

一家人花了几乎一辈子的血汗钱买了房，那自
必须得到尊重，这是以人为本的前提，也是筑
城市中心逐渐转向郊区，筑博的市场范围也从
为丰富。筑博意识到大盘虽然对于城市来说是
回溯，在这种语境下，筑博将眼光拓宽到小区
的设计策略，为普通人营造舒适的居住环境。
的一部分。（朱晔）

是以价位高低构筑起的景观式的封闭小区。消
宅产品由区位、朝向、户型、景观、物管、车位、
，邻里关系转而成为彼此陌生的业主们之间的
旧需要公共性来保障，居住社区于是成为了建

要享受的。在居住空间中，个体的欲望与尊严
设计的起点。千禧年后，面对城市化的进程从
周边迅速扩张至全国，其作品类型也较以前大
但其居住形式实际是对中国传统居住模式的
环境和布局中，尝试以更大的尺度和更多元化
作品的完成度与精细度，也成为了筑博设计原则

jiā yuán
家园

中国住宅既是家庭的空间聚落形态，又是一种基层的社会组织，同时也是权力实践的空间。封建社会的“家国同构”使得住宅成为了分散的权力机器：空间以墙体围合的院落进行同构，而空间的组织则符合于封建礼制。我们可以将“家园”拆解为“家”与“园”，或者将“宅院”拆解为“宅”与“院”。居住空间的秩序实现着对三纲五常的模仿，在“宅”之中客厅、正房、厢房之间的空间关系，实际上是伦常之中的权力等级关系。公共空间内在于家庭院落，家庭由此成为传统价值延续和权力规训的空间。另一方面，在居住空间后方的院落，在中国被称作“后花园”。这里是欲望得以施展的空间，是天人沟通、耳语游戏的场所。于是，“家园”成为儒家入世与道法自然的一体化场所，用以实现社会传统价值训诫与自我欲望的统一。

（嗯工作室）

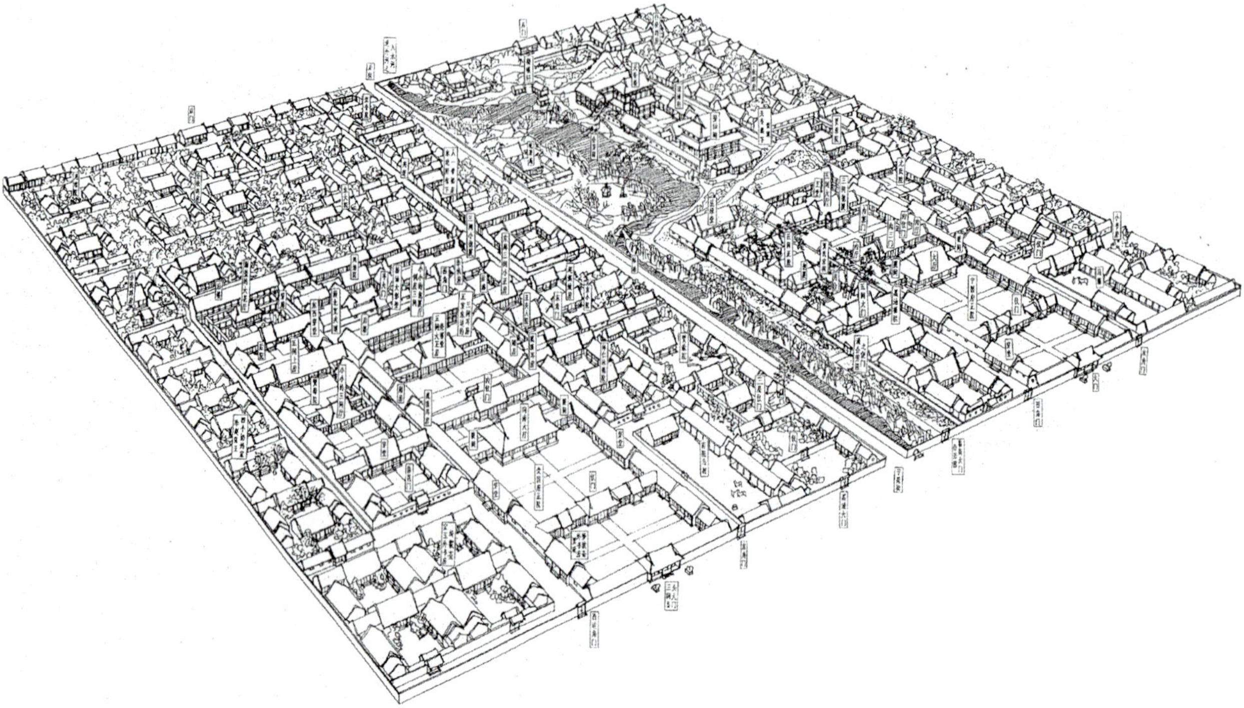

sì hé yuàn
四合院

四合院是以正房、东西厢房围绕中间庭院形成平面布局的中国传统住宅的统称，在西周时，其形式就已初具规模。它是中国传统住宅中"家园"与"宅院"的最小模块，在大型宅院中，这一模块在同样的轴线规则和等级序列中拓扑延展：中堂供奉着家族列祖列宗的牌位，其他所有在世的家庭成员的"宅"则围绕着这一具有精神中心作用的"家庙"，以等级森严的序列展开，从而在方位上体现长幼有序、尊卑有序、主客有别、内外有别的差序格局。以四合院为模块，聚族而居的大家庭可以按照院落进数自我复制，凝聚成高度团结的集体利益共同体，它不断扩建的过程也是其财富积累和人口膨胀的兴旺过程。

（姜珺）

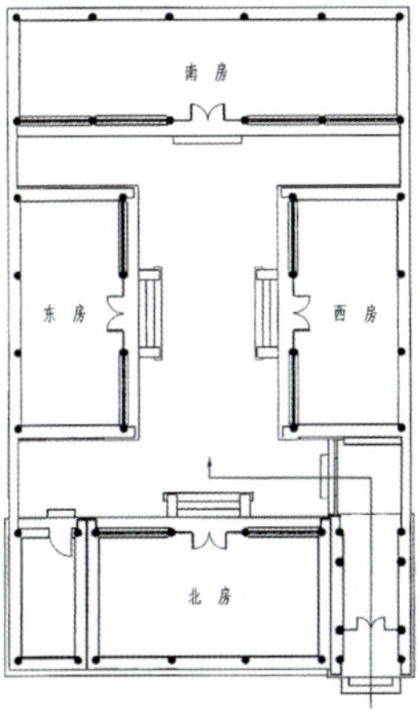

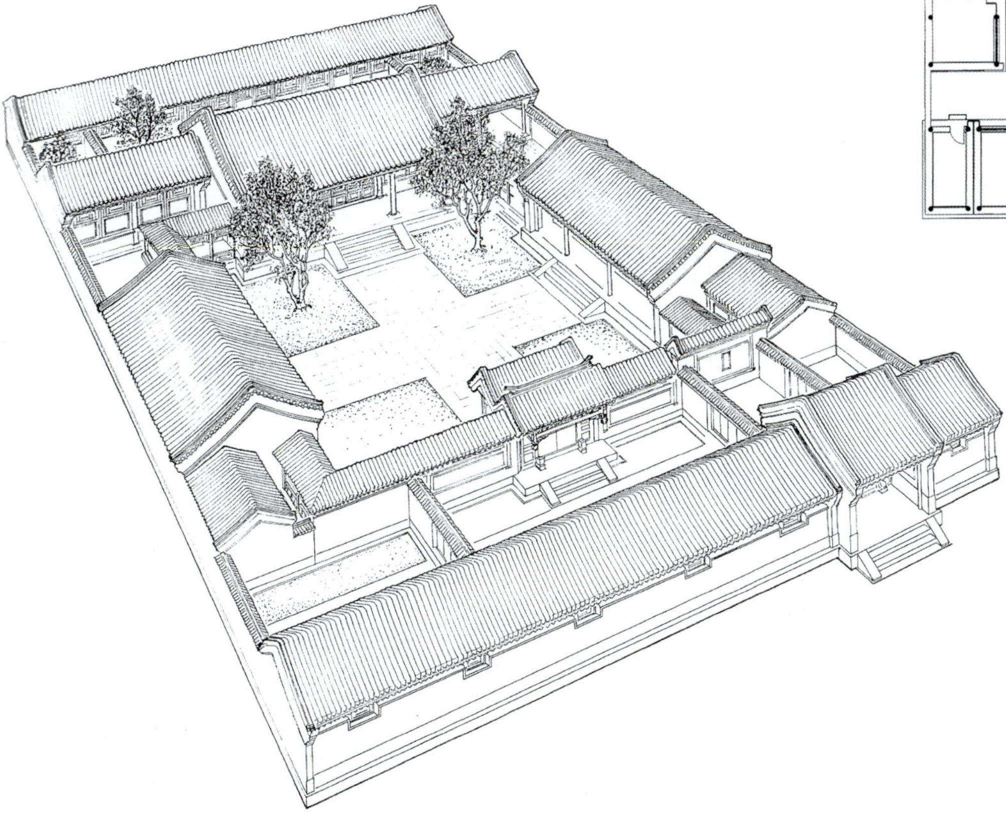

tǔ lóu
土楼

土楼，就是利用未经焙烧的按一定比例的沙质黏土和黏质沙土拌合而成的泥土，以夹墙板夯筑而成墙体（少数以土坯砖砌墙），柱梁等构架全部采用木料的楼屋。以客家土楼为代表的该类型住宅的兴建高潮是伴随着中国历代战乱与客家族群由中原向南方迁移进行的。秦灭南越、五胡乱华、安史之乱、南宋偏安、满清建朝都使得客家人从中原迁至赣、粤、闽、湘、台、琼等地。土楼的分布地点以中国闽粤地区为大宗，宗族共居、同御兽盗的需求，使得土楼将“围城”的容量压缩在一个防御性建筑的土木结构之中， 以内向的集合住宅的方式将居住、贮藏、商店、集市、祭祀、娱乐等功能合为一体。
（嗯工作室）

wéi lóng wū
围龙屋

同样，由客家人在闽粤交界处建造的“围龙屋”在空间语法上介于合院住宅的模块化建筑群和土楼的单体集合住宅之间。围龙屋的整体布局是一个大圆形，前半部为半月形池塘，后半部为半月形的房舍建筑。两个半部的结合部位由一长方形空地隔开，空地用三合土夯实铺平，叫“禾坪”（或叫地堂），是居民活动或晾晒的场所。后半部的房舍建筑，正中为方形主体建筑。有“三栋二横”，一围层；有“三栋四横”，二围层。最小的围龙屋的建筑面积有上千平方米，大的则有万余平方米。
（嗯工作室）

xiǎo qū
小区

住宅小区也称“居住小区”，是由城市道路以及自然线（如河流）划分，并不为交通干道所穿越的完整居住地段。住宅小区一般设置一整套可满足居民日常生活需要的基层专业服务设施和管理机构。小区在中国的前身是单位所属的大院，当时的大院中混合了办公、商业、服务、餐饮等各种功能，主要以办公辅助为主。而相比之下现在的住宅小区则更加纯粹，主要以居住为主。小区在中国具有一定的戏谑性，因为中国小区的尺度一般都非常大，和“小”字是完全矛盾的。并且小区的特性：封闭性和超大尺度，在城市中形成了一个独立的大型街区，破坏了城市本身的肌理，加重了道路的交通负荷。因此，造成城市不断加宽道路但是仍然难以解决交通堵塞的问题。同时，小区的封闭性不但没有给周围街区带来生机，反而使得小区外围的街道处于更加没有监控的状况，在晚上更加危险。

（文、图解 / 张烁）

荷兰阿姆斯特丹

美国纽约

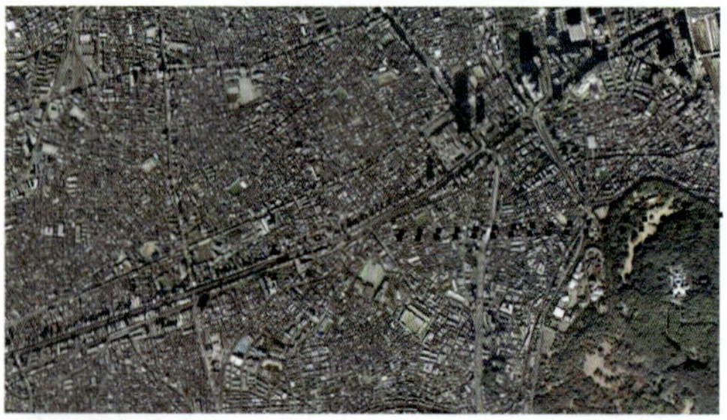

日本东京

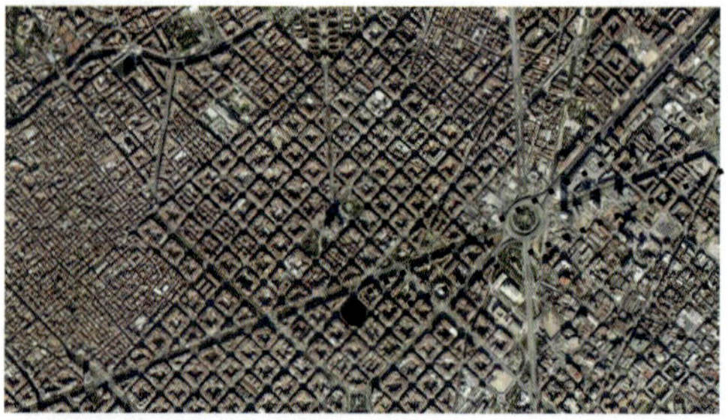

西班牙巴塞罗那

1000m

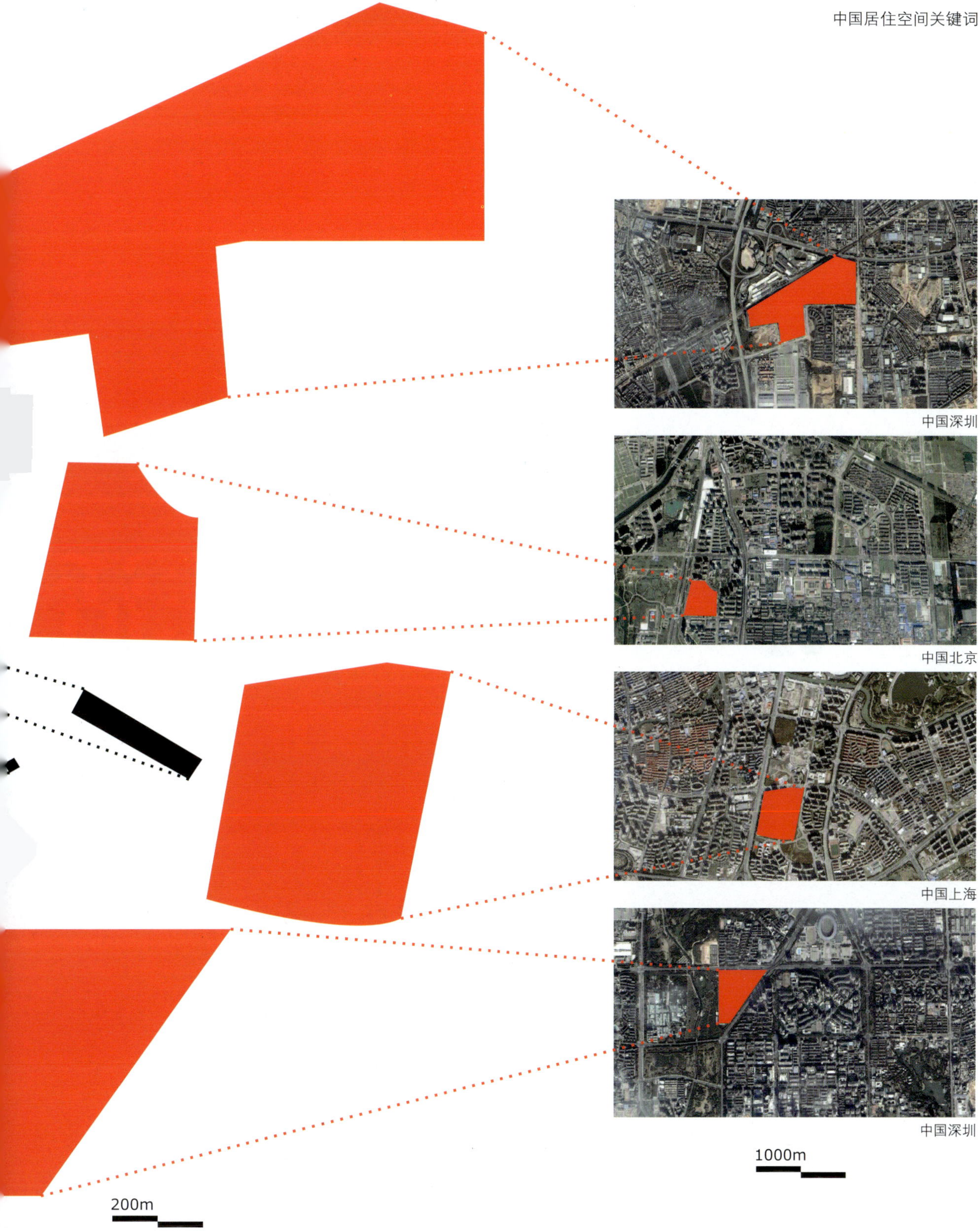
中国深圳
中国北京
中国上海
中国深圳
1000m
200m

日常生活 = 郊区生活

Everyday Life Equals Suburban Life

千禧年之后，随着城市中心区的建设，开发商在城市中心的拿地困难及成本逐渐提高，他们开始将眼光投向城市的郊区。以郊野情趣、绿色自然、美国梦等一系列以郊区生活为卖点的超大面积楼盘在全国出现。产品多样，为各级消费群体提供了新的购房选择。郊区化印证了城市的步伐开始大规模向**郊区**迈进，人们开始向郊区寻求新的生活可能。

2006

十里方圆 / 广东鹤山 /2006-2009 年 / 鹤山市方圆房地产发展有限公司 /2000000m^2

威尼斯水城 / 江苏南京 /2005 年至今 / 苏宁环球集团公司 /4500000m²

居住区规划类项目

十里方圆 / 广东鹤山 /2006-2009 年 / 鹤山市方圆房地产发展有限公司 /2000000m^2

十里方圆内含高规格的会所、幼儿园和中小学，还包含一个社区国学馆。

居住区规划类项目

湾里 / 江西南昌 /2008 年至今 / 保利房地产（集团）股份有限公司（南昌）/989000m²

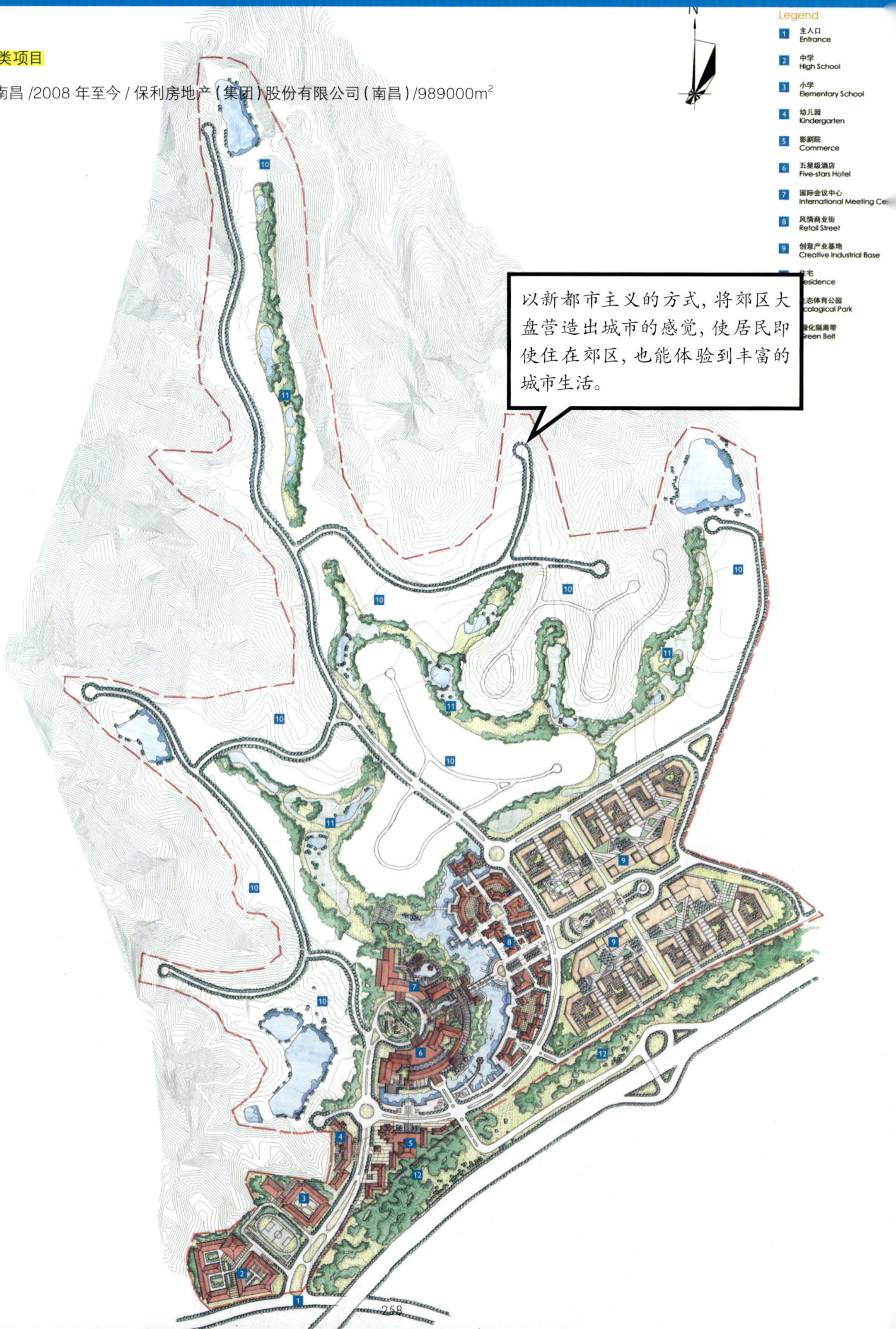

以新都市主义的方式，将郊区大盘营造出城市的感觉，使居民即使住在郊区，也能体验到丰富的城市生活。

养生谷 / 山东烟台 /2009 年 / 烟台南山集团有限公司 /1987400m^2

格林小城 / 湖北武汉 /2005-2006 年 / 金地集团武汉房地产开发有限公司 /216000m²

在街区式住区设计中，延长城市的街道网络、保持项目与城市的连续与整体性，是极其重要的设计原则。

居住区规划类项目

国际花园 / 湖北武汉 /2005-2009 年 / 武汉当代科技产业集团股份有限公司 /112700m^2

日常生活＝社区

Everyday Life Equals Community

随着中国城市郊区化的进程，小区的功能日益完善并多样，规模也逐渐扩大。如何使居住在小区内的居民在远离城市的环境下，在远郊的住宅内形成关于“家”的归属感，并融入社区文化，成为这个阶段筑博思考的重点。

2006

双水岸 / 四川成都 /2006-2009 年 / 成都万科房地产有限公司 /483138m^2

组团的九宫格

用传统的九宫格形式形成基本格局。

在此格局中用建筑围合出院落空间。

打开围合边界，提供更多的空间形式。

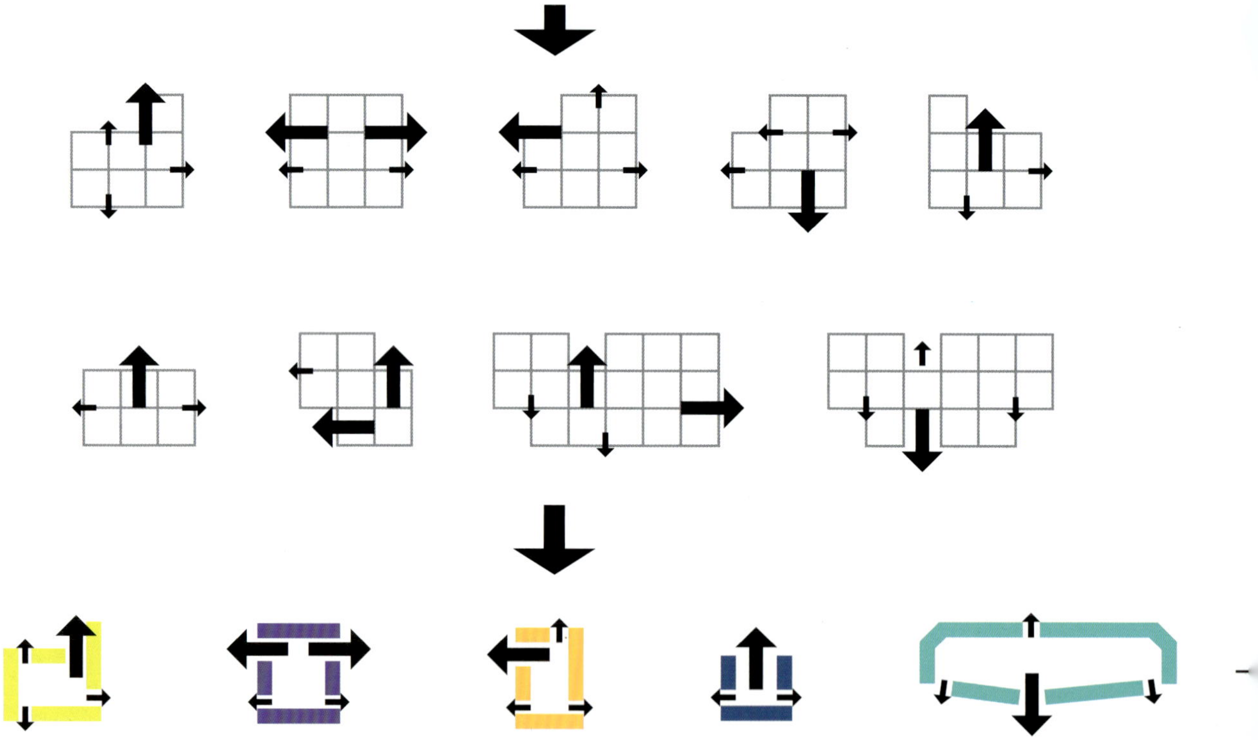

配合各种户型，形成院落组团的几种原型。

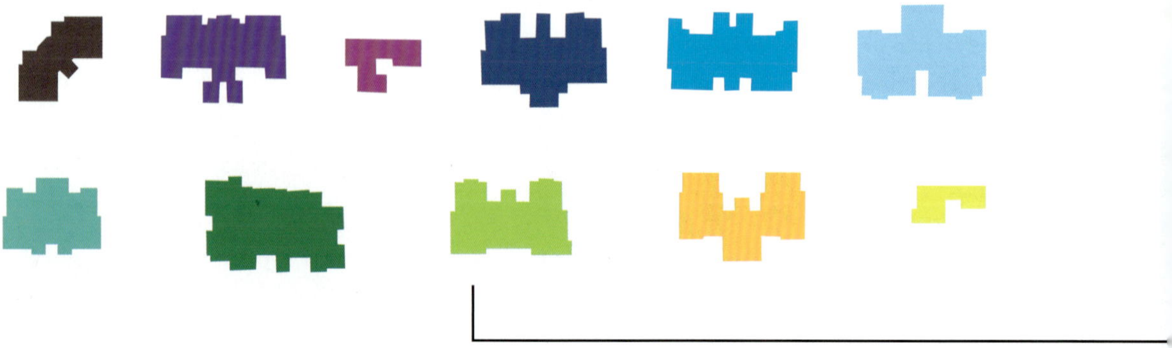

双水岸总平面图

我们用九宫格作为基本形态，在此之上作出一些改动以适应地形和户型需求。用有限的户型种类和九宫格空间形态围合出小区内各不相同的组团空间。通过各个围合组团和街道的界面微差、局部开放空间界定出各具特色的大小广场，同时赋予不同街区独有的特征。水道与街道相呼应，将院落间的巷串行在一起，既是景观的一部分，也是交通流线中不可或缺的元素。

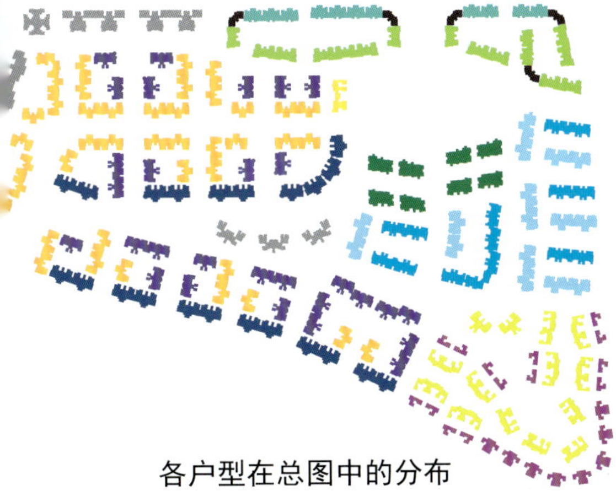

各户型在总图中的分布

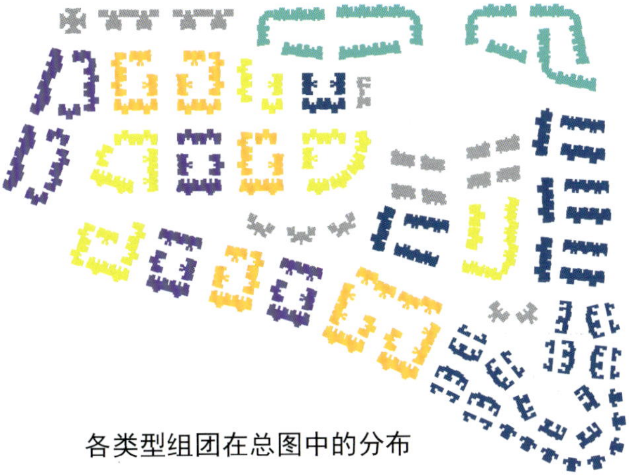

各类型组团在总图中的分布

低密度组团

富源泉天下 / 广东从化 /2006-2007 年 / 德和房地产开发集团有限公司 /120000m^2

低密度组团

曲江华府 / 陕西西安 / 2005-2006年 / 西安天地源房地产开发有限公司 / 14000m^2

组团间的布局变化将会创造出丰富有趣的公共生活。

十里方圆 / 广东鹤山 / 2006–2009 年 / 鹤山市方圆房地产发展有限公司 / 2000000m²

良好运作的社区和丰富的社区文化是优秀住宅小区的必备条件。

一个热销或滞销的楼盘当然有着诸种原因，不
商们既是建筑的生产者，去决定建筑的风格和造
这个双重性必然导致地产商的价值取向——他
度上又与建筑师的风格偏好息息相关。地产营
广告与销售策略等，这些条件都对地产商构成
前投下的赌注，地产商必须付费向建筑师购买

与学术精英居高临下地对贝尔高林式或泰式的
肯定的立场上，以反精英的平民文化逻辑，认同
分散主体的欲望的多向流动，表现在筑博对于
制宜的多样。这种适合市场需求的设计策略并
业知识的公共协商能力为屏障的。（朱晔）

的风格意识常常成为决定成败的关键点。开发
投资损益的承担者，去负担房地产市场的风险。
提供房产以获取利润，而利润的预期在很大程
兵种参与的合成作战，从企划到设计、建造、
房产开发的规律来说，建筑风格只能是一个提
格筹码”，再把它押上销量的赌台。

班牙风建筑的批判不同，筑博站在对日常生活
欲望及对尊严的渴望，反对对城市秩序的崇拜。
项目的不拘一格上，其设计风格也体现为因地
随波逐流，而是以市场自由意志为基础，以专

qí lóu

骑楼

建筑中的“骑楼”一般建于临街，楼下为商铺，楼上用于居住。“骑”的部分即以楼房底层架空，跨人行道而建，从而在底层街道路面之外，形成相互连接而可自由步行的内街式廊道，相邻骑楼连接可使内街长达数百乃至数千米。其形式最早出现于2000多年前的古希腊，后来流行于欧洲，近代随着资本主义海外殖民而传至世界各地。1840年鸦片战争之后，因骑楼可避风雨防日晒，适应南方天气的潮湿多雨，而又不耽误商业交易，故而大量输入两广、福建、海南等的亚热带气候城市，如广州的上下九、厦门的中山路、北海的珠海街以及上海的金陵路（早期的广东人聚居区）等。

（张烁）

shí kù mén

石库门

石库门住宅脱胎于中国传统的四合院，起源于太平天国起义时期。当时的战乱迫使江浙一带的富商、地主、官绅纷纷举家拥入租界寻求庇护，外国的房产商乘机大量修建住宅。20 世纪二三十年代，围合仍是上海住宅的主要特征，但不再讲究雕刻，而是追求简约，改多进为单进，中西合璧的石库门住宅应运而生。这种建筑大量吸收了江南民居的式样，以石头做门框，以乌漆实心厚木做门扇，故而得名“石库门”。到了 20 世纪 30 年代中期，随着新式里弄和花园里弄的兴起，石库门风光不再了，开始逐步沦为城市下层居民的栖身之所。图为上海某石库门里弄小区，从街道到里坊到弄堂的空间序列形成了一个秩序井然的私密层次。

(嗯工作室)

ōu lù fēng
欧陆风

初期，商品房只是讲求实用、经济，对于外部形象没有特别的追求，那时可以说是无风格的。随着商品意识的增强，住宅的外观和其他商品的外观一样成为商品质量的象征，这时出现了欧陆风，可以说是中国住宅最早的风格。欧陆风并不是一种确切的建筑风格，这个词在英语中并不存在，它是中国房地产开发商为了吸引市场所创造出来的一个称谓。我们只能把欧陆风形容为混合风格：它只作为符号出现在住宅建筑的表皮上，而其平面形式、空间处理手法则并没有被运用。欧陆风的诞生并不是单一原因造成的。从建筑师的角度来讲，很多建筑师受信息和知识的局限，不能准确地使用欧洲古典建筑的元素来进行设计，只是将他们所能得到的古典建筑元素加以拼贴。同时，恶劣的设计环境使得很多建筑师无暇去研究元素间的搭配问题，只能追求速度。从业主的角度来讲，在经历新中国成立后几十年的“禁欲”后，加上消费主义观念的进入，他们的欲望需要某些形式上的满足。人们立刻锁定了欧陆风和其所代表的潜台词：资本主义，放纵，自由，奢华，装饰，格调。在西方看来，这种建筑形式是后现代建筑在中国的一种实践，而事实上，它是一种多重社会现实在建筑设计上的表达。

（张烁）

xī bān yá fēng gé
西班牙风格

西班牙风格是近五年住宅建筑设计的热点，相比较早期出现的“欧陆风”建筑，近些年的西班牙风格都相对更加原汁原味，元素的取用和组合也都更加熟练。但西班牙建筑，与葡萄牙建筑相似，在欧洲本身就是一种混合元素的建筑风格。所以说“原汁原味”的西班牙建筑事实上也只是一种更加熟练、更成系统的“混搭”。同时，西班牙风格的盛行也与“美国风”有关，因为美国的大量豪宅都是使用的西班牙风格。因此，国内地产销售广告中通常都会和美国文化沾边。这也体现了民众潜藏的一丝美国梦。

（张烁）

xiàn dài zhǔ yì

现代主义

住宅的现代主义在中国先后经历了两个阶段，第一个阶段可以理解为较为纯粹的现代主义建筑阶段，在改革开放之前，建筑均以实用坚固为考虑。先后出现了“筒子楼”、“团结户”等完全以最低生活需求为标准的，完全机械的、实用的建筑设计，也基本没有装饰。这种状况从新中国成立后一直持续到改革开放。第二个阶段是在改革开放后，现代主义建筑或者说现代主义建筑的设计元素作为一种时髦的符号被运用在中国大行其道，和新中式建筑出现在同一种社会气氛下。现代主义住宅建筑先后采用了屋顶构架、飘板、立面大构图板块等元素作为卖点或者直接使用极简风格。这种做法与之前的欧陆风、新中式属于同种设计模式。

（张烁）

xīn zhōng shì
新中式

随着近十年民族主义情绪的高涨，新中式成为了消费市场中的时尚热点。被提炼翻译过的中国传统民居建筑元素，而非官式建筑元素，如瓦顶、马头墙等被大量运用到了住宅设计中。一方面，大量欧陆风建筑使得民众产生了一定的审美疲劳，人们渴望在新的文化领域寻找刺激点；另一方面，申奥的成功也在一定程度上为新中式建筑的流行起到了推波助澜的作用。在一些历史悠久的古城，如西安、南京、洛阳等，发展新中式建筑已经成为了建设城市风貌的一个重点。但同时低劣的设计和与原有欧陆风格、现代主义建筑产生的强烈反差和对比反而为城市带来了一些尴尬的图景。

（张烁）

日常生活 = 情境

Everyday Life Equals Context

从阳光海岸开始，筑博在全国开展了大规模的风格化项目实践，技艺也在此过程中迅速精进，完成了大批优秀、高品质的项目。与略显冰冷的现代主义建筑不同，风格化项目都带有浓郁的人文主义气质。

2003

阳光海岸 / 辽宁大连 / 2003-2004 年 / 大连华安房地产开发有限公司 / 78955m²

风格化住宅

帕提欧 / 北京 / 2008-2009 年 / 北京金科兴源置业有限公司 / 173688m²

帕提欧是一个在设计和完成度上都非常令人满意的项目，我们经常带其他甲方来实地参观。帕提欧为我们打开北方市场提供了很多机会。

天麓 / 广东深圳 / 2008-2010 年 / 深圳东部华侨城有限公司 / 73508m²

风格化项目并不简单只是业内理解的"贴一层皮"，更多的是结合建筑师的专业知识和对文化、历史的感性认知，从细部、空间、结构、规划等多个层面为项目营造浓郁的地域文化特征，形成世外桃源般的都市图景。

筑博共担任了天麓三、六、八、九期的设计。

威尼斯水城 / 江苏南京 / 2005 年至今 / 苏宁环球集团公司 / 4500000m^2

西班牙风格一方面是关于豪宅的地域想象，另一方面西班牙建筑的一些设计语言，如黄色涂料、坡屋顶、小面积开窗、底层通廊等，也很符合中国人的居住需求。而且西班牙建筑来自南欧，其设计利于通风、降温，很符合热带气候，这也是西班牙风格在南方占据更多市场的原因。

风格化住宅

万科城 / 广东东莞 / 2004-2006 年 / 深圳市万科房地产有限公司 / 483949m^2/ 所获奖项：2004 中国住宅创新夺标中国住宅创新示范楼盘——中国经典示范住

万科城是筑博早期做的较成熟的风格化项目，为筑博带来了很多荣誉和好评。

风格化住宅

山屿湖 / 海南三亚 / 2009-2010 年 / 三亚兰海水城建设投资有限公司 / 104626m^2

在小区设有音乐喷泉广场、篮球场、网球场和一个近千平方米的曲线形湖中泳池，及多处西班牙风情广场节点，给业主带来了丰富的生活乐趣。

日常生活＝环境

Everyday Life Equals Surroundings

花园洋房作为多层住宅的一个类型，其定位和设计方法决定了它与普通多层住宅的区别——与自然的紧密关系。随着生活水平的提高，对“野趣”的向往，奠定了市场同类产品的消费背景。**筑博**以餐厅为主要关注对象所设计的花园洋房一经推出，即受到甲方与市场的极大好评，在全国被大量复制和运用。以**筑博**为代表的此类户型花园洋房几年间在全国修建了数千万平方米，成为花园洋房的范式和标杆。

万科城 / 广东东莞 /2004-2006 年 / 深圳市万科房地产有限公司 /483949m^2/

所获奖项：2004 中国住宅创新夺标中国住宅创新示范楼盘——中国经典示范住宅

2004

花园洋房

万科城 / 广东东莞 / 2004-2006 年 / 深圳市万科房地产有限公司 / 483949m^2 / 所获奖项：2004 中国住宅创新夺标中国住宅创新示范楼盘——中国经典示范住宅

万科城在造型和户型设计上博得了市场的一致好评，其中的一些产品作为范式在筑博后期的项目中大量应用。筑博所完成的该类产品，在全国建成了至少一千万平方米。加上其他设计机构的模仿和学习，这个数字还要翻几倍。

万科在造一座城
DREAM TOWN

项目解析

花园洋房每户的入户方式、户型分布均有不同，以“差异”的方式表达了以家庭为单元的个体区别。“差异”表达了个体对私有的诉求，满足这种诉求是个体尊严建构的重要环节。

五层平面图

四层平面图

普通多层住宅的基本模型是“堆叠”，是单一户型的垂直复制，除了与地面的高度区别外，每层户型都完全相同。普通多层住宅是填充性的、效率至上的，除一层外，剩下楼层与自然的关系几乎没有。户间的差别也仅体现在楼层上，这种消灭个体差别的做法，是对人个性与尊严的抹杀。

花园洋房的基本模型是“阶梯”，每户不再是单纯的复制，而是自然与大地的延展，每户都有独享的花园阳台，人与自然在此被紧密结合在一起。同时，阶梯状的设计为各户提供了户间的区别与独立的个性，差别即为个人提供了私有。买房者在同一个组团内有更多选择，尊重人的选择权，即是尊重人——作为一个自由动物的基本权利。花园洋房因体块的丰富，也形成了立面上的丰富，和装饰语言的堆砌。这种丰富是一种“多”，这种“多”相对于现代主义建筑的“少”来说，更好地满足了普通人对于情景和环境的审美需求。

花园洋房

[illegible] / 广东深圳 / 2001–2003 年 / 深圳鹏基（集团）有限公司

花园洋房

格林春晓 / 上海 / 2002–2004 年 / 大连万科锦绣花城开发有限责任公司 / 207882m² / 所获奖项：2003 中国住宅创新夺标中国住宅创新示范楼盘

花园洋房

城市高尔夫花园 / 广东东莞 / 2004–2005 年 / 大连万科锦绣花城开发有限责任公司 /207882m²

花园洋房

城市花园 / 辽宁大连 / 2004–2005 年 / 大连万科锦绣花城开发有限责任公司 / 181806m²

创新风暴 2004 中国优秀住宅推介——中国创新示范住宅

“城市更新”是对于期望实现城市内土地价值
么办？工厂搬迁、旧城改造、城市升级，统称
之前一般都会找堂而皇之的理由，这叫做“正
睛宣称：城市是有生命周期的有机体，它更是
新带来的是城市土地的梯级释放，这样一来城
城市以至农村。所谓回到城市生活，无非是城

面对城市更新的无法避免，筑博没有更多的修
境中挖掘生活的内涵，并提高生活品质。城市
多的限定性外，往往还累积着原有文化习性的
通过城市更新项目实现原有基地的改造与重生
这些面向日常生活的实际出发点，才是筑博面

修辞。城市里没地了，但是还想变钱出来，怎
中国有这么个传统：做让老百姓鸡飞狗跳的事
由找到了，说话的底气就足，于是可以闭着眼
！然后接着欢呼：城市的活力回来了！城市更
以像震荡波那样，从一线城市蔓延到二、三线
出了可供开发的土地而已。

将其注意力集中到如何在高密度的既有城市环
的各项条件与一般项目不同，除了环境带有更
。如何利用并改造原有空间的各项条件？如何
过城市更新设计，提高原有区域的城市活力？
新时的真问题。（朱晔）

日常生活 = 回城

Everyday Life Equals Returning to City

图为梨树湾项目建成前所在基地

在城市向郊区发展的过程中，城市内部也在积极进行着更新，原有城市区域过于老旧，无法适应城市发展的功能需求。在这些区域的原址上，诞生了一系列的新建筑，它们以新的面貌激发着城市活力。城市更新从另一方面也反映出郊区化的步伐正在放缓，人们重新开始审视城市的魅力，呼唤更多样化功能的城市。

2007

梨树湾 / 重庆 / 2007–2009 年 / 福建浔兴房地产开发有限公司 / 272952m²

城市更新

紫台 / 广东东莞 / 2010 年至今 / 东莞市虎门万科房地产有限公司 / 203000m^2

住区向城市空间开放。围合的居住空间组团，街道形式的公共活动场所，尺度亲切的小规模商业，实现了与周边城市环境融合的设计目的。

石佛营 / 北京 / 2010 年至今 / 北京保利营房地产开发有限公司 / 72689m²

“入户七步”在本项目得到很好的运用，同时我们将入口广场改为会所，提高了整体品质。

烂尾楼

lànwěilóu

“尾”指尾巴，结尾、完结的意思；“烂尾”即尾巴烂掉了，没法完结、完成不了的意思。烂尾楼的成因从微观角度分析，包括资金实力不足、市场定位不准、经济纠纷、寻租行为、空头炒作等；从宏观角度分析，由于房地产项目往往牵连较大数量的资本，所以与融资政策、市场供需平衡等密切相关，一旦行业兴旺发达，导致的整体虚热现象没有被及时发现与遏制的话，市场供需循环出现错乱，大规模的资金与楼盘生产链条出现断裂，烂尾楼现象就会作为房地产泡沫的显性表征集群式地出现。烂尾楼的发展史与我国改革开放的进程相呼应，具有浪潮式特征，至目前大致经历了 1988、1993、2003 三次浪潮。其中最典型的是 1992 年邓小平南巡讲话以后，国家对土地批租的审批权进行适当下放，南方的房地产开发出现了一整年的高速发展。海南、广西北海等的烂尾楼大多出现在这一时期，其中海南的烂尾楼占当时全国地产泡沫的 70%，总量达 1000 多亿元。然而十数年过去，随着土地开发总量的减少，烂尾楼作为权力造城与资本造城的共赢点，在资金链修复或更换之后，正有选择地重新灿烂。

（嗯工作室）

chéng zhōng cūn 城中村

“城中村”具有农村和城市的双重特征，是城市化进程中的历史产物。城市化进程的加快，使一些处于城乡结合部的村庄融入城区，成为“城中有村，村里有城，村外现代化，村里脏乱差”的地区。“城中村”在从乡村向城市转变的过程中，因土地、户籍、人口等多方面均属城乡二元管理体制，没有完全纳入城市统一规划、建设和管理，其发展有很大的自发性和盲目性，在生产方式、生活方式、景观建设等各方面仍保留有浓厚的农民特征，因而影响了城市基础设施布局，乃至城市整体规划的实施。“城中村”的长期存在，已经成为我国很多城市发展面临的一个难题。
(嗯工作室)

nóng mín gōng

农民工

农民工指从农村进入城市，依靠替雇主工作为谋生手段，但不具备非农业户口的社会群体，也是中国产业工人中人数最大的群体，据估计现在农民工的数量接近 2 亿人。这些年来农民工一直作为边缘化的特殊群体而工作和生活着，因为户籍制度而造成的就业、福利歧视等原因，他们从事着城市里各种廉价、脏、乱、高危的工作，但他们的基本权利和合法权益没有得到充分而有效的保障，被老板拖欠工资、发生安全事故、加班加点等现象频频发生。近年来，农民工在遭受人们同情的同时，也渐渐被城市人妖魔化，“不文明”、“犯罪”等词汇也越来越多地跟农民工联系在一起。

（嗯工作室）

dīng zǐ hù
钉子户

“钉子户”指拒绝搬迁的被拆迁人。目前，我国城市房屋拆迁的法规不健全，程序不平等，补偿不公平，强拆不文明，加上房地产市场存在明显的垄断利润，被拆迁人获得的补偿与迁居成本差距太大，甚至有些地方政府涉嫌在征用土地中与开发商分享巨额利润。某些地方政府与开发集团举着“旧城改造”的旗子，强行甚至是暴力地驱逐原有的旧城居民，有时候还会勾结流氓团伙使用打、砸、抢、烧等非常手段。原住民与拆迁集团的利益冲突达到一定程度时，总会有一些豁得出去的钉子户出现。由于只有政府拥有对土地和城市规划的权力，所以，政府指令拆迁或授权开发商拆迁本身就是政府行为。但我国的城市房屋拆迁条例有重大缺陷，条例规定的拆迁人是开发商，往往政府在下达了行政命令后，将“拆迁人（多为房地产开发商）”推至前台，自己“淡入”幕后，扮演着“仲裁人”的角色。一旦拆迁人和被拆迁人对簿公堂，政府可以回避诉讼的责任和义务。钉子户的出现从我国法制健全与民主建设的角度看不是坏事，它至少能刺激民众在强权势力面前不要只作“顺民”，而应该站起来理直气壮地保护自己的合法权益，只有这样，法制健全与民主建设才能更好、更快地进行下去。

（嗯工作室）

fáng dào chuāng

防盗窗

住户为防止盗贼破窗而入，安装在窗外的钢栅栏，由钢筋、钢管、钢绞线等不同材质制成。其存在也在一定程度上物化了中国城市的治安状况。防盗窗的普及为中国搭建了一道独特的城市住宅建筑图景，早年由于没有政府和规划部门的控制，在很多小区都形成了一套独立的建筑表皮，其规模让人叹为观止。另外，防盗窗的安装也造成了民众和政府之间的猫鼠游戏。一方面，政府规划部门认为防盗窗妨碍市容，要求取缔；另一方面，虽然有政府和物业方面的压力，但是住户由于担忧自家财产安全，仍然坚持安装防盗窗，并且市场中逐渐开发出各种类型的“隐性”防盗窗。防盗窗和日趋厚重的防盗门为现代人的家庭构成了一幅“城堡”的图景。“老死不相往来”与原来中国传统亲近的邻里关系形成了鲜明的对比。

（张烁）

fēng shuǐ

风水

《现代汉语词典》："风水指住宅基地、坟地等的地理形势，如山脉、山水的方向等。迷信的人认为风水好坏可以影响其家族、子孙的盛衰吉凶。"一方面，国内特别是南方地区住宅的规划和户型设计以及室内装修、陈设比较讲究风水，人们认为房间的形态、方位、房间陈设以及房间之间的关系都能影响人的健康和命运，风水的影响部分也来自香港。但是风水学毕竟与现代科学的评判标准或者说评判方式不同，绝大部分老百姓受知识背景的局限，难以理解风水。因此，很多地产商就利用了这种心理，将"风水好"作为了房产的一个卖点，其中不乏使用欺骗手段。同时，很多地产商在委托建筑师或者规划师进行设计的时候，会请"风水先生"来为用地看风水，辨吉凶。而风水先生和建筑师所使用的完全是两种设计逻辑，一个是东方的玄学逻辑，一个是西方的理性逻辑。在"风水先生"的指点下，设计师经常会觉得莫名其妙，无所适从。另一方面，改革开放后，集体信仰的减弱也让人们对生活失去了方向。同时，这一时期老百姓的收入和生活水平差异逐渐拉大，很多人不能接受这种突如其来的落差感和空心化。这些都为风水学的回归提供了条件。（张烁）

日常生活 = 居住

Everyday Life Equals Inhabitation

在房产的前前后后

Inside and Outside of Estate

文 / 冯原

Text / Feng Yuan

“千年土地百代主”，这一句俗话道尽了中国人与土地的百世缠绵和人间沧桑。比之于短暂的人生，千万年的土地仿佛恒久不变，变幻莫测的倒是土地与人的所属关系，人与地如是，更不必去说土地上面那些建了又拆、拆了又建的“房产”了。

地产的金山

在天、地、人之间，天人关系表现出人的崇拜和敬畏，而人地关系的实质却是一种占有关系，因此，“人化”的土地不再是大自然，而是有属主的地产。说到底，天人和人地关系取决于人与人的关系，这种由人自身的关系衍生出来的人法地、地法天、天法道的关系，促进了统治秩序与社会制度的形成。在农业时代的中国，土地的帝王形式是“江山”；土地的地主形式是田产；城镇村落无非是皇家的官产与百姓的私产。如此，天下既定，一切周而复始。在“普天之下，莫非王土，率土之滨，莫非王城”的时空秩序中，土地的舞台只上演同一幕戏剧——“千年土地百代主”。在地权变换的历史游戏中，它的温和形式是买与卖；它的极端形式是剥夺和占有。然而，在温和与极端之间却没有明确的界限，王朝更替不过是江山易主；买卖虽可做大，却常常“富不过三代”。于是，“旧时王谢堂前燕，飞入寻常百姓家”的感叹便成了房—地—产的古典形态的生动写照。

只要把母鸡圈养在一起，不久就能观察到生物学家称之为“啄序”的现象——母鸡之间以相啄的序列形成某种等级制，只要“啄序”既定，母鸡们便能安居乐业。由此看来，统治的根本是能促进繁荣的。而人类的统治

房地产投资成了全体国民在财富旅途上的最后
地产的金山上，即使是那些被按揭所套牢了的
灿的光芒。

Real estate investment has become the last reshuffle of wealth journey of all citizens,
who are stuck with mortgage, with "nooses" around their necks emitting golden light.

不仅关乎人事，还要衍生出具体的财产占有模式，以决定人与物的统治关系。因此，人的等级制必定会形塑出那个财产占有关系的“形象”。所以，在雨燕的眼中，王谢的府邸和百姓的陋室的差异不过是筑巢条件的不同；在诗人的眼中，它却表现为财产等级和权力兴亡。由权力投射到财产上的等级制，除了财富量的差别之外，更多的是制度对财产所作出的“形象规定”。皇朝制度下的“房地产”，其核心在于土地所有权，皇宫、庄园和草民的棚屋构成了土地之上的所有权的“啄序”，站在现代建筑学的立场来看，无论是皖南的“徽派民居”还是闽西的客家土楼都被归类为传统的“民居”，然而在特定的制度条件下，它们却是富有的徽商和聚族而居的客家族群在所有权上的空间形式，因而也拥有用财富构筑的特定的“制度形象”。

不论谁主江山沉浮，只要农业皇朝的历史制度条件不变，财富积聚的合法出路就只有买田置业。但是，财富—房产的转换并不完全是由财富的量所决定，它还要受制于“形式的制度”。所以，在漫长的历史上，统治者支配的等级制与财富的“扩张本能”构成了相互钳制的两极，一方面，统治的等级制强行规定了财富的外在形式，传统中国建筑在结构、样式、象征等级上的高度一致性，与社会统治形成某种恒定的对称；另一方面，财富的累积与增值总会或多或少地冲破制度的藩篱，为自我表现寻找到发泄的缺口。明清江南的私园鼎盛一时，便是积聚的财富在制度之外冲出的表现“通道”。总之，在统治制度与财富积累的两极关系上，“房产的规模和样式”是一种最为典型的镜子——映照出制度变迁的历史轮廓。

近世以降，王朝变成国家，王土也就变成了国土。不论是从国家还是百姓的角度来看，制度变迁的根基都是一个土地问题。因此，近代革命的竞争实质上就是一场土地革命的竞争，在土地所有权的轮回更替之中，最终是土地国有战胜了私有，土地的国家化最终结束了“千年土地百代主”的历史游戏。千年土地之上的人民也不是“百代主人”的承继者，他们甚至失去了与土地的直接关系。但是，从土地收归公有的数十年间，略去那个短暂而苦痛的计划经济时期不说，中国也从农业时代一路跃进到了今天的“房地产时代”。近15年来房地产业的破土而出，无异于一副由国家调制出来弥合人地关系的镇痛剂，它把疏离土地的无恒心的人民再次拉向了土地上的“恒产”，在两个时代的百年变迁之间，农业帝国的土地问题变成了今天地面上的地产、物业；一度被称为“变天账”的地契变成了合法的房产证。这一切实际上推动着一场社会再造运动的完成，由公产到私产的变化，与国家干部变成了公务员，群众变成了纳税人的过程一脉相承，最后，无比兴旺的房地产业也把中国人划分成了有房的业主和无房的暂住者——有产阶级和无产阶级的新时代。

在今天的城乡大地，“普天之下，莫非地产；率土之滨，莫非楼盘”的时空秩序业已成型。当一座座楼盘拔地而起之时，中国的房地产业又一次迎来了它的黄金时代。房地产就如同一个拥有巨大引力的磁场，把这个五行世界中的贵金属全部吸纳进去，这使得那些超级楼盘

牌，无论你相信也罢怀疑也罢，你们都居住在
他们套在脖子上的"绞索"也照样发出金灿

believe or doubt, you all live in the Golden Hill of real estate, even those house slaves

和异国情调的别墅区，成为一座座光彩夺目的金银山。与农业时代买田置业的速度相比较，房地产的开发犹如19世纪北美的淘金热一般，从珠三角到长三角，今天中国的每一处大盘，几乎都显现出金矿般的财富积聚效应。人们抢购楼盘的热情，简直就像是涌向加利福尼亚和阿拉斯加的淘金者；人们谈论着自己的居所时的表情，无异于在谈论一座座金山；他们抚摸着玻璃和墙壁，就仿佛抚摸到金库的大门一般。

风格的周期

随街可见的"物业代理行"到底在代理什么？不需问的，对于大众而言，那是房地产买卖的中介机构。可同样的房地产项目到了建筑师的意识里就成了他们的创作。华美的售楼书向买家兜售的是高尚的生活方式，反过来，它又成为了建筑师争取业务的砝码。其实，消费者购买的物业与建筑师承接的业务都是同一样东西——建筑。

只有一样身份是不变的，那就是房地产投资商。他们既是建筑的生产者，去决定建筑的风格和造价；又是投资损益的承担者，去负担房地产市场的风险。这个双重性必然导致地产商的价值取向——他们向大众提供房产以获取利润，而利润的预期在很大程度上又是与建筑师的风格偏好息息相关的。在一个竞争过度的市场就是如此，当房地产本身处于过剩状态时，销量的竞争实际上就几乎等于风格的竞赛。地产商必须对建筑的样式和风格具有市场意识，以提前发现那些可能带来好销量的建筑形式，这意味着，他们即便拥有大笔的资金，也要慎重地选择"合格"的建筑师，当"好风格"能制造好收益时，他们不可能不明白"坏风格"的过失是经建筑师之手转嫁到他们身上的。所以，如果建筑师是在风格前线格斗的"歼击机"，成功的地产商则必须成为一部敏锐的"风格预警机"，以指挥他们的"建筑飞行员"顺利完成任务。

一个热销或滞销的楼盘当然有着诸种原因，不过地产商的风格意识常常成为决定成败的关键点。地产营销是涉及多兵种参与的合成作战，从企划到设计、建造、广告与销售策略等，这些条件都对地产商构成约束。就房产开发的规律来说，建筑风格只能是一个提前投下的赌注，地产商必须付费向建筑师购买某个"风格筹码"，再把它押上销量的赌台。在这个意义上，建筑师赚得的收益很难与地产商相提并论，但地产商承担的经济风险又远在建筑师之上。建筑师与地产商叫板的可能性也就微乎其微了。

相比之下，建筑师比起地产商更依赖名声效应，因为设计的风险始终低于开发的风险，而设计的再生产能力却永远超过地产开发的再生产能力。建筑师当然也乐于"延迟回报"，建筑师可以忍受低收费以获得项目，然后再指望名声效应来提高未来的收费标准。这样的规律反过来又决定了地产商的选择：他们可以选择高价购买著名建筑师的成熟设计，也可以用低价换取无名小卒的设计来降低开发成本。在信息不对称的前提下，地产商与建筑师之间很容易陷入博弈论中的"囚徒困境"。绝大部分的房地产开发都是如此：假定地产商要为谋利而必须预先投资某种风格，他们更愿意选择流行的风格；

假定建筑师要创作某个房地产项目，他们更倾向于揣测老板的意图，避免把风格玩过头了。结果，房地产开发便呈现出明显的“风格周期”，我们也很容易通过建筑的样式来回推开发的年代。20世纪90年代以来，中国大城市的商业楼盘的外观如同树木的年轮一样清晰可辨。建筑上的窗户便是个好例子：从最早的方窗到半圆窗，再到带飘台的窗，直至落地玻璃窗，最近，半弧形的窗子显然占据了制高点。当然，销量永远是难以预估的，对于房地产开发而言，每一次对风格的提升，都是销量下滑的刺激性反应；每一次销量的提升，都是地产商向建筑师支付更多费用的结果；而地产商愈加重视建筑的风格，难道不是发出了市场竞争加剧的信号？

没有人会把“物业代理行”改为“风格代理行”，不过当消费者面对着差价极大而面积却基本相当的物业时，他们不可避免地要为“风格偏好”支付成本。如此说来，只要你买下了一套房子，地产商和建筑师就都赢了。你买了这一套而没买另一套，当然是因为那一套的风格已过时，但是你也高兴不了太久，地产商和建筑师的联手努力很快就会让你尝尝何为过时的滋味。

居住的舞台

虽然房地产业的基本形式还是居住，但是它掀起了一场以增值为快感的竞赛，因此，它的快感来源已经从空间占有转移到增长的数字游戏上面，增值的欲望像发酵粉一样使地产面包膨胀起来，使得千千万万的“业主”，变成居住在千万个地产面包里的幼虫，如果说居住方式正在改变中国，那是因为房地产商开辟了一条新丝绸之路，这是一条由东向西的想象之路，他们精心构筑的新民居显示了中国大陆的罗马帝国化趋势，在中国房地产的版图上，崛起了一座座称之为“罗马花园”或“天鹅湖”的欧式城堡和迪斯尼式的主题乐园。于是，与这场欧化运动同时被改变的还有被连片拆除的老城和旧民居；还有失地的农民和有待安置的拆迁户……

借着房地产这个金光闪闪的吸金石，我们又一次看到财富积聚时的膨胀效应，房地产业造就了“千年土地百代主”的现代版本。只不过，这个时代的地产游戏巧妙地用华丽的建筑形象取代了质朴的土地，房地产创造了一种金色的制度形象，蜂拥而至的消费者大军投进房地产的投资，就如同投向地产商的选票，房地产投资成了全体国民在财富旅途上的最后一次洗牌，无论你相信也罢怀疑也罢，你们都居住在地产的金山上，即使是那些被按揭所套牢了的房奴们，他们套在脖子上的“绞索”也照样发出金灿灿的光芒。

柯布西耶说：房屋是居住的机器。可这话只说对了一半，房屋还是愿望的载体，它表达了人们自我照顾的愿望和能力。相比之下，进化生物学家的概念可能更有道理，理查德·道金斯把生物体营造的建筑称为“延伸的表现型”，就人类而言，“表现型”显然与人的表现欲有关。所以，人与房屋的关系分为两重，第一重属于柯布西耶，人们用房屋—机器来悉心照顾身体；第二重属于进化生物学，房屋不仅用于居住，还用于表达自我。如此说来，把柯布和道金斯的观念合在一起，人类建造房屋的真相才有所显露。

房屋也是区分社会组织的空间单位。在帝国和宗教的层面上，房屋是皇宫和寺院；在民族与国家的层面上，房屋是各种公共建筑；在家族的层面上，房屋是庄园和村落；在现代社会中，真正与我们相关的房屋是以家庭为基本单位的建筑形式，这就是住宅。从多层住宅中的单元房到独栋式别墅，住宅的形式不一而足。从房屋的基本功能来看，它们都是满足生理需要的居住机器，然而在房屋市场化和批量生产的前提下，房屋的建筑形式已经被建筑师和房地产商所垄断，这就造成了现代人的“蜗牛效应”——他们拥有的空间只是他们的家，因此，出于人类的表现欲，室内空间不仅成为居住的机器，它还演化成居住者自我表现的舞台。

家居既然是个人的舞台，那么室内空间也如同服饰的社会内涵一般有着微妙的双重意义。正像穿着体面要比保持温暖更有竞争性一样，居住的行为也内外有别，向内的居住是照顾自己的身体，这是要追求舒适性；向外的居住则是表演性的，因而带上了阶级的象征意味。所以，居所既是一种私密的空间，它的作用在于庇护居住者，与外界隔离开来；同时，私密化的居所又是一个公开的表演场，它向适合的参观者展示介绍居所主人的各项“阶级指标”。表演的情境造就了个人居所最为隐秘和吸引人的所在——主人通过对于居所的空间和道具的操控，以期形成某种特定的品位与风格，而这种显性的品位与风格昭示着隐性的社会阶级特征，使得居住不再是私密的，个人化的室内空间更是演变成一件空间舞会上的炫目礼服。

所以，当代社会中的室内空间并非属于个人，而是个人为自己准备的“身份模具”。人们通过装饰空间来表达自己的身份，经过装饰的室内空间，也就成为孔雀开屏的尾巴，它向内表达了主人的审美偏好，向外则界定了主人的身份认同。室内空间是一道表面易懂，实际很难解释的谜语，这个事实本身就告诉我们，不管你是否意识到，一旦你开始设计你的居所，你就会把居所变成一个舞台，无论你选定怎样的风格，都会显露你的偏好，而这种风格偏好，貌似与审美有关，实际上却关系到你的身份和你的阶级属性。当你向朋友们打开你的房门时，事实上，你的居住就会变成一场演出。

失落的权益

有钱又能有什么用？这似乎是个白痴一般的问题，没人会这么问，因此，每个人都努力去挣钱，以变得更富有，然后用钱去买回需要的一切。以今天的情形来看，那些富有到能够买房买车的人，应该就是当下的中产阶级了。

其实，钱的发明和使用就与制度的建立、执行密不可分。在制度所维系的信用上，用纸印制的“钱”可以换回实物，无论这些实物是珠宝还是房产。同时，也正是在制度的意义上，任何一个社会都必须界定什么是可买卖的——即哪些可以为个人私有；什么是不能买卖的——哪些是大家公有的公共物品。天然的公共物品当然非阳光、空气莫属，无论是谁，哪怕他富甲天下，也不能买断空气的使用权，然后让每个人因为呼吸而向他付费。

新兴的中产阶级谁都明白阳光和空气属于公有这个道理，但是他们还是太容易迷信金钱的力量，从而忘记了让钱物交易生效的那个制度背景。他们什么都想买下，只是埋怨自己没能挣上“足够多”的钱，很少有人会冷静地去想想，他们到底买下了什么？遗漏了什么？

比如这几年甚嚣尘上的房地产、豪华车，看上去，这些都是只要你付费就能拥有的东西。某种意义上，居住和出行也是最基本的生活必需品。中产阶级不假思索地去做，用大把的银子换来房产和汽车。可他们中的大部分人都忘记了一个最基本的常识——在你、我、他的私产之间，仍然存在着一个公共领域，如果缺少某种可靠的体制来保障这个公共领域的资源配置，那么你的私产，实质上仍是个无用的东西。

如果从公共物品的分配制度出发来看问题，那么今天的房地产买卖就显得有点滑稽。因为，绝大部分的业主只关心自己的房产证，没错，房产证上是写着你的大名，但是，却没有哪个业主真正关心你理应拥有的房产管理权。这个你、我、他都应该拥有份额的管理权，在你们买下物业的时候，就被静悄悄地强制性剥夺了。这就如同你花大价钱买了一件珠宝，但必须在“别人”规定的时间和地点才能穿着，一个放弃了管理权的房产，那可要比一件被“双规”的珠宝更让人烦躁不安了。

当你不能决定你居住的花园小区应该怎样，或不应该怎样时，你拥有这个小区的房产就很可能是一种错误；当你、我、他这些业主不能共同来决定怎样让自己居住得更方便、舒心时，你们的公共权益其实已经被霸占了。这个时候，管理着你的私产的物业公司的保安表面上向你敬礼，实际上却是为他的老板服务，因为是他们的老板、而不是你在给他们发工资。在这种情况下，老板要把本属于你、我、他的停车位卖出去，就是一件符合老板利益的正常事，当停车位卖完之后，你们每天散步的园林景观可能也要被分割出售，小区的围墙也变成铺面租售，总之，只要你没有管理权，只要你无法参与管理的决策，那就没有什么是不可能的，你的处境就只有无奈二字。

有钱就有用吗？有钱就能拥有一切吗？非也，最近在广州闹得沸沸扬扬的停车位买卖纠纷，折射出无数富人和准富人的无奈和心酸。但究其本质来看，这还不是一个大富人欺负小富人的事件那样简单，停车位买卖，从根本上暴露了中产阶级对于制度权益的无知。那些在慌乱中用高价买下车位的业主，好像要比那些试图维权的业主更有钱、更聪明，实际上，他们不过是助长了一种有缺陷的产权管理制度的存在罢了。所有的中产阶级都知道挣钱不容易，所以他们理应珍惜用金钱换来的物品。而珍惜的最好办法，就是去质疑那个对你的财产行使管理权的制度，不要指望“别人”会发善心，要知道，唯一能保护你的，就是你不轻易去买，只要你不买，任何人都不能欺负你，当你、我、他都不轻易决定去买之时，那个制度才可能改良，才可能变得有利于我们大家。

在我没有看到制度改良的信号之前，我就什么都不买。

03

公共与日常生活
Commonality and Everyday Life

日常生活 = 真实生活

Everyday Life Equals Real Life

那一根压倒骆驼的伟大稻草——纪念简·雅各布斯

A Great Straw that Overwhelms Camel –In Memory of Jane Jacobs

文 / 冯果川

Text / Feng Guochuan

2006 年 4 月 25 日，简·雅各布斯（Jane Jacobs）在加拿大多伦多市的一家医院去世，离她 90 岁的生日只有 9 天。多伦多市市长发表书面声明说，雅各布斯是“这个时代最伟大的思想家之一”，“她的洞察力和杰出贡献改写了北美城市的发展史”。

事实上，简·雅各布斯称得上是过去半个世纪中对美国乃至世界城市规划发展影响最大的人士之一，出版于 1961 年的《美国大城市的死与生》震撼了当时的美国规划界，而现在，人们也已习惯把该书的出版视作美国规划转向的重要标志。很多人甚至认为正是这本书终结了 20 世纪 50 年代美国政府以铲除贫民窟和兴建高速路为特征的大规模的城市更新运动。当年的美国公职规划学会（APAO）会长丹尼斯·奥·哈罗也不得不抱怨道：“简·雅各布斯的书对城市规划来说是非常有害的，但我们不得不和它生活在一起。”

简·雅各布斯 1916 年出生于美国宾夕法尼亚州的一个小镇斯克兰顿，她家族中的几代女子都与男性一样拥有职业，而且大多数是教师。在她的家庭中女孩和男孩被同等对待，家族的这一传统塑造了她果敢而特立独行的性格。中学毕业后简·雅各布斯不愿去上大学，在接受了一段时间的速记员培训后，她却去了当地的一家报社《斯克兰顿论坛》做义务记者。经济大萧条时期她去了纽约，为时尚杂志《Vogue》撰稿。22 岁去哥伦比亚大学进修了 2 年，随后进入战争信息办公室工作。

雅各布斯讲述了街道与街区的意义，她将与建筑
别是人行道的公共空间的决定意义……恰恰是我
专业的痼疾所在。

Jacobs described the significance of street and neighborhood, considered block which
decisive meaning of the public space of block, especially sidewalk ... Precisely, Jacobs re

1944 年雅各布斯和一位擅长医院规划的建筑师结婚，定居在纽约的格林威治村。在丈夫的影响下，她开始对建筑发生兴趣，并成为《建筑论坛》的助理编辑。1958 年，雅各布斯为著名的《财富》杂志撰写了一篇关于城市中心区的文章"市中心为人民而存在"。该文随即被一部关于城市问题的颇为畅销的集子《爆炸的大都市》选中，使得她的作品开始引起《财富》杂志、洛克菲勒基金会以及包括 L• 芒福德在内的众多纽约文化界人士的关注。1959 年当得知雅各布斯想写一本关于城市设计的书之后，洛克菲勒基金会立即慷慨解囊，资助她去美国各大城市旅行并专注于写作。一年多以后《美国大城市的死与生》这本 20 万字的著作问世了。

针对雅各布斯的贡献，也有人认为她不过是幸运地成为压倒骆驼的最后一根稻草，"当我们重新审视美国旧城更新的发展历史，会发现上述大规模计划的失败还有其更加深刻的原因。事实上，几乎就在雅各布斯写《美国大城市的死与生》时，这些由政府主导的计划就已经开始走下坡路了。"他们认为这些大规模规划停下来的原因是美国经济开始走向萧条，而不是这位坊间主妇的愤怒叫喊与温情絮语。

城市成为规划的牺牲品

对雅各布斯和《美国大城市的死与生》的各种不同甚至对立的看法可以增加人们的好奇心和这本书的销量，但雅各布斯对我们的价值更在于她的现实意义，既然《美国大城市的死与生》是雅各布斯的经典代表作，便应该首先回到这本书的本身。

在《美国大城市的死与生》的导言中，雅各布斯批判了城市规划的三个思想来源：第一个是英国人埃比尼泽•霍华德提出的"田园城市"理论。这个理论试图以低密度的、具有田园景观的小城镇来替代他认为已经堕落不堪的大城市。第二个是法国著名建筑师柯布西耶的"阳光城市"，在这个构想中城市是一个整齐排布着宏伟摩天大楼的巨大公园。这些摩天大楼间距大而缺乏联系，完全被空旷的绿地和高架桥所隔绝。柯布将之称为"垂直的花园城市"。第三个是美国人丹尼尔•伯纳姆倡导的城市美化运动，主要内容是在大城市建设一大批纪念性的标志建筑，如市政中心、文化中心、大型纪念碑、城市广场等。这些建筑从城市脉络中分离出来成为一个个孤立的物体。

雅各布斯认为这三种来源彼此联系，在美国大城市的规划中和谐地混合在一起，他们构想的图景或者诗意或者宏伟却都与城市实际的运转机制无关，雅各布斯认为这种"正统"的繁荣规划缺乏对城市生活本身的尊重与研究，城市成为了规划的牺牲品。

针对这种正统的规划思想，雅各布斯道出了自己对城市的认识，她并不求全面而是突出重点。在讨论城市特性时，雅各布斯讲述了街道与街区的意义，她将与建筑密切联系的街道看做成熟的基本要素，揭示出街道特

关系的街道看做成熟的基本要素，揭示出街道特
斤从非专业的角度和以非专业的方法揭示了规划

act with building as the basic element of a city in becoming mature, and indicated the
ia of planning profession from non-professional point and non-professional approach.

别是人行道的公共空间的决定意义。她提出“街道眼”和“街道芭蕾”的概念，“街道眼”是关于街道的防卫功能，由于临街建筑和街道上的视线监视形成公共监视网“以保护陌生人和我们自己”。“街道芭蕾”是对街头生活场面的生动比喻，这种生活场景是城市特有的魅力和生命存在。而正统的规划理论则倾向于荒废街道，尽可能地降低街道的社会经济作用，她认为这是城市规划理论中最有害、最具破坏力的思想。

此外，在雅各布斯看来，多样性是城市的天性。她详细讨论了多样性对于城市的必要性和重要性，以及城市如何保持发展其多样性。而在谈论影响城市多样性和活力的几种诱因时，她从多样性自我毁灭的可能性入手，讨论城市功能划分导致的交界真空地带的衰退，以及政府和私人资金对城市发展的影响等。

在书的最后，雅各布斯分析了正统的城市规划者应对城市各种问题所采用的策略。这些问题包括公共住宅、交通、城市视觉设计、城市管理等。雅各布斯分析的重点并不是这些策略本身有没有错，而是将我们的眼光引向这样一个更为根本的问题：这些策略的目标是什么？它们到底是为谁服务？

规划的痼疾所在

《美国大城市的死与生》于 2005 年终于有中文版问世，旋即引起热烈反响，不但登上过畅销书榜首，而且被《中华读书报》评为 2005 年度图书十佳。《美国大城市的死与生》一书在中国引起如此的波澜，除了书本身的原因外，也与近年来国内各界日趋重视城市问题的大环境有关。

在国内围绕《美国大城市的死与生》对中国城市问题的现实意义所展开的争论中，我们看到正反两方面都是纠缠于书中的一些具体观点，正方往往认为该书“反对大规模城市规划”的观点是对中国当前大拆大建的有力棒喝，反方则认为中国的情况与 40 多年前的美国不同，即使情况类似，一个妇人连篇累牍的唠叨也不可能改变庞大官僚机器的运转，就像一根稻草是压不倒骆驼一样，“对小国寡民的政治乌托邦的希冀从来没有能够指点超级大国的政治方向”，所以“再多对于城市规划感性的口诛笔伐，似乎都不大可能改变城市固有的愚蠢方向。”

笔者以为《美国大城市的死与生》一书不仅对城市规划和城市问题提出了与当时美国规划专业人士完全不同甚至截然相反的观点，而且她切入问题的角度和论述的思路就已经构成了对当时主流规划思想的有力批判。甚至可以说，恰恰是雅各布斯从非专业的角度和以非专业的方法揭示了规划专业的痼疾所在。

在看待城市的视角上正统城市规划理论关注物质性空间，而雅各布斯关注的则是一种社会性、政治性的空间。20 世纪 50 年代美国规划界信奉的是物质性规划，即把城市规划理解为以建造房屋、道桥为中心内容的物质建

在知识分子社会责任的批判层面，我们看到国
缺乏对自己专业和自己身份的反思能力，成为

In the critical level of social responsibility of intellectuals, we see some professionals
reflect their specialty and identity, so they become that kind of people who submit to

设活动，美学上追求清晰、简单的空间秩序。那时的规划师大多是建筑师背景，擅长绘制漂亮的图纸而对城市的内在运行机制和城市人的生活感受却懵懂无知。他们以为视觉上的美就是城市优劣的评判标准；以为只要投入大量资金就可以扫除城市中的贫民窟；他们滥用权力，把穷人像物品一样随意地从一处搬到另一处，满不在乎地破坏社会底层赖以生存的社会网络。结果这种搬迁实际上扩大和加重了贫困，可是他们迷信正统规划理论教条已经到了一种可笑境地，以至于当矛盾威胁到他们学来的知识时，他们就把现实抛到一边，仍旧按照上一代的理想主义者的思想理论行事。

雅各布斯把规划者的这种荒谬行径类比于 19 世纪的放血疗法，认为两者都是貌似学问的迷信。虽然建立了细致而复杂的庞大理论结构，但其根基却是完全靠不住的。雅各布斯将人们的眼光重新带回城市问题上来，让人们意识到城市问题的中心是满足公共利益，而不是创造规划师所迷恋的视觉形式和彰显政府的辉煌政绩。

在论证问题的方法上，雅各布斯以感性的观察和论述揭示了正统城市规划依赖的工具性思维的局限。规划师的冷静思维总是在一个抽象的、整体性的高度进行思考，将城市机械地分割为若干单一功能区，而在具体的城市空间上又沉迷于营造单调重复的空间秩序。这种思考完全蔑视了个体生存状况，结果创造了大量金玉其外、败絮其中的公共住宅区和功能区交接处罪恶滋生的真空地带。雅各布斯以讲故事的方式，还原了一个个小人物的真实生活。这种为专业学术文章所不屑的琐碎的描述找回了现代主义规划遗失的对个体生活特别是社会底层的尊重。正如罗伯特·卡罗说的，“没有人像她描述得这样辉煌。她代那些需要发出声音的事物发出了声音。”

可见只注重该书的城市观点未免舍本逐末，雅各布斯实际上重新设定城市规划学科所应面对的问题和考察这些问题的方法以及解决它们的方法，从根本上动摇了正统城市规划的理论基础。她揭开城市规划科学的、中立的外衣，展示其内在的社会性和政治性。美国城市规划专业后来的发展明显地接受了这些，城市规划的重点转移到社会公共利益的尊重和保护上，对城市质量的判断也引入了生活经验的感性纬度，她的书也被美国的大学编入规划专业的必读书目。

2001 年美国规划协会刊物《规划》这样写道：“20 世纪 50 年代，整个城市规划领域朝向一个错误的方向前进，主流城市规划思想所制定的路线、政策带来巨大的灾难性后果时，也许需要一个人从外围指出这一‘当局者迷’的问题，这正是雅各布斯所做的。”这证明《美国大城市的死与生》一书并不是碰巧成为压倒骆驼的那根稻草，它显然已经成为美国城市理论发生深刻变革的重要原因之一。以这本书为标志，美国的城市规划开始由权力操纵的工具向保护社会公益的空间政治学转变，美国规划师的身份也随之从城市设计师的身份转变为各个社会利益集团的协调者和谈判组织者。

的一些专业人士不过是自己专业教条的俘虏，
力或资本的人。

anning industry are prisoners of their own professional dogma and lack of ability to

最后的知识分子

雅各布斯对城市的贡献并不止于《美国大城市的死与生》一书，后来她还陆续写出了《城市经济学》（1969年）、《城市与国家的财富》（1984年）、《生存系统》（1993）等书。更重要的是雅各布斯不是一个只会纸上谈兵的知识分子，对城市规划的失误她除了口诛笔伐，还热情不减地投入到抵制这些都市计划的运动中去。20世纪60年代她参加了抵制曼哈顿下城兴建高速公路的抗议活动，这条将截断整个枢纽的高速路不过是为了让那些住在郊区的富人上班方便一点。1968年她在抗议集会上被捕，罪名是“暴乱”和“故意伤害罪”。经过12年的努力雅各布斯们胜利了，政府放弃了这一计划。后来，雅各布斯参加了抵制多伦多修建spadina高速路的运动。在人们眼中雅各布斯是一位无畏的、不屈的激进分子，一个始终充满热情的社会活动家，“她热爱集会，喜欢走上街头，喜欢加入到那些热情的集会人群中去。”

正是基于这样的事实，拉塞尔·雅各比在他《最后的知识分子》一书中把《美国大城市的死与生》列为20世纪60年代具有重大意义的不朽名著之一，而简·雅各布斯也被列为美国最值得珍惜的公共知识分子之一。

当我们在纪念雅各布斯逝世，讨论《美国大城市的死与生》对中国城市建设的现实意义时，有这样两个层次的问题可供选择：规划理念的批判和知识分子社会责任的批判。在理论批判的层面上，我国现行理念还是一种自上而下的，以物质性规划为中心的规划。某些地方政府为追求所谓的城市形象而牺牲民众的利益，热衷于拆迁改造，大搞政绩工程、面子工程。近年因为拆迁、经济适用房项目以及政府工程引起的社会问题已经屡见不鲜了。《美国大城市的死与生》一书确实是批判我国落后的规划理念和规划师、建筑师的重度专业自恋的有力工具。

在知识分子社会责任的批判层面，我们看到国内规划界的一些专业人士不过是自己专业教条的俘虏，缺乏对自己专业和自己身份的反思能力，成为听命于权力或资本的人。《美国大城市的死与生》是一个唤醒他们反思的契机。另外，对于更广泛领域的知识分子而言，特别是那些可能或已经掌握公共领域话语权的知识分子，面对中国城市问题似乎抱怨得太多却做得太少了。围绕着《美国大城市的死与生》的讨论，政府和规划师轻易地就成为众矢之的，于是大家都置身事外了。开发商和学者们可以坦然地谈论他们是如何地赞同《美国大城市的死与生》的观点，然后轻松地说他们无能为力。这形成了一个怪圈，大家都说不好，但大家都不去阻止，等着事态继续糟糕下去。

我们知识分子是不是应该像雅各布斯那样挺身而出向权力讲授真理，勇敢地承担起知识分子的社会责任呢？如果说民众与权力和资本的这场较量是一场稻草和骆驼的对抗的话，稻草的命运也并不一定那么悲观，因为雅各布斯让我们看到了稻草是如何压倒骆驼的！

日常生活＝公共事件

Everyday Life Equals Public Affair

事件的力量——艺术展驱动城市

Strength of Event – Art Exhibition Drives City

文 / 冯果川

Text / Feng Guochuan

本文试图讨论艺术展对城市的影响。艺术展在笔者看来与奥运会、世博会一样是一种事件，但是与世博会、奥运会的宏大不同，艺术展的规模相对小而分散，犹如散布全球的星星之火。笔者将讨论的大部分艺术展还算是比较大型的，比如世界各大双年展、三年展等。但是，即使最具影响力的艺术展也难与奥运会、世博会的声望比肩，不过艺术展作为近年席卷全球的一股热潮，它们对全球文化格局，乃至世人的日常生活都有着不可小觑的影响。

1 艺术展的神话

1.1 威尼斯双年展

1893 年 4 月 19 日颁布《设立一个国内艺术家作品展出的双年展机制》时，威尼斯政府并没有意识到他们正在书写一个传世神话。两年后在乌伯托国王和王后的银婚之际举办的首届威尼斯视觉艺术双年展也仿佛只是给国王助兴的礼物。但是到了 1948 年，毕加索、康定斯基、米罗、达利和蒙德里安等一批划时代的巨匠以他们不朽的名字将威尼斯视觉艺术双年展推向了世界当代艺术的最前沿。所谓威尼斯视觉艺术双年展还只是整个威尼斯双年展的母体，但是由于威尼斯视觉艺术双年展太“耀眼”了，以至于人们常以为威尼斯视觉艺术双年展就是威尼斯双年展的全部，其实该双年展还包括建筑双年展，以及电影、舞蹈、音乐、戏剧节五个部分。时至今日威尼斯双年展已有 110 多年历史，展览几乎涵盖全部艺术门类，堪称世界第一艺术展，并有“双年展之母”的美誉，她让 Biennale 这个漂亮的意大利发音传遍了全世界。

全球网络和信息技术使事件成为时代的宠儿，能够比那些缓慢、昂贵的城市建设更容易、更快速成功学公开的秘密。

Global network and information technology make event as the darling of the era, so prestige and even success to a city than those slow and expensive urban construction. S

作为威尼斯双年展最核心的视觉艺术双年展分为两大板块：首先是“国家馆”展览，由各国政府组织选派本国的艺术家参加；其次是组委会特邀的主题展，由密切关注当代艺术的业界委托国际知名策展人，邀请代表新潮流的艺术家参展。“国家馆”是威尼斯双年展的一大特点：“正如每个国家选派最优秀的体育运动员参加奥运会一样，参与各国都积极选派最能代表国家艺术水平的当代艺术家，在双年展期间进驻自己设立在威尼斯的国家馆，向全世界的来访者展示本国艺术。双年展也向最佳国家馆颁发金狮奖，国家馆获奖不仅仅是对参展艺术家的褒扬，还意味着对一个国家整体艺术水平的极高赞誉，国家馆的参展艺术家也因此成为国家文化形象的重要代表。”[1]，威尼斯双年展也因此有了“艺术界的奥林匹克”之称。由此，我们可以回忆一下中国政府和中国艺术家的威尼斯双年展艰辛的历程和不舍的情节。1980年新中国在威尼斯首次亮相，展出的是民间剪纸，1982年再来水城展示的是刺绣，这些与当代艺术语境格格不入的“工艺品”让组织方头痛不已，此后中国一度退出了威尼斯双年展。但同时，中国当代艺术家却在不断尝试以个人身份杀入威尼斯双年展，颇有中国导演冲击奥斯卡的豪情和悲情。这是闲话，言归正传，历届威尼斯双年展是当代艺术发展的风向标，与时俱进而又生命力旺盛，缔造了一个近乎完美的艺术展神话。

1.2 卡塞尔文献展

在第二次世界大战中，整个卡塞尔城被战火所吞噬，几乎化作灰烬和瓦砾。70%多的住宅，65%的工业设施被毁坏，近万人在大轰炸中丧生。1955年第三届联邦德国园艺博览会定在卡塞尔城举办，这给艰难的城市重建注入了一剂强心针。为了配合园博会，兴奋的政府开始鼓励一切有利于城市复兴的计划，并希望尽可能地吸引地方资金和游客。阿诺德·波特教授这位当地的艺术教育家、设计师滋生了一个伟大的想法：利用园艺博览会举办一个关于“20世纪西方艺术”的美术展览。当年的园艺博览会参观人数为280万，而第一届卡塞尔文献展展期只有两个月，参观人数只有13万（虽然在美术展览中已是非常多了）。如果说那届园博会是皇后的话，文献展充其量只是个伴娘。[2]

但是，第一届卡塞尔文献展的起点却很高，展览回顾总结了20世纪前半叶的艺术，促进战后德国艺术的复兴。这届文献展上，几乎所有欧洲现代艺术大师的野兽主义如马蒂斯、弗拉芒克；立体主义如毕加索、勃拉克、格里斯、莱热以及未来主义、风格派、泛表现主义、达达主义、形而上画派、超现实主义等众多流派都云集于此，其中不少是被纳粹迫害的艺术家。这么高水平的展览带来“巨大”的成功，它一举奠定了卡塞尔作为国际美术文献展之城的地位。至今为止，历时50年成功举办了11届，中间涌现了众多的传奇人物，如杜尚、约瑟夫·博伊于斯、罗伯特·劳申柏、贾斯帕·约翰斯、安迪·沃霍尔、莫里斯·路易斯等，今天卡塞尔文献展已经成为世界上唯一可与威尼斯国际艺术双年展并驾齐驱的艺术展，同时其开创的策展人制成为其他各大艺术展览纷纷效仿的典范。

放出巨大的力量……作为特殊事件的艺术展能
给城市声望乃至成功。于是艺术展成为城市快

emendous power ... As a special event, art exhibition can be easier and faster to bring
n becomes the open secret of the science of quick success of a city.

1.3 圣保罗双年展

威尼斯双年展对世界艺术文化的巨大影响深深触动了巴西人的心。于是，在1951年他们盛情邀请意大利裔实业家、艺术收藏家和赞助人马塔拉佐，请他以威尼斯双年展为蓝本创办了圣保罗双年展。它的组织模式，同样以“国家馆”、“国际展”和“巴西艺术”作为展览架构的三大主体。圣保罗双年展极大地推动了圣保罗文化和艺术的发展。当时，在经历了赫图里奥·瓦加斯的独裁统治后，圣保罗虽然成功地巩固了其工业重镇的地位，却一直苦于没有国际声誉。双年展以其特有的推动力和开放性令圣保罗的国际地位一路飙升，为这个以工业著称的城市赢得了文化上的声誉。圣保罗双年展与威尼斯双年展和卡塞尔文献展的不同之处在于其第三世界的模式。圣保罗双年展不仅在世界上突出了巴西国家的文化形象，而且打破了艺术世界版图中的北半球霸权，矫正了欧洲中心主义，改变了发展中国家的边缘状态，推动了重建多极、多中心、多元化的当代世界文化格局。20世纪60年代圣保罗就有含非洲国家在内的50多个参展国，而20世纪90年代威尼斯和卡塞尔才向非洲艺术家开放。[3]

1.4 艺术展的热潮

20世纪下半叶，全世界掀起了举办“双年展”的热潮，除了上述三大艺术展外，著名的双年展还有：美国惠特尼双年展、澳大利亚悉尼双年展、法国里昂双年展、德国柏林双年展、土耳其伊斯坦布尔双年展、韩国光州双年展、南非约翰内斯堡双年展、古巴哈瓦那双年展、中国台北双年展等。全球迄今已经有超过300个双年展，大多以城市、艺术品种或美术馆命名。此外，还有不少三年展如澳大利亚布里斯班亚太当代艺术三年展、日本横滨三年展等。

“（全球的艺术展）其中大多数是在过去20年内发起来的，而且令人惊讶的是，大量是在欧洲和北美以外。这样，艺术世界第一次成为多极的，而且由于双年展，在达卡、昆卡、沙迦和光州等地已形成中心，几年以前这些地方在当代艺术的地图上还没有标记。”[4]

当人群涌向全球各大知名艺术展的时候，当那些城市为艺术展而装点一新、光彩照人的时候，当人们讨论世界三大艺术展的令人艳羡的美妙传奇的时候，艺术展被看做是振兴城市的龙虎仁丹，不败神话。

2 艺术展的力量

众多城市竞相举办艺术展是指望它推动城市发展。艺术展对城市的推动简单地说有四方面：

一是争取地位。以艺术展提升城市文化以及在国际文化版图上的地位和影响力。例如，“亚太三年展”是第一个非西方当代艺术的大型展览，而从20世纪90年代开始做这个展览的澳大利亚边远城市布里斯班，如今在世界艺术版图上已是一个闪耀的坐标了。

二是树立形象。通俗的说法就是用艺术展打造城市的文化名片。像圣保罗当年是工业重镇，依仗双年展成为了蜚声世界的文化名城。卡塞尔在德国虽然风景优美，也算得上德国的“大城市”（人口才区区20万），但卡塞尔在世人心中的印象更多的还是“documenta之城”。

三是推动经济。这也是城市青睐艺术展的重要原因（如果不是主要原因的话）。文化产业在后工业时代增长迅速，伦敦经济学院专家调查报告显示，博物馆对英国经济的影响，“就像汽车工业和对冲基金”，每年达到15亿英镑。这个数字使博物馆成为经济发展中颇有分量的组成部分，而非粉饰性花边。当然艺术展不少是非营利性的社会文化活动，它对经济的影响很多时候是间接的：通过展览推动艺术品的价值、艺术家的名声、收藏家的兴趣等，以此形成一个市场。此外，“展览的国际性和巨大的人气，可以带动一个城市的文化、商业、旅游业的发展，甚至拉动一个城市GDP的增长”，艺术家郑胜天说。已经赢利的威尼斯双年展是最好的范例。多年以来，每逢威尼斯双年展，当地的餐厅、旅馆就会爆满。第50届威尼斯双年展意大利政府投入1亿美元，虽然当年世界遭遇“非典”危机，但威尼斯在双年展期间仅旅游收入就超过了1亿美元。2002年第25届圣保罗双年展参观者67万人，达到了世界当代艺术展览观众人数的最高峰。卡塞尔市是德国中部的小城市，在举办“文献展”的100天里，来自世界各地的观众和游客达60万（是本地人口的3倍），其商务机会和经济效果无可估量。[5]

四是增强软实力。与经济财富不同，艺术展为城市的贡献很大程度地体现在软实力上。软实力是相对于基本资源（如土地、人口、自然资源）、军事力量、GDP、城市基础设施等硬实力而言的，是指一个城市的文化、价值观念、社会制度等影响自身发展潜力和感召力的因素。艺术展不但能促进文化设施的发展，而且有利于城市艺术文化生态的培育。比如惠特尼双年展对于纽约乃至美国现代艺术发展的影响是巨大的，由于惠特尼双年展，纽约培育和聚集了大量的艺术家、画廊等，成为美国现代艺术生产的中心。

3 全球化：艺术展能量释放的新环境

关于全球化的概念、成因已经有大量的理论研究和讨论，本文不再赘述。笔者只想讨论一下全球化背景下在艺术和文化领域的空间构造和主体构成，以及二者对于艺术展的影响。全球化首先是经济的全球化，由于经济在社会中的主导性地位不断强化，资本的逻辑正在穿透各种领域成为社会中单一的支配性的逻辑。发生在经济、文化、艺术方面的空间变化可以说与经济空间如出一辙。

3.1 全球化的艺术空间构造

最明显的特征是流动性。全球化条件下区域性的文化的藩篱松动，造成了对文化的流动的阻碍减弱。伴随着《世界是平的》一书的热销，人们幻想着一个“无摩擦”、“无边界”、“透明”的世界的到来。那样的世界能否到来实在可疑，但是阻碍流动性的各种摩擦力以及流动的成本在下降是事实。流动性成为描述全球化下的经济同样也成为描述文化空间的关键词。

其次，世界整合为一个丧失了距离的拓扑网络。艺术正在演化为全球规模的网络系统：艺术资源在全球范围内分配，艺术生产在全球范围内分工，艺术的发展呈现出前所未有的共时性和去地域性的特征。这个网络所依赖的流动性的物质载体是高速发展的交通系统和通信系统。这些系统编织成网，在网上有着等级不同的节点。系统具有高昂的成本，并不是所有的地点都可以进入这个网络，这个网络也不是平等的，这些特点驱使着城市们争夺着登陆网络的机会。这个世界网络把艺术生态推向了极端：如果不能进入这个艺术的网络，不能成为网络节点，城市的文化和艺术对于世界来说就是不存在的。高效的交通系统和通信系统首次征服了空间距离，阻碍城市发展的不再是地理上的距离，而是网络的拓扑关系。所以，研究这个网络需要的是关于相互关系的拓扑几何学而不是衡量距离的欧氏几何学。

3.2 全球化下的新主体

全球化带来了超民族国家的新的行为主体，在经济和文化上的各种跨国公司，世界性的组织、基金等。这些超地域性的行为主体既是建构全球艺术文化网络的重要力量，又是确立艺术新标准的重要力量，他们创造了超地域的艺术景观，艺术展成为超地域主体和地方城市之间的博弈。

与这些超地域主体一同出现的艺术的超地域现象事实上已经瓦解了艺术按照民族国家进行区分的传统。威尼斯和圣保罗这些标榜国家馆的艺术展也在今天逐渐显露出龙钟老态。

4 事件：艺术展的时空策略

全球网络和信息技术使事件成为时代的宠儿，得以释放出巨大的力量。虽然艺术展往往有固定的城市，有常设的机构，但是艺术展还是更像一种事件。作为特殊事件的艺术展能够比那些缓慢、昂贵的城市建设更容易、更快速地带给城市声望乃至成功。于是艺术展成为城市快速成功学公开的秘密。

4.1 创造戏剧性时刻——艺术展的时间策略

艺术展对于普通人来讲只是一个特定的时间段（展期）里的存在。比如双年展，每两年才出现一次，展期从十几天到几个月（惠特尼双年展 1~2 个月，威尼斯双年展 4 个月左右）。在展期之外是组织机构、策展团队、艺术家们长时间的辛苦工作，其工作时间和工作量都仿佛是水下巨大的冰山，而支撑起露在水面上的小小一角就是呈现在人们面前的展览。因此，艺术展实际上是很大的文化和经济力量在较长的时间内聚集、酝酿、膨胀后的一次急速喷发，展览因此获得了一种强烈的戏剧化效果，仿佛一个盛大的节日。配合着艺术展在筹备、策划、实施的漫长能量储备过程的是观众们的心理准备期，同样是一个热情和期待逐步积累膨胀的过程。我们发现展览必须有足够的时间间隔，这对于展览的策动者和参观者双方来说都是非常必要的。对观众的等待和艺术家的准备的掌控是一门时间的艺术，它可以将某个平凡时刻转作绚烂的历史性瞬间，如同将燃料燃烧的时间缩小到极短的瞬间，燃烧就质变为一次爆炸。

不同的艺术展在对时间间隔的选择上有所不同。有的很长，比如每隔十年举办一次德国穆斯特国际雕塑展。卡塞尔文献展的间隔是五年，展览记录了五年里重要的艺术创作，所以称为文献展。有的间隔“很短”，比如年年都有双年展的威尼斯双年展。威尼斯双年展一般在 4 月开始，虽然名为双年展，但其实是一年建筑双年展，一年艺术双年展，结果是年年都有双年展；再加上每年著名的威尼斯电影节、威尼斯狂欢节，以至于威尼斯岛的旅游永远只有旺季。

4.2 驻守与流动——艺术展的空间策略

我们可以从宏观和微观两个层面上来分析艺术展的空间策略。

4.2.1 艺术展的宏观空间策略

这是指在全球层面和区域层面运作的空间策略。在全球层面，艺术展呈现为一种空间上的流动性。虽然每个展览固定在某地举行，但是此起彼伏、交替闪现在全球各处的艺术展，构成了艺术热点的不断漂移，形成全球化时代流动的艺术景观和流动的节日。鼓励着、刺激着新兴的“世界居民”不停地追踪变化的热点，绘制出一幅动态的艺术时空地图。

对应着全球化的流动性的，是超地域性的文化的全球游走。各地争相举办世界性的艺术展形成了对少数明星策展人和艺术家的盲目追捧，导致在不同城市的展览上看到的却是相同的面孔和作品，这种全球艺术展千篇一律的趋同现象和艺术创作的个性和地域性的丧失，使我们看到全球化时代的弊端，它似乎正在把世界变成无差异的“匀质空间”。与这种地域性丧失相对抗的是一种寻求锚固于特定地域的艺术展，其中最有代表性的恐怕是利物浦双年展。利物浦双年展自成立以来，除了以当代艺术为核心，从构思到组织，都是环绕着“利物浦”这座城市而展开，寻求展出作品与利物浦的历史、文化、社会脉络能够具有一定程度的相关性和契合性。其与其他多数双年展的另一个不同之处是：以“研究者”代替时髦的策展人，以委托制要求艺术家必须针对利物浦或利物浦双年展创作作品。这些使人们在利物浦看到的展览总是独一无二的。这种独特性在全球化时代显得弥足珍贵，这使得利物浦双年展名声大噪。利物浦于 2003 年 6 月被选定为 2008 年欧洲文化首都（这除了意味着一年到头将有多元文化活动的举行外，也代表了不可忽视的观光产业收入），其中一个关键因素正是因为 2002 年第二届利物浦双年展展现了巨大的活力与创造力。

在区域层面也存在着另一种积极的努力，这就是尝试利用艺术展来突破既有的空间区隔，建立超地域的艺术文化圈。一个不太恰当但又耐人寻味的例子是深圳·香港城市—建筑双城双年展。这个展览不管在双城展的操作上是否成功，其象征意义都是巨大的。这不但是文化上的突破，而且构成了某种低成本的政治试验：当政治决策层还在思考深港一体化的时候，艺术展已经先行一步进行一体化的实验了。深港双城双年展让我们看到文化艺术作为跨地域信使和新地域空间建构者的巨大潜力。

4.2.2 艺术展的微观空间策略

这是指艺术展在城市尺度上的空间策略，表现为艺术展空间与城市空间的两种最基本关系——分离和重叠，以及这两种关系的混合。

1）分离

艺术展在城市中有独立的空间，该空间从城市空间中分离出来专门为艺术展而准备。这种独立空间往往也是固定空间，即每届艺术展都固定在这里举行。有些独立设置的空间是由现成的往往也是闲置空间改造而成。这类空间中以威尼斯双年展所在“绿园城堡”(Giardini di Castello) 和“军械库”(Arsenale) 最为著名，“绿园城堡”为国家馆展区，“军械库”为主题展所在。与利用废弃的空间作为展场的做法不同，有些艺术展的空间是专为展览新建的。为了提升空间的品质和声誉，展览建筑往往由名师设计。其中最负盛誉的恐怕就是著名巴西建筑大师奥斯卡·尼迈耶 (Oscar Niemeyer) 设计的圣保罗双年展建筑群。1954 年为纪念圣保罗建城 400 周年，马塔拉佐与政府共同投资建设包括现代艺术博物馆和双年展大楼在内的伊维拉普埃拉公园建筑群，聘请奥斯卡·尼迈耶担任设计。1958 年伊维拉普埃拉公园建筑群落成，以后历届圣保罗双年展均在固定展馆——双年展大楼举办。

2）重叠

与分离策略相对的是重叠，艺术展直接利用既有的城市空间，甚至可以说是寄生在现有的城市空间中，于是城市的日常生活和艺术直接叠合在一起。

2006 年第四届柏林双年展，整个的展览并没有布置在博物馆里，而是发生在一条街上。这条街就是柏林市中心的奥古斯特大街 (August strasse)。观众可由街头走到街尾，在绵延 920m 长的街头漫步。场地由教堂开始，然后是私人公寓、废弃的旧会所、早已关闭多年的犹太女子学校、柏林双年展的发源地 KW，一直到街的尽头——一座肃穆的墓园，12 个展点组成一次从生到死的历程，中间有悲伤、颓废，但是也有欢笑、新生。大声展的策展人欧宁说：“你可以按门铃到别人家里去看展览，这也直接启发了我做咖喱秀。”[6]

欧宁受到的启发可能并不只是用家庭作展场，柏林双年展将艺术与街道重叠的创举不仅使艺术与生活最大限度地融合，也使艺术与城市生活互为镜像形成奇妙的张力。也许正是这种张力诱惑欧宁在 2007 年策划大声展时采用了同样的空间策略。

3）混合

在很多情况下，艺术展将分离策略和重叠策略混合使用，例如卡塞尔文献展。卡塞尔文献展的主要展场分布于：弗里德利希阿鲁门博物馆（Museum Fridericianum）、文化火车站（Kulturbahnhof）、文献展厅（Documenta-Halle）、橘园宫（Orangerie）、宾丁啤酒厂（Binding-Brauerei）等。但除此之外，街道、公共场地都派上了用场，各类展览作品和相关的艺术活动散布于城市的各个角落，在某种意义上整个城市都成了展场，这是整个城市的节日。威尼斯双年展也变得如此。威尼斯其本岛的地形接近一尾游鱼的形状，双年展的两处主要场馆用地“绿园城堡”和“军械库”已经占据了这条鱼的整个尾部，但是随着展览规模的扩大，城区岛内也星罗棋布着众多的小型国家馆和个人馆。首届深圳城市—建筑双年展是独立空间，但到了第二届就是非常混合的方式了：不但有独立设置的主展场，而且将城市中的多处公共空间设为分展场，此外还有若干著名建筑开放供人参观，一些建筑设计公司还设有开放日等，称得上是遍地开花。

在简单描述了空间的微观策略后，不妨进一步分析一下这些策略是如何转化为力量的。分离策略下独立的展览空间侵染了艺术展的气质，如果这一空间是固定的，那么这里逐渐成为艺术展的象征。当艺术展结束后，这里成为人们追忆和想象艺术展的场所和媒介，仿佛空间中依然弥漫着艺术的气息，散落着事件的痕迹。于是地点成为人们膜拜的闪着金光的“圣殿”。

如果这个空间不是固定的，那么艺术展将可能成为空间价值的发现者和创造者。深圳双年展就是这样的例子，华侨城集团为双年展免费提供了主展场，展场不过是空置的厂房。厂房区位不错，但是在双年展以前却几乎不为人知。因为首届双年展的成功举办，这里迅速化作文化艺术的重要节点，华侨城集团顺势而为将其改造为深圳的第一个创意文化园。一时间深圳的创意界、时尚界、艺术界云集于此，空间迅速升值。第二届深圳双年展举办时，华侨城集团又将临近创意园的另一处旧厂房辟为主展场，不但通过双年展再次完成了工业片区的功能转换和空间升值，而且进一步提升了创意园的人气。可以说华侨城集团在中国开创了工业建筑改造的双年展模式，即以双年展为地产的开路先锋，成本不高，事半功倍。

重叠策略下，艺术展则可能成为一次发现城市、体验城市的契机。例如第四届柏林双年展，以奥古斯特大街为展场，观看展览的行为同时成为对这充满故事的柏林一条街的历史和精神的阅读。在这种情形下艺术展总是在暗暗指向城市自身，艺术展在一定意义上是城市的营销员。

相反，空间重叠也可以是利用城市引导人们发现艺术。大声展正是这样。针对中国人缺乏逛美术馆的传统，总策展人欧宁在三地各选择一个“人气爆棚”的大型商业中心作为展览空间。在中国，商业中心较之美术馆确实更具有日常性和公共性，这一熙熙攘攘、摩肩接踵的世俗空间给大声展带来了非同一般的巨大成功和反响。同时，大声展进入商业空间，本身也多少怀着明修栈道、暗度陈仓的心思，试图借机作对既有世俗空间的反思或反讽。其效果也是非常有趣的。比如其中笔者的作品“thick space”本身是通过游戏鼓励空间中的身体性经验，以反抗购物中心的极度视觉化的空间经验，结果儿童们的“积极参与”被报纸讥笑为作品惨遭“蹂躏”。[7]

5 作为毁灭力量的艺术展

艺术展虽然是文化活动，不像工业那样给人一种消耗资源、污染环境的印象，但是艺术展也并不是百利而无一害。虽然艺术展呈现的时间很短，但是却会占据和改变大量的空间，消耗大量的资源。中国近年出现了一批如平遥国际摄影节之类的发生在内陆知名或不知名小城镇的“艺术盛事”，表面上这些艺术搭台、经济唱戏的事业搞得是红红火火，但是展览活动本身对城镇环境和空间的破坏却可能是无法修复的，而一些空投下来的文化和艺术又对当地脆弱的原生文化生态构成致命的打击。在有些地方，我们看到的更像是一出低劣的闹剧。

杨小彦在《想毁掉一座城市吗？就多搞几个“节”吧》一文中详细地讲述了发生在平遥的故事，一座城因穷而被保留下来，因为富而被破坏的“塞翁得马，焉知非祸”的荒唐故事。人们为了谋取眼前的经济利益，而轻视自身的历史。在吵吵闹闹的节日中断送了无声的文化遗产。[8]

6 结语

全球化条件下，艺术展一类的事件本是昙花一现之物，竟能够像那些恒久屹立的伟大城市和建筑一样充满力量，甚至更胜一筹。我们看到众多的城市希冀凭借艺术展这一类事件，迅速地吸引眼球，改变命运。可是，当我们考察了艺术展与城市深入的互动关系，看到这一互动过程中的艺术展的创造力和破坏力时，我们还要迷信艺术展的力量吗？全球艺术展热潮的冲击下，我们难道不是正在失去城市和艺术两方面的想象力吗？

[1] 中国双年展官方网站 http://www.biennale.org.cn/.

[2] 黄梅．从伴娘到皇后 ——与卡塞尔文献展漫步现当代美术史，［J］世界美术，2007（2）.

[3] 王镛．第 26 届圣保罗双年展现场考察[J].美术观察，2004.

[4] 阿尔方斯·胡戈．作为自由领土的双年展[M]// 第 26 届圣保罗双年展·各国代表．圣保罗双年展基金会，2004：32-37.

[5] 王潇．双年展：改变城市的一种力量[N].成都商报，2005-07.

[6] 欧宁．找张舒适的椅子，读几本书．新快网（www.xkb.com.cn），2007-07-20.

[7] 王倩．当代艺术展“大声展”走上街头却遭观众蹂躏［N］．羊城晚报，2007-06-25.

[8] 杨小彦．想毁掉一座城市吗？就多搞几个“节”吧[J].城市中国，(27).

2005 首届深圳城市\建筑双年展

shǒu jiè shēn zhèn chéng shì jiàn zhù shuāng nián zhǎn

2005 年 12 月 10 日，由张永和作为独立策展人，由深圳市人民政府主办的题为“城市，开门！”的“2005 首届深圳城市\建筑双年展”开幕。这场国际化、多学科的展览，囊括了中国几乎所有前沿建筑师的前沿作品。展览分“城中城”（关注中国超速城市建设及其相关的种种问题）、“城外城”（关注中国传统文化资源的现代转化问题）、“城中村”（集中关注珠江三角洲特有的城中村现象及其对策研究）、“大学城”（对中国近代以来城市/建筑历史理论资源进行清理和图像化的展示）、“购物城”（中国超速城市化状态的超级消费想象研究，以及《周末画报》、《新周刊》、《城市中国》三个集中关注中国城市问题的期刊在专题展）等展区，以 80 余件作品集中反映了中国超速都市化的混杂而充满生机的现状。

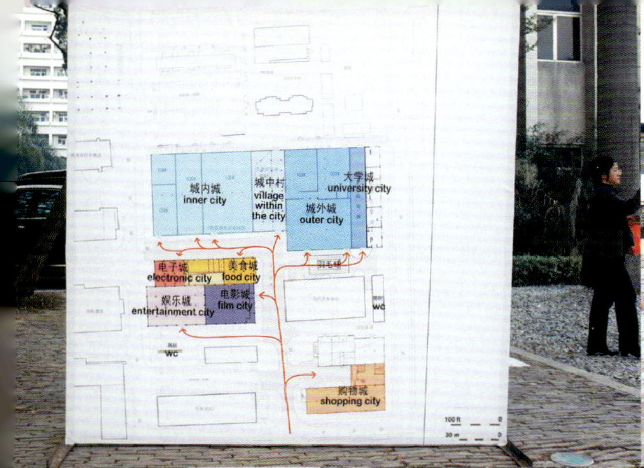
城内城
inner city
城中村
village within the city
大学城
university city
城外城
outer city
电子城
electronic city
美食城
food city
娱乐城
entertainment city
电影城
film city
购物城
shopping city
WC

莫忘初衷
自由城市
一種穠纖合度自給自足的風情城市。
這種城市和台北想要的不同，
和深圳想要的可能也不一樣。
不是離開，而是可以選
真正的自由
不必跟著別人，

04'
94'
90'
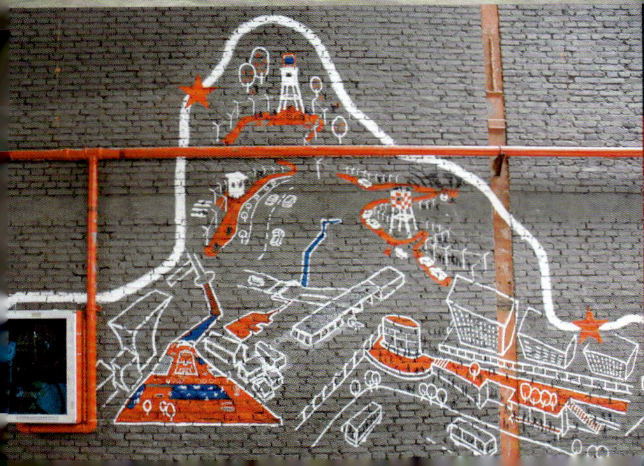

Great Leap Forward
Koolhaas
Pearl River Delta
Dongan Department Store

gòu wù wū tuō bāng

购物乌托邦

冯果川、朱晔用胡昉的小说《购物乌托邦》建构了一个购物装置。装置由小说中的购物中心模型和位于模型中庭的结账台组成：小说中的购物中心被转换成了八层的货架，在货架上码放着代表小说各章节的条形码；观众们拿着条形码到结账台扫描后，可以通过收款机得到打印的“账单”——《购物乌托邦》中该章节的小说原文。和真实的购物空间不同，人们经过和购物空间相似的浏览和消费过程，交换到的却是非物质性的文字。

购物乌托邦，装置，2005 年

胡昉、冯果川、朱晔

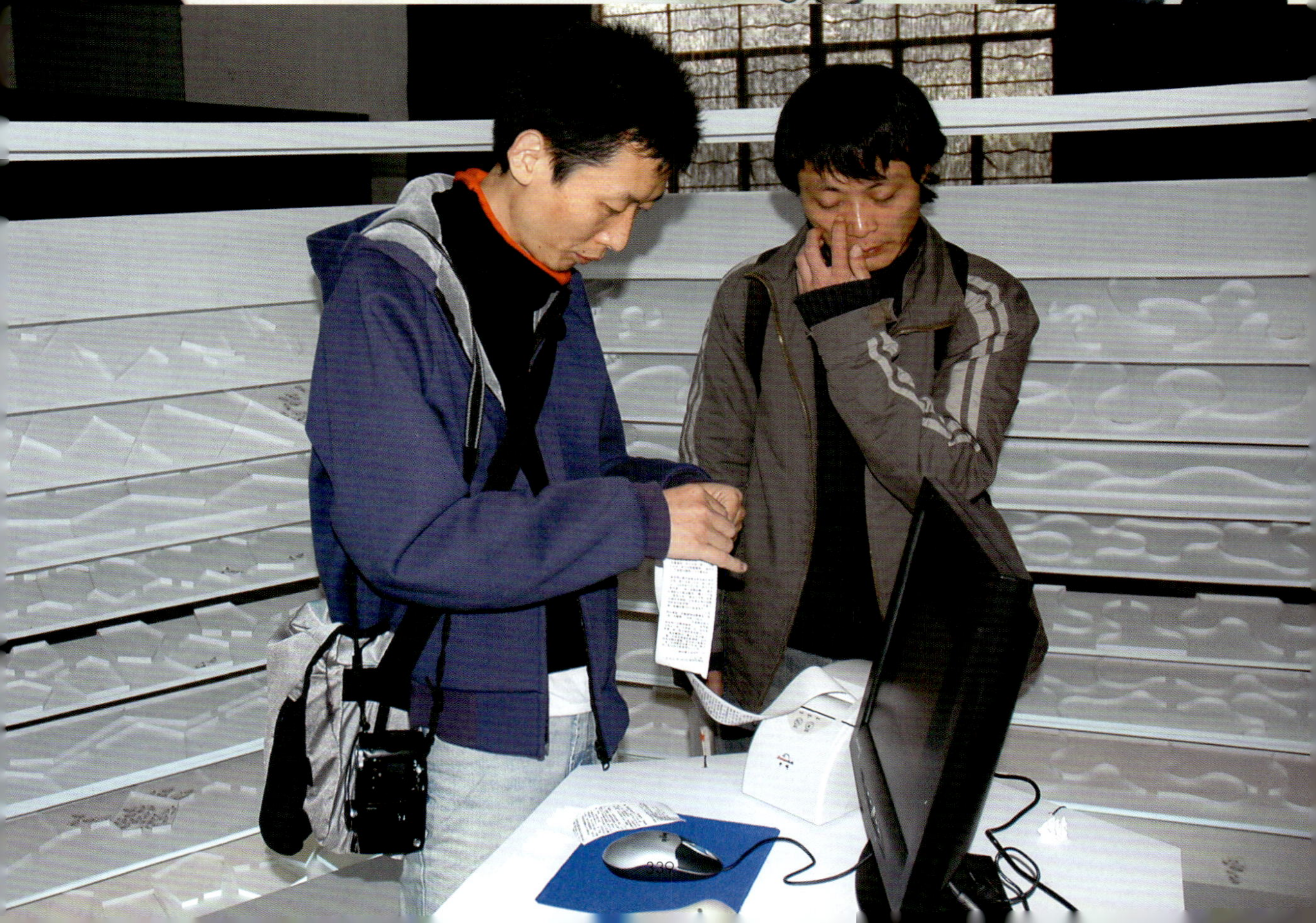

shēn zhèn xiāng gǎng chéng shì jiàn zhù shuāng chéng shuāng nián zhǎn

2007 深圳·香港城市\建筑双城双年展

“2007 深圳·香港城市\建筑双城双年展” 于 2007 年 12 月 1 日至 2008 年 3 月 9 日分别在深圳和香港举行。总策展人马清运将该届双年展的总主题定为“城市再生”（City of expiration and regeneration，“COER”），即：城市的价值在于其能量转化、推陈出新的机能。此届双年展提出了关于针对城市生命周期、城市机能退化与无能效问题的讨论与辩论，共同探究如何看待和建造未来的城市，比如：未来的城市并非持久永恒的生命，但重要的是拥有一个完美的结局；城市的讨论提供了一个完美的平台；未来城市包含着城市过期及城市再生理论等。该届双年展的特色有二，一是实现了深圳与香港之间的双城互动，并将这一模式固定下来；二是采取了“人人都是策展人，策展人多过参展人”的策展思路，使得展览的作品更加丰富、多元、富于创造性以及群体参与性。

首都·特区
国营·民营·北方·南方

chéng shì xīn shān shuǐ zhòng qìng

2007 城市——新山水，重庆

由朱晔、冯国安策展的“2007 深圳·香港城市\建筑双城双年展”重庆分展场暨“城市——新山水”当代城市建筑艺术邀请展，针对重庆乃至西南地区在城市化进程中的实际情况，将该届深圳双年展的总主题“城市再生”解读为：“城市——新山水”。城市再生直接表现为城市景观的再植：一方面由城市开发制造出大量空间化的景观，另一方面这些景观在消费之中转化为自身的符号，由此成为景观化的“新山水”。资本的跨界流溢、权力与利益的持续驱动，以及物体系对于人的巨大规定性，使得城市发展在塑造城市“新山水”的同时，也以“新山水”作为其获得合法性的基础，而城市则在这一过程中，转换着其景观化的现实与幻象。展览针对重庆分散的空间特征，设置了官方、学院、商业、民间四处展览空间和四场论坛，并以“喜马拉雅”艺术空间作为信息发布处。

龙湖·春森彼岸

chóu kōng jiān——dàn
稠空间——蛋

稠空间是一系列空间装置，这一系列装置能够让人进入到异常的空间体验。“稠”的想法源起于对当下日趋高速、以视觉体验为核心的城市环境的反抗，我们试图用另外一些空间媒介来使人们减速，并提供各种机会去体验反常的场景。“稠空间——蛋”是一个由气球组成的空间装置，这些气球同样也可以用回收材料制作。稠空间是不透明的，可以触摸的空间。它挑战了我们通常将空间视为空无的观念，或者说它是在模糊实体与空间之间的对立关系。

稠空间——蛋，装置，2007 年

Laura Belevica、Aaron Robin、冯果川

creates an intimate and flexible "body" space for every person
changes or eliminates sense of social distance
increases chance for physical proximity
reduces visual perspective
enhances mental perspective
can be used for many kinds of altered programs (cafe thick, thick shopping...)

plan

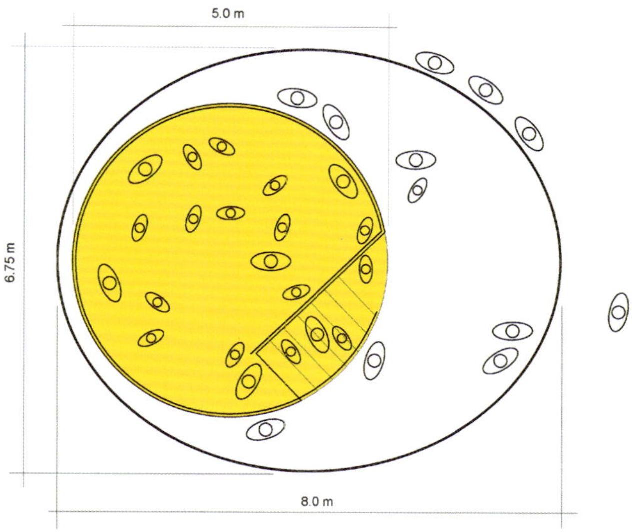

section

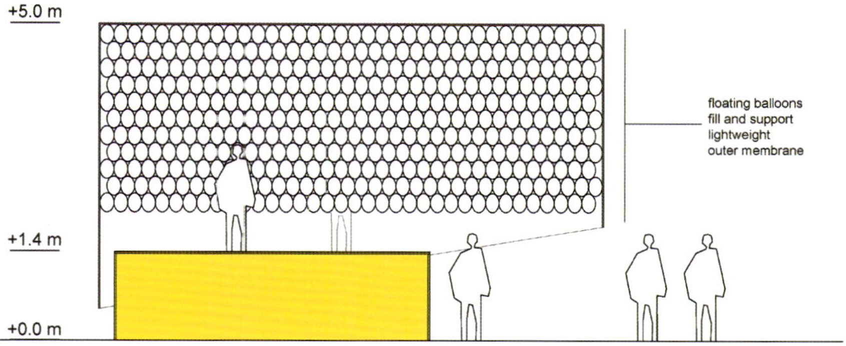

elevation

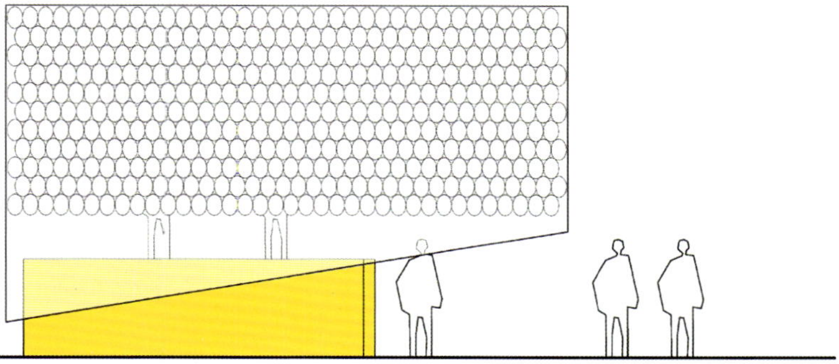

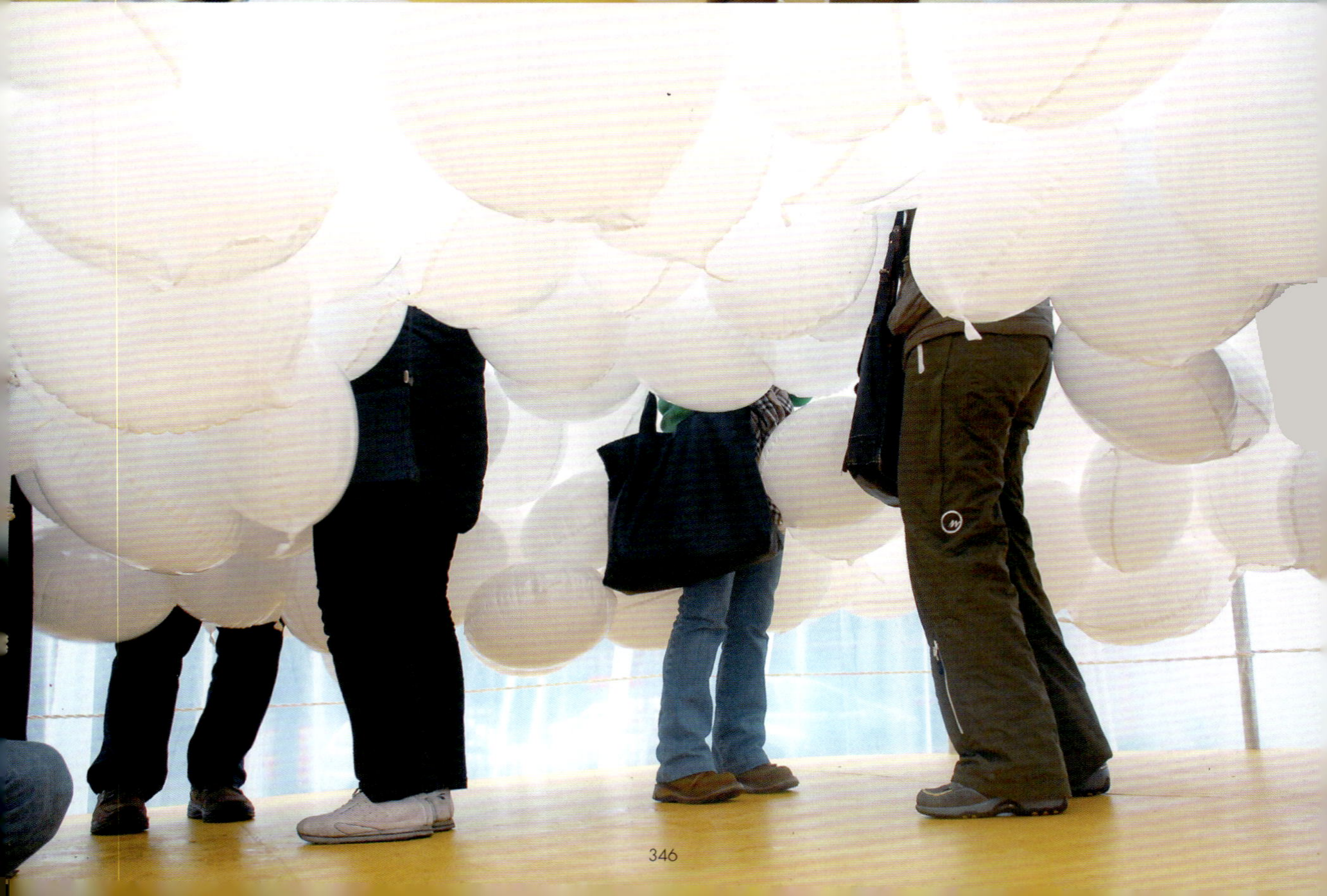

chóu kōng jiān xiàn

稠空间——线

“稠空间——线”是一个弹性装置，它是用世界上最为常见的聚乙烯材料回收制作成透明管子而组成的装置。在各种景观和文脉中，稠空间占据并改变着公共空间。从外面看，它很神秘：轻柔而飘摇，唤起不同年龄人的好奇心。一旦走入稠空间，身体的移动将搅动贴身的“稠空间”，也搅动了身处其中的其他人，引发一连串感官上的连锁反应。稠空间阻隔视觉却唤醒了更广泛的身体知觉，让身体从别的感官维度上理解空间和他人。

稠空间——线，装置，2007 年

Laura Belevica、Aaron Robin、冯果川

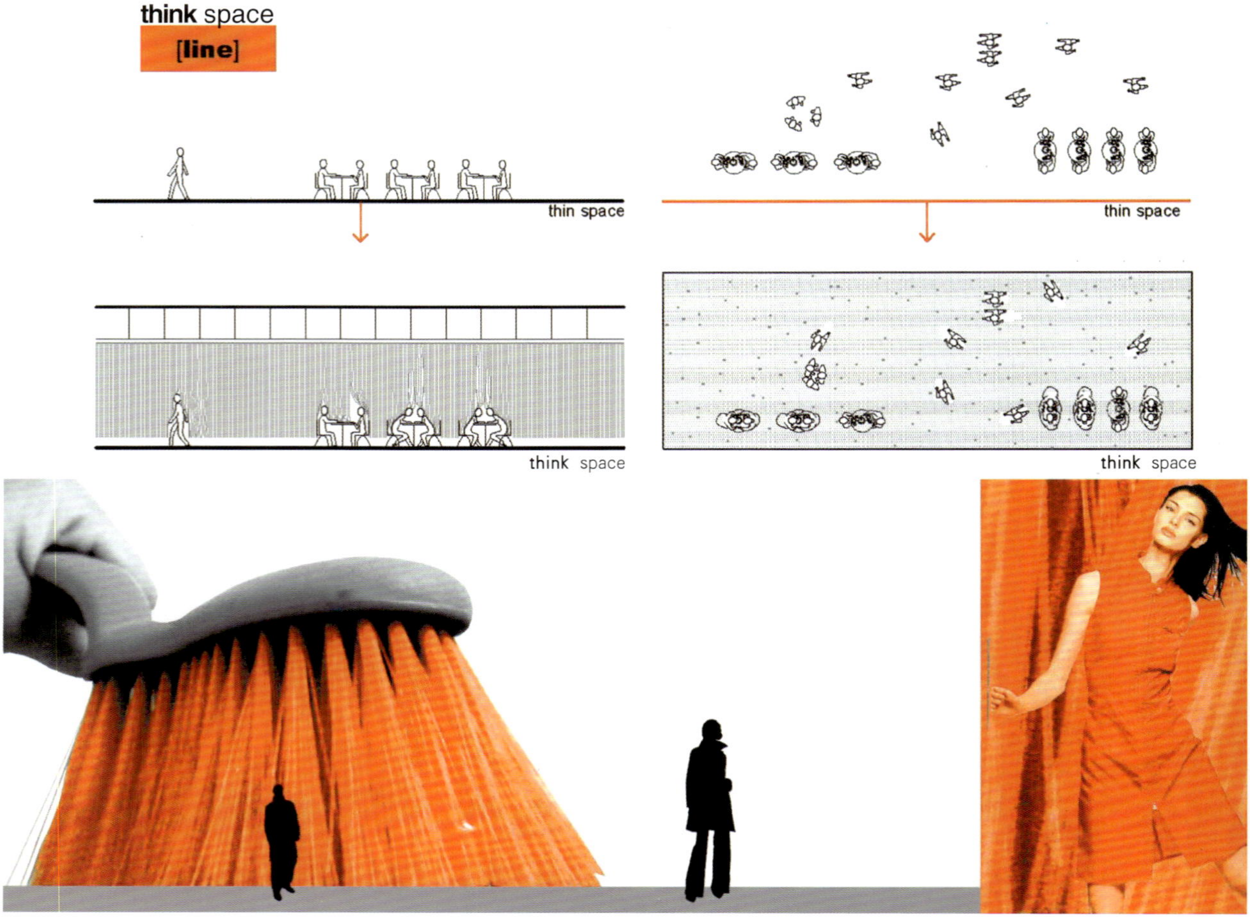

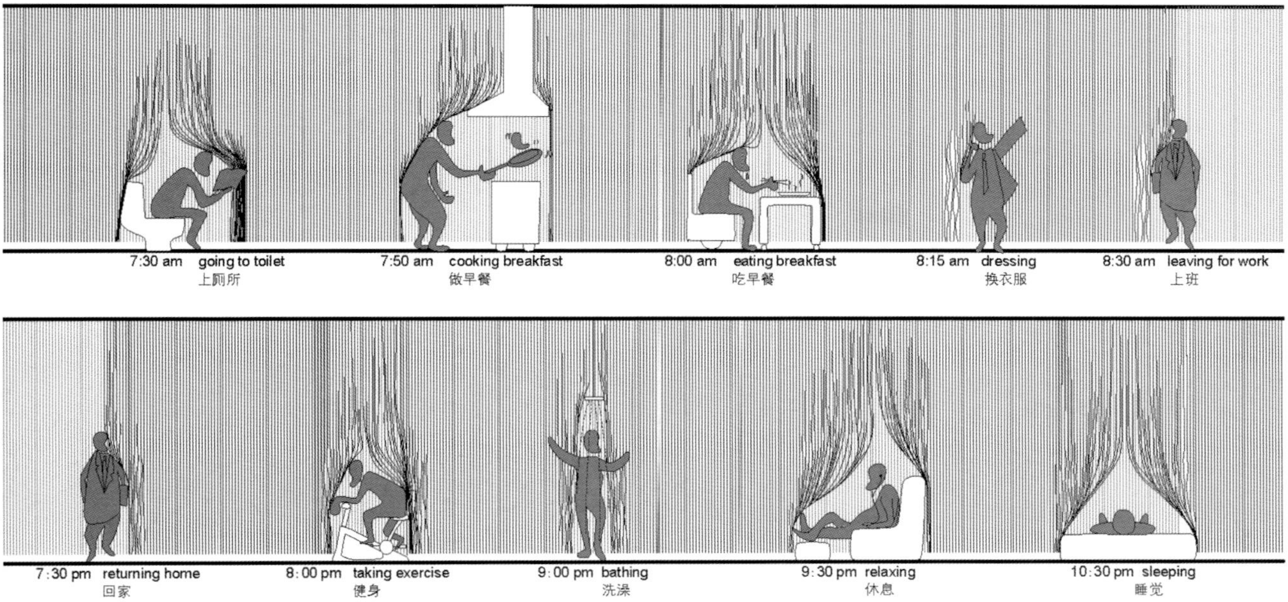

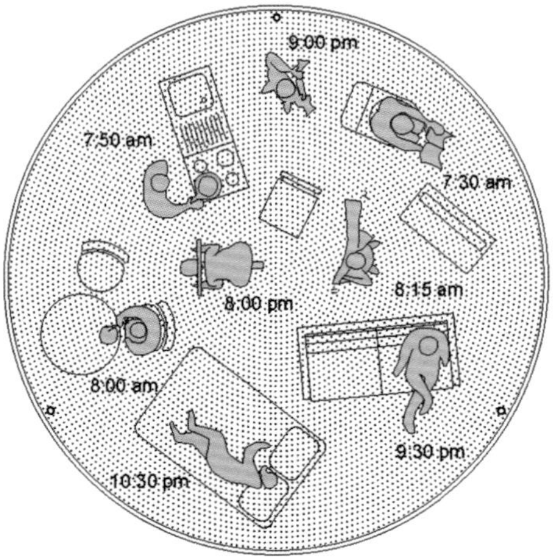

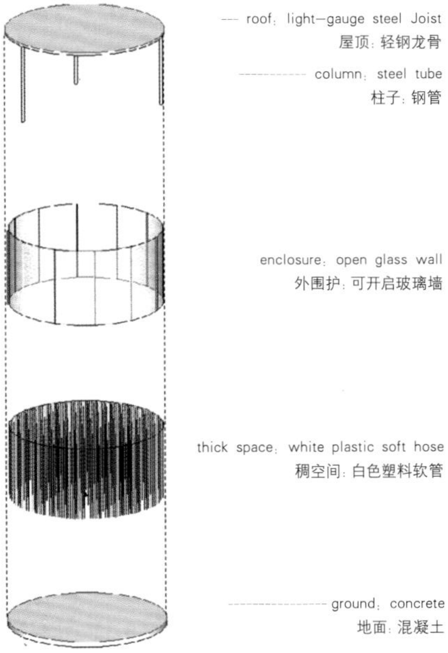

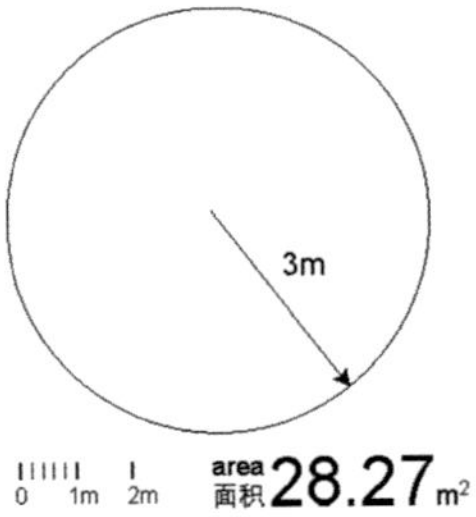

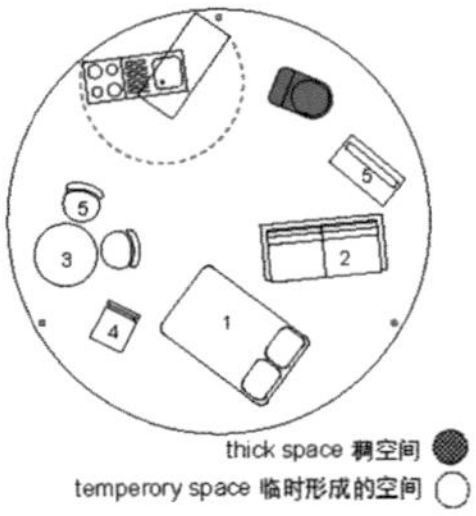

---The refrigeratory is fixed to the ground.
--- The cooking utensils is fixed at one point, where the water suply tube locates, and the outlet pipes can use soft plastic tubes. In this case the cooking utensils can turn arcund in a certain area.
--- The other furnitures, with wheels, can be move anywhere.

---马桶固定于地面。
---洗手盆的供水管固定于地面，下水管及其他用具均用软管连接。因而，厨具可绕着供水管在一定区域内旋转。
---其他家具穿着轮子，可被随意移动。

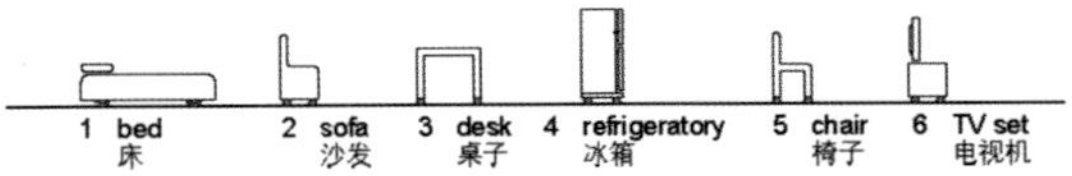

港城市\建筑双城双年展 现场 摄影：徐浪

[illegible] 2008 英国 [illegible] Laura Belevica、Aaron Robin

2009 深圳·香港城市\建筑双城双年展

shēn zhèn xiāng gǎng chéng shì jiàn zhù shuāng chéng shuāng nián zhǎn

该届展览于 2009 年 12 月 6 日至 2010 年 1 月 23 日在深圳举行，由欧宁任总策展人。展览以“城市动员”为出发点，旨在检测在一个普遍缺少中心力量、人心分化和组织涣散的时代，发动一场盛大有效的社会动员的可能性。当代城市的设计和运营不仅关乎功能的划分、街道的谋划和建筑的布局，更重要的是对生活在其中的人和他们的活动的组织和统筹，以及对他们的利益的合理分配。展览不仅动员城市设计者和建筑师重新思考他们的社会身份和职业角色，更动员艺术家、作家、音乐人、电影人、思想者、社会行动者、政治家和普通市民一起提供他们的智慧支援，在这个精神上最脆弱无依的时代，重建人类社会的精神支撑，它不仅可以在城市生根，更能惠及乡村，以及更辽远的疆域。展览选择了非传统的展览场地举办，它的主场地是深圳市民广场及其周边地区，分展场在深圳湾大街和益田假日广场，横跨城市东西的空间布局致力于把整个城市变成一个展场。来自世界各地的 60 多位建筑师和艺术家参展，他们的作品主要以大型临时建筑和装置为主，强调艺术性、趣味性和参与性。

yáo yáo wū
摇摇屋

平稳是对建筑的基本要求，而摇摇屋则放弃了建筑的稳定性。它以不稳定的重心建构了一个类似“不倒翁”的建筑，让观众在屋中寻找身体的平衡感，从而成为与我们的身体相互感知并直接互动的建筑装置。

摇摇屋，装置，2009 年
筑博工作室

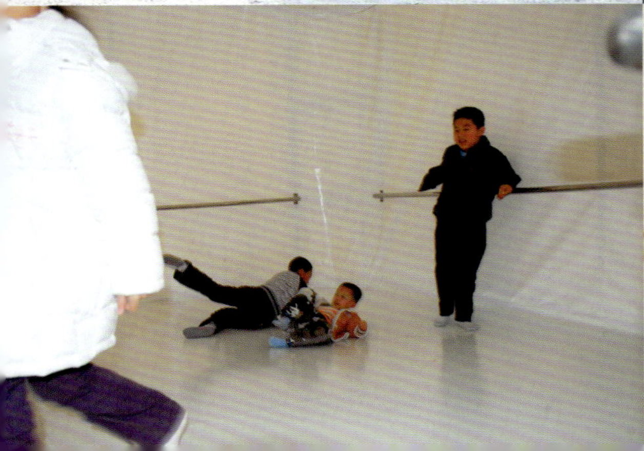

dì jiè wēi ní sī jiàn zhù shuāng nián zhǎn
2009 第 12 届威尼斯建筑双年展

第 12 届威尼斯建筑双年展于 2010 年 8 月 29 日至 11 月 21 日举行，总策展人妹岛和世将展览的主题定为“相逢于建筑”：一方面想通过展览给来参观的人一个想象的空间，而不是由建筑师给他们定义的；另一个方面，建筑不再只是建筑师把这个事情做完，它是个复杂的过程，需要不同的人来共同完成这样一个建筑。在当今大多的信息都可以通过网络或者书刊获得的状况下，妹岛希望她的展览可以让观众看到在书本和网络上得不到的信息，从而实现“大家都来此相聚”的展览初衷。为了呼应主题，“中国馆”最终确定了策展人唐克扬的“来此与中国约会”的策展方案：展现了一种综合性的空间营造，一套完整有层次的学术观念表达。它不单是某一个艺术家的个别观念表达，而是呈现了中国建筑学应有的尺度和思想性，包括营造活动作为综合社会实践的复杂性。

稠空间，装置（深圳华强北路立体街道城市设计，方案），2009 年

筑博工作室

本页摄影：Aaron Robin

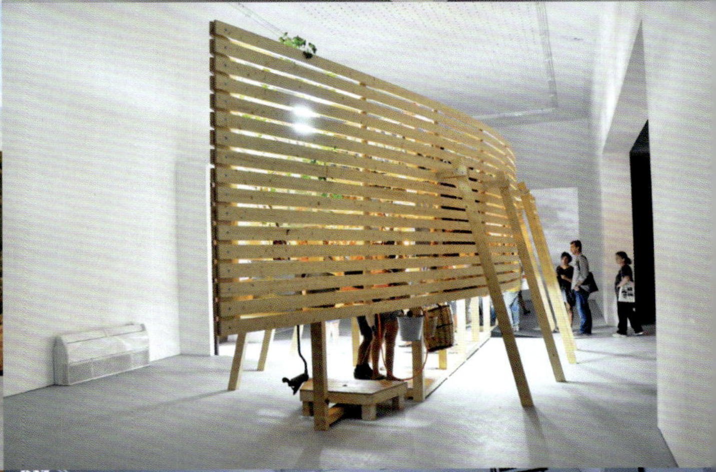

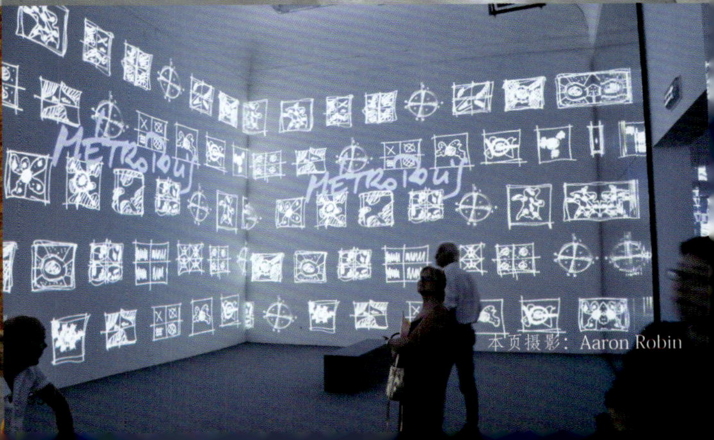

本页摄影：Aaron Robin

méi tǐ chuán bō
媒体传播

筑博除了以空间研究的实验性成果参加公共展览之外，对于公共媒体的传播能效也非常关注，并积极地以合作方式，与国内城市、建筑领域的媒体共同进行课题研究。除了发表于各类学术期刊、大众期刊与报纸的各类文章外，集结出版的成果还包括：与《DOMUS》、嗯工作室共同完成的第 11 届威尼斯建筑双年展中国馆《普通住宅》研究(2007 年)，与《城市中国》共同完成的《中国人居》研究(2008 年)，以及《今日》第 85 期《中国当代建筑专辑》(2009 年)等。

11. Mostra
Internazionale
di Architettura
Partecipazioni nazionali
la Biennale di Venezia

ORDINARY
ARCHITECTURE
普通建筑

Alternative Issue
La Biennale di Venezia 11th Mostra
Internazionale di Architettura
Chinese Pavilion
第11届威尼斯建筑双年展中国馆·别册

ORDINARY RESIDENTIAL BUILDING

COMMERCIAL RESIDENTIAL BUILDING IN CHINA SINCE 1979

普通住宅

中国1979年后的商品化住宅

domus CHINA

2008 年对于中国人而言是历史性的一年。当世
大的现实扑面而来：一方面是北京奥运和航天
三聚氰胺、溃坝等天灾人祸，当金融危机在岁
味的图景。这样的图景，显现出系统的联动效
恢弘、富丽堂皇的奥运建筑，这些建筑却与普
实中的普通建筑与我们的日常生活是那么的脆
互映衬，甚至地震也在宣传中实现着中华民族

面对金融危机，中国依循着“保增长、扩内需
对于老百姓而言，大家更关心的是自己的收入
政府“救市”的大手笔，各类基建与城市公共

面对“政府资金—重点项目—国家大院”三位
重要的城市公共空间设计项目，实现了民营企
人居领域放宽到城市的公共生活领域，结合筑
设计实践，探讨改变日常生活单一化的可能。

于中国改革开放 30 年的成果时，鲜活而反差巨
的强力国家集体意志，另一方面是雪灾、地震、
全球的时候，世界与中国被连缀成了一幅耐人寻
部关系的辩证：奥运会让人们沉醉于那些气势
日常生活关系甚微；而在大地震中，我们看到现
常生活的平凡易碎与举国欢呼的宏大国家叙事相
合，这就是中国的现实。

的”的基调，开始了政府对经济的全面调控，但
物价的增长。由于“四万亿”计划的出台和各地
了 2008 年以来的城市投资建设的重点。

公共空间生产体系，筑博通过其实力赢得了多项
生产体系的突破。在这一章里，我们将视野从
的公共领域尝试城市自下而上的逆向书写的空间

日常生活 = 交流

Everyday Life Equals Intercourse

在2008年的金融海啸影响之下，以开发商为主导的地产市场剧烈萎缩，开发商的大举造城活动也放慢了脚步。在此期间，市民逐渐回到城市，对城市的公共性有了更高的需求。伴随着经济发展和市民生活的双重语境，一系列公共建筑项目进入市场。年底四万亿元的政策，也使公共建筑成为未来数年的重要话题。

2008

南方科技大学 / 广东深圳 / 2008年至今 / 深圳市政府 / 580000m^2

我们需要怎样的教育？

文化，从本质上说，就是一种交往的结构与形态

——于尔根·哈贝马斯

Culture,essentially speaking, is the structure and form of communication.

——**Jurgen Habermas**

古代圣贤于户外授课，在集市等公共空间与人们讨论问题，中国教育往往倾向于知识的封闭式灌输，“教－学”成为固定模式，缺乏互动性。越来越多元化的社会需求和人的社会角色多样化使得交流成为学习的一种重要手段，传统教育模式的乏味封闭、空间与对开放自由交流的需求之间的矛盾日益尖锐，我们究竟需要怎样的一种教育模式呢？

现代大学校园规划的核心逻辑是功能主义的，其空间结构简洁、逻辑明确，但在一些时候也导致了建成环境的单调、乏味。而且中国现代的校园型大学边界清晰而封闭，校园功能结构自成一体，却与城市联系很弱。

我们想引入外部要素来活跃校园氛围并增加偶然性。由于选址是城市与自然的结合部，所以将城市和自然引入校园规划，于是得到开放和生态两个观念。

基于生态理念我们采用紧缩策略，压缩建设用地范围，提高建筑密度。总用地减去所有不可建用地，再减去现有山体林地以及预留发展用地后得到本案建设用地，为本案紧凑的布局和壮观的原生自然景观奠定基础。

紧缩用地策略

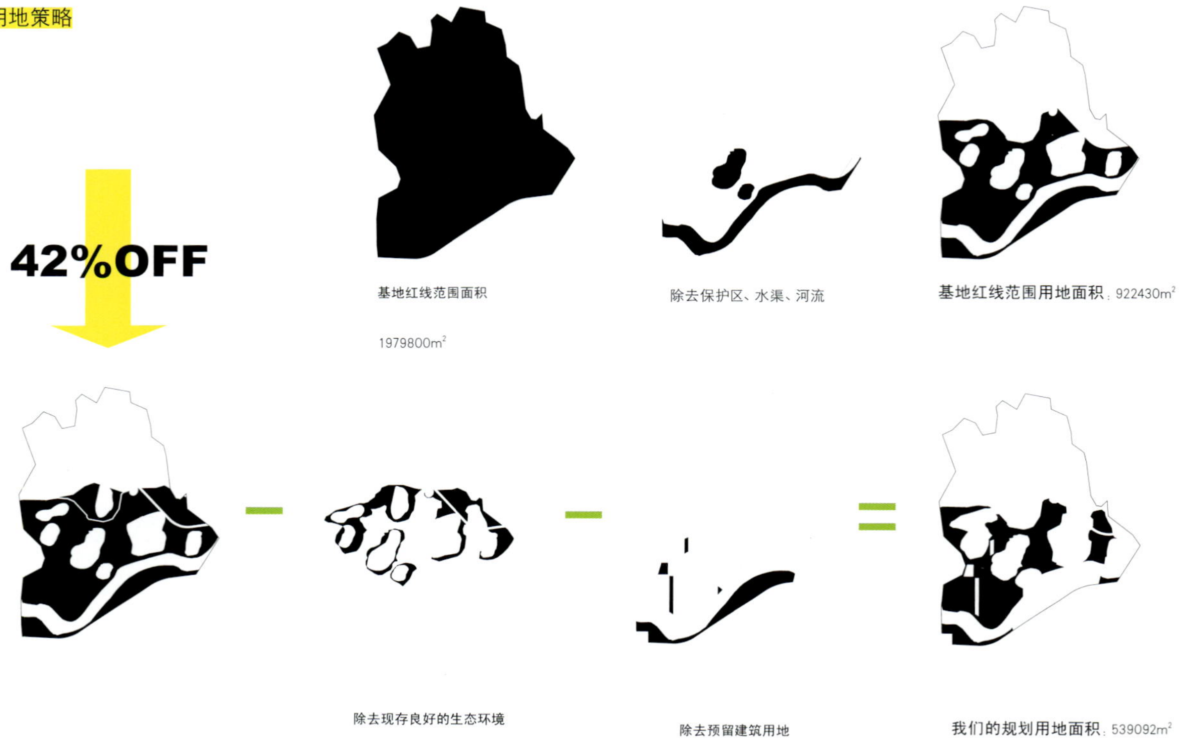

42%OFF
基地红线范围面积
1979800m²
除去保护区、水渠、河流
基地红线范围用地面积：922430m²
除去现存良好的生态环境
除去预留建筑用地
我们的规划用地面积：539092m²

专职科研机构用房
Houses for Institute of Professional Science Research
专用实验实习实训及附属用房
Trial Practice Houses Attached
教工宿舍
Faculty Dorm
学生宿舍
Student Dorm
校系行政及教师办公用房
Office for Teachers and Dean Administrators
专用教室
Classroom
后勤及附属用房
Logistics and Subsidiary House
半开放实验实习实训及附属用房
Semi-open Practice Houses Attached
半开放教室
Semi-open Classroom
活动中心
Activities Center
食堂
Eatery
图书馆
Library
开放教室
Open Classroom
会堂
Auditorium
体育场馆
Gymnasium
室外运动场
Field
招待所（酒店）
Hotel

将丰富的功能填入用地

传统大学坚硬的边界，使得很多资源无法被社会利用。我们尝试在大学校园中建立一个可以被分享的功能集合体。

基于开放概念，在校园与城市间建立互动关系，校园内向周边提供文体设施，形成资源分享带，校园的设施按开放性进行划分，形成层状结构。

学生和教职员需要分享校园周边的城市生活配套，形成资源索取路径，学生和教职工宿舍沿该路径布置。这两种相反的互动关系落实在基地上，拓扑变形以适应地形，获得了本案的基本规划结构。

功能块面积及分区

校园活动研究及分布

各群体区域活动状况

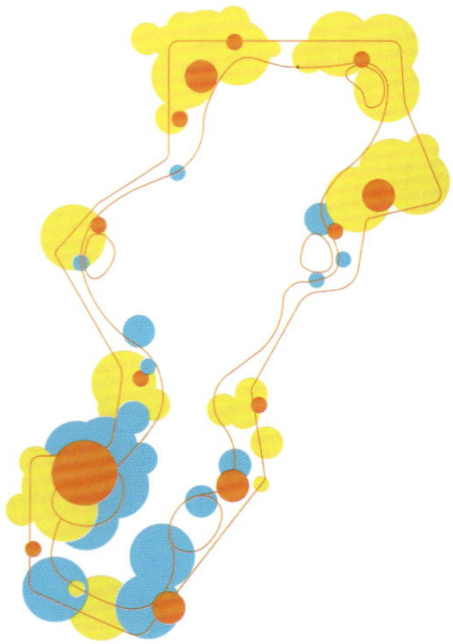

功能块在建筑上的垂直分布意向 -1

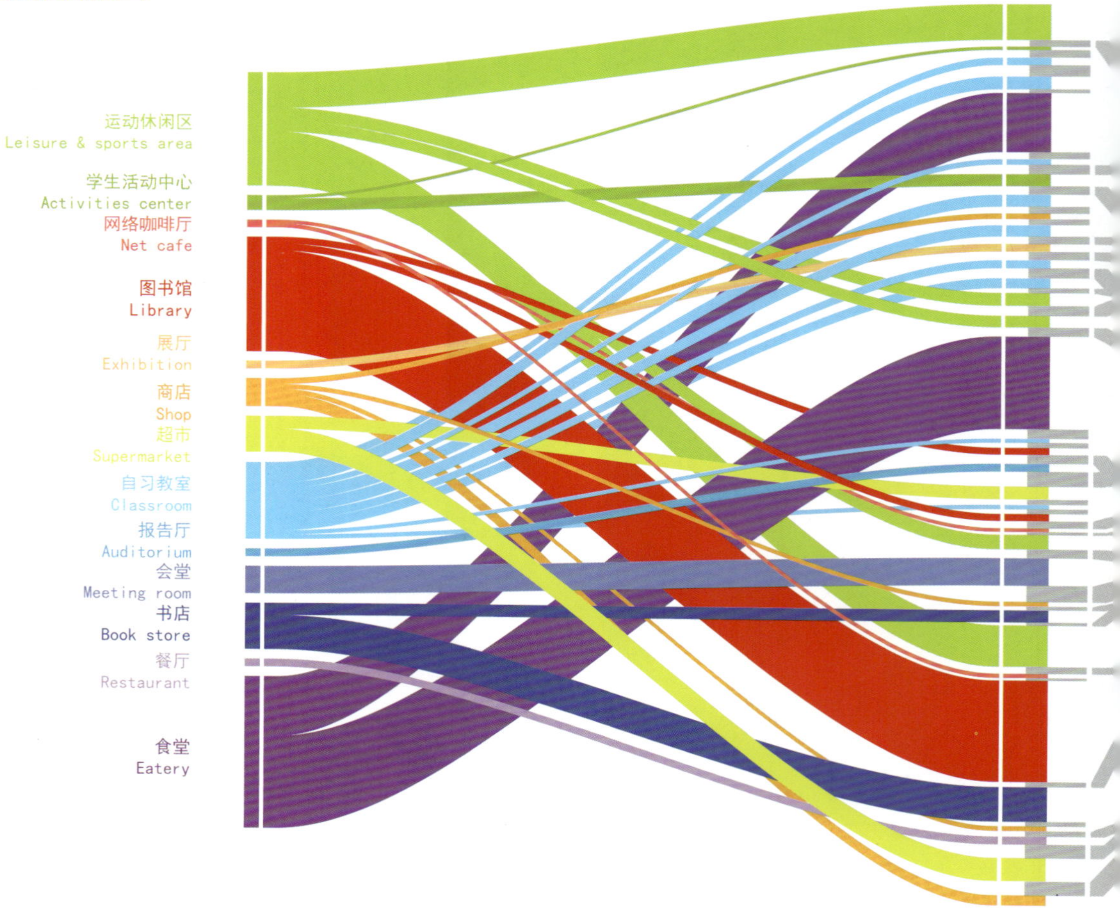

校园核心环

基本规划结构将城市卷入校园核心形成一个容量巨大的环，其中聚集了大量差异性的空间，安排了多种功能，城市和大学在这里相遇，人工与自然在这里交汇，所有这些挤压在一起的差异，激发出巨大活力，刺激着交流和思维，巨环成为一条在空间和时间上都无始无终的学习大街，构成大学开放式教育的核心场域。

巨环是整个校园建筑的母体，其他功能建筑从巨环辐射出去，沿着地形生长蔓延。巨环与其他依附其上的建筑的关系是灵活的，这些附着于环上的建筑形态也是灵活的、可替换的和模块化的，可根据这些建筑的功能、密度和基地条件灵活处理。

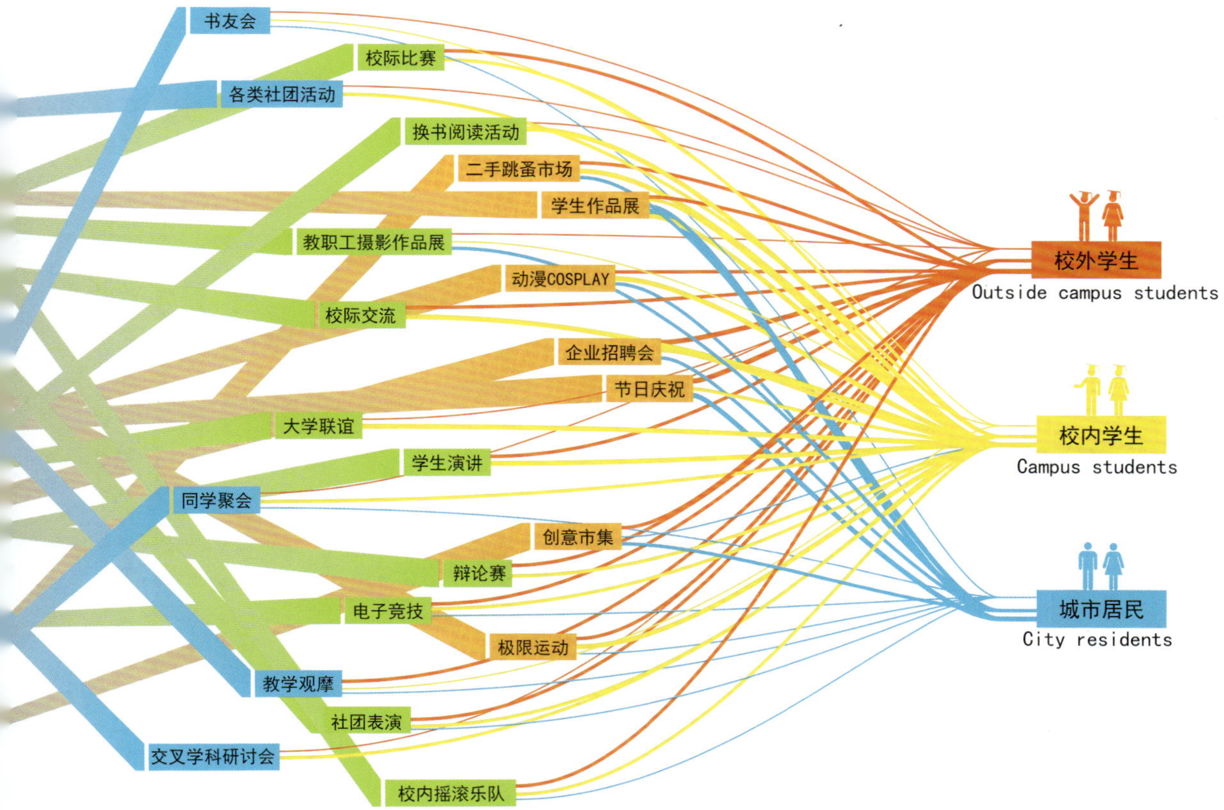

功能块在建筑上的垂直分布意向 -2

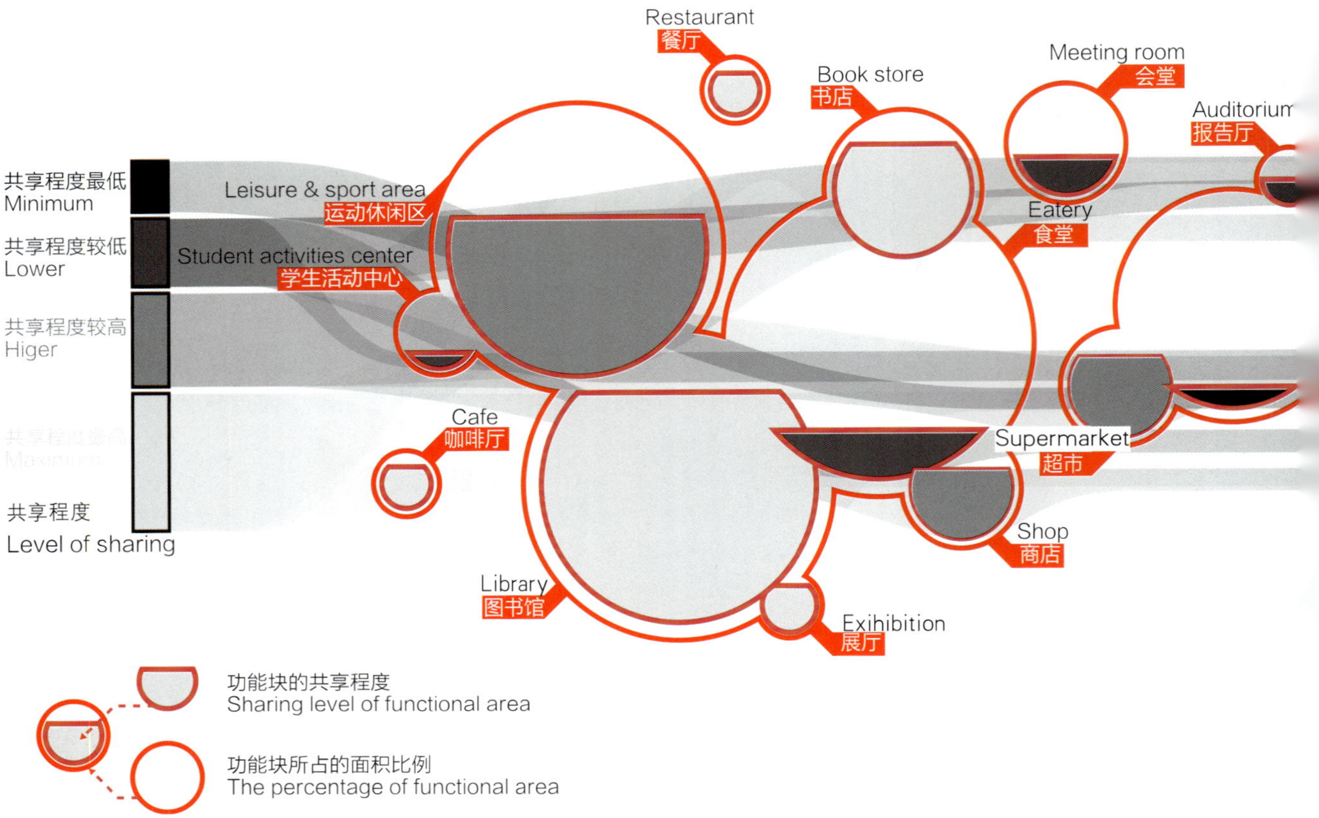

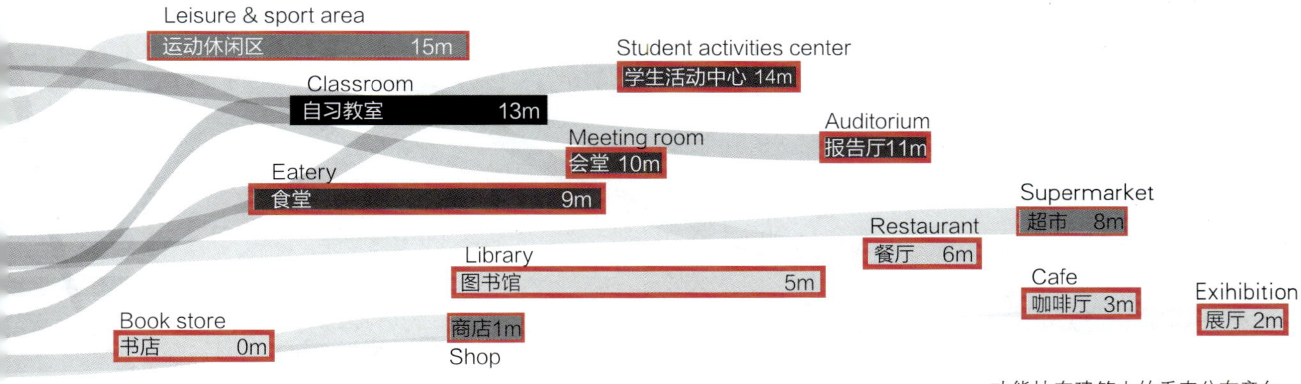

功能块在建筑上的垂直分布意向
The vertical of building function

投标阶段总平面图 2008
N
0
100
200
次入口
次入口
次入口
次入口
预留用地
预留用地
道
大

经济技术指标表

名称		单位	总体
规划总用地		hm^2	194.38
规划建设用地		m^2	688600
计入容积率建筑面积		m^2	599997
	公共教学与基础实验	m^2	96000
	实验楼	m^2	101672
	科研公共设施楼	m^2	4000
	信息中心	m^2	18833
	体育用房	m^2	20910
	校行政用房	m^2	6050
	素质教育中心	m^2	2500

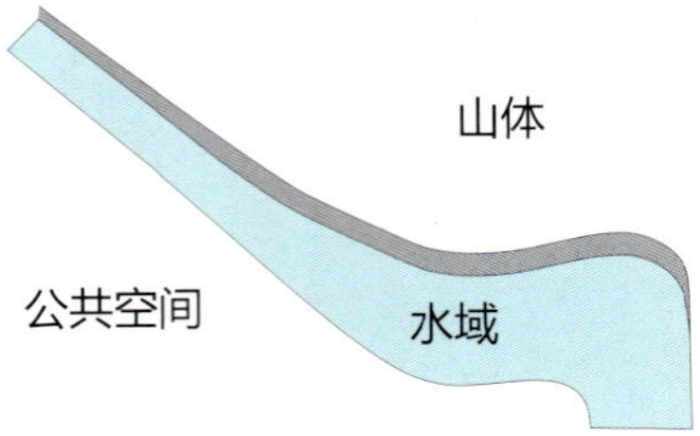

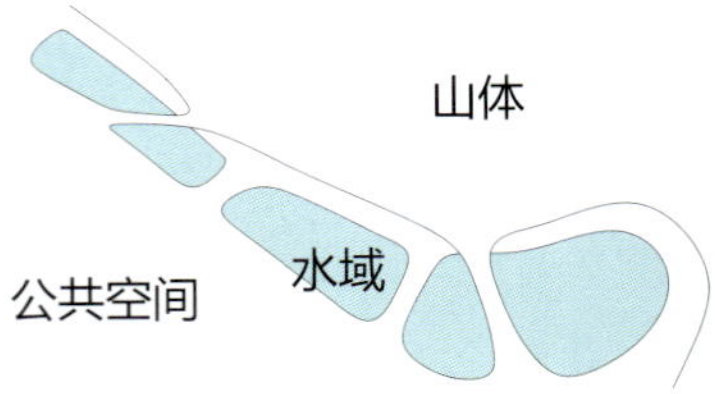

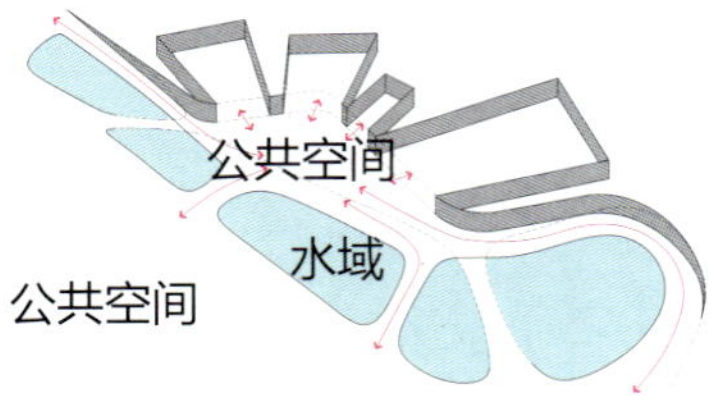

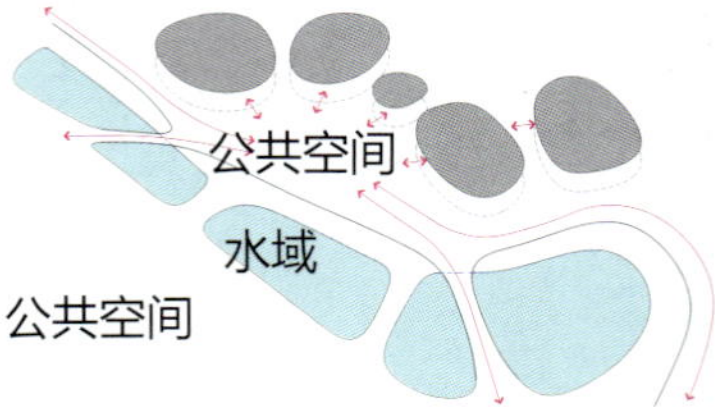

学生活动中心开放的空间布局，实现了空间与功能的完美融合。贯通的路径、水景观、绿色景观和观赏视线在基地中交错穿行，演绎着动态的轨迹。一条强烈的视觉走廊贯穿于基地的东南向，建立起校园主要公共空间与山顶之间的联系。随着公共空间蔓延至山脚并沿中央水景北移，向东侧眺望山体的视线也横穿基地。

We have to face the fact, the construction workers cannot achieve our design request, so we have to change the facade into painted concrete.

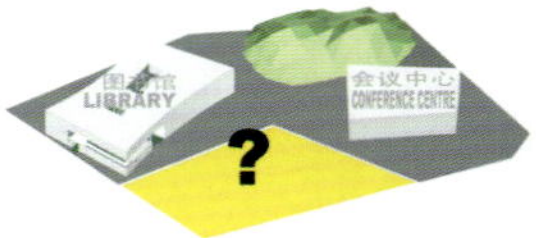

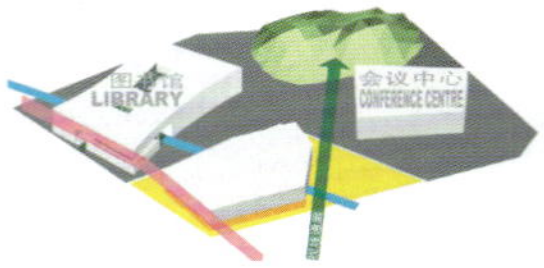

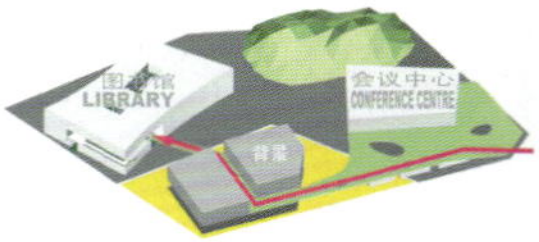

在行政楼的设计中，我们考虑如何“去行政化”和实现“教授治校”。我们在建筑间设置捷径带来大量穿越性人流，建筑底层阴影为停留提供了遮蔽空间，极大地提高了办公楼所处环境的公共性，从而也从一定程度上消除了行政办公楼给人带来的精神压力，显得更为亲和。

通透的立面和开放的建筑空间集中表达着“去行政化”和“开放教学”的理念

南方科技大学建筑单体设计——游泳馆

建筑设计从学生对整个体育场地最有效的利用出发，考虑与相邻地块的体育馆组成一座综合体育健身中心。泳池屋顶由两个双曲面构成，是对常规的方盒子进行空间上的重新分配，在不影响内部空间使用的情况下削减建筑的体量，不仅使其更好地融入自然，也给游泳者提供了新的空间体验。

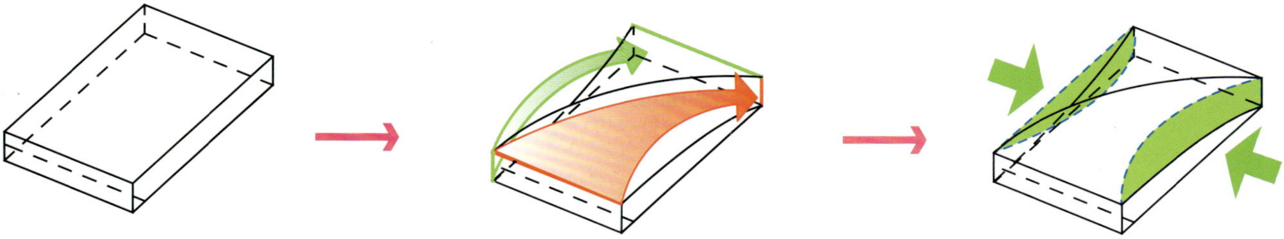

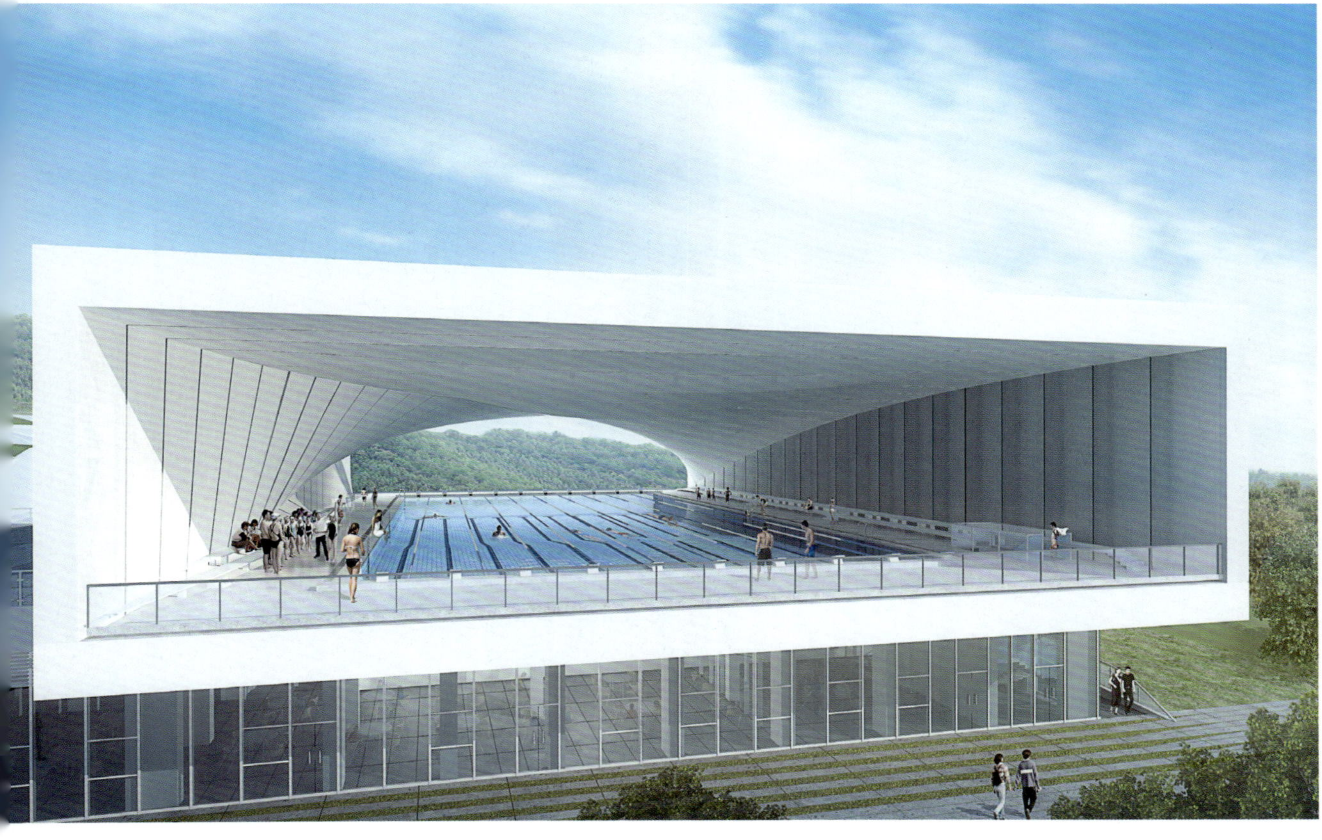

南方科技大学建筑单体设计——实验楼

南方科技大学建筑单体设计——食堂

因为造价的问题，我们只好忍痛将室外的钢柱尺寸改粗。

武汉大学珞珈学院 / 湖北武汉 / 2009 年至今 / 353667m²

珞珈学院像南方科技大学一样也是一个长期、复杂、辛苦的项目。但项目本身还是很有趣的！

文教类建筑

南宁规划展览馆 / 广西南宁 / 2009 年至今 / 12000m²

公共性和开放性展现了展览馆融入市民活动的姿态，引入活动事件，让市民可以从不同角度关注展览馆。

筑博科技的团队全程加入到本项目中，使项目的节能、绿色概念得到全面落实。

体工大队田径馆 / 广东深圳 / 2008 年至今 / 42698m^2

教育类建筑

光谷中学 / 湖北武汉 / 2006-2007 年 / 58669m^2

教育类建筑

鹤山中小学 / 广东鹤山 / 2007-2009 年 / 71347m^2

教育类建筑

广西南宁高级技工学校 / 广西南宁 / 2009 年至今 / 179934m²

教育类建筑

鹤山幼儿园 / 广东鹤山 / 2007–200

日常生活 = 街道生活

Everyday Life Equals Street Life

街道漫步

Walking on the Street

文 / 汪民安

Text / Wang Min’an

街道，是一个永不落幕的舞台，人群是它的演员，物品则是它的道具。街道被各种各样的人群强制性地使用，进而被生产出各种各样的意义，因此，它的语义变动不拘。但是，街道的真正秘密核心是商品，街道存在着一种固定的核心意义：它是商品的寓所。这也正是街道的魔力所在，它促使人们一遍遍不厌其烦地奔赴街道。实际上，人们常常将街道理解为店铺林立的商业性大街。如果不是将街道当做一个过道，而是将它当做一个目的地的话，那么，人们对街道的奔赴，主要就是对这些商品的奔赴。商品既是街道生机勃勃的跳动心脏，也是人群簇拥于街头的内在秘密。

商品的寂静聚集却使街道喧哗不已。作为商品的寓所的街道，就是要将商品展现出来，商品，就是要力争涌上街道，并尽可能在街道上醒目地成为一种可见物；而真正的商业性大街，则应该成为囊括一切商品的百科全书。街道和商品的关系，是相互寄生、相互激发和相互生产的关系：缺乏商品的街道是单调的、乏味的、灰暗的，严格说来，这不是我们通常意义上的街道，而只是一个素朴的交通过道；它完全被实用的交通功能所控制，车辆密密麻麻地堆积在此，驾车人内心焦躁，却面无表情。他们无可奈何地但又是在安静地寻找空间和时机。交通过道是城市刻板制度的贴切表征。剔除了商品的街道，在某种意义上，也会剔除人群。即便这种街道被赋予强烈的意识形态色彩，即便它有一种政治和历史的神秘传奇，即便它气势宏伟、高楼林立，这样的大街也只会不时招揽一些零星的外来游客。在这样的意识形

街道将身体的整个世界包围着，并探索身体的全
刺激这些世界，满足这些世界，相应地，它也就会
压制永恒和本质，压制各种各样不变的决心：街

Street surrounds the world where we live in, and explores the mysteries of all senses of
meet the need of the world. Accordingly, it will suppress thought and philosophy, obs
determination: street is sensorial and instantly changed.

态的大街上行走，只是一种对历史的震颤经验，这样的行走步伐紧张而兴奋，它踏越的不仅是街道，还是漫长的历史记忆和喋喋不休的政治说辞——这同充斥着商品的商业性大街的体验完全不同。反过来说，商品如果不寄寓在街道上，它就是孤独的、闭塞的、荒凉的。街道应该成为商品的恰当语境，脱离了街道的商品，就脱离了它的交换句法，而成为一个被甩掉或者被耗尽的矛盾字词。这样的商品当然自会有它的命运，但是它不会有被反复挑剔和阅览的命运，不会有一种集体性的辉煌展示的命运，不会有一种扩大自身符号表现的命运，不会有虽然昙花一现但毕竟历经繁华的命运。商品，只有存在于街道上——无论时间多么短暂——才能获得商品独树一帜的意义：才能经历出售和购买的巅峰瞬间。

商品和街道就这样达成了一种“自然”关系。正是在商品和街道相互激发的关系中，正是在它们融洽的句法关系中，正是在它们彼此作为背景的窃窃私语中，它们各自的独特意义才纷纷涌现。同时，这种关系，以及这种关系的秘密，就成为整个街道的秘密：街道形象的秘密，街道活力的秘密，街道文化的秘密，街道上的人群的秘密，人和街道的秘密关系的秘密。

街道一旦成为商品的积聚之地，那么，它的交通功能和意识形态功能就会大大减弱，政治建筑不会置身于此，一些繁华的街道甚至禁止车辆通行，这样，它就变成一种完全的买卖和景观场所。对于行人而言，扑入眼帘的，首先是街道的景观。街道当然有它的形成历史、设计和建筑，也就是说，街道有它的从历史深处浮现出来的空间轮廓，这个空间轮廓在某些历史关头被一再地改造、扩充、伸展。不论这种改造是悄然的还是激烈的，街道的历史就是其空间和建筑被改造的历史；但是，一部街道的发生史也是一部商品的变迁史，是商品的展示史。街道的历史是被商品逐渐包裹和粉饰的历史。街道的改造，绝对还包含着商品的形象对它的改造。即便街道的空间和建筑长年不变，并始终保持着某种固执的静止状态，商品对街道的改变仍旧让街道不断地推陈出新。人们会毫不费力地记住街道上的一般建筑秩序，但人们很难记住街道上的具体形式细节。商品的频繁变换导致了这些细节的频繁变换，对商品面目的改写也是街道面目的改写。

使用性，是商品的内在属性；交换性和出售性，则是商品的必然宿命。但是，商品及其广告，凭借它的符号和形象，还顽固地保持着对街道的装饰功能。现在，商品越来越不满足于安静地待在店铺的一隅，等待着某个顾客兴之所至的偶然光临。相反，它们力图挣扎出来，溢出寂静的角落，奋力在街头获得自身的光亮和可见性。这样，商品的表征符号——巨大广告牌或者商品的记号模型——赫然出现在街头，这是商品的代理和符号再现，是有关商品的二次书写；这是夸张的、放大的形象书写，它暂时藏匿了商品的劳动价值，而突出了商品的符号价值。商品的这种再现符号，交织着双重意义：商品的展示意义和街道的装饰意义。就展示而言，这是一般性的商品推销术。展示必须尽力地在每个角落抓住人们的目

官奥秘，它可以沟通感官世界，打开这些世界，
思考和哲学，压制晦涩和深邃，压制理性和算术，
感官的，又是瞬间多变的。

. It can communicate with the sensory world, open the world, stimulate the world and
ostruseness, rationality and arithmetic, eternity and essence, and a variety of invariable

光，这样，它就会无所不在，这种展示的广泛性，在另一方面，构成了对街道的大面积装饰。就装饰而言，这些商品广告组成了街道的真正表面，它不仅占据了墙壁的表层，甚至夸张地伸展到街道的上方乃至地面。相应地，街道的建筑本身就失去了它的固有色泽。街道，就被这些商品形象和广告严密地包裹起来。广告的色彩，就是街道的色彩；广告的形象，就是街道的形象。“广告无所不在的陈示，垄断了大众的生活……这是我们今天唯一的建筑：巨大的屏幕上闪烁着运动中的原子、粒子和分子。已经没有公众活动的场景或真正的公共活动空间，只有庞大的旋转、交换和短暂联结的场所。”广告不是布满了街道，而是占领了街道。

但是，实际的商品本身仍旧存在于店铺内部。而店铺总是在寻找店铺，店铺的法则是物以类聚的法则。店铺如果茕茕孑立，它只能等待着纯粹的巧遇，等待一个偶然的顾客：虽然这个唯一的店铺可能吞噬全部的却又是寥寥无几的过客，但没有人专程奔赴一个孤独的无名店铺。这样的店铺只能等待四周的定居者，它决没有吞吐万物的远大气概。一般来说，店铺的本能是汇集于商业街道，或者说，商业性大街正是因为店铺的本能汇集而自发地形成。在这里，店铺会撞上自己的悖论：它要冒着竞争的风险和其他店铺比邻而居：它既嫉恨另一些店铺的竞争，又依赖它们的招徕效应。这是店铺复杂的双重感受。店铺只能在庞大的店铺群中找到自身的感觉。每一个店铺都想拼命地招摇，但每一个店铺都被其他的店铺无情地湮没。

但是，街道上的店铺还是存在着自发的秩序。大型购物中心注定是街道的重心，它庞大的建筑醒目而隆重地矗立在街头，并成为街道上的一个要点、一个景观、一个高潮。街道通常是根据这种购物中心而展开自身的叙事。如果一个街道上存在着多个这样的购物中心的话，那么，这就是一个喧哗的、高潮一再出现的街道。各种各样的小店铺环绕在它们周围，构成它们的依附和补充，并悄悄地将这些保持距离的购物中心连接和填充起来。这使得街道层次分明，衔接紧凑，错落有致，并具有一种轮廓上的丰富性和变化性。充满活力的街道是整齐划一的敌人，同质性的街道是在扼杀街道。同购物中心的稳定性——它几乎成为街道的固定品牌——相比，这些小店铺是临时的、机动的、灵活的、变迁性的和游击式的，它们反复地改头换面，而且，这些店铺是异质性的，它们的商品和功能并不雷同。小店铺的改装在书写街道的兴衰。它们不仅仅依附那些大型购物中心，也和购物中心形成一种相互寄生的关系。它不是购物中心的终结，而是它的一个自然延伸；它不是和购物中心充满敌意地对抗，而是和它保持着通畅的过渡关系；它在地理上外在于购物中心，但在逻辑上却内在于购物中心。小店铺和大型购物中心织成了一个买卖的整体。而街道，并不因为建筑物的地理隔离而形成严格的区分场所，相反，街道是没有界线的，四处都是敞开的门，供人们自如地穿梭，从这个意义上说，街道是一个有机整体，是一个包罗万象的巨型建筑物，是一个没有封闭点和终结点的开放场所。街道，既是多种店铺的综合，也是某种单一的庞大店铺。如果说，一个综合性的购物中心将众多小

型店铺囊括其中，并让它们保持着自然过渡的话，那么，在同样的意义上，街道囊括了所有的店铺。街道，成为一个放大的、通畅的而又无所不包的购物中心。

街道各种建筑物的可穿透性，保证了街道的流动性，这也保证了街道的活力。实际上，所有的建筑物、所有的店铺都在焦急地等待人们的光临。店铺一定要招徕、要展示、要夺人耳目，这样，街道两边充斥着的不是禁闭性的森严围墙，而是敞开的、透明的玻璃橱窗。橱窗将店铺包含的内容展示在外，使店铺和街道在光线中相接，橱窗不是让店铺和街道保持严肃的黑暗界线，而是将这种界线拆毁。橱窗既让店铺保持着可见性，也让店铺保持着同街道的沟通。透过橱窗，商品摆在店铺里，“就像是摆在一个耀眼的舞台之上，摆在一种神圣化的炫耀之中（这就像在广告中那样，并非是单纯展示，而是像拉格诺说的那样，是赋值）。陈列物品模仿的这种象征性赠予，陈列物品和目光之间的这种安静的象征性交换，显然会引诱行人到商店内部去进行真正的经济交换。”橱窗，使商品披上了光晕。它镶嵌在街道两侧，但并不令人感到空洞和刺眼。正是在橱窗的保护下，商品能自在地暴露于街头。橱窗是商业大街最显著的品质，它使街道获得了透明的深度，获得了立体效应，街道不再是个封闭的线形的笔直通道，不是一个堤坝筑起的顺势而下的河流，而是一个可以向四周悄悄渗透的立体网络。

这样，街道的行走就变得极其缓慢。由于各种店铺的展示性和透明性，行人会一再地驻足探寻其间，好奇心总是驱使人们对店铺反复深入，而店铺常常会令希望和失望发生瞬间更替。行走变成了对店铺的饶舌般的探秘，于是，直线步行变成了横向游逛。目光扯住了脚步。在街道上——如果人们确实是去购物的话——时间会很快地流逝而去。一般来说，人们在街道上的实际时间，总是会超出预定的时间，人们容易被层出不穷的可能性，被各种显现的物品，被各种诱惑性的店铺抓住。街道需要眼睛保持着运动，而步行和时间因为目光的过度兴奋失去了知觉，它们往往沉默无语，但街道和行人却永不知疲惫。街道的尽头看起来近在咫尺，走过去却遥遥无期。游逛，就这样改变了街道上的时空：街道的长度获得了意外的增加，而时间却在加快地流逝。街道从不让时间显得无聊而漫长，它压缩了时间感，却拓置了空间感。

除了商业购物的店铺之外，还有其他类型的店铺存在于街头满足人们各种各样的要求。广泛的店铺类型就这样留住了人们的脚步，街道是一个自足的世界。人们可以在此满足他的一切消费愿望：人们可以在此吃喝玩乐。饭店、旅馆、银行、邮局、理发店、酒吧、照相馆、澡堂等，这些消费场所的功能相互补充，并构成一个完整的生活世界，它不留下任何的消费漏洞和缺憾。它们常常没有规律地挤在街道的两侧，这些功能性的场所，因为在满足人们的不同需求，因而也在反复地改变人们的街头经验。这些不同的场所空间，针对着感官的各个层面，它让人流、让感官、让经验、让心率迅速地转换。空间的功能变换和地理变换，使街道的经验失去了稳定性，也动摇了人的整体性。人，在不同的时刻，受到不同的对象和空间的刺激。街道上的人们，从购物商场中出来，迈进隔壁的饭馆，他的注意力就从视觉转向了味觉。街道轮番地作用于身体。它将身体的整个世界包围着，并探索身体的全部感官奥秘，它可以沟通感官世界，打开这些世界，刺激这些世界，满足这些世界，相应地，它也就会压制思考和哲学，压制晦涩和深邃，压制理性和算术，压制永恒和本质，压制各种各样不变的决心：街道是感官的，又是瞬间多变的。

街道容纳下了我们大多数在室外公共空间的活动
图为在街道排队等待通关的香港市民。摄影：白川

步行 / 广东广州

非机动车行 / 福

街道 = 交通

/ 重庆

人车分流 / 广

权力 / 上海

行为

街道 = 管制

信号 / 上海

机器

街道 = 公职

上海

交警 / 江苏南京

重庆

协警 / 浙江杭州

理 / 广东广州

文明城区 / 上海

街道 = 公共宣传

平安街道 / 福建泉州

弥敦道 / 香港

多宝路 / 广

街道 = 命名

胡同 / 北京

弄 / 福

街道 = 社区

巷 / 江苏苏州

东广州

车流 / 福建泉州

街道＝流动

东广州

信息流 / 海南三亚

/ 重庆

身体秀 / 福建莆田

街道＝秀场

商品秀 / 上海

道路施工
向左改道
越秀 公安
如意通

2008 年雪灾导致大批返乡乘客滞留在广州火车站，街道成了临时的候车集散广场。摄影：曾翰

商厦 / 广东广州

街道＝商业

南京西路 / 上海

上下九 / 广

街道＝步行街

春熙路 / 四川成都

海

阵列 / 天津

街道 = 橱窗

庆

废弃 / 四川成都

重庆

身体 / 香港

街道 = 广告

四川成都

人偶 / 四川成都

街道 = 特色

国防街 / 福建泉州

仿古街 / 重

地下街 / 重庆

涂鸦街

街道 = 等级

村 / 广东广州

镇 / 四

郊 / 广东广州

县 / 四

营造健康环境
上海

消费 / 广东广州

街道 = 视觉

海
STAR WARS
EPISODE III
星球大战前传
翻译风

混合 / 江西南昌
共和国的一切

实践"三个代表"
江西景德镇

楼招商
13883253999
商业 / 重庆

街道 = 书写

广东顺德
南無阿彌陀佛

留言 / 北京
雅婷看后

辰龙商务酒店
158 酬宾价
~298元
订房热线：021-5108 8558
酒店地址：牛庄路582号
工农机械配件有限公
传动五金分公
红光电料商店
瑞凌焊机

十字路口成为了信息管制和人们无意识行为的集中地。图为上海福州路附近某十字路口。摄影：朱晔

观察 / 江苏苏州

装扮

街道＝儿童

倒立 / 广东广州

游戏

看 / 重庆

博

街道＝老年

聊 / 重庆

走 / 江苏

街道＝交谈

重庆

老乡／北京

江西景德镇

同事／重庆

街道＝休息

东顺德

歇／重庆

庆

睡／重庆

走 / 广东广州

看 / 广

街道 = 情侣

吃 / 浙江杭州

拍

通道卖菜 / 重庆

街头叫卖 / 四

街道 = 自发

路边摆摊 / 重庆

桥上占道

街道 = 环卫

/ 上海

垃圾车 / 广东广州

/ 浙江杭州

捕蚊器 / 上海

街道 = 夜晚

北京

夜市 / 浙江杭州

重庆

24 小时 / 上海

车站旁的街道被摩托客自发地选为其拉客的场所，图为重庆沙坪坝附近的某车站。摄影：朱晔

街道整改类项目

中山四路商业街改造 / 重庆 / 重庆渝诚投资有限公司 /2009-2010 年 /13070m²/ 所获奖项：“重庆最美丽的十条街道”第三名

项目位于重庆市渝中区中山四路街区，涉及范围为渝中大厦至八路军重庆办事处（周公馆）段。纵观重庆的发展历程，除却作为底蕴的巴蜀文化外，抗战文化是重庆多元文化中最重要的组成部分，同时由于区域内存在大量具有抗战文化的建筑，如八路军重庆办事处（周公馆）、国民党警察局旧址、戴笠公馆、潘文华公馆、桂园等，因此本案文化定位为抗战文化，建筑风格为陪都风格。在此基础上确定了保护、改造、拆建三原则，即对危房进行拆除，新建具有陪都文化特色的历史街区；对现有一些风格杂乱的建筑加以适当改造，纳入整体文化氛围之内，形成统一的街区风貌；对现存重要的陪都风格建筑加以修复和保护。

喜洋洋
精品烟酒

中国共产党重庆市委员
中国共产党重庆市纪律检查委员会

日常生活 = 市民生活

Everyday Life Equals Civic Life

当城市被住宅小区和巨大的商业体所分割时,城市的公共性却在逐渐削弱,原本作为主要城市公共空间的街道逐渐沦为车辆和物流的活动场。**筑博**在**华强北**项目中,用轻柔的方式来重新激活城市活力,保护市民在街道中漫游的权力。

2009

华强北立体街道城市设计 / 广东深圳 / 2009 年至今 / 深圳市规划局 / 53000 m^2

合作机构:WORKac

这是我们与WORKac合作的第一个项目，在本项目中我们都非常认可对方，合作也很愉快。那之后我们便开始了长期合作。

lenovo
TOSHIBA
Leading Innovation
SAMSUNG
lenovo
hp

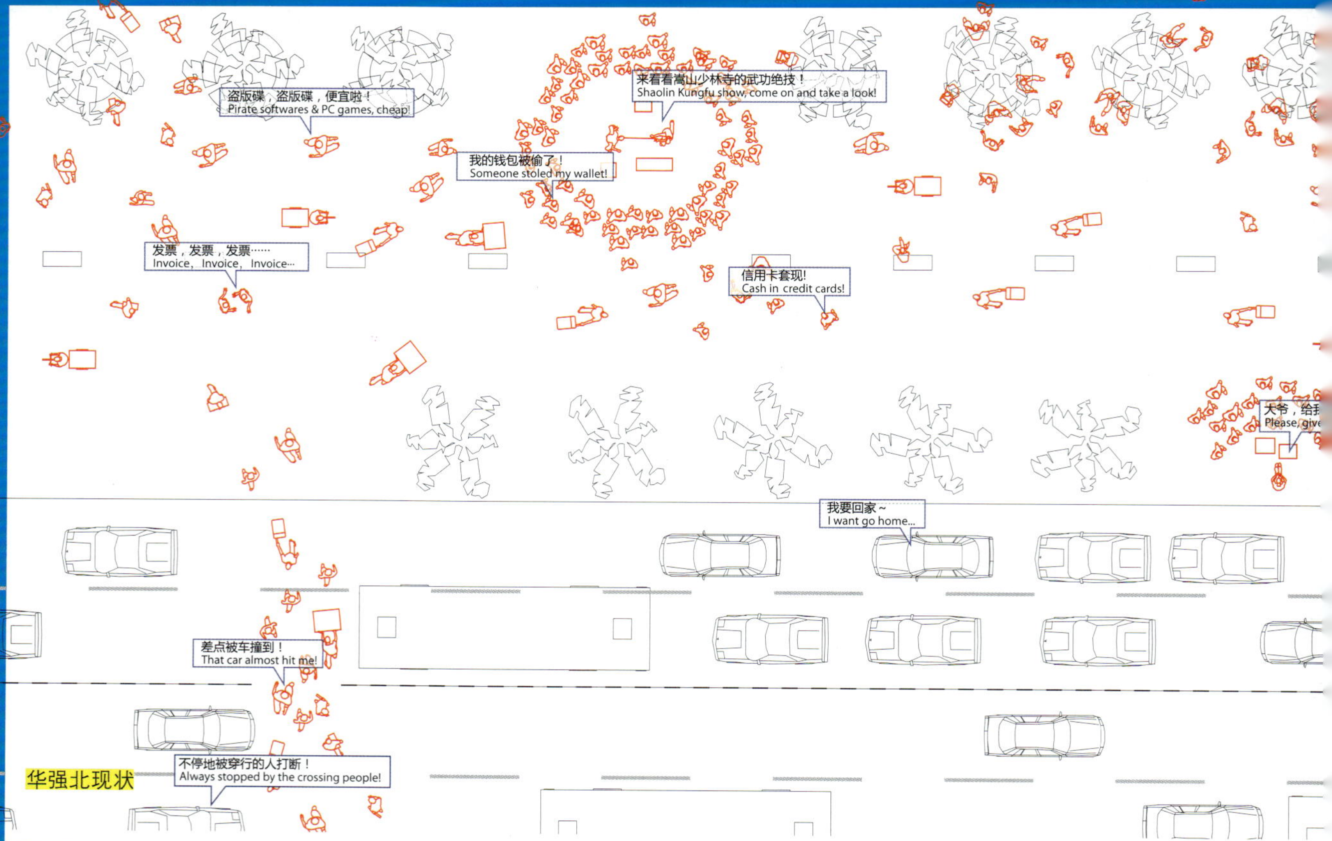
来看看嵩山少林寺的武功绝技！
Shaolin Kungfu show, come on and take a look!
盗版碟，盗版碟，便宜啦！
Pirate softwares & PC games, cheap!
我的钱包被偷了！
Someone stoled my wallet!
发票，发票，发票……
Invoice, Invoice, Invoice...
信用卡套现!
Cash in credit cards!
大爷，给
Please, give
我要回家~
I want go home...
差点被车撞到！
That car almost hit me!
不停地被穿行的人打断！
Always stopped by the crossing people!
华强北现状

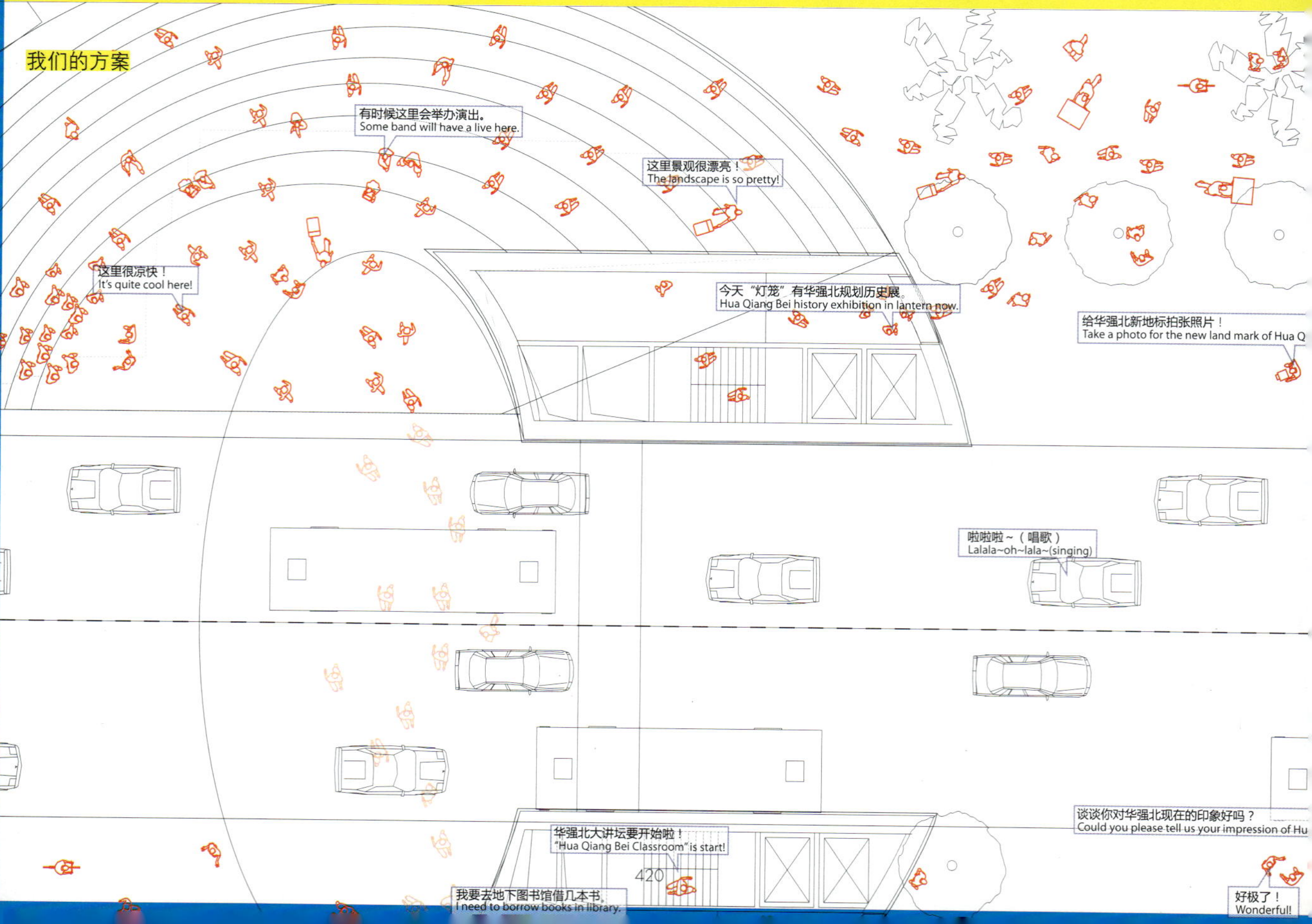
我们的方案
有时候这里会举办演出。
Some band will have a live here.
这里景观很漂亮！
The landscape is so pretty!
这里很凉快！
It's quite cool here!
今天“灯笼”有华强北规划历史展。
Hua Qiang Bei history exhibition in lantern now.
给华强北新地标拍张照片！
Take a photo for the new land mark of Hua Q
啦啦啦~（唱歌）
Lalala~oh~lala~(singing)
谈谈你对华强北现在的印象好吗？
Could you please tell us your impression of Hu
华强北大讲坛要开始啦！
"Hua Qiang Bei Classroom" is start!
我要去地下图书馆借几本书。
I need to borrow books in library.
好极了！
Wonderful!

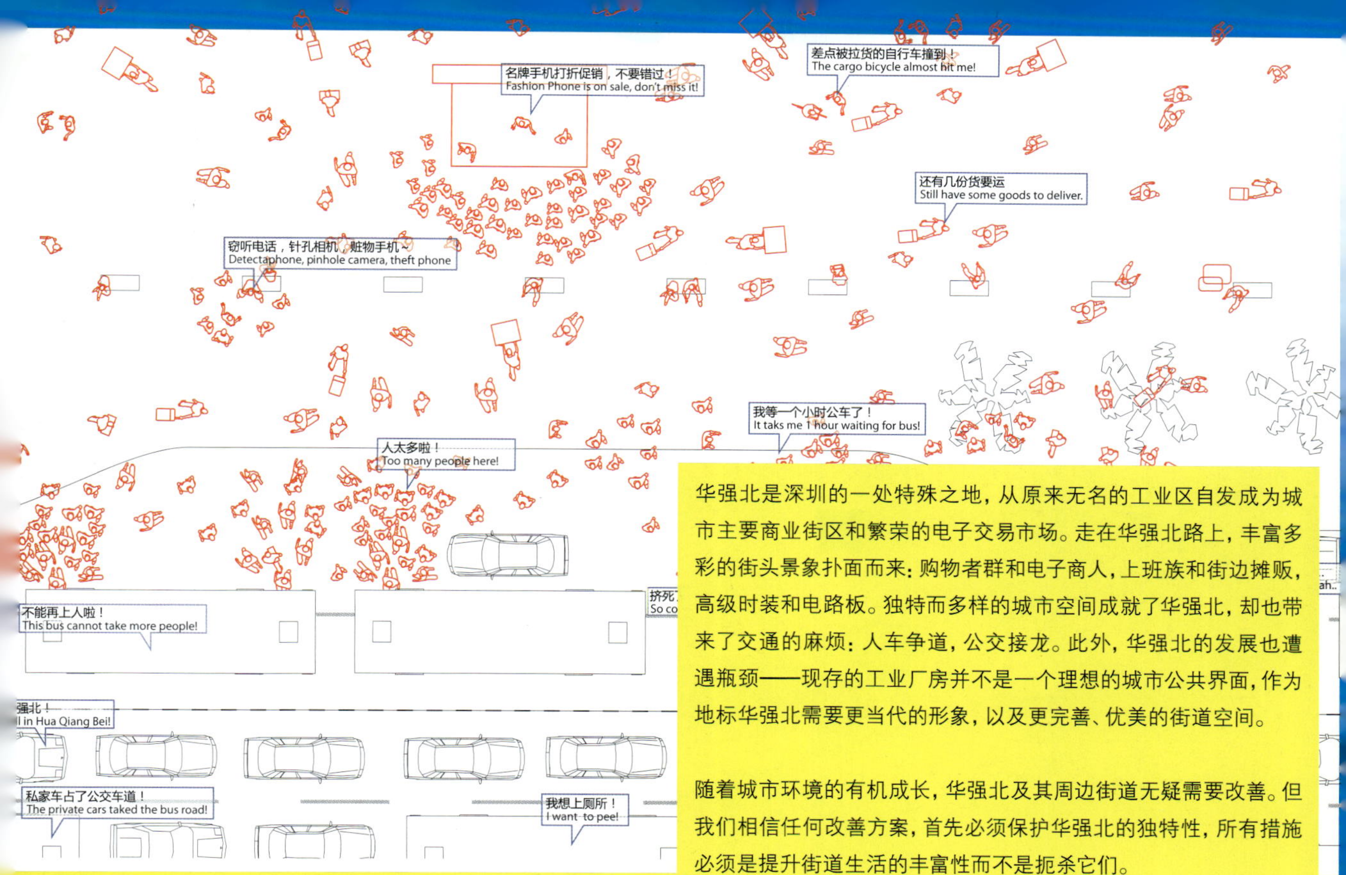

华强北是深圳的一处特殊之地，从原来无名的工业区自发成为城市主要商业街区和繁荣的电子交易市场。走在华强北路上，丰富多彩的街头景象扑面而来：购物者群和电子商人，上班族和街边摊贩，高级时装和电路板。独特而多样的城市空间成就了华强北，却也带来了交通的麻烦：人车争道，公交接龙。此外，华强北的发展也遭遇瓶颈——现存的工业厂房并不是一个理想的城市公共界面，作为地标华强北需要更当代的形象，以及更完善、优美的街道空间。

随着城市环境的有机成长，华强北及其周边街道无疑需要改善。但我们相信任何改善方案，首先必须保护华强北的独特性，所有措施必须是提升街道生活的丰富性而不是扼杀它们。

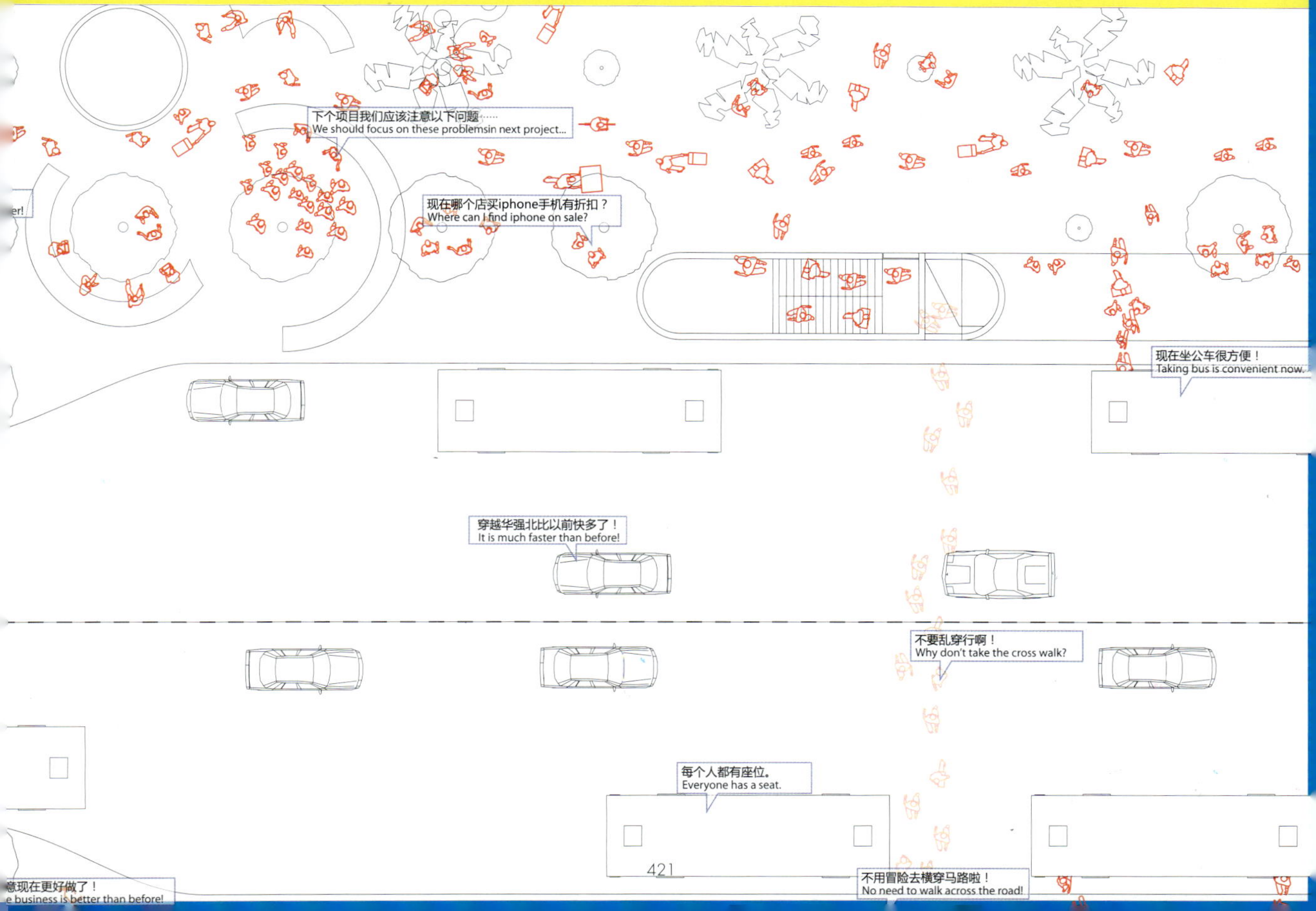

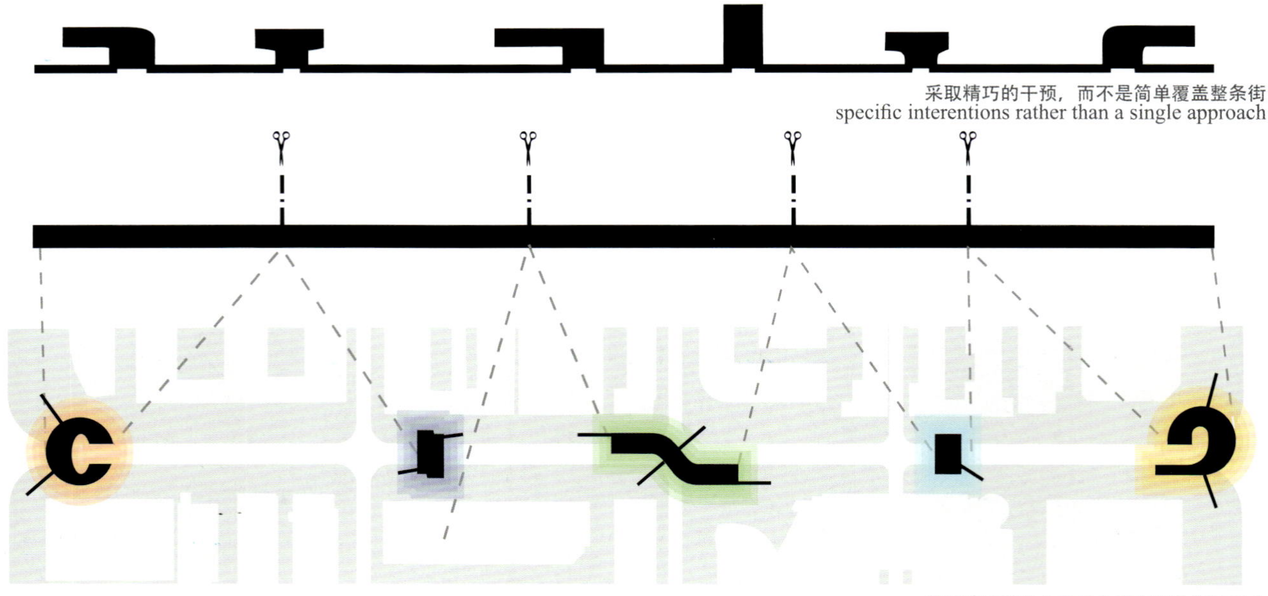

采取精巧的干预，而不是简单覆盖整条街
specific interentions rather than a single approach

新的功能被置入到五个标志性的灯笼当中
The new program is cut up into 5 iconic lanterns

我们采用了一种新的城市设计方法——城市针灸：精准而富于策略地打通筋络，以最小化的干预获得最大化的效果。我们采用系统而综合的城市设计手段，将景观设计的轻柔、交通规划的精确和建筑设计的力量融合在一起，来改善流线，强化个性，创造一个新的公共空间。

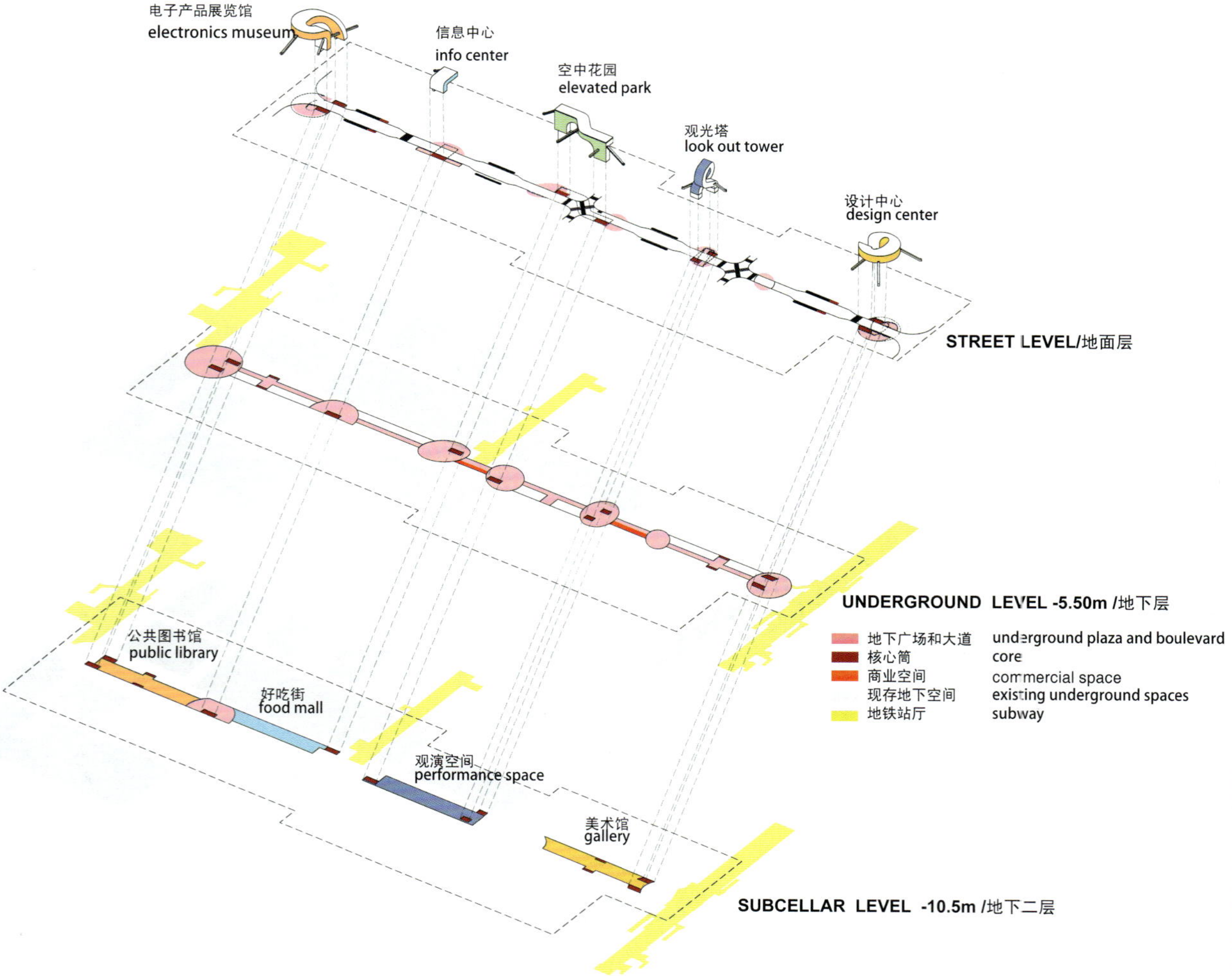

功能轴测图

为强化华强北的个性，我们通过创造一系列的活动节点来规划该区域有活力的新景象。这些节点尺度不同。其中最引人注目的则是大尺度的 5 个“灯笼”。“灯笼”在街道上空营造了与两侧商业相联系和互补的全新的公共服务空间。“灯笼”与中国传统街道的“牌坊”异曲同工，通过它们为华强北创造一个难忘的“城市印象”。

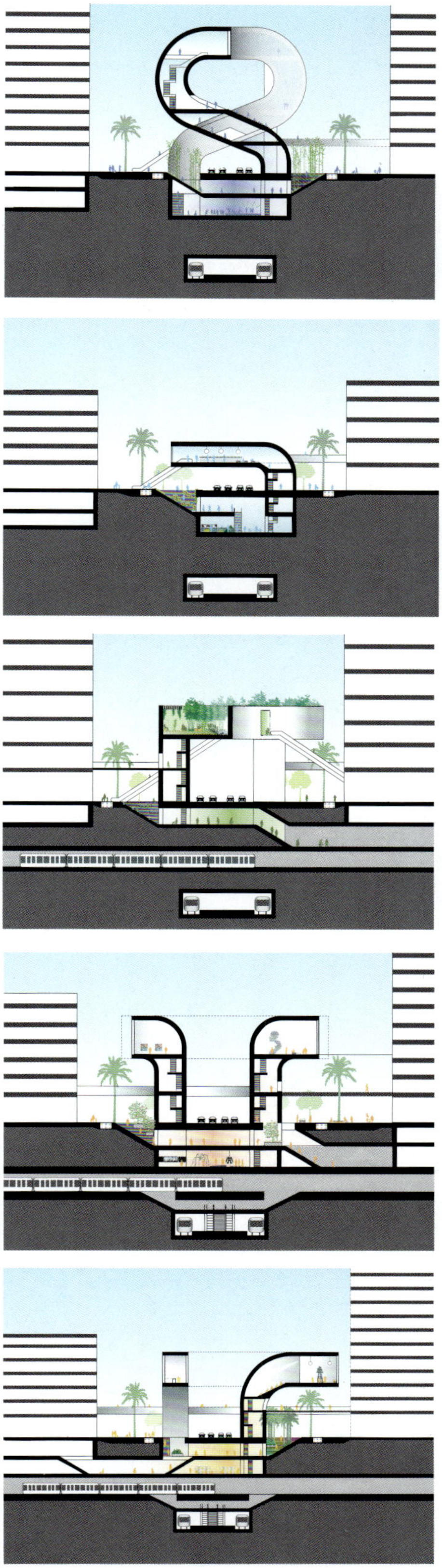

日常生活=快乐生活

Everyday Life Equals Happy Life

在现有的城市规划体系下，“市民广场”通常并不“市民”，其超大的尺度、单一的功能、不便的通达性，都在表述着“市民”缺席的必然性。信息时代的发达，将人之间的交流和娱乐变得更遥远。**筑博**尝试用建筑的方法，解散广场的权力景象，将市民重新带回“广场”，让广场重新成为市民的乐园。

2009

深圳水晶岛城市中心 / 广东深圳 / 2009 年 / 深圳市规划局 / 297840m²

所获奖项：WAF 世界建筑大奖，国际竞赛第二名

合作机构：深圳市城市规划设计研究院

水晶岛现状

水晶岛及市民中心广场是深圳城市空间的中心，环境优美，但人迹罕至，活力不足。经分析，概括为如下问题：

1. 可达性差：整个片区被深南大道从中间割裂成南、北两个区域，东西边界受金田、益田两座高架桥阻碍，其余边界亦各有阻挡，使得视线和人流难以穿越。

2. 尺度超大，令行人生畏。水晶岛及中心广场范围约 45hm^2，相当于 60 个足球场或 90 架波音 747 飞机或 8 个万象城大小，尺度巨大，已有景观设计没能营造出人性化的尺度空间。

3. 周边设施分散，各自为政：虽然设施齐全，但距离分散，超出适宜步行范围，导致设施之间各自为政，缺乏联系。

4. 功能单一：现状基地内仅有单调景观功能，缺乏吸引力。

5. 中央商务区空城现象：由于中央商务区商务办公为主的特性，夜晚形成空城。

1. 交通：轨道交通枢纽的建成将带来大量人流。

2. 文化中心：水晶岛周边已建成大量不同功能的文化设施（如书城、图书馆、音乐厅、少年宫、会展中心等），初步形成了全市的文化生活中心。

3. 丰富的城市生活：莲花山自然公园，市民中心，购物中心，以及大量文化、艺术设施等，市中心区潜藏着优厚的文化与市民生活的契机。

4. 深圳经济发展举世瞩目，但文化发展相对滞后，亟待大力发展。

从案例研究可知以逐利为导向的中心区开发，最终导致中心活力丧失和空心化，这从反面证明中心区建设应靠政府调控，以市民利益为支点。顺应文化强市战略，打造设计之都，应重视设计与市民生活完美融合。本案定位为文化乐园，着力促成设计与市民生活的相遇。文化乐园粘合周边资源，承载超大容量城市生活，凸现深圳精神，满足市民生活需求，最终成为中央商务区的活力引擎。

策略一：压缩

针对中心区设施分散、距离过远的问题，提出以高效区域公共交通系统连接从莲花山至会展中心的整个中心区，从而实现时空压缩，将之前无法全部享有的各项精彩生活一网打尽。

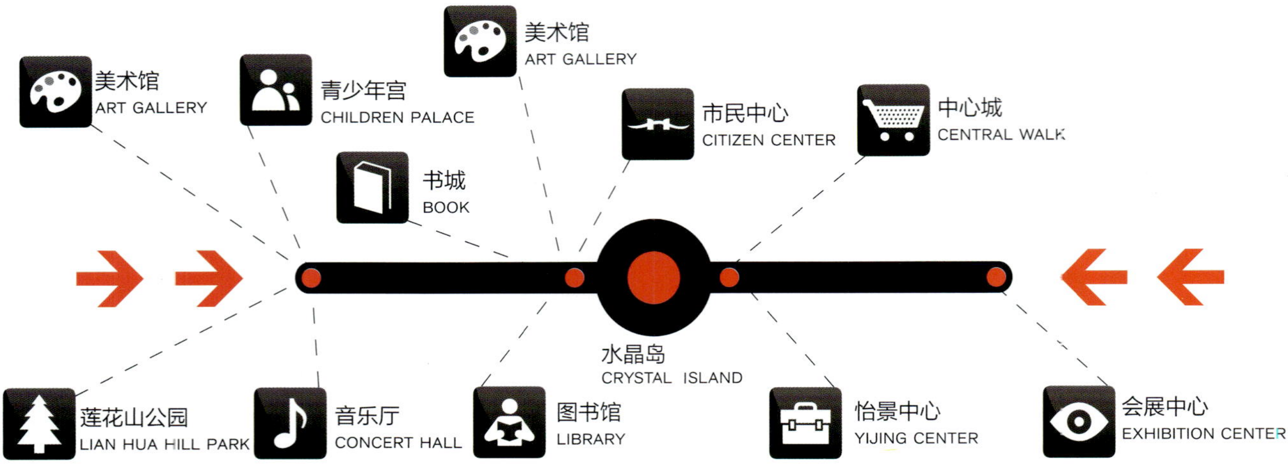

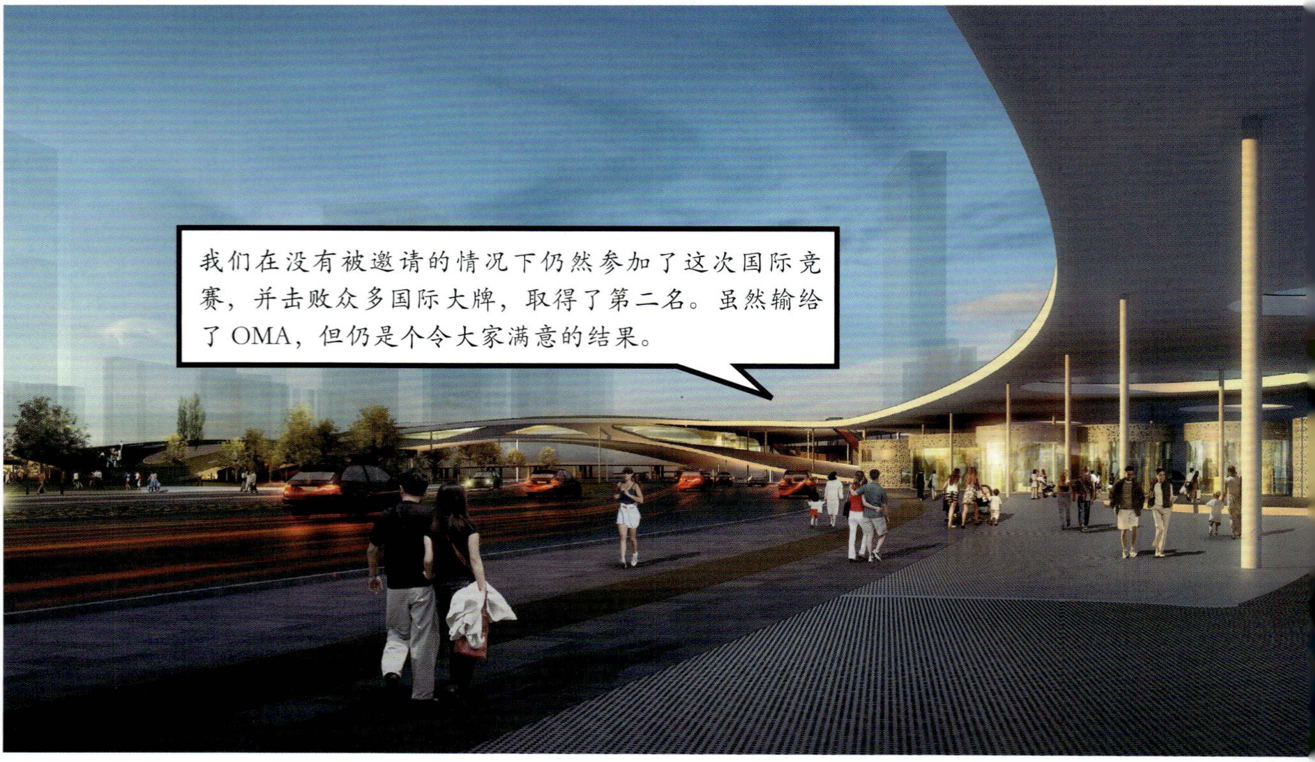

策略二：乐园

保留基地原有公园，既是绿色景观，又是完全开放的市民空间，重组公园地貌起伏，使表面形成不同属性的场域，注入各种活动，将公园转化为乐园。

- 展览/Exhibition
- 教育/Education
- 画廊/Galleries
- 娱乐/Entertainment
- 手工业/Manufactures
- SOHO
- 公寓/Apartments
- 酒店/Hotel
- 餐厅/Restaurants
- 咖啡厅/Cafeterias
- 酒吧/Pubs
- 健康/Health
- 锻炼/Excercise
- 设计相关商业/Program related shopping
- 服装，饰品店/Clothes & Accesories stores
- 食品市场/Food markets

策略三：城市

将充满活力的城市街道肌理植入起伏的地皮之下，在基地的巨大尺度下创造出具有人性尺度、充满生活气息的城市空间。

规律化的城市生活使人们感到单调乏味，我们在乐园中植入各种文化事件，如展览、艺术节等，形成跳跃的文化脉动，与乐园内日常的文化商业活动相互补充。

策略四：事件 / 节日

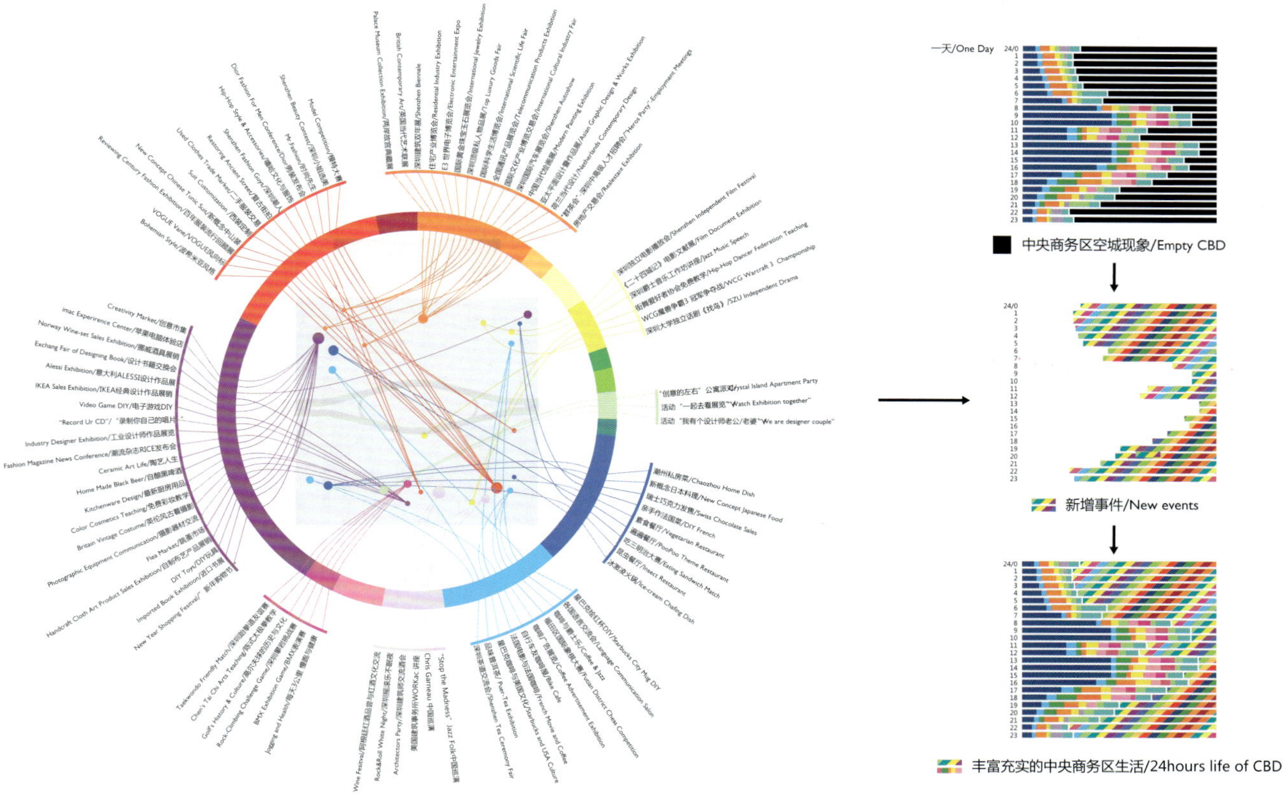
一天/One Day
中央商务区空城现象/Empty CBD
新增事件/New events
丰富充实的中央商务区生活/24hours life of CBD
"创意的左右" 公寓派对/Crystal Island Apartment Party
活动 "一起去看展览"Watch Exhibition together"
活动 "我有个设计师老公/老婆"We are designer couple"
潮州私房菜/Chaozhou Home Dish
新概念日本料理/New Concept Japanese Food
瑞士巧克力发售/Swiss Chocolate Sales
亲手作法国菜/DIY French
素食餐厅/Vegetarian Restaurant
Creativity Market/创意市集
imac Experirence Center/苹果电脑体验店
Video Game DIY/电子游戏DIY
"Record Ur CD"/ "录制你自己的唱片"
Industry Designer Exhibition/工业设计师作品展览
Ceramic Art Life/陶艺人生
Home Made Black Beer/自酿黑啤酒
Flea Market/跳蚤市场
DIY Toys/DIY玩具
New Year Shopping Festival/ 新年购物节
Chris Garneau 中国巡演
"Stop the Madness" Jazz Folk中国巡演

策略五：标志物

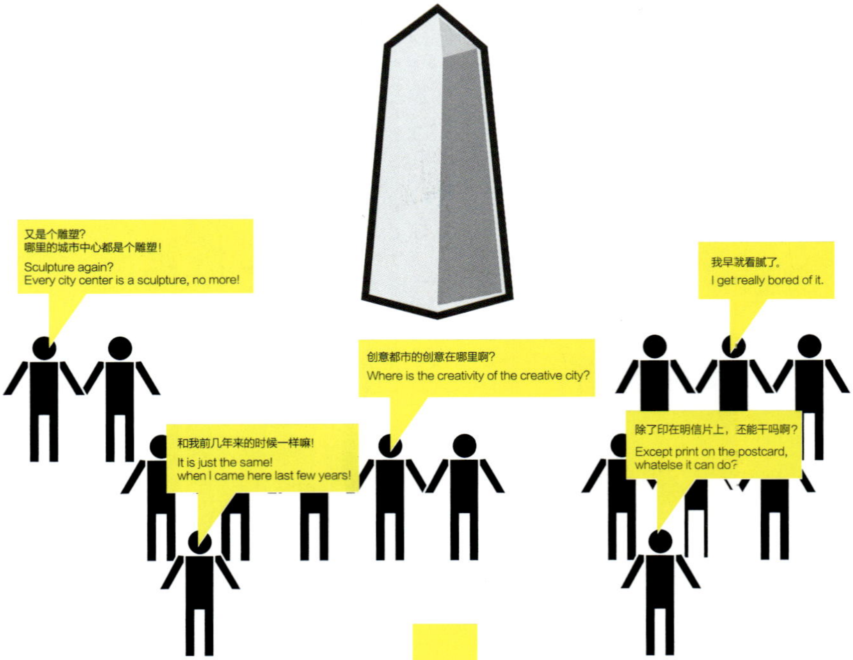

标志物可作为城市性格象征并吸引游人。我们利用科技和艺术创造活动的可替换的新标志代表深圳的活跃的创新精神。

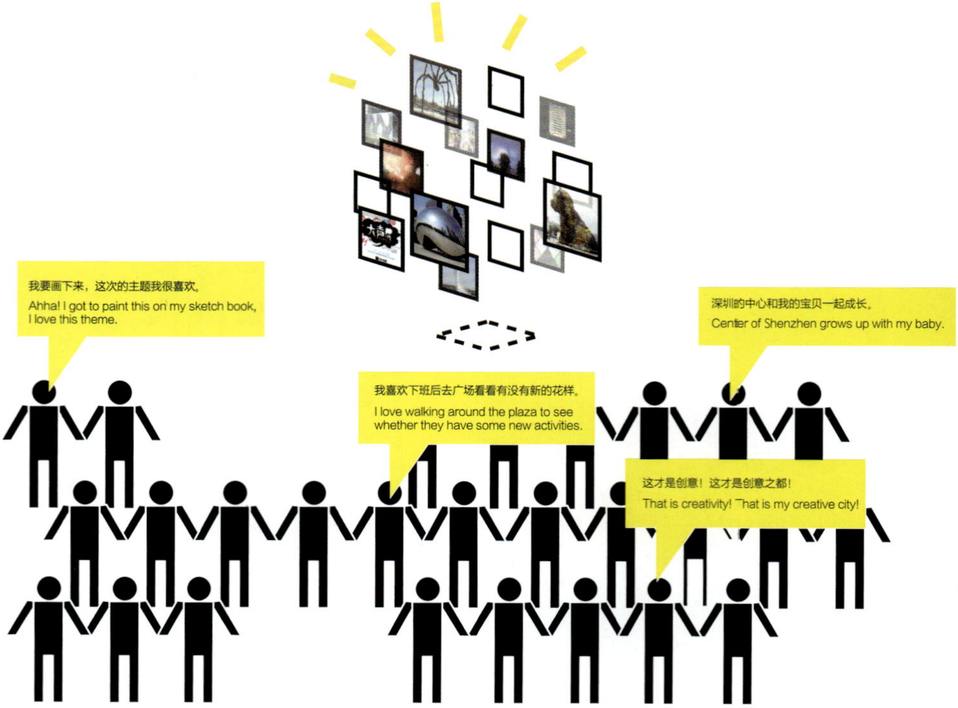

策略六：连接

连接是城市活力的保证，是当代的城市美学。以最简单直接的方式连接各地下交通枢纽，实现高效的交通转换，保证城市活力。

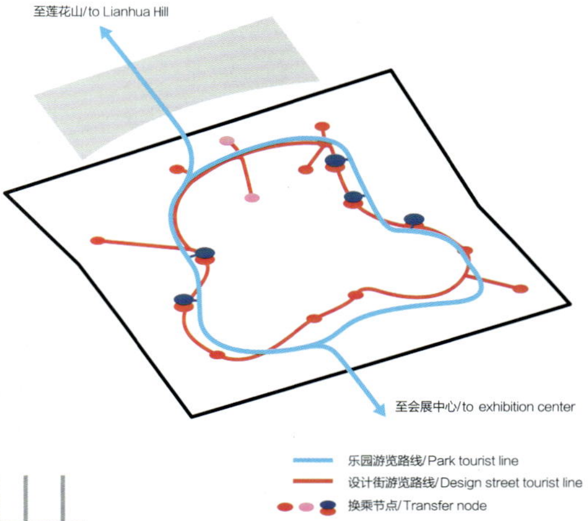

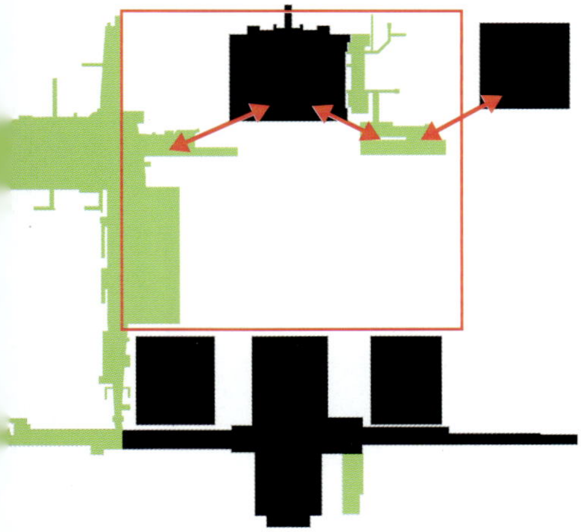

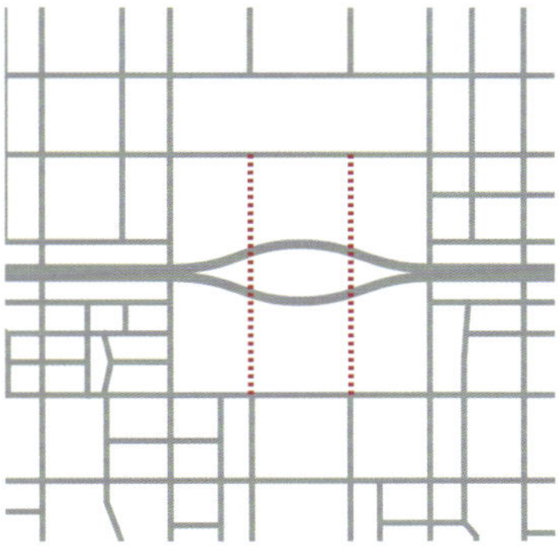

起伏的乐园和绿皮下的设计街区各由一个环路联络，形成清晰的游览路线。天井、下沉广场等节点设计将乐园、设计街区、地下通道连接成一个整体。

加密城市路网，分散交通压力，增强场地可达性。

生成

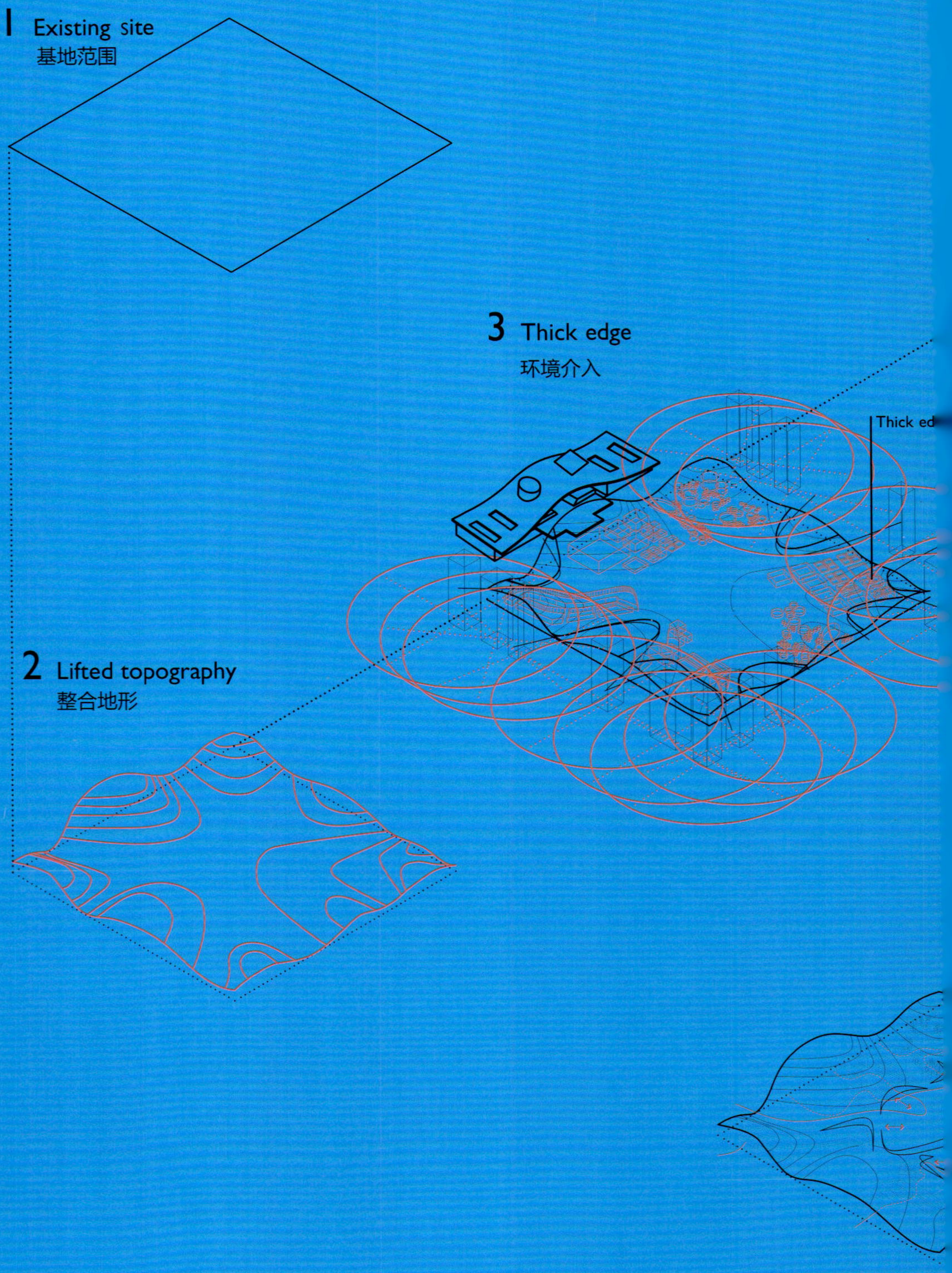
1 Existing site
基地范围
3 Thick edge
环境介入
2 Lifted topography
整合地形

现状公园是一片绿地，将绿地从不同位置切开、掀起，填入设计聚落等城市功能，与周边城市对话。对应周边道路和设施进行退让。连接周边建筑，将公园与城市缝合。公园表面植入一连串的市民休闲运动。区域公交系统，将实现从莲花山至会展中心的整个中央商务区长轴贯穿。

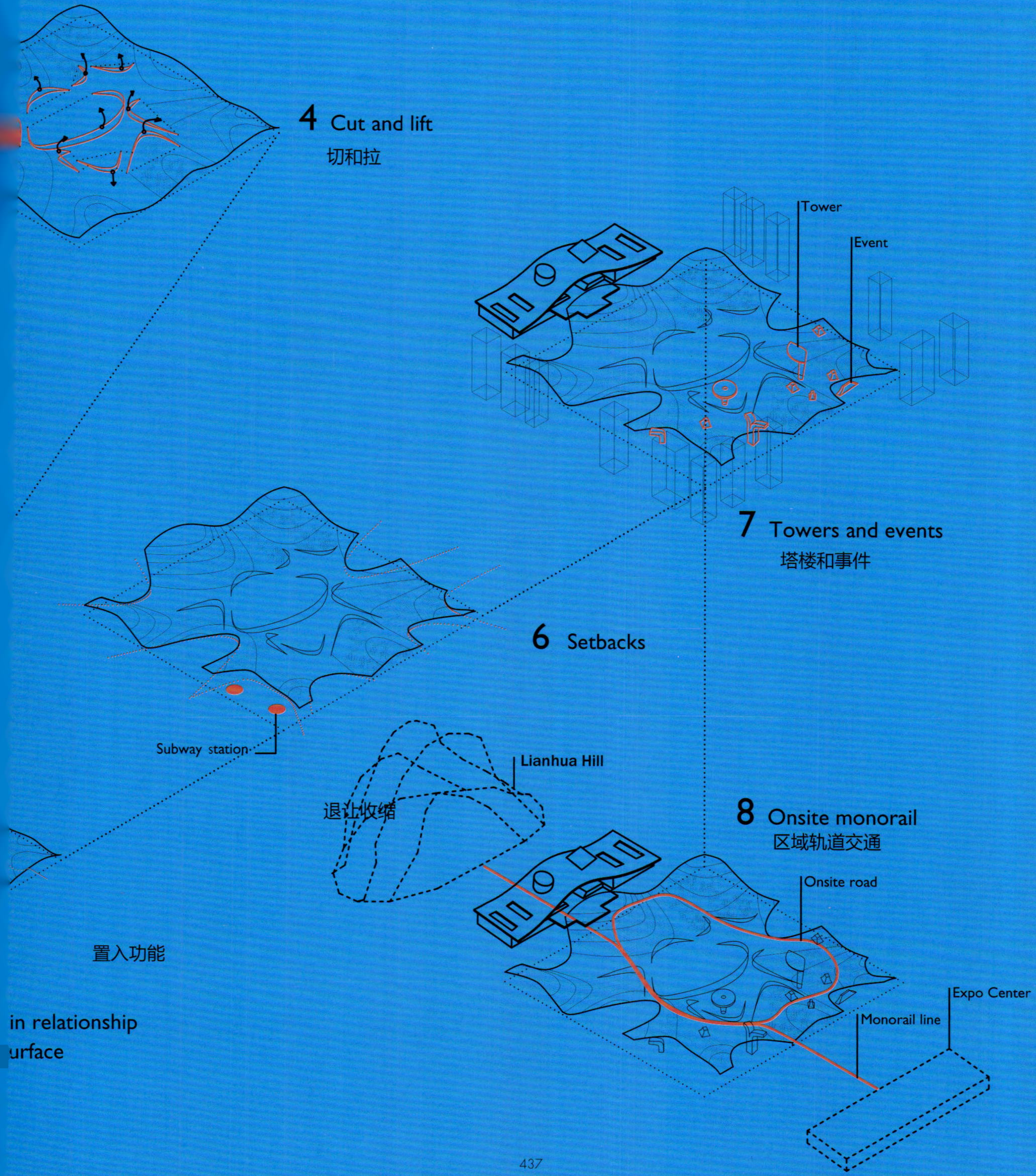

日常生活 = 交通

Everyday Life Equals Traffic

随着城市规模的日益扩大，城际交流的便捷程度变得至关重要。一个城市的对外交通决定着这个城市未来的生命力，光明火车站作为深圳光明地区的重要枢纽之一，不但肩负着人流及物流的责任，同时还以城市中心区的身份影响着周边地区的发展。通过一系列城市设计项目，筑博思考着城市的未来应该是怎样的。

2010

广深港光明火车站及周边城市设计 / 广东深圳 / 2010 年至今 / 深圳市规划局 / 1000000m²

项目位于光明新区南部，龙大高速在其西南侧，广深港客运专线穿过基地，并在基地中央设有客运站。成为光明新区名副其实的门户区。

本项目位于深圳市光明高新园区东片区，方案利用中心湿地公园及山体运动公园将规划用地分成相互联系的4个区块，由观光路分隔而成。4个区块之间则通过两种不同形态的城市公园打造充满生态活力的“十字绿脉”。根据被分割区域的不同地理特征划分出“南田园”、“北都市”两个特色鲜明的片区。在“北都市”区域内，围绕高铁光明站，集合地铁13号线、长途客运站、的士、公交等多种公共交通设施打造零换乘枢纽区，站点周边400m范围形成中心活力区，强调土地混合使用，建成集商务、酒店、购物、餐饮、休闲、娱乐、文化等于一体的门户形象集中展现区。而“南田园”区域，结合现状山体和树林，采用散落式的布局，以低层为主，主要建设加速器、软件服务外包及中小企业总部为主的复合产业园区。

哪怕还没走出金融危机，我们依旧可以对将影

首先是住宅、健康与教育类建筑的持续重要，
与城市有着更积极的关系并且有文化注入的社
社会开放的公共教育环境将成为趋势。

其次，在日常生活中的重复性行为依旧重要，
被控制，使得上述空间中的自我寻找与确认更
第三，作为对日常生活单调的摆脱，休闲与度

最后，老龄化将是我们不可避免的社会发展趋
10%，或65岁以上人口占总人口的比重达到
老龄人口已超过1.6亿，且每年以近800万的
将达到总人口的三分之一。针对老年人的各类
白。（朱晔）

常生活的公共空间发展趋势作出判断。

り“新三座大山”与日常生活的关系极为密切。
更尊重个体并让人精神舒缓的医疗空间，向全

乍与消费。因为个体在工作与消费中的被压制与
体验式与贴近个体的空间将会获得更多的重视。
自我寻找日常生活新鲜感的重要行为方式。

示上通常把 60 岁以上人口占总人口的比例达到
国家或地区进入老龄化社会的标准。中国现有
加，相关预测显示：到 2050 年，中国老龄人口
间与相关产业的缺失，将成为未来急需填补的空

日常生活 = 时间

Everyday Life Equals Time

深圳十年退步记

Story of Shenzhen’s Backwardness in Past 10 Years

文 / 冯果川

Text / Feng Guochuan

深圳是个速生城市，因为求快，许多事就难免欠考虑，也顾不上考虑。现在回首深圳十年来的变化，或许会发现在令人陶醉的深圳速度的另一面，一些事情非但没有进步反而是在退步。这次先谈谈城市的开放性。

走向封闭的城市

城市本身是一个很大的公共空间，如果是一个平等的社会，这个公共空间应该是向所有人开放的。为什么大家愿意在城市里人挤人地生活在一起？因为在拥挤的都市能制造出更多的机会让人们相遇，让你认识想认识的人，让人们互通有无，让人生丰富多彩。所以，现代都市的重要特征就是开放，开放的都市催生了本雅明笔下的都市漫游者，而漫游者又让我们看到了现代都市开放的魅力：城市鼓励人们自由愉悦地穿行、邂逅。

但是在十年之间，深圳这座城市的开放性却在下降，而且越来越不适合步行。笔者以为这是住宅小区模式的转变造成的。虽然城市里有许多公共建筑，但是城市更多的是居住区。居住区的开放性很大程度上决定了城市的开放性。20 世纪 90 年代深圳还不是商品房楼盘一统天下，大量的住宅是由住宅局建设的，另外在城市的核心区域还有大量的城中村，这两类居住区都是开放的，你不会觉得城市和这两类住区之间有封闭的边界，特别是城中村人气十足，昼夜不息。开放住区让区内的花园成为相邻住区共享的社交空间，人们因此有了很多就近遛弯的去处，开放住区的各种配套设施诸如活动室、健身房、游泳池以及住区商业等也可以在相邻住区间形成

深圳曾经是全中国求真意识最强烈的城市，也
名就的城市逐渐丧失了对真实的执著和热爱，

Shenzhen was a proud city with the strongest sense of truth and the most energetic cha
into illusory and beautiful scenery.

资源共享，减少重复建设，提高服务效率，降低服务价格，通过竞争形成各自的特色。这些都令生活更丰富、方便，也扩大了住户们交往的圈子。但到了20世纪90年代末期，深圳的商品楼盘开发越来越兴旺，政府兴建的住宅大幅减少，城中村的建设也被严格控制。十几年后的今天，深圳的住区已经是商品房楼盘占主导地位。

商品房楼盘往往都是封闭的住区，住区入口的铁艺大门上挂一铜牌，上刻“私人宅邸，闲人免入”，门口立着两个身着笔挺制服的保安。这与当时人们习惯的社会主义语境反差巨大，让刚刚有点“私心”的国人觉得住封闭住区特有面子，特有地位。福田农科中心一带的东海花园是这类住区兴起时的典范。现在封闭住区随处可见，封闭管理带来的尊贵感已经稀释得清淡如水，但封闭住区对城市开放性的损害却越来越突出。封闭住区占据城市大量的空间，却与城市隔绝，它们基本不与城市进行交换，也很少为城市提供服务。从这一点看，封闭住区很像寄生在健康肌体上的肿瘤，侵蚀身体，吸取营养，却毫无贡献，甚至危害健康。

房地产热兴起的时候，地产商群雄并起，许多小地产商只能开发地块很小的楼盘，封闭住区规模小，危害尚不明显。现在市场上小地产商多被淘汰，剩下的是财大气粗的“大鳄”，开发的多是占地宽广的项目，却依然采用封闭住区的模式，更有一些强势的地产商竭力取消穿越其用地的市政道路，结果对城市开放性的破坏越来越大。庞大的楼盘成为城市中赫然的障碍物，让人们沿围栏步行几百米都找不到穿越的路径，自然就丧失了步行的乐趣。在香蜜湖一带由于水榭花都、香蜜湖一号等项目的包围，楼盘之间和内部都没有设置供市民穿行的道路，结果导致本应开放的香蜜湖景区蜕变为周边住区私有景观，损害了广大市民的利益。

封闭住区也让内部花园成为与城市隔绝的绿色孤岛，原来相邻多个小区的花园可以形成散步的网络，现在封闭的花园很难满足人们对绿地的需求，人们不得不到更远的城市公园去遛弯、健身、玩耍，而这样又强迫人们依赖乘车出行。于是，一方面深圳在逐渐丧失穿行的路径，一方面交通的负荷又在增加，形成恶性循环。现在城中村改造的力度逐渐加大，但是新的改造方案仍然跳不出封闭住区的这一模式，可以想象原本开放、热闹的城中村将蜕变成一座座大门紧闭的楼盘。原来不少专业人士将城中村视为深圳城市建设的败笔，称之为城市的癌细胞，现在我们应该倒转这种认识，其实城中村才是城市有益、有生命力的器官，而所谓的高尚楼盘才是窒息城市生机的癌症。

开放是城市活力的命脉所系，首届深圳城市建筑双年展的主题就是“城市开门”，但事实上由于封闭住区的建设，标榜开放的深圳十年来走的却是一条通往封闭之路。

沦为布景的城市

布景是对真实世界乱真而又表面化的模仿。我们生活的城市应该是一个实实在在的场所，这和我们的生活的真

干劲的城市，令人骄傲的城市。如今这个功成
虚幻美丽的布景中无法自拔。

na. Now the famous city gradually lost its dedication and love of truth, and was trapped

实性紧密相关。如果我们发现自己就像电影《楚门的世界》里的楚门一样生活在虚幻的布景中，难道不会有被愚弄的感觉吗？不会严重怀疑我们生活的真实性与价值吗？

不幸的是，十年来深圳越来越像是一座布景城市。这有些难以置信，而且情况也确实比较复杂。或许通过分类可以使之清晰一些。城市中的布景可以分为有意的和无意的。无意为之的布景常常是政府工作失误造成的。例如，福田中心区投资大厦一带有几个街区的城市设计是20世纪末请美国著名的建筑师事务所SOM设计的。因为项目包含了十三座高楼，所以被称作“十三姐妹”。SOM在该项目上的核心理念是营造人性化、生机勃勃的现代商务中心。落实到设计上就是营造舒适宜人的步行空间。设计师首先规划了公共空间节点——在东西两个片区各设计一个街心公园。其次，用一条人车混行的商业街将两个公园连接起来，为了聚拢人气，设计要求建筑紧临人行道建造以实现亲切的街道尺度，地面尽可能平坦、不做台阶，沿街必须是有落地玻璃橱窗的店面，建筑底层必须是适合南方天气的柱廊以便全天候使用。这样的城市设计要求如果不打折扣地贯彻了，应该能建成一片和美国大都会一样的现代街区。但是在落实该城市设计的时候，管理部门非常严格地执行了该城市设计中每栋大楼的天际线轮廓控制（据说当年每栋大楼的方案竞赛都必须严格遵守城市设计的轮廓线变化），但恰恰忽视了对地面公共空间系统的控制。连接两个公园的商业街是整个项目的关键纽带，可是现在这条东西向的纽带却被一条设置了隔离带的南北向道路打断了，行人根本无法沿该商业街横穿马路，必须绕行到几十米外，这对行人路线无疑是致命的破坏。同时，由于没有考虑建筑柱廊地面和城市道路的标高衔接，导致柱廊和人行道之间经常被阶梯或陡坎阻隔。此外，这条商业街虽然保留了柱廊，但柱廊内侧的店面却被银行营业厅和外语培训机构占据了，这些机构占据很长的沿街面却只有一个出入口，而且这类机构对闲逛的行人来说也毫无吸引力。马哥孛罗好日子酒店柱廊内侧的很长一段干脆是无窗无门石墙，哪里是商业街，简直是酒店的后勤通道；而另一段虽然是该酒店的咖啡馆，但却用绿篱把柱廊围成了私有领地，柱廊端头的地面莫名其妙地隆起了一个高高的平台，设置了很多台阶，如果执意要沿着该柱廊走，就要爬上去再爬下来，这对于任何一个有脑子、有自尊的人都是不可理喻的，所以彻底打消了你步入该柱廊的想法。每个去过的人可以很容易地发现这里根本不是适合步行的街区，失去了地面良好的步行环境，该片区只不过是一堆各自为政的高楼大厦的拼凑。相信政府当初是想建设一个繁华的商务区，但是十年后得到的只是一个繁华都市空洞的剪影。

有意为之的布景，根据实施主体不同又分为两种。首先是政府搞的面子工程。为了“体面”地举行大运会，深圳特区内变得像个大工地。无数的沿街楼宇在化妆，道路在翻新。滨河路皇岗一带的城中村最近正在突击安装毫无实际用途的坡屋顶，一排排轻钢屋架在阳光下闪闪发光，格外刺目，不过等到瓦屋面铺好后我们很快就会忘记这些建筑本来的样子，假和真那时就融为一体了。

凡是遇到重大活动，城市就要赤裸裸地制造矫揉造作的布景。

另一类有意为之的布景是地产商搞的噱头，美其名曰情景洋房、风情商业街的各色楼盘。情景和风情这两个词直接暴露了地产商的意图，无心搞什么真玩意儿，只是搭个布景烘托一下气氛而已。对地产商来说，建筑的外观似乎是与其内在完全脱离的，外观可以自由捏造、完全服从于营销的需要。这些年来流行的风格大多是穿越时空和地域限制的风格，也就是说这些风格和本地当下的生活并无关联，可以随意从别的时代或地域移植过来。因为这些建筑外观脱离真实生活，所以完全可以视为布景。20 世纪末深圳流行的复古欧陆风格，2003 年流行的西班牙风格，2005 年走俏的模仿徽派民居的新中式等，不一而足。

哪类布景都并不难辨识，但是不仅政府和地产商，还有大众往往都对布景并不反感，有些情况下还会热烈追捧，觉得是文化、是品位的体现。可是长期生活在布景的城市里我们会逐渐丧失对真实的把握和判断，布景混淆真实、阻隔真实、杀死真实、取代真实，最后是“假作真时真亦假”。深圳曾经是全中国求真意识最强烈的城市，也是最有干劲的城市，令人骄傲的城市。如今这个功成名就的城市逐渐丧失了对真实的执著和热爱，流连在虚幻美丽的布景中无法自拔。

乘滑翔机的建筑师

20 世纪 80~90 年代，以深圳为代表的沿海经济特区与港澳台地区形成了一组对称关系。港澳台是“另一个世界中的我”：是大陆人难以踏足的神秘、繁华的彼岸；深圳则是“我中的另一个世界”，享有“特区”的优惠政策，模仿着港澳台所代表的“另一个世界”，深圳是国人可以亲身经历的梦境。由于国家还很封闭，这种对称关系产生的心理能量被放大：诱人的花花世界遥不可及，我们就努力在自己的内部制造一个花花世界的仿制品来释放我们的想象和欲望。深圳是第一个特区，又紧邻香港，这种心理张力被进一步放大，成为最有吸引力的特区，全国各地的精英到此“下海”，一展才华和梦想，这是那时深圳发展的心理动力机制。但是随着中国改革开放，加入世贸，融入全球化以及香港回归，原来产生巨大动力的镜像对称关系被打破，港澳台不再像以前那样神秘和优越。偶像黯然了，那么深圳这一“仿制品”也跟着贬值。深圳自身在实现了 30 年传奇般的发展后，曾经萦绕在这座城市上空的耀眼光环已经消散，深圳正在变成一座魅力渐褪的城市。也许是为了纪念这失去的光环或者是出于自欺心理，这座城市正准备在城市最中心的地段修一座名为“城市光环”的环形标志物，这一做法多少有些凄凉。国人已经丧失了对深圳的兴趣，而转向上海、北京、杭州、成都等城市。深圳近十年像是失去了强劲引擎的飞机，靠惯性和气流滑翔，深圳现在正处于这样的选择，要么继续随波逐流，要么尽快找到新的发展动力。

深圳的建筑设计的发展史与这个城市的际遇相似。20 世纪 90 年代，中国建筑师对深圳也是充满了欲望的想象。那里有中国建造速度最快的摩天楼——国贸大厦，邓小平曾在这座大厦 53 层的旋转餐厅发表了著名的南巡讲话，那里还有当时亚洲最高的建筑“地王大厦”，摩天楼是最能表达欲望的建筑类型，从这一点看深圳绝对是当时中国的欲望之都。

20 世纪 90 年代深圳逐渐分化出两类建筑师：通俗派和个性派。通俗派的特点是随大流，没有人讲得清流行的套路是怎么形成的，大概是集体无意识作祟吧？但是俗套一旦形成就很强大，影响甚广。20 世纪 90 年代引领全国潮流的住宅设计是深圳通俗派建筑师的光辉成就。成功的重要原因是他们模仿了香港住宅的户型和外观风格。香港商品住宅虽然浮华俗腻，但是却很合刚刚萌生私有观念的国人的胃口。那时的国人很容易满足，只要在阳台上设计个保龄球瓶状的栏杆就足以让人们兴奋不已。

个性派建筑师强调自我独立的思考和创造。深圳也许是国内第一批敢于表达自我个性的建筑师的摇篮，它见证了那一代现已声名显赫的建筑师的崛起：汤桦、崔恺、胡越、张永和、朱涛等，他们都在深圳留下了他们成长历程中重要的作品。这一时期的建筑设计对社会现实考虑得不多，也没有地域性的文化脉络或建筑特征，更多的是建筑师个人渴望自我实现的欲望喷发。对这些建筑师来说，仿佛深圳最大的优点就是如白纸一样没有限定，哪怕事实并非如此。虽然文脉当时在建筑师中是个很时髦的词，但是建筑师并没有认真考虑文脉，也顾不上考虑，他们急于表达自己内心的想象和欲望。

南油文化广场可以看做是20世纪90年代末期深圳个性派建筑设计的代表。这座建筑带有鲜明的后现代主义建筑的特点，它像是一座举行神秘仪式的场所：尺度宏大到让人望而生畏的踏步，高高抬起的空旷到没有一丝绿化的扇形广场，尺度同样宏伟的柱廊，奇特的钟塔以及没有实用功能的混凝土格架等。这些神秘而庄严的符号大多来自建筑师内在的精神家园，传递出这一批建筑师高度精神化而又忧郁的追求。这些意象并不符合深圳的亚热带气候，也不太在乎正在崛起的商业社会的特点。这样的构思错位让南油文化广场投入使用后显得有些尴尬和暧昧，宏伟庄严的体量包裹着当时流行的绿色镀膜玻璃和肉色的瓷砖显示出精神性与世俗性之间诡异的纠缠。巨大的台阶和广场罕有人迹，严肃的建筑外观上或飘扬着商业条幅或覆盖着巨幅广告。南油文化广场孤傲不群的精神气质与其落入现实后的尴尬际遇间折射出一股堂吉诃德式的悲壮，虽然南油文化广场一直在使用着，却总给人一种废墟般的悲凉。

进入21世纪，曾经的欲望之镜碎了，香港不再是触摸不到的镜中花，不再引起内地人的无限遐想。作为香港镜像的深圳也跟着失去了魅力。香港文化上的无根性导致了其建筑的轻浮，深圳显然也带有相似的基因。十年前大家不关心这一点，那时有压抑已久的欲望撑着，油腻虚华的建筑正合口味。现在眼界大开的国人逐渐看透了也看腻了深港两地建筑流行的花哨轻佻。

本来欲望之镜的打破，也意味着界限的打破，深港本可以借机融合形成新的经济体，甚至可以是深、港、穗三城一体，那样完全可以焕发新的活力，但是珠三角错过了这样的融合。十年间国家经济地理的支点重新调整到长三角和京津唐地区，珠三角被超越和边缘化，深圳逐渐不再是全国人民欲望的焦点。深圳的建筑设计也没有了当年气势如虹的欲望宣泄。这十年是深圳在欲望褪去后重新寻找自己身份而未果的十年。

这十年深圳的通俗派建筑还是有较大的发展，但是其领域已经局限在住宅方面了，其他领域已经是北京、上海等地设计机构的天下了。深圳的住宅设计这些年能够大量地向全国各地输出有以下原因。首先，是多年积累的丰厚经验和案例，毕竟当下流行的住宅样式大多发轫于深圳。其次，由于深圳建筑设计的市场化比较早，所以设计机构的服务意识比较强。此外，不能忽视的一点是中国房地产兴起十年来，深圳产生了万科、中海、金地等一批国内一线的房地产品牌。这些地产巨头在全国布点带动了与之合作的深圳本地设计机构在全国的扩张，成就了一批像博涛、筑博、华森、中建国际等全国知名的住宅设计品牌。但是这十年来住宅设计的创新却不再是深圳建筑师的优势，也许是因为缺乏文化积淀导致深圳度过山寨时代后在设计持续创新、自主创新方面出现了困境。这么看深圳建筑设计的竞争力很可怜，因为靠经验相当于吃老本，靠服务相当于赚辛苦钱，这都是没有前途的。所以，虽然现在深圳建筑设计业貌似发展得不错，但其实是温水煮青蛙，已经身陷危机之中而不自知罢了。

这十年里深圳有两个住宅设计案例在全国颇有影响，一个是万科第五园，另一个是万科土楼（该项目地点本来在第五园旁，后改在广州郊区）。第五园是风靡全国的新中式住宅典范，万科土楼则是近年最抢眼球的廉租房项目。这两个项目都是由深圳的建筑师设计的，前者是通俗派的，后者是个性派的。这两个项目为深圳建筑设计界带来不少荣誉，但通过荣誉却可以看出深圳建筑师在当下空间生产中的被动地位。

再来看看这十年作为少数派的个性建筑师发展的状况。21世纪伊始国内个性派建筑师纷纷转战其他热点城市，深圳个性派格局从20世纪末的群雄并起转为一枝独秀，这独秀的一枝就是都市实践。这家成立于1999年的建筑师事务所在深圳迅速崛起，独领风骚。他们反映了这十年个性派的新特点。一是关心都市，都市实践（URBANUS）的名词本身就标明他们拥抱都市文化，他们的设计强调与都市环境的关系，希望设计能介入并激活都市生活。这与之前的个性派那种自我表现的设计形成鲜明对比。二是注重品质，都市实践的作品不像前十年那批建筑师那么粗粝生猛，设计粗糙，建成的项目更粗糙。都市实践的建筑师冷静耐心，不仅关注设计前期的创意，更注重后期实施的品质。三是拿来主义，设计语言上没有固定的标签，时而是全球化时代无地域特征的“世界语”，时而是吸收了中国传统建筑元素的“中国风”，他们像游牧民族一样毫无心理负担地穿越于各种文化之中。

深圳的规划大厦是让都市实践声名鹊起的项目，从这座建筑可以更直观地理解都市实践在设计上的特点。

城市多样性来自建设主体和建设机制的多样性
和建筑中，穿梭于不同年代的街区，就像在阅
的成因已经毁得差不多了。

Diversity of the city comes from the diversity of builders and construction system ... D buildings. We pass through blocks of different times, the same as reading history and Shenzhen.

规划大厦作为政府机关的办公大楼是一座权力建筑，这类建筑常常是对称的太师椅造型，建筑形体要厚重坚固，主入口还要摆谱设置一个累死人的大台阶。而都市实践设计的规划大厦正面是干净轻盈的大面弧形玻璃幕墙，这面幕墙巧妙地掩饰了建筑不对称的立面同时又让人们隐约地看到建筑的内部。主入口史无前例地没有设置台阶，室内外看上去完全是平的。这样一座政府办公楼没有了衙门式的威严肃穆，多了一份轻松平和，透明的建筑让人们觉得权力不那么神秘难测。这个项目可以看到建筑师的积极介入改变了权力空间的一贯套路，将平和、包容、透明的品质注入到了规划大厦权力的空间中。这显示了他们对待社会的积极态度。

虽然都市实践十年来成绩斐然，但是一花独放不是春，万紫千红春满园。深圳徒然顶着“设计之都”的高帽，实则缺乏鼓励和扶植建筑设计特别是个性派的小事务所的具体措施。深圳的建筑师们十年来并没有为自身找到清晰的定位和发展的突破口。深圳的建筑师大多是无根性的机会主义者，没有明确的专业追求和标准，靠唯命是从的服务和眼明手快的模仿混日子。

近几年深圳这座城市的竞争力也正在下降：城市文化依旧贫瘠，而生存条件却又急剧恶化，特别是房价飞涨，使青年建筑师们望而生畏，纷纷逃离深圳，建筑学的应届毕业生也越来越不愿意选择来深圳工作。建筑设计是一个智力劳动密集型行业，人才是行业的基础，所以人员流失对行业是致命打击。

十年来深圳没有找到新的身份以产生新的魅力，城市也如同引擎失灵的飞机在气流和惯性的作用下在迷雾中徐徐滑翔，笔者描绘这样悲剧性的场面并无意唱衰深圳，而是为了提醒飞机上沉睡的建筑师们，我们正在危机之中。

多样性消逝的城市

20 世纪 90 年代末的深圳给人的印象是独特的，这座城市是中国少有的按照现代规划蓝图从无到有建成的超大城市，可以说几乎是在白纸上规划出来的城市，同时它又是中国建设速度最快的城市。

但是，没有摆脱计划经济逻辑的城市规划并没有使深圳呈现出单调的景观，脉络清晰的城市骨架中填充的可以是完全对立的空间形态。市中心的摩天楼脚下就是绵延的密不透风的城中村建筑群。政府兴建的朴素的住宅区旁满是雨后春笋般崛起的华丽的商品楼盘。这是一种奇妙的混合：理性的总体城市架构下混搭的城市景观糅合了公屋的朴素、商品房的花哨俗丽、城中村的不伦不类。

所以，那时深圳有多样的城市空间带来多样的城市生活：光鲜亮丽的高楼大厦，衣冠楚楚的商务人士往来其间；阳光充足、绿化繁茂的高档住宅区有所谓的高尚生活；同时，深圳也有既不讲究形象也不在乎阳光的城中村，但是那里有热闹朴实，更重要的是成本低廉的市井生活。因此，深圳人有了不同的生活选择。而且，因

市多样性来自历史积淀……这些都会写在城市的历史和故事。十几年后的深圳这两项多样性

he city comes from historical accumulation ... These will be written on the city and its e city. Ten years later, the cause of these two diversities has been entirely destroyed in

为高贵与低廉的城市空间毗邻而置，生活不但丰富而且便捷。多年前我住在罗湖蔡屋围一带的城中村，每天步行去罗湖的商务区上班，作为一个收入不高的白领，这可是不错的生活安排。

深圳的城市多样性可不是当初宏大规划的本意。该规划的决策者之一，周干峙院士曾把城中村视作深圳规划的遗憾。但是，我却很感谢这个规划的遗憾，十年前让我那样的年轻人在深圳有个支付得起的城市生活。

宏大而井井有条的现代主义规划往往会失败，昌迪加尔、巴西利亚等都是现代大规划的产物，壮丽无比却是人们难以生活的地方。究其原因，要么是忽视了城市的多样性，要么是搞不懂多样性产生的原因。观察深圳，可以看到多样性有两个基本的成因，一横一纵。

横向看，城市多样性来自建设主体和建设机制的多样性。20 世纪 90 年代，深圳的建设主体有政府、开发商、村民以及集资建房的单位。最特别的是村民。因为村民建城中村与其他城市建设的机制截然不同。城中村的土地是村民自己的宅基地，是城市中的非城市用地，是规划部门不能监管的土地。而城中村之所以建得超乎寻常的密，归根结底是政府造成的。政府廉价地征收了农民的大量土地，使村民从深圳城市化进程中获利甚少，所以在最后保留下来的宅基地上尽可能多地建房，是他们分享城市化红利的最后机会。逃逸在政府规划条理之外的城中村与城市建筑形成了有趣的对比，其诚然有畸形的一面，但也有比城市建筑更具亲和力的地方，城中村使深圳更有人情味了，而且大量的城中村也在很多年里成了平抑商品房价格的重要因素。

纵向看，城市多样性来自历史积淀。不同时期有不同的社会、政治、经济、技术等背景，这些都会写在城市和建筑中，穿梭于不同年代的街区，就像在阅读城市的历史和故事。深圳并非没有历史，20 世纪 90 年代末的东门老街没有拆掉的时候，那里简直是一座时空的迷宫，迂回曲折的街道旁是破旧民房改造成的店铺，里面卖的却是最时尚的衣饰。虽然幽闭昏暗的巷道里挂着白底红漆的木牌指示着通往外界的方向，我却仍然常常迷失在东门。也曾经好不容易发现一家心仪的小店，却因记不得方位而无法再次找到。东门像博尔赫斯笔下的砂之书令人琢磨不透。

十几年后的深圳这两项多样性的成因已经毁得差不多了。建设主体基本上只有实力雄厚的大开发商，小开发商和集资建房基本上消失了，城中村也被严格限制了。十年来，许多建筑成了投机的对象，建筑因此渐渐偏离了生活的需求，成为空洞乏味的理财产品。

深圳十年来的特区土地开发殆尽，于是虽然只有 30 年的新城市就已经开始更新，正在将本来不多的历史积淀清零。更新未必更美好，更新杀死了时间，然而恰恰是时间创造文化，创造多样性。这些时间创造的价值是无法替代，也无法再生的。所以，城市更新在不少时候是城市文化价值贬值的过程。十年前政府大手笔地改造

东门，把老街拆光了，造了一个花哨的假老街，其实是毁了东门的文化价值。有人说深圳历史不长，很多建筑品质又不高，有什么好保留的？其实保留的重点不是别的，是时间。不积跬步无以至千里，你永远抱着时间不长就不必保留的心态，那么深圳就一直处在没有历史积淀的状态之中。最近市容大规模地翻新，可以说不仅浪费了大量金钱，而且破坏了大量由时间积淀成的文化价值，对深圳来说是双倍的损失。而且时间形成的文化价值一去则不返，无法挽回。

我不想用这个城市那主题乐园似的丰富多彩来骗自己，表面上深圳是变得越来越花哨，但是生活的多样性却越来越少。城中村不断被拆除，代之以毫无特色的小区和商业综合体。城中村的减少又使房价缺少了制衡因素而持续走高。深圳的城市生活正在因此变得乏味而艰难，面对这些我们只能感叹深圳的城市魅力正随着多样性的逝去而消散，却无可奈何。

不仅深圳，随着城市化进程的推进，全国城市都面临着多样性减退的问题。图为重庆的十八梯，该街区作为重庆母城文化的发源地，迎接它的是大规模拆建。

203号
蒙牛冰淇淋
中国电信

日常生活 = 消费

Everyday Life Equals Consumption

随着城市地价的不断攀升，城市内部的逐步更新，城市密度的增高，复合型的**城市综合体**在全国风起云涌般地出现。消费市场一方面在细化和多元化，一方面也在进行集中。人们已经不满足纯粹目的性的消费，而更多地将消费日常生活的各个方面，对健康、文化、休闲、教育等方面提出了更高的要求。

2010

长沙保利国际广场 / 湖南长沙 / 2010 年至今 / 长沙南湖广场置业有限公司 / 799000m²

项目位于长沙市天心区，与橘子洲仅有半水之隔，隔江遥望岳麓山。结合周边状况和基地现状的分析，以及临湘江大道一侧不得建住宅的规划要求，即将建设的规划路金盛路南北向穿越基地，将用地分为东西两部分。西侧带状用地结合湘江大道布置办公、公寓及商业等公共建筑和城市开放空间，东侧用地则集中布置住宅。整个项目采用现代与新古典相结合的建筑风格特征，强调整体建筑群的高端品质与灵活多样性。充分关注建筑的细节材料和色彩组合，暖色调的石材，配以轻盈的金属面板、琢石和玻璃幕，形成明快亲切的细部处理。大胆地运用了立面构成的构图技巧，赋予建筑物时代的印记。

京基下沙城市综合体 / 广东深圳 / 2007 年至今 / 430000m^2

综合体类建筑

保利大望京 / 北京 / 2010 年至今 / $390872m^2$
合作机构：SOM

综合体类建筑

东莞长安万科中心 / 广东东莞 / 2010 年至今 / $799000m^2$
合作机构：BENOY, NBBJ

综合体类建筑

杨箕村旧城改造 / 广东广州 / 2011 年至今 / $355000m^2$

成都雄飞领秀国际 / 四川成都 / 2007 年至今 / 141230m^2

日常生活 = 健康

Everyday Life Equals Health

在“非典”的挤压下膨胀

Expansion Because of the Extrusion of SARS

文 / 冯果川

Text / Feng Guochuan

2003 年“非典”在中国的肆虐，被认为是一次前所未有、始料不及的“危机”，“前所未有”主要不是感染的人数或死亡人数，而是指其流行范围之广（波及全球），传播速度之快（搭乘飞机、列车、汽车），引起的恐慌之深刻、广泛，以至于有人将“非典”之后的生活称作“后非典时期”。

与洪水、地震等灾难不同，“非典”是一种“不在场”的存在，它是普通人完全不可视的（他只能靠测体温，医生也只能通过胸透、验血、荧光标记等方式寻找它的踪迹），危机降临时，我们也看不到明显的“非典”病人，所有可疑的人都被精心地分级隔离、观察，他们被不透明的救护车从正常人中间运走。总之，我们看不到“非典”的直接在场，我们只能通过一系列“踪迹”感受到“非典”的存在，这些踪迹包括：符号（呼啸于街头的“非典”急救车，挂牌的发热门诊，被封锁的建筑，空旷的街道，口罩和警惕的眼神等）和信息（每天的罗列若干数字的疫情报告等，疫情报告的滞后性使其更接近踪迹）。

1 挤压与划界

“非典”的这种不直接的显现，加上医学上一时无清晰明确的认识和特效的临床治疗方法所表现出的不确定性，以及人类医学科学神话破灭带来的巨大的心理落差，使人们感到一种“高密度虚空”的挤压。这种挤压将近年被欲望鼓胀的“忙碌的现代人”挤压回他的原始的肉身，人的“死的根性”显露出来，在缩回去的过程中，

人们开始在三个范畴里进行划界：空间、时间、人间。（下面的论述基本以北京为考察对象）

1.1 空间的划界

北京在新中国建国后的社会主义计划经济模式下形成了以机关或单位大院为特征的“院城”格局，每个大院都有相对完善的生活服务设施，使之成为一个独立于城市的“城中之城”，它与城市之间的边界（围墙）清晰肯定。但随着改革开放和全球化的进程，资本的力量相当程度上穿越并瓦解了单位大院的围墙。意识形态的变化导致市政建设的“拆墙透绿”工程的展开，北京的“院城”格局逐渐消解转化。房产商开发住宅小区面向全社会发售的模式取代了过去各企事业单位自行建设家属宿舍区的模式，而原有的家属宿舍区的人员构成也随着房产权私有化和外来人口对住房的租赁活动而变得日益复杂。总之，北京大量的院子已经在适应商品经济的过程中变得敞开或解体，而“非典”的挤压却将院子重新闭合起来。从日常生活中似已消失的居委会大妈又活跃起来，以保证院子的纯洁性。对“非典”的预防在很大程度上不是医学努力，而是社会化的行动，是广泛的对个体的限制和监视，于是我们发现国家和个体之间还需要一层与我们的身体更直接相关的组织，具体实施国家对个体的身体的监视、驯规或者说是关怀，这就是社区。但是社区作为一种新的居住样式尚未成熟，于是在“非典”的威胁下，老的居委会的形式与生成中的社区形式被挤压在了一起。所以，应当看到隔离带来的并不是简单地向居委会时代的回归，而是混合着向社区时代的迈进。

在“非典”的笼罩下，人们根据“非典”的传染特性开始将公共空间分为室内的和室外的。各种室内的公共空间变成危险之地，医院首当其冲。人们对于医院的感情变得复杂，表现为精神和身体的反向运动。一方面，医院是抗击“非典”的核心地带，是人们信心的重要堤坝。人们非常关心医院的设施、人员的调配情况、医疗技术的进展，可以说医院与市民在精神上达到前所未有的贴近，医护人员成为新的“最可爱的人”；另一方面，医院又是“非典”最主要的传播场所，以至于相当时期内人们有了其他病也不敢去就医，即人们在身体上都极力远离医院。

其他室内公共空间（歌舞厅、酒吧、学校等）在行政指令要求下关闭，政府提倡在室外公共空间进行全民健身运动以延续群众性的政治动员的传统，室外公共空间成为“非典”时期人们相互勉励、感受集体力量的重要场合。但此刻我们发现北京这样的场所实在是太少，于是街头巷尾等城市交通空间都变成人们进行体育运动的场地，打羽毛球的人是这一时期北京的主要街景。

“非典”在这个非常时期成为城市空间的显影液，使各种形态的城市空间明晰起来，也将城市空间的缺陷暴露出来。

1.2 时间的划界

“非典”时期，医学成为划分时间、空间的维度，时间不是连续和匀质的，而是根据疫情的发展被分成潜伏期、爆发期、平台期等，对爆发期的等待如同基督教对末日审判的等待，等待的时间也就变得缓慢黏稠。“双解”后，时间又变得稀释、轻飘，丧失了尺度。

1.3 人间的划界

平时人群的阶层划分是有隐讳、暧昧的，但“非典”时期，人群被尽可能严格地进行划分，当然尺度不再是经济、政治或文化上的，而是单一的医学意义的，人被视作生物意义上的个体，接受 bio-power 的监控，而且大多数情况下人们主动配合这种划分，自觉提供相关数据。这里的数据没有比较性，只是体温计上一个绝对的刻度。此外，还有其他的划分依据，比较显著的一个是将人与特定的空间联系在一起，比如来自某地或搭乘了某趟车或飞机就会被隔离。人在这时丧失了自由流动的快乐，背负起地域性的标识。

2 焦虑与膨胀

伴随着划界，居于边界或穿越边界的各种接口成为焦虑的中心。比如，对口鼻的焦虑，对手的焦虑，对钱币的焦虑，对的士司机和医生的焦虑等。这些平时最活跃的，负载着商业社会活力的接口在这时都成为危机的可能载体或通道。但是，挤压并不只带来收缩，同时也带来膨胀。这里只讲两个方面的膨胀，它们都带有后现代的色彩。

2.1 另一个身体的膨胀

就在“非典”将人挤压回其肉身并束缚着他活动的同时，另一个身体却迅速地分裂出来并无羁地驰骋于广阔天地之间，补偿了蛰伏在家的肉身的欲望。这个迅速膨胀的身体就是漫游于互联网上的虚拟之身，“非物质”的身体。这个身体是伴随互联网诞生的，但“非典”危机却极大地促进了它的发育，以及相关的虚拟世界、网络生活方式、零接触经济等的形成和普及。在这个数字化的世界中，信息的流动代替了物质和能量的流动，因而它是超地理学的，其膨胀的速度与尺度不受地心引力制约，所以从某种意义上说就是无限的。它的魅力在被“非典”威胁着的真实世界的衬托下，更加轻而易举地俘虏了我们。可以说，“非典”让中国的老百姓认识了一种新型病毒，也让人们认识和接受了一种新型的生活方式。

2.2 作为巨大资源的“非典”

“非典”，如同一块从天而降的巨大陨石，在造成严重破坏的同时也成为炼金师们的宝贵矿藏。就在“非典”肆虐的同时，一场大规模将“非典”视作巨大机会资源（可遇不可求）加以开发利用和消费的活动开始了。其先锋就是文化人和商人，对应着两种形式的资本运作：文化资本和经济资本。

现在的中国弥漫着一种虚无主义的气息，引用张志扬的话就是“在哲学上就是没有‘本体’、没有‘绝对同一性’、没有‘永恒在场性’，直言之没有‘神’。因而在生活中观念纷呈，行为没有共同遵守的‘绝对价值’与‘公共权威’，一切都是相对的、可置换的，恁怎样都行……”。因而，没有什么永恒不变的神圣原则，有的是策略，是商机。于是，“非典”带给人们的巨大恐惧，迅速化作宝贵资源。我并无意指责他们的行径，文化和经济对“非典”的所谓反思确实有益于改善我们的生活，这里只是想说明消费时代的强大消化能力和实用主义的冰冷逻辑。

在经济领域，房地产业是突出的代表。本来是遭灾者，但他们迅速地以塞翁的辩证法将灾难转化为生产力。在诸如“城市病引发地产反思”、“复合地产营造健康生活”的旗号之下地产商推出“健康住宅”、“后‘非典’户型”等新卖点、新商品。我们在街边的高楼上看到巨大的广告牌上面是几个年轻白领，白口罩遮去大半个面孔，只剩下真诚的眼神，询问我们应该买什么样的写字楼，答案是能自然通风的板式写字楼。限于篇幅，以及考虑到经济资本与文化资本运作上的相似性，对经济资本运作不展开论述。

在学术界，学者们迅速从各自的位置出发在“非典”危机的巨大阐释工程中抢占新的位子，瓜分自己的份额。学者们处于恐惧中的肉体与他们热烈的思考是分离的，肉体的恐惧不再是他们主体性的体验，而是剥离出去成为他们思维审视的外在之物，即被物化和工具化，这样就保证了他们能跳出去进行冷静的思考。学者们或发明新的概念，创立新品牌（认识论层面），或将“非典”危机描述为一个学术研究的转折点（方法论层面），这些都使他们有机会发行新的学术通货，以使掌握在别人手上的旧通货贬值，从而获得文化资本竞争中的有利地位和超额利润，甚至是垄断地位和垄断利润。这里不列举具体的学术活动，它们已遍布各种学术媒体。只引用一句话让大家来分享一下学者们面对这个“金矿”时的狂喜：“请不要拒绝历史赐予的这个伟大契机。”

医疗类建筑

深圳宝荷医院 / 广东深圳 / 2008 年至今 / 137918m^2

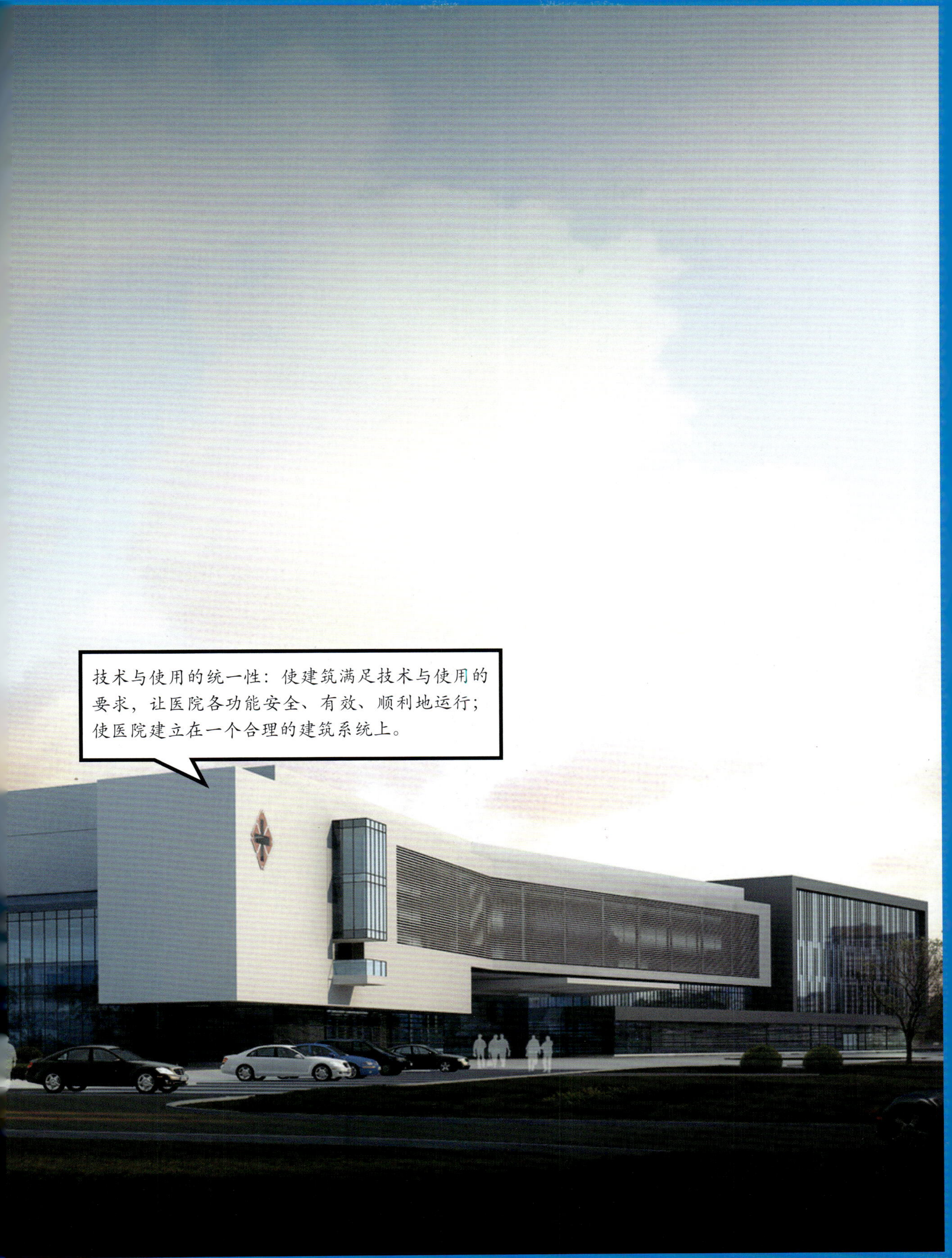
技术与使用的统一性：使建筑满足技术与使用的要求，让医院各功能安全、有效、顺利地运行；使医院建立在一个合理的建筑系统上。

吴江市第一人民医院 / 江苏吴江 / 2010 年至今 / 88654m²

医疗类建筑

深圳光明医院总体规划及住院楼 / 广东深圳 / 2008 年至今 / 72578m^2

医疗类建筑

临沂市妇幼保健院新院 / 山东临沂 / 2008 年至今 / 87940m²

医疗类建筑

上海国际医学中心主楼 / 上海 / 2011 年至今 / 96504m²

项目为扩建工程，按三级甲等综合医院标准进行设计。

医疗类建筑

深圳肿瘤医院 / 广东深圳 / 2010 年至今 / $169950m^2$

医疗类建筑

苏州工业园区九龙医院二期 / 江苏苏州 / 2011 年至今 / $93577m^2$

医疗类建筑

深圳市盐田区盐港医院门诊医技综合楼 / 广东深圳 / 2010 年至今 / 26100m²

医疗类建筑

广东省大埔县人民医院 / 广东梅州 / 2009 年至今 / 41970m²

医疗类建筑

北京大学深圳医院 / 广东深圳 / 2011 年至今 / 49000m^2

医疗类建筑

深圳市西丽医院新住院大楼 / 广东深圳 / 2008 年 / 89082m^2

日常生活 = 老年生活

Everyday Life Equals Aging Life

养生谷 / 山东烟台 / 2010 年 / 烟台南山集团有限公司 / 1987400m^2

从 2000 年到 2007 年，我国 60 岁以上的老年人口由 1.26 亿增长到 1.53 亿人，占总人口的比例从 10.2% 提高到 11.6%，占全球老年人口的 21.4%，相当于欧洲 60 岁以上老年人口的总和。人口老龄化年均增长率高达 3.2%，约为总人口增长速度的 5 倍。预计 2020 年老年人口将达到 2.4 亿人，占总人口的 17.17%；到 2050 年，老年人口总量将超过 4 亿，老龄化水平推进到 30% 以上。面对整个社会的“银发产业”所存在的巨大缺口，筑博近年一直进行着相关调研与研究，并积极寻找机会实施。

日常生活=休闲生活

Everyday Life Equals Leisure Life

酒店类建筑

瑞吉酒店 / 海南三亚 / 2009-2011 年 / 90708m²

铂尔曼酒店 / 海南三亚 / 2007–2010 年 / 90708m²

现场照片

施工照片

施工照片

酒店类建筑

涪陵两江广场 / 重庆 / 2009 年至今 / 111993m²

酒店类建筑

青州贝隆花园大酒店 / 山东青州 / 2008-2009 年 / 234000m²

酒店类建筑

青州贝隆花园大酒店 / 山东青州 / 2008-2009 年 / 234000m^2

休闲类建筑

天麓 / 广东深圳 / 2008-2010 年 / 深圳东部华侨城有限公司 / 73508m^2

酒店类建筑

洗药湖避暑山庄 / 江西南昌 / 2010-2011 年 / 5700m²

酒店类建筑

穹窿山度假酒店别墅 / 江苏苏州 / 2011 年至今 / 35824m²

休闲类建筑

巴登城 / 湖北武汉 / 2009 年至今 / 100000m²

酒店类建筑

观湖国际 / 江西南昌 / 2010 年至今 / 196615m²

日常生活 = 上班

Everyday Life Equals Going to Work

休闲类建筑

国信证券大厦 / 广东深圳 / 2011 年 / 94940m^2

合作机构: MVRDV

办公类建筑

上海复地汽车梦工场 / 广东深圳 / 2009 年至今 / 168926m²

办公类建筑

美年广场（鹏基时代创业园）/ 广东深圳 / 2007–2009 年 / 87661m²

石家庄中铁广场 / 河北石家庄 / 2008-2010 年 / 78000m^2

项目内容包括商业、酒店、办公、餐饮、培训等多种功能。在建筑 4 层屋顶及 20 层的位置设计了两个透空的联系体。功能分别为餐厅和酒吧。

金地大百汇 / 广东深圳 / 2011 年至今 / 154458m^2

合作机构：KPF

昆明黄金集团超高层 / 云南昆明 / 2011 年至今 / 137017m^2

办公类建筑

双塔奇缘 / 广东深圳 / 2011 年至今 / 100000m²

张家港保税区行政服务中心 / 江苏张家港 / 2011 年至今 / 130000m²

办公类建筑

深圳市档案中心 / 广东深圳 / 2008 年至今 / 120365m²

办公类建筑

泰然大厦 / 广东深圳 / 2010 年至今 / 168926m²

The client thought this building don't fit the whole environment, but finally we convinced them.

办公类建筑

三亚亚龙湾行政中心 / 海南三亚 / 2009 年至今 / 29777m²

办公类建筑

深圳前海概念规划及前海中心区城市设计 / 广东深圳 / 2010 年至今 / 93000m²

日常生活 = 住房梦

Everyday Life Equals Dream of Having Own House

“夹生”的中国社会保障住房

“Half-baked” China’s Social Security Housing

文 / 朱晔

Text / Zhu Ye

在 2011 年的“两会”上，国务院总理温家宝表示：未来五年，中国计划新建保障性住房 3600 万套，今年建 1000 万套，明年建 1000 万套，后面三年还要建 1600 万套，使全国保障性住房的覆盖率达到 20%。2011 年的全国建设 1000 万套保障性住房的任务指标已分解到各省，中央财政也将在两会前后下拨，对财政困难市县给予倾斜。国土资源部表示，“十二五”期间将确保保障性住房、棚户区改造和中小套型商品房用地不低于住房供应总量的 70%。要清晰地认识中国的社会住房问题，我们还是暂时抛开这些属于遥远未来的数据，先审视一下我国社会保障住房的三种主要类型：经济适用房、廉租房和公租房。

失效的经济适用房

中国的保障性住房始于 1995 年开始推出的安居工程。由于该项建设资金主要由地方政府承担，故而一直未能顺利推行。至 1998 年住房改革全面推进后，安居工程逐步被经济适用房取代。经济适用房指已经列入国家计划，由城市政府组织房地产开发企业或者集资建房单位建造，以微利价向城镇中低收入家庭出售的具有社会保障性质的商品住房。在历经了酝酿（1991 年）、启动（1998 年）、高速发展（1999 - 2004 年）、全面质疑（2005 - 2006 年）等不同时期后，中国的经济适用房就发展到了既不经济又不适用的地步：高房价、高档次、大面积使得中低收入阶层望而却步，而高收入阶层则可突破资格限制购买囤积。2006 年 8 月，建设部称：“经济适用房将一改以往出售的形式，面向

面对结构性的经济问题，因为既得利益者难以
观调控的猛药；一方面又画个了绿色低碳可持

In the face of structural economic problems, because the vested interests are difficult to
other hand, draws a beautiful picture of green, low-carbon and sustainable, and announ

低收入人群出租。租赁型经济适用房将是未来的发展方向，廉租房、租赁型经济适用房及限价商品房三者将共同组成实物型的住宅保障。"这实际上已经宣告了经济适用房这一面向中低收入群体的住房保障体系在中国的失败。

经济适用房失败的原因主要是制度设计的失策：1997年亚洲金融风暴过后，经济适用房的推出并不全是为了解决城镇中低收入家庭的住房需求，它还承载着拉动经济增长的市场任务，其结果就是在政策房和商品房之间摇摆振荡。首鼠两端的初衷使得经济适用房在运作过程中给权钱勾结留下了结构性的可以钻的空子，最终在社会保障与市场两边都不讨好，招致社会各方批评不断。随着北京、深圳等地"经济适用房小区惊现宝马车"被媒体曝光，经济适用房的社会保障性质遭到了各方的质疑。事实是，经济适用房的高房价、高档次、大面积使得有资格购买的人群买不起，他们退出之后，高收入阶层则突破资格限制购买囤积。另外，经济适用房大多建在城市边缘，如果没有上述的不公平问题，那么就将造就出新的"贫民区"，而要让它在城市中心与一般商品房"混居"，又有土地价值无法体现和居民心态落差等问题。而面对中国中低收入家庭占人口70%～80%的现实，住房和城乡建设部要求各地70%～80%的住宅建设用于经济适用房的规定，最终只有以10%不到的市场占有量，在住宅商品化的市场中化作了一纸空文。

迟缓的廉租房

随着经济适用房的普遍失效，姗姗来迟的廉租房在2007年起成为了"居者有其屋"的又一个乌托邦式的理想。廉租房是指政府以租金补贴或实物配租的方式，向符合城镇居民最低生活保障标准且住房困难的家庭提供社会保障性质的住房。廉租房唯一的功能是解决低收入家庭的住房困难，着力解决的是"有房住"而不是"有房产"的问题。1999年5月，中国开始实行《城镇廉租住房管理办法》，其目的在于建立和完善多层次的住房供应体系，解决城乡最低收入家庭的住房问题。各国政府在廉租房的推行中主要采取两种方式：一是由政府发放租金补贴给住房困难户，由他们租赁社会房屋居住；二是由政府出资建好后，低租金租给住房困难户。美、法采用的是前一种方式，意在减少政府的行为环节。中国目前主要是后一种方式，并且由地方政府负责具体制度和实施，而这恰恰是问题的症结所在。《廉租住房保障办法》正式实施的2007年12月，全国只有80.2万户家庭获得了廉租住房保障，虽然这比2005年的32.9万户已经增长了不少，但实际情况是，2007年年底全国人均建筑面积$10m^2$以下的低收入住房困难家庭至少为1000万户，占城镇家庭总户数的5.5%。

此后，各地廉租房质量低劣被大幅度曝光，建设部遂于2008年3月下发了《关于加强廉租住房质量管理的通知》以期整肃，然而到了2010年仍有宁夏灵武市廉租房顶楼近10m长的女儿墙挑檐坠落这类的事件发生。表面上是个别地方政府对廉租房漫不经心，而问题的症结

官方的策略是：一方面依然故我地照方抓起宏子图景，宣布未来会更好。

fficial policy is: on one hand, remains using old method to solve new problems; on the re will be better.

在于其保障资金主要依靠政府财政拨付的单一来源。地方政府既要承担解决“房源”所需的资金，又要长期不断地负担房屋维修和住房租金补贴，此外廉租房供给每增加 5%，就会迫使当地房价下降 3% ~4%，这样一来就必然地影响到当地的土地出让金收益和 GDP 的增长速度，加之没有明确的问责机制，这些都使得地方政府建设廉租房的积极性大大降低。加之执行过程缺乏监管，廉租房就成了在地方政府不受待见的穷亲戚。

2008 年的全球性金融危机与严冬一并到来。在进出口萎缩的形势下，扩大内需成为了国家宏观调控的主要措施。位列国务院出台的十项扩大内需措施之首的，即“加快建设保障性安居工程”。在国务院投入的 4 万亿元“过冬”资金中，将有 9000 亿元投入保障性住房建设。住房和城乡建设部官员的说法是：中国计划在 3 年时间内增加 200 多万套廉租住房、400 万套经济适用房。另外，还将对 220 多万套林业、农垦和矿区的棚户区进行改造。加大社会保障住房的投入从表面上看是刀切豆腐两面光的事情：既拉动了内需，又解决了民生问题，还对建材、钢铁、建筑、装修和家电等上下游产业起到了拉动作用，并且能够解决相当数量的就业。实际上，这些政策的初衷仅在于前者，甚至没有顾及房地产上下游的产业均出现了严重产能过剩的事实。在房地产严重滑坡的情况下，这一举措必将改变商品房市场的供需关系；而在没有保障性住房的长效政策与执行缺乏制度保障的情况下，这些住房哪怕修建起来了，也仅仅是救了那些参与其中的生产机构，对于整体民生依旧是隔靴搔痒。

受宠的公租房

在“保增长、扩内需、调结构”的政策基调下，2010 年成为了商品房市场的“最强调控年”。从 2010 年开始，一手是政府对房地产市场的大力宏观调控，一手是各地政府在大力推进“公租房”建设。公租房以“增加住房有效供给，能够有利于遏制部分城市房价过快上涨，有利于调节收入分配、促进人才和劳动力有序流动”等良好作用，成为了各地社会保障住房的新宠。2010 年 6 月 12 日，国家七部委联合制定的《关于加快发展公共租赁住房的指导意见》正式发布。根据要求，各地区要制订公共租赁住房发展规划和年度计划，并纳入 2010—2012 年保障性住房建设规划和“十二五”住房保障规划，分年度组织实施。此前京、穗、沪等地已相继出台关于公租房的地方性政策，重庆更是高调宣布未来两年半时间内将建设 3000 万 m^2 公租房，以解决 50 万户“夹心层”的居住问题。

公租房即公共租赁住房，是解决无力购买经济适用房又不适用廉租房条件的中低收入群体住房困难的社会保障性住房类型。承租群体主要由新生代城市居民、大学毕业生、城市外来工作人员构成。公共租赁住房由政府或公共机构所有，建设实行“谁投资、谁所有”；用低于市场价或者承租者承受得起的价格，向上述人群出租。政府投资建设公共租赁住房的租金收入，按照政府非税收入管理的规定缴入同级国库，实行“收支两条线”管理，租金收入专项用于偿还公共租赁住房贷款，以及公共租赁住房的维护、管理和投资补助。公租房的供应范围和供应对象的收入线标准、住房困难条件，由市、县人民政府确定，租赁合同期限一般为3~5年，租赁合同期满后承租人仍符合规定条件的，可以申请续租。

公租房真的能够解决既买不起经济适用房又不够廉租房条件的“夹心层”们的住房问题吗？在各地政府高调唱和的时候，“夹心层”们为什么没有欢欣乃至欢呼呢？事实是：不是大家不欢呼，而是大家基本上没法欢呼。原因大致有四：一是公租房由政府使用公权力兴建，公租房政策在没有使用主体意见参与的情况下出台，实际上这依旧是一场自说自话的公权秀。二是大规模的公租房建设需要动用大量的土地与资金，这就引来了租金问题。如果建设成本过高，那么公租房的租金就必然不便宜。在香港，由政府提供的“公屋”租金仅为同地区市场价的25%，并以此解决了将近1/3香港市民的住房问题。有大量土地储备的重庆，其公租房的租金基本控制在市场租金的60%以内。而北京市住建委8月公布的近期开工的3个公租房项目的成本测算租金，每平方米每月高达二三十元，不仅没比市场价低多少，有的甚至比市场价还高，被媒体戏称为望而却步的“公主房”。第三，目前的公租房建设实际上只是在制造一个解决民生问题的预期，而远未将其落实到实际操作层面，故而也没什么好说的。比如从现实的选址上，蓝图大都将公租房画到了目前公共交通尚无力覆盖的远郊，也就是说，哪怕你以低价住进了公租房，到时候还必须考虑交通成本问题。政府部门会告诉你，等你住进去了公交线路就有了，地铁轻轨也通了，现在的荒地也就有完善的配套了。那就等那一天到来再说吧！第四依旧是政策设计问题，虽然中央出台了一系列政策，公租房的资金投入、土地供应、建设标准、配租条件、供应范围、供应对象等的决策权都下放到了各地政府，但问题恰恰出在这里。地方政府是公租房的责任主体，而其根本则在于资金和土地，那接着怎么操作？我们可以猜想，越财力雄厚的地方政府越能更好地达成指标，越喜欢作公权秀的地方政府越会大力推进公租房建设，那么那些财力紧张的地方政府是去力保商品房呢，还是投入公租房呢？

夹生的社会保障住房

我们实在无法为中国的社会保障住房的现状感到满意，同时也揪心于那些计划中描绘的美好未来，因为中国的社会保障住房依旧是一锅夹生饭。在面对沉默的大多数的实际困难时，在社会各阶层的分化日益加剧的现实面前，指标与政绩考核等行政手段依旧是各地社会保障住房效果监管的不二法宝。那么，对于利益又如何监管呢？难道不考核GDP指标了吗？然而对比时隔11年的两次金融风暴对中国的影响，以及中国在社会保障住房上的政策，我们不难发现“病急下猛药”的特征：以不顾病灶为主要医治方式，以希望和未来为主要药方，以治标不治本为主要疗效。面对结构性的经济问题，因为既得利益者难以撼动，官方的策略是：一方面依然故我地照方抓起宏观调控的猛药；一方面又画个了绿色低碳可持续的美好图景，宣布未来会更好。

由此，我们回溯社会住房的两个不同的源头：一是资本主义的社会福利，一是共产主义的乌托邦。资本主义的社会住房，是为了让低廉的劳动力能够在城市中生活下去，遵循的是实用主义的逻辑。当穷困工人越来越多地在城市聚居的时候，传染病、火灾、治安等隐患都将直接威胁到资产阶级本身的安全和发展。而工人们病了则无法工作，赤贫也无法好好工作，于是政府与社会团体开始为穷人修建社会住房。而共产主义乌托邦式的社会住房则遵循着理想主义的道路：大家居住在集体空间内，共同劳动与生活，享受着无差别的财富。以空想社会主义者罗伯特·欧文于1825年建设的新协和村为起点，乌托邦式的社会住房伴随着一战后欧洲各国无产阶级革命的爆发，在德国、奥地利与前苏联获得了不同程度的实践，并最终在社会主义阵营以福利居住的方式得以实现。

说到底，实用和理想都在实践的过程中殊途同归。廉租房也好，公租房也罢，都是要建立和完善社会住房保障体系，为老百姓造福。这是件实实在在的事情，是不管有没有民众欢呼、来不来金融风暴政府都应该尽全部心力做好的事情。

在贫富差距日益加大的今天，全社会“住有所居”之梦显得那么无奈。
图为重庆沙坪坝某临时建筑的墙上，用油漆写着大大的“钱”字。

04 日常生活的未来

Future of Everyday Life

2010年5月1日至10月31日期间，7300万人
为主题，包括了：城市多元文化的融合、城市经
和乡村的互动等五个副主题；以三大和谐：人与
主题，将横跨黄浦江两岸的 $6.68km^2$ 的世博园区
点演示城市文化历史遗产保护、生态城市绿色建
探讨对城市面临的挑战和未来走向的理解。

世博会的所有愿景都指向了未来。未来，这是一
们却看到它一再被宏大的意志所劫持，用以描述
目标是永远达不到的，失误是不可避免的，奋斗

然而，我们的日常生活也同样被未来所劫持，不
未来更好，还必须有实践令未来至少不那么虚伪
的实现了服务型转变，比如未来的开发不是以牺
生活都能富裕、自由并欢愉……（朱晔）

"上海世博会。世博会以“城市，让生活更美好”
繁荣、城市科技的创新、城市社区的重塑、城市
的和谐、历史与未来的和谐、人与人的和谐演绎
型综合展件，实验和示范未来的城市方向，重
持续技术和城市建设中社会和谐的价值观，以此

么美好的词，蕴涵着无限的希望与可能。但是我
想的终极。因为是终极，所以方向是绝对正确的，
不停歇的。

有哪一刻在与你相伴呢？于是，我们除了期望
且可以用我们的想象去触摸。比如未来的政府真
门的空气和健康为代价的，比如我们未来的日常

世界模型

World Model

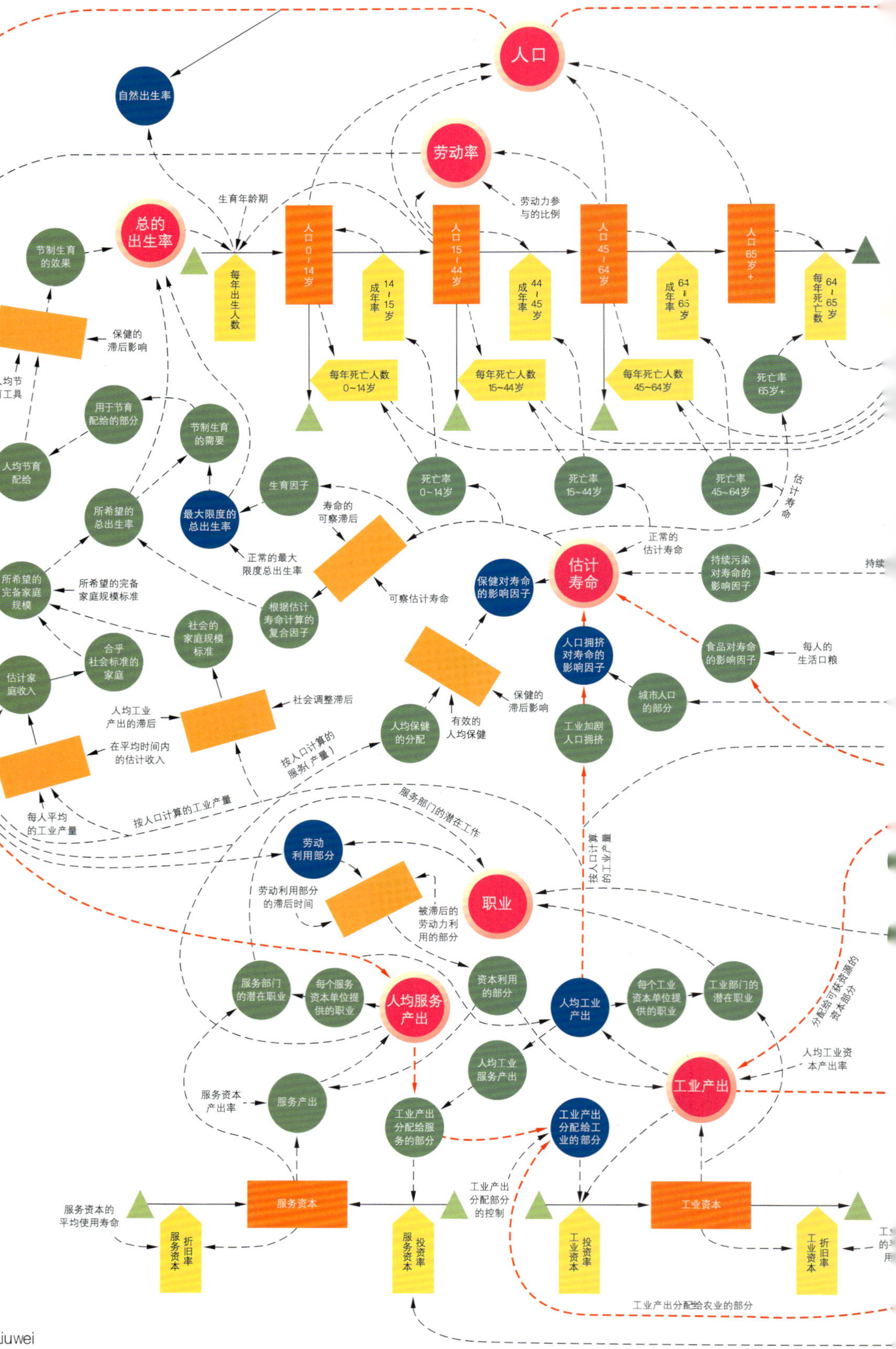

本图改绘自罗马俱乐部、波托马克学会和麻省理工学院研究小组联合出版的《增长的极限——罗马俱乐部关于人类困境的报告》。面对产业革命以来的经济增长模式所倡导的“人类征服自然”所造成的人类整体的困境，报告建立了一个“世界模型”，以探索全球关切的五种主要趋势：加速工业化、快速的人口增长、普遍的营养不良、不可再生资源的耗尽，以及恶化的环境。这些趋势的多种方式相互联系，并影响着我们的未来。

整理/朱晔 制图/何柳维

Editor/Zhu Ye Diagram/He Liuwei

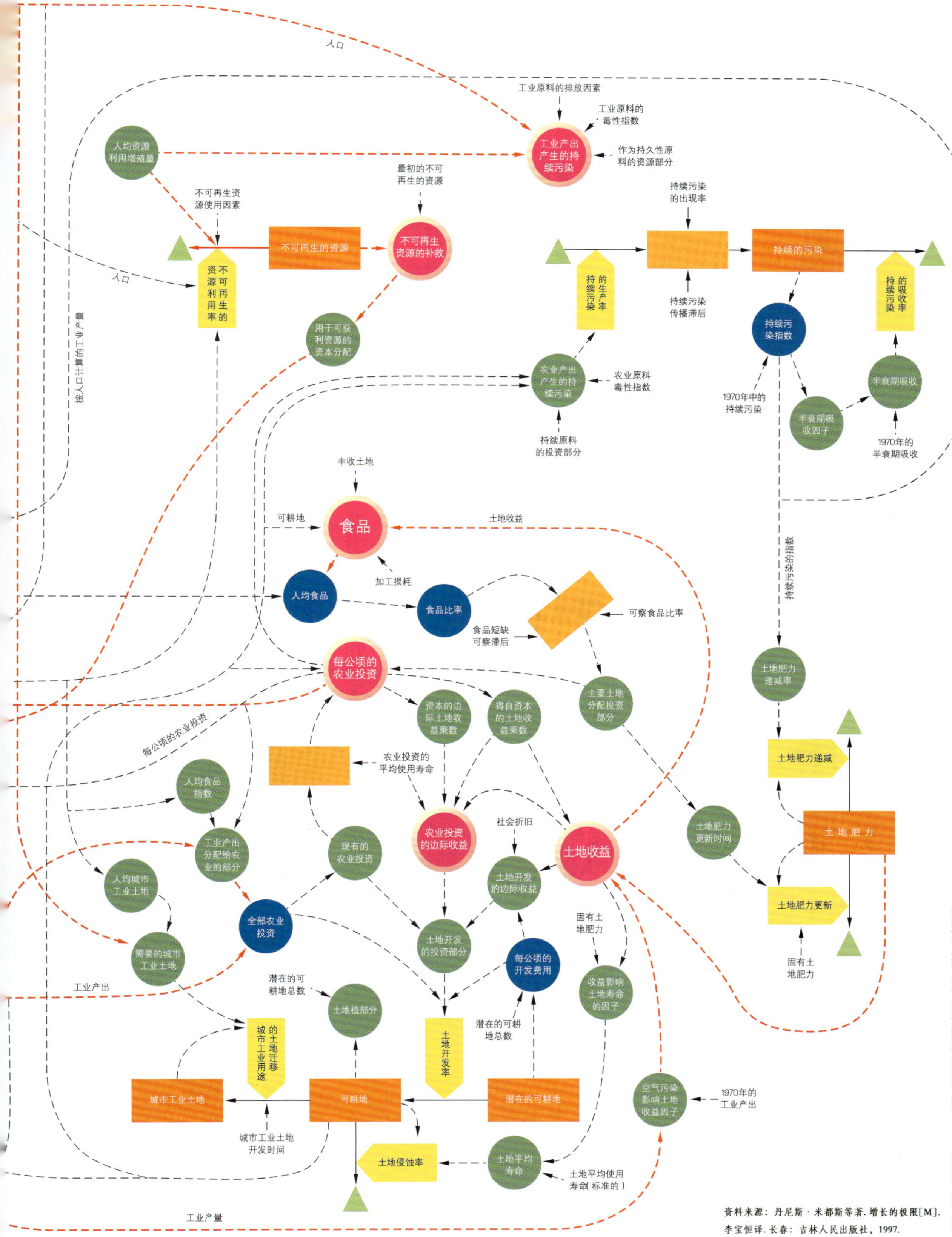

整个世界模型在这里是由正规的系统动力学的流动图解来表示的标准或物理量。

■ 表示标准，或可以直接量度的物理量；■ 表示时间滞后；■ 表示影响那些标准的速度；● 表示主要影响速度方程的辅助量；● 表示次要影响速度方程的辅助量；

● 表示普通影响速度方程的辅助量；▲ 代表那种对模型行为的不重要的来源；→ 表示主要流动的关系；→ 表示人口、商品、货币等的实际流动；→ 表示因果关系。

资料来源：丹尼斯·米都斯等著. 增长的极限[M]. 李宝恒译. 长春：吉林人民出版社，1997.

未来 = 服务

Future Equals Service

政府大楼的形态就是其权力运作的形态。新形态的政府如同其性质本身，是昌明的、市民的、轻松的、开放的。这也符合“十一五”规划中对行政体制改革的阐述：逐渐将管制型、全能型政府转为管理型、服务型、法治型政府。

2011

光明新区公共服务平台 / 广东深圳 / 2011 年至今 / 深圳光明新区城市建设投资有限公司 / $94278m^2$

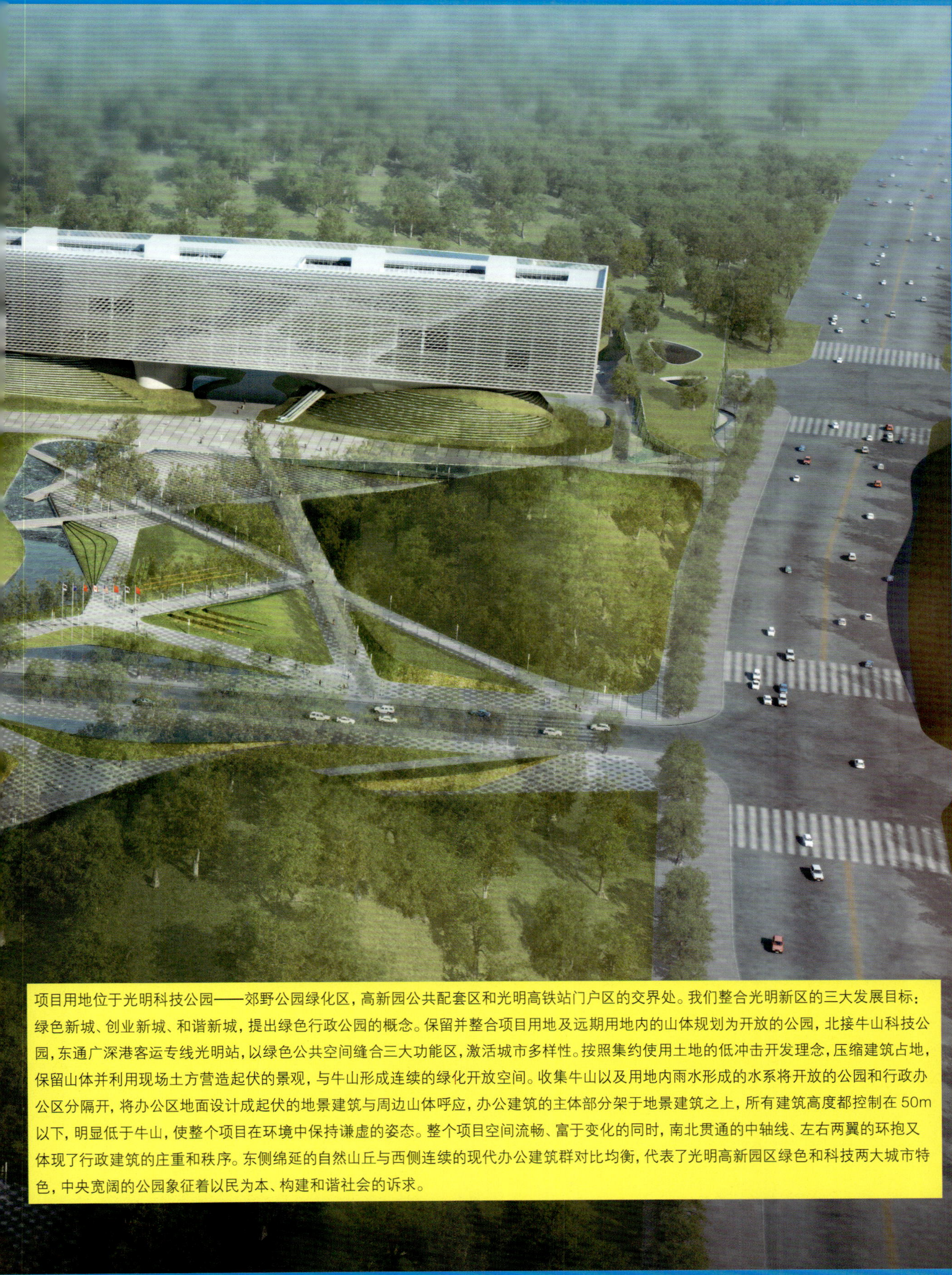

项目用地位于光明科技公园——郊野公园绿化区，高新园公共配套区和光明高铁站门户区的交界处。我们整合光明新区的三大发展目标：绿色新城、创业新城、和谐新城，提出绿色行政公园的概念。保留并整合项目用地及远期用地内的山体规划为开放的公园，北接牛山科技公园，东通广深港客运专线光明站，以绿色公共空间缝合三大功能区，激活城市多样性。按照集约使用土地的低冲击开发理念，压缩建筑占地，保留山体并利用现场土方营造起伏的景观，与牛山形成连续的绿化开放空间。收集牛山以及用地内雨水形成的水系将开放的公园和行政办公区分隔开，将办公区地面设计成起伏的地景建筑与周边山体呼应，办公建筑的主体部分架于地景建筑之上，所有建筑高度都控制在50m以下，明显低于牛山，使整个项目在环境中保持谦虚的姿态。整个项目空间流畅、富于变化的同时，南北贯通的中轴线、左右两翼的环抱又体现了行政建筑的庄重和秩序。东侧绵延的自然山丘与西侧连续的现代办公建筑群对比均衡，代表了光明高新园区绿色和科技两大城市特色，中央宽阔的公园象征着以民为本、构建和谐社会的诉求。

概念图解 1

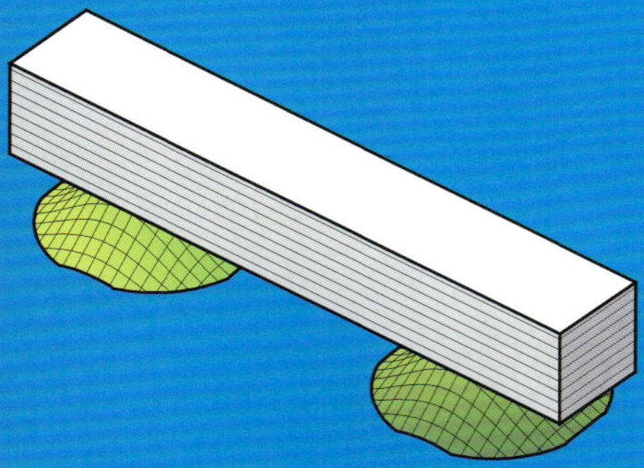

基本体量关系

形成最基本的办公与底层体量关系

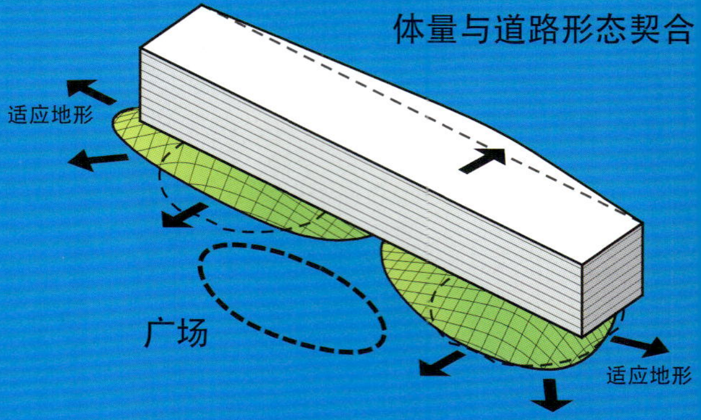

呼应周边条件

广场与北侧牛山科技公园地面相接，形成连续无间断的中轴线。体现办公区完整、庄重的气氛。

概念图解 2

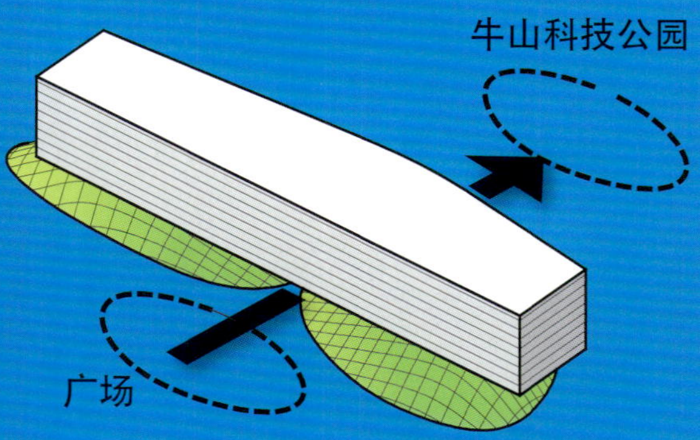

中轴关系

根据地形高差和低冲击原则，调整底层体量。调整后的底层围合出楼前广场。同时调整上层体量，与北侧道路形态契合。整体建筑与场地形成紧密联系。

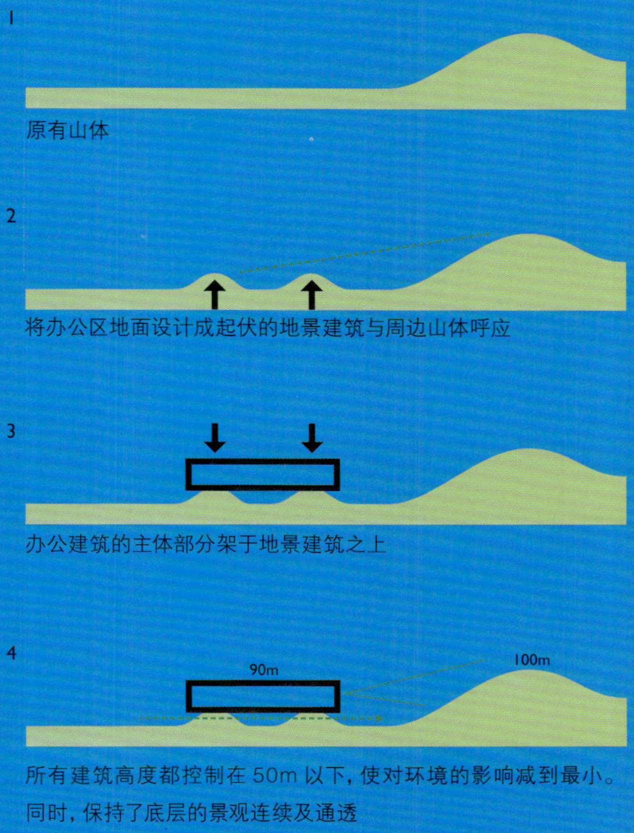

概念图解 3

基本立面形态

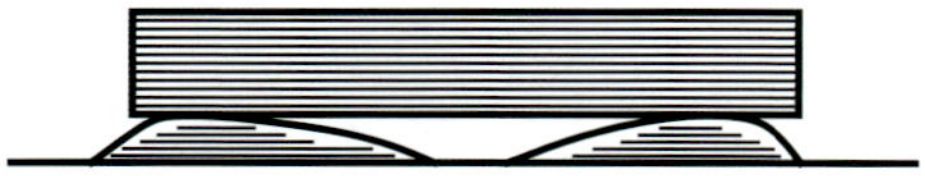

横向线条的加入使建筑形态更具
未来感、现代感。

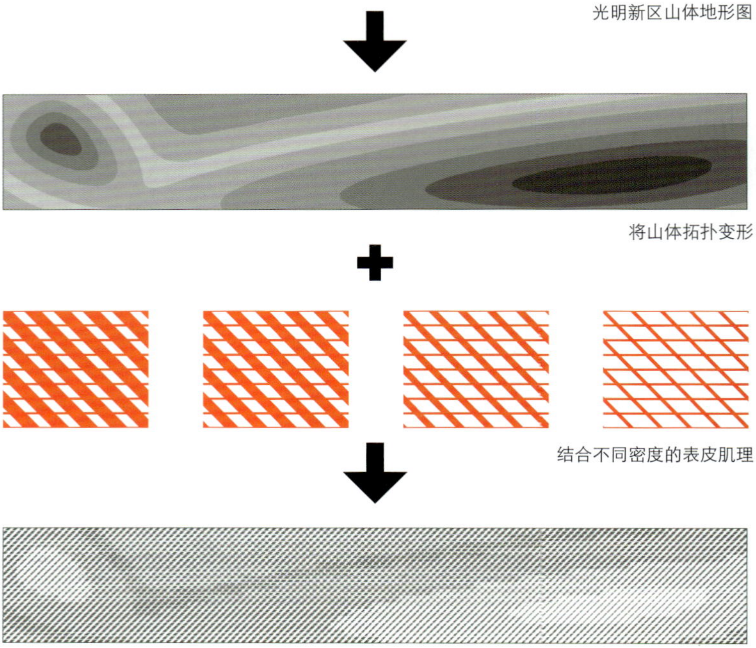

未来 = 城市

Future Equals City

发展是个真问题还是个假问题？是生态资本主义的全球策略，还是人类永续发展的未来？作为一个新区，前海地区如何实现产业链设计，推进深港一体化？如何既满足交通流畅又赋予人活力？如何满足人们对城市多样性的需求？如何建构生态与可持续的未来？对以上问题的思考并落实到空间形态，是筑博对于前海规划和“后海”设计的出发点。

2010

深圳前海概念规划及前海中心区城市设计 / 广东深圳 / 2010 年至今 / 深圳市规划局 / 54120000m^2

合作机构：Kuiper

以360° 城市的概念来阐释城市特区“SUZ”，这意味着全方位的需求满足，循环不息的城市运作和可持续理念，包括五个要点：显赫的标志性，环环相扣的产业链，多样化的活力，高效的交通联系，注重循环的生态。本案采用不同密度的多功能混合模式，将林立的高楼与水岸、绿地、文化设施、商业街等不同元素混合挤压，形成密集的放射状结构向城市腹地开放，步行距离内即可体验到这一最大容量的都市生活。360° 城市是由都市、公园、海岸三要素混合形成的放射状结构，创造了活跃的城市新体验。

合作机构：KUIPER

项目目标

建立深圳经济特区
Set Shenzhen as S.E.Z

邓小平作为深圳特区的"总设计师"，批准成立深圳市。
As the "Chief Desiger", Deng Xiaoping allowed to set Shenzhen.

"一九七九年的那一个春天，有一位老人在中国的南海边画了一个圈。"
"In the spring of 1979, an old man draw a circle at the south of China."

深圳奇迹起始于邓小平画的一个圈，它已深入国人心中成为深圳的标志。前海地区作为珠三角国际门户的重要节点，我们将让世界记住这个圈。

深圳30年来只是经济特区“SEZ”，取得经济成就的同时，却忽略了人的多样化需求，使城市缺乏吸引力。因此，以人为本、尊重多样化的城市特区“SUZ”取代经济特区“SEZ”是突破瓶颈的关键。深圳曾是新型经济的试水港……现在也将承担新型城市的孵化器：城市特区（SUZ）像曾经的经济特区一样，将成为其他中国城市发展的模板。

我们以 360° 城市的概念来阐释城市特区“SUZ”，这意味着全方位的需求满足，循环不息的城市运作和可持续理念，包括五个要点：显赫的标志性，环环相扣的产业链，多样化的活力，高效的交通联系，注重循环的生态。

形态生成

1 现有海岸线。
Existing coast.

2 将现有三个城区（宝安区、南山区、妈湾）延伸至海岸，与大铲湾共同形成四个地区。
Extend three districts (Bao'an, Nanshan, Mawan) to access coast plus creat forth Dachan district.

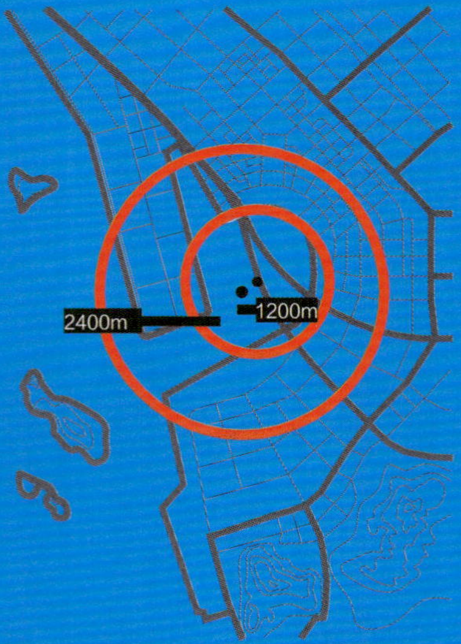

5 在尊重现有城市发展的基础上，分别建立海岸环和城市环。形成一个新都市区。
Creat bay and city circles that respect existing developments while defining a great new metropolis.

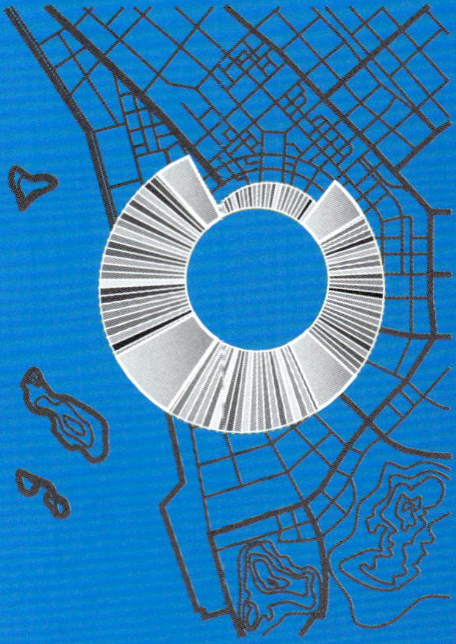

6 指向圆心的放射线划分出城市肌理和公园。
Radial lines define the urban fabric and park zones.

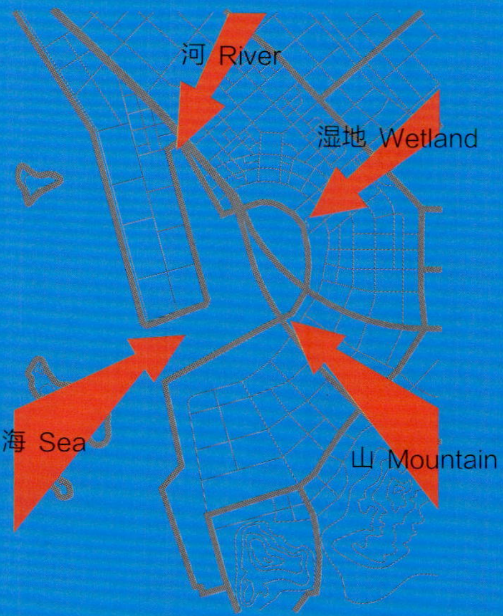

3 延伸现有绿带和河流、海域。
Extend green ecosystems and streams to connect with the bay.

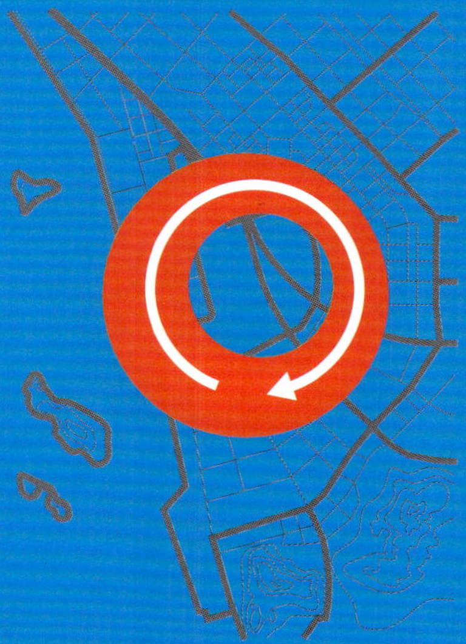

4 用 360° 城市连接城市区域和自然生态系统。
Unite the urban districts and natural ecosystems with a great bay and 360° city.

7 一条长运河将 360° 城市与城区分隔开，数条水路则划分出 9 个城市岛和 4 个公园。
A grand canal separates the 360° city from mainland Shenzhen while a series of inner waterways define 9 distinct urban islands and the four parks.

8 穿插交错的堤岸和海湾扩大了海岸线的长度，同时为全城带来优质的生活海岸、绚丽的景色。
Piers and water inlets expand Qianhai coastline while provding premium waterfront parcels and spectacular views through the city.

前海地区总体规划

合作机构：深圳市城市规划设计研究院

整个启动区面积大约 492hm^2，地处整个前海片区的中心部位，包括三个主要组成部分：

（1）前海中心区（不包括前海中心枢纽站用地）（Downtown qianhai）；
（2）滨海公共空间（Coastal waterfront）；
（3）滨水走廊（双界河和桂庙渠）（Water fingers）；
这三个组成部分基本概括了整个前海片区的三个典型类型区域—— 城市开发区、滨海及滨河。每个组成部分的要求不同。

设计策略：

前海中心区的设计目标是打造高活力、高密度的可持续发展街区。设计的重点着眼于以下三个主要组织框架：高效率的人车交通体系、灵活多样的建筑体量控制、切实有效的城市开放空间体系，为各种各样的公共活动和街道生活提供必要的场所。滨海公共空间地跨从原宝安中心区海滨休闲公园到前海南端妈湾大道大约 5km 长的整个前海海岸线，沿海带状活动空间的宽度为 100~350m 不等。这个海岸空间是整个深圳滨海城市形象提升的重要载体，为前海地区建立标志性海岸天际线提供了不可多得的契机。双界河和桂庙渠滨水走廊分布在城市开发区南北两侧，每个公园在原有的区域排水沟渠周边预留大约 250m 宽的公园用地。 整个公园的设计重点在于将城市排洪设施、净水湿地和公共空间有机结合，开发城市绿地系统对城市环境改良的巨大潜力，提供一种使城市环境水质和城区生活质量共同提升的整合设计。启动区的三个组成部分虽然相对独立、特点各异，但是它们毕竟是城市机体的有机组成部分，需要高度协调和配合，体现一种整合而新型的开发模式，成为前海片区开发的框架核心，支撑和引领前海片区由工业物流港区向新型商务中心的整体推进。

前海地区总体规划

合作机构：深圳市城市规划设计研究院

前海地区核心区城市设计

合作机构：FO

本页图片提供：

未来 = 可持续

Future Equals Sustainable

2011 深港双城双年展——淤积都市主义 / 广东深圳 / 2011 年

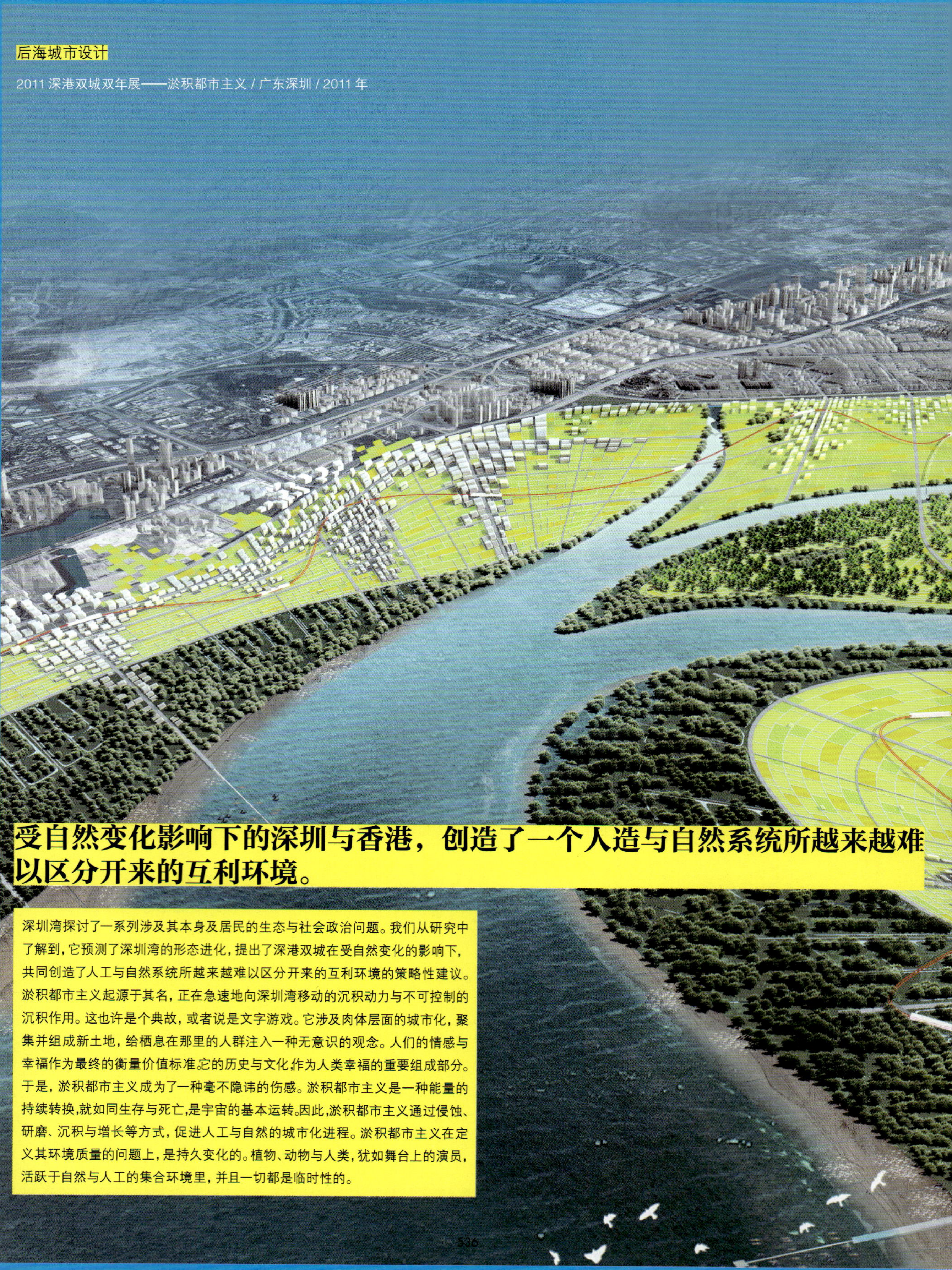

受自然变化影响下的深圳与香港，创造了一个人造与自然系统所越来越难以区分开来的互利环境。

深圳湾探讨了一系列涉及其本身及居民的生态与社会政治问题。我们从研究中了解到，它预测了深圳湾的形态进化，提出了深港双城在受自然变化的影响下，共同创造了人工与自然系统所越来越难以区分开来的互利环境的策略性建议。淤积都市主义起源于其名，正在急速地向深圳湾移动的沉积动力与不可控制的沉积作用。这也许是个典故，或者说是文字游戏。它涉及肉体层面的城市化，聚集并组成新土地，给栖息在那里的人群注入一种无意识的观念。人们的情感与幸福作为最终的衡量价值标准，它的历史与文化，作为人类幸福的重要组成部分。于是，淤积都市主义成为了一种毫不隐讳的伤感。淤积都市主义是一种能量的持续转换，就如同生存与死亡，是宇宙的基本运转。因此，淤积都市主义通过侵蚀、研磨、沉积与增长等方式，促进人工与自然的城市化进程。淤积都市主义在定义其环境质量的问题上，是持久变化的。植物、动物与人类，犹如舞台上的演员，活跃于自然与人工的集合环境里，并且一切都是临时性的。

数据 + 方法论 DATA + METHODOLOGY

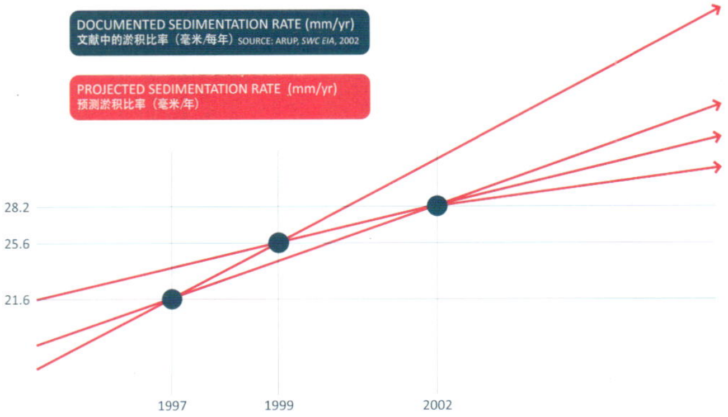

我们想了解海平面上升、底泥淤积增加和红树林扩张会如何对深圳湾未来的结构形态产生什么影响。因此，我们决定整合从不同研究中获取的数据，试图探讨当这些动态因素结合之后，深圳湾会发生什么样的变化。

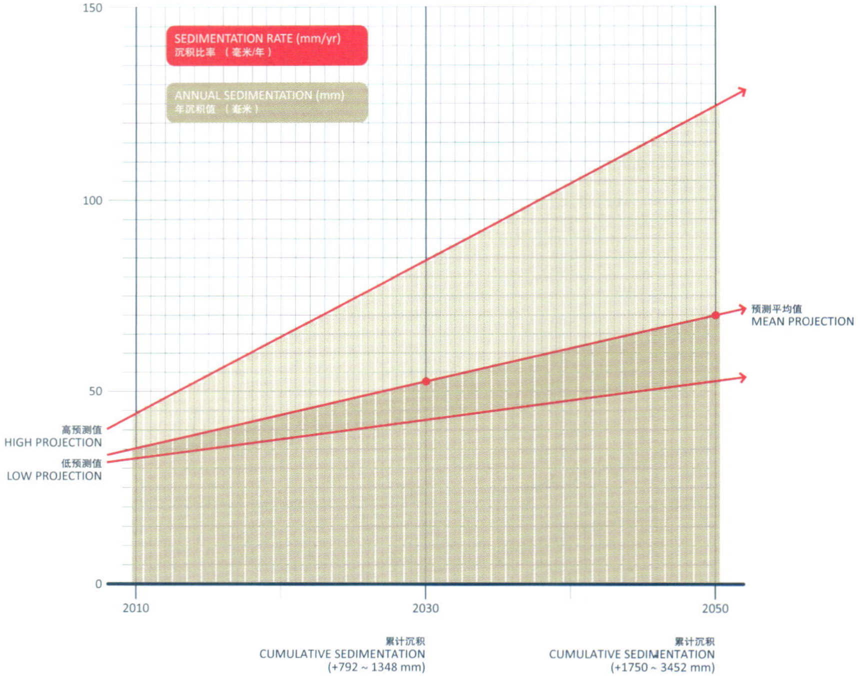

底泥淤积

沉积率的数据信息用于预测未来可能的沉积率。这些预测的淤积比率，用于对 2030 和 2050 年新底泥淤积的总概率估算。

预测海平面上升

PROJECTED SEA LEVEL RISE

2010 (+0mm)

2030 (+220 ~ 330mm)

2050 (+400 ~ 600mm)

SOURCE: COUNTERPART CITIES PRIMER

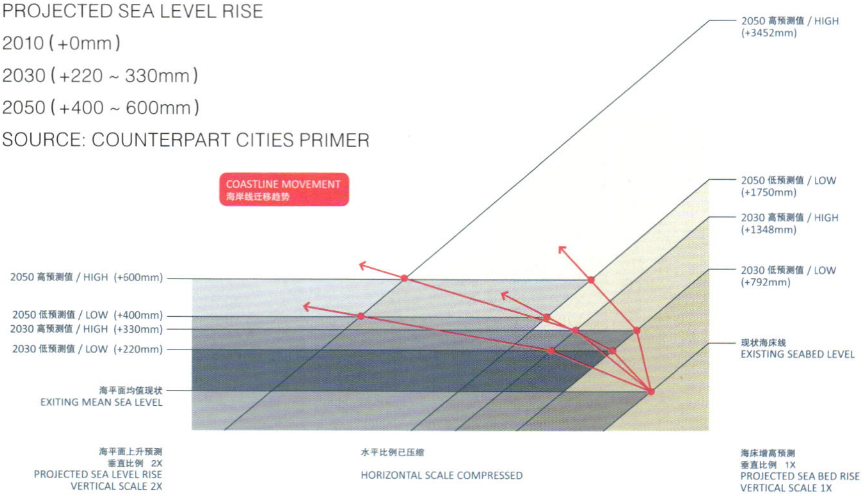

海平面上升 x 底泥淤积

这组图表显示了 2030 和 2050 年，海平面上升及底泥淤积比率的范围值。一般来说，海平面上升会导致海岸线向内陆迁移，侵蚀大量栖息地。然而，我们发现，实际情况也许与之不符。许多关于底泥淤积研究的个案里指出，淤积速度其实是大于海平面上升速度的。这种情况下，海岸线应该是向海洋方向转移，从而使海湾变得越来越小。

假设 HYPOTHESIS

气候变化、海平面上升、底泥淤积和其他各种自然变化，常被视为是深圳湾敏感生态系统的问题，甚至是对其的威胁。但是，我们的研究表明，那些变化实际上是一个很好的机会。模型提供了一种从增长中获取栖息地的可能性——泥滩和红树林——被认为是深圳湾内对动物和人类最具有生态价值的资源。

模型展示的红树林范围从 2010-2050 年的表面形态变化，揭示了海湾内资源总体从内湾向中部移动的趋势。

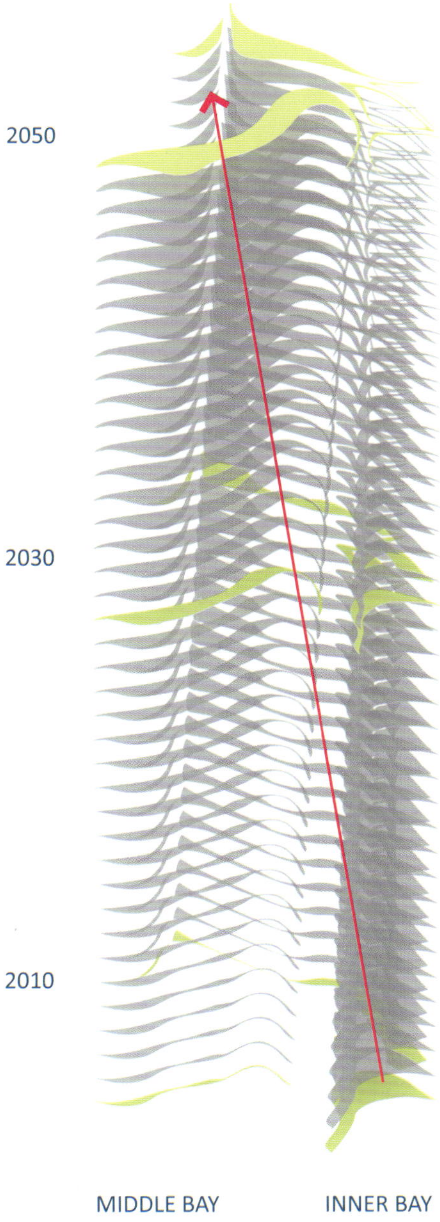

我们预测到 2050 年为止自然发展能

我们根据香港渠务署提供的 2010 年海床数据，结合底泥淤积的预测，调整了 2030 和 2050 年的新海床走势，估测新的海床深度。我们用平均预测值去推算了一种相对极端的结果。

结合海平面上升预测与新海床高程的形成，以获取 2030–2050 年新的平均高水位及低水位线。

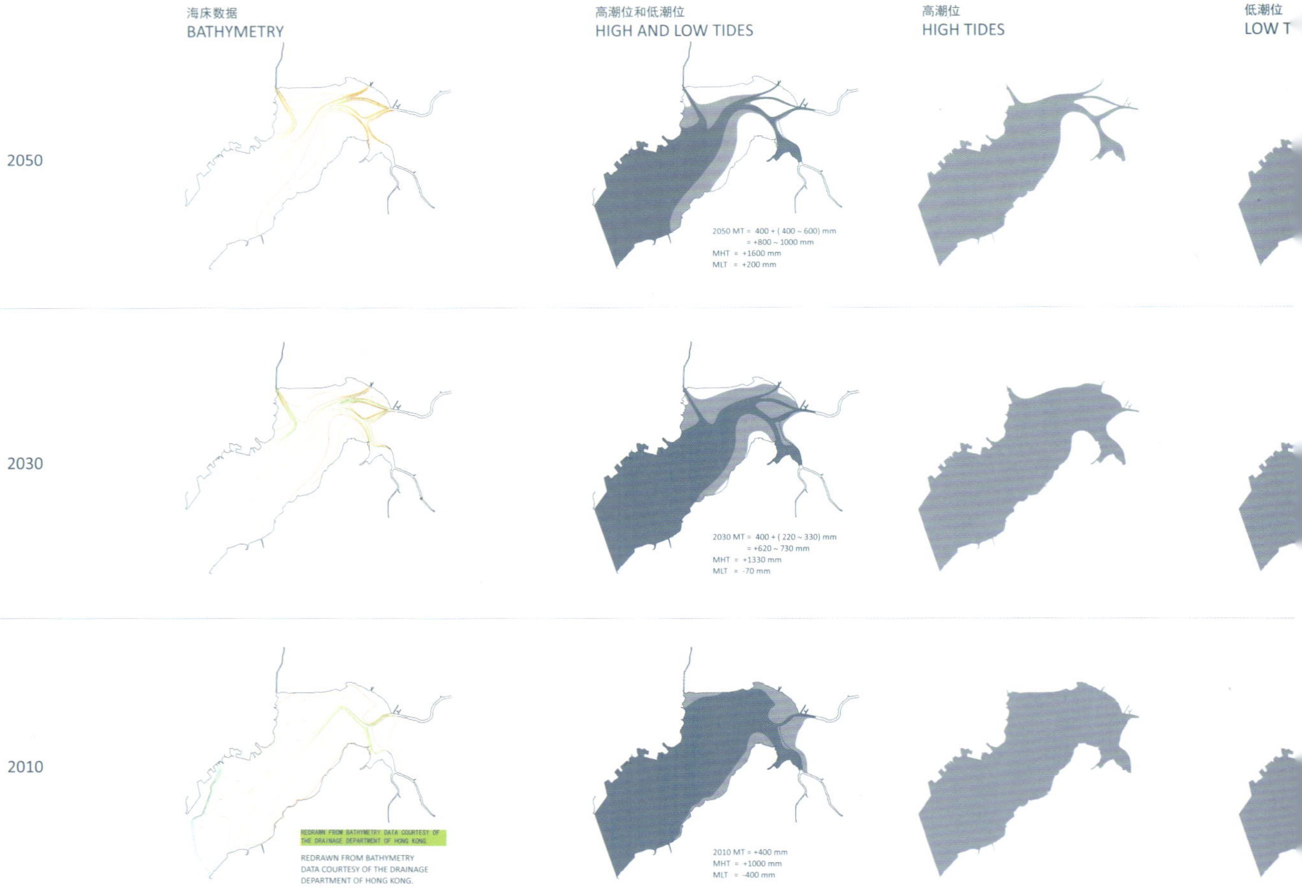

圳湾心脏地带赢得栖息地！

泥滩，位于高潮位与低潮位的泥质岸区。泥滩的界线会随着水位的时间变化而变动。到 2050 年为止，深圳湾的泥滩面积会比目前增加 30%，将可提供更大的泥滩栖息地。这些栖息地会从深圳湾内湾蔓延至中部海域。

依照珠江三角洲研究中对代表性红树林的生长统计，2030-2050 年红树林可能的生长范围会在平均潮位的 1.2m 区间内。我们的模型展示了 2010-2030 年间，红树林可能生长的新范围，而它将向中部海湾的北部及南部海岸线迁移。

泥滩、红树林和平均高潮位会随着海平面上升而整体向海湾中部区域迁移，届时，一个新的区域将在红树林与泥滩间形成。一般来说，这些新土地能给小动物和筑巢鸟类提供大量栖息地，提高农业生产的潜力。

泥滩
MUDFLAT

1840 hm²

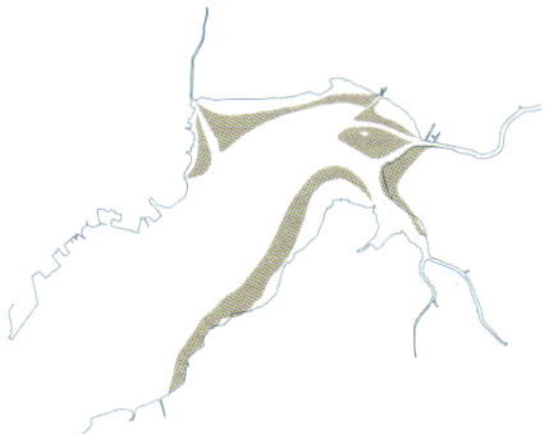

1436 hm²

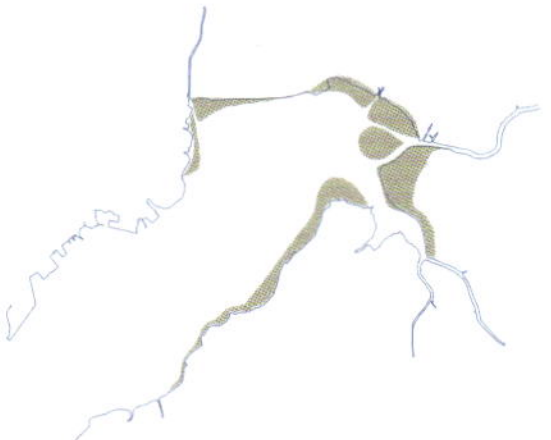

1289 hm²

红树林
MANGROVE

1136 hm²

971 hm²

857 hm²

新领域
NEW TERRITORY

2531 hm²

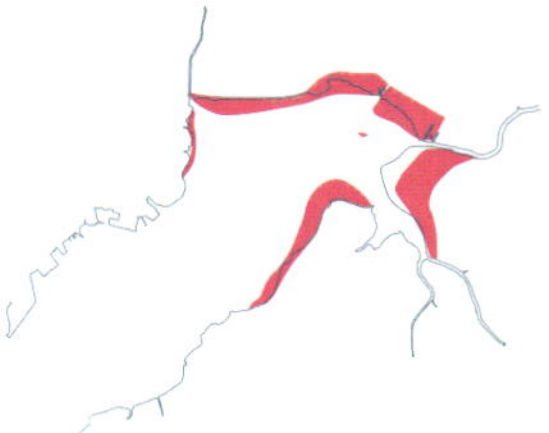

1458 hm²

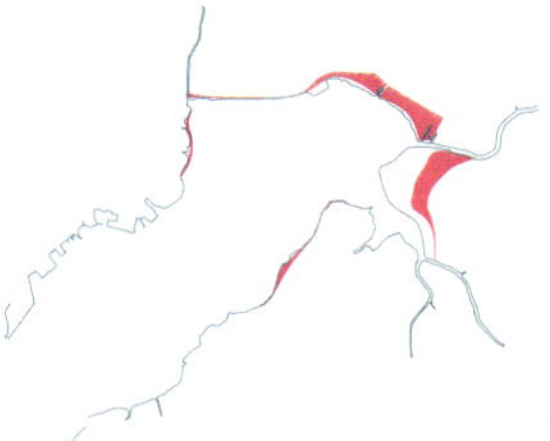

536 hm²*

* 这些区域目前并不作为农田之用，但它们可被这样利用
THESE EXISTING AREAS ARE NOT CURRENTLY USED FOR FARMING. BUT THEY COULD BE.

在 2050 年，深圳湾形态的动力变化，很有可能产生面积达 25.3 km^2 的可耕种土地和新的大城市中心！

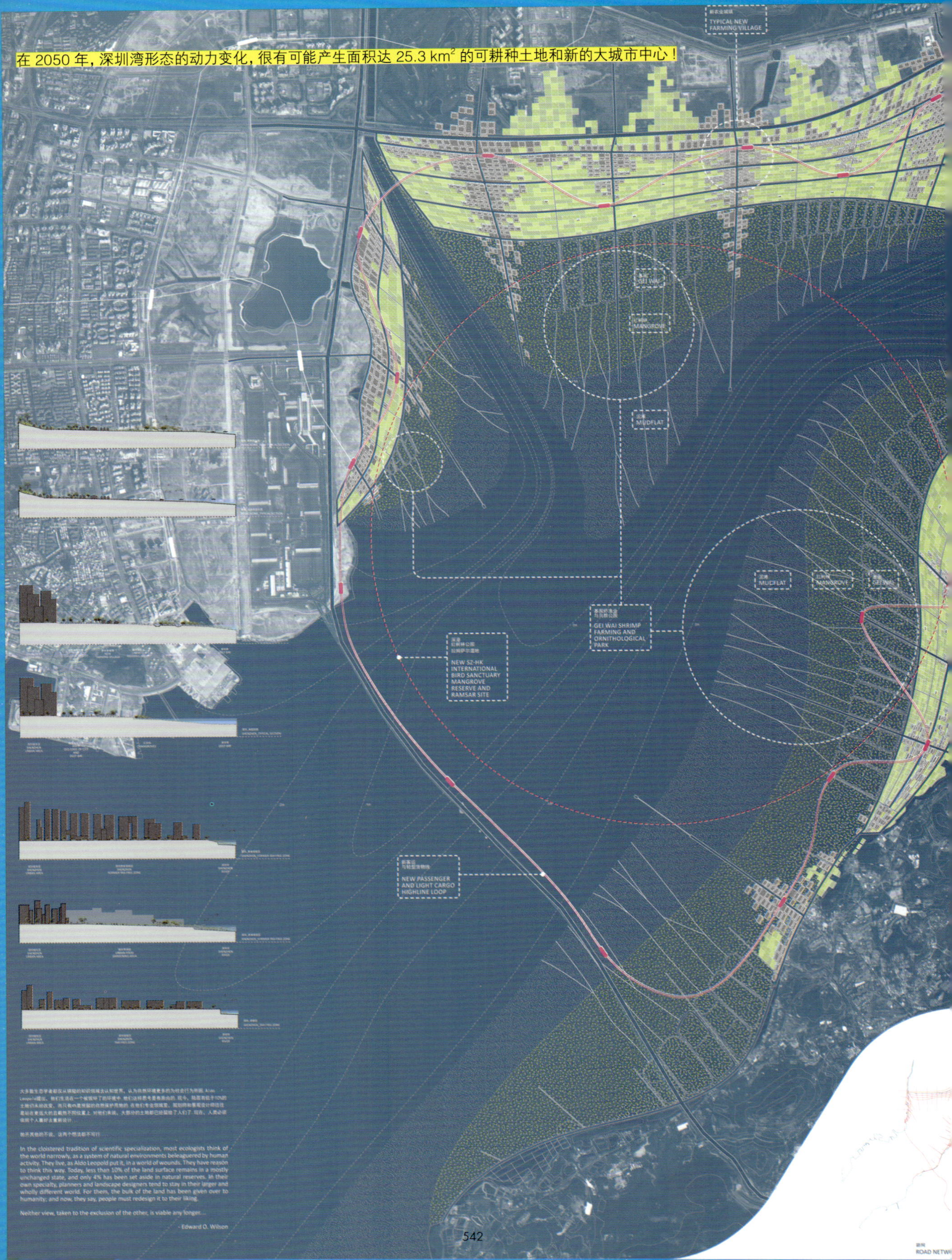

In the cloistered tradition of scientific specialization, most ecologists think of the world narrowly, as a system of natural environments beleaguered by human activity. They live, as Aldo Leopold put it, in a world of wounds. They have reason to think this way. Today, less than 10% of the land surface remains in a mostly unchanged state, and only 4% has been set aside in natural reserves. In their own specialty, planners and landscape designers tend to stay in their larger and wholly different world. For them, the bulk of the land has been given over to humanity; and now, they say, people must redesign it to their liking.

Neither view, taken to the exclusion of the other, is viable any longer...

- Edward O. Wilson

城市主体
URBAN MASSING

城市耕作
URBAN FARMING

红树林及基围
MANGROVE AND GEI WAI

新快轨与站点
NEW HIGHLINE AND STATIONS

宜居重
Livable

ngqing

未来 = 住有所居

Future Equals Home to live in

保障房项目

“一百万”保障房设计竞赛 / 广东深圳 / 2011 年

方案一：空间游戏

保障房通常选择在城市的偏远地段建设，通过降低单价的方式控制建造成本。但是这样的方式牺牲了居住者交通、生活的便利性，限制了就业范围。而本案的建议，是以设计的手段创造一个更立体、紧凑的非常空间，在不降低建造单价的前提下控制单位户型总价，从而保障低收入者的购买。为此，我们选择了3.4m 这样一个既经济、又具有灵活性的层高。将每“一户”划分为功能块和空白空间两个部分。在“功能块”中，我们最大限度地纳入居住所需的所有空间类型和设施，使其在 3.4m 的高度内相互叠合，见缝插针；同时留出一个松弛的“空白空间”供居住者根据各自的需要自由分隔，享受生活的乐趣。由此，本案既提供了一个通过建筑师的努力获得的高效的机能空间，又给居住者带来了一个自由支配的个性居所，体现出对居住者的关怀及尊重。

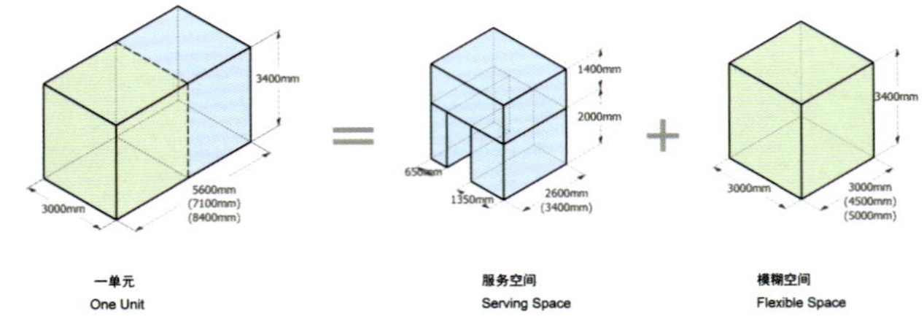

服务空间 /SERVING SPACE

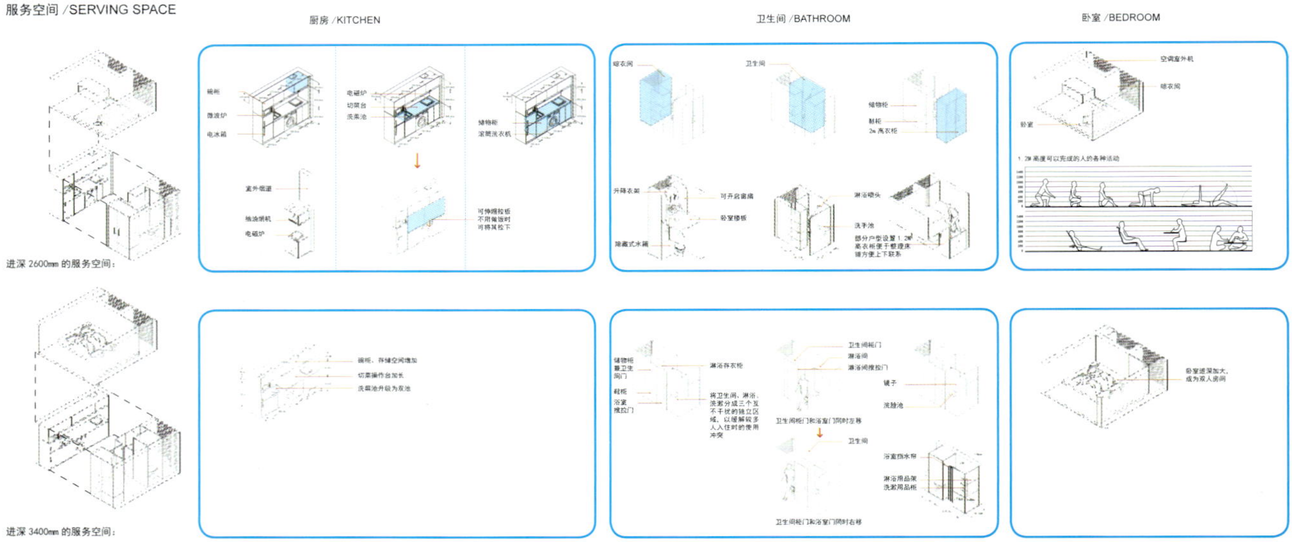

模糊空间可能性研究 /FLEXIBLE SPACE

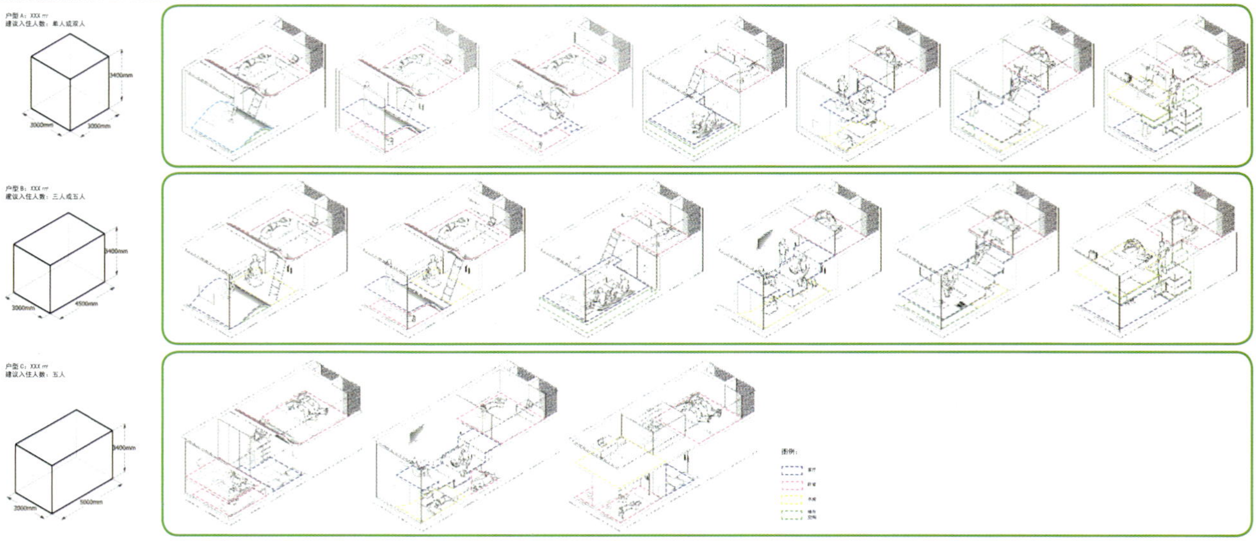

方案二：缓兵之计

昂贵的居住和生活成本，使得越来越多的青年选择在二线城市打拼，而不是涌入深圳。深圳目前“用工荒”现象日益严重，通过抽样调查，结果显示 50% 的人并没有在深圳定居及买房的打算，而是选择在深圳工作几年以后回老家。往后的几年，在深圳需要提供住房保障的人群也将呈现下降的趋势，其结果是难以预测的。保障房的问题也许并没有我们想象中的那么严重，甚至在几年之后就不存在了！因此，我们建议以一种特殊的方式面对这一难题。需要廉价、需要快速建造、需要在最短时间内临时性地解决保障房问题，采用缓兵之计面对保障房设计中的众多不确定因素。

方案三：记忆行囊

根据年轻人在城市居无定所、高流动性的特质，我们以“记忆行囊”的方式为他们在每个新的居所提供一片固定的、私人的空间。“记忆行囊”实际上是一个可以卷起来的充气垫子，在其中设置各类储物柜，所配置的家具也使用充气材料，可以在搬家时与充气垫子、私人物品一起卷起带走。“记忆行囊”是可以植入任何空间的流动的家。

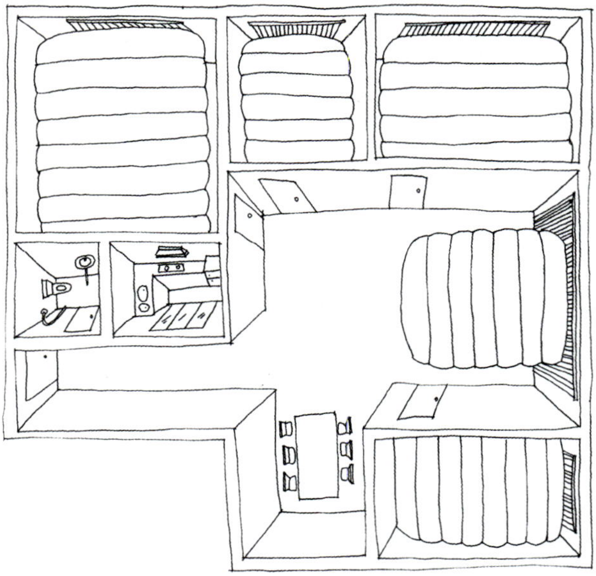

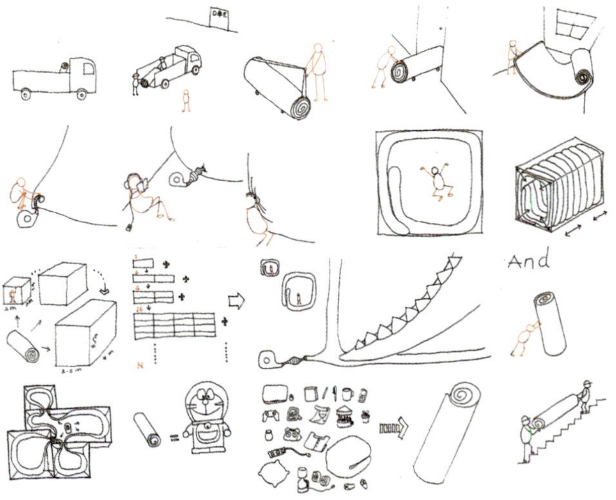

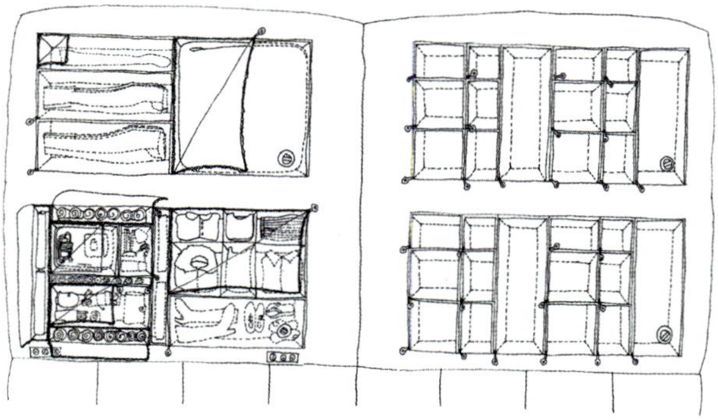

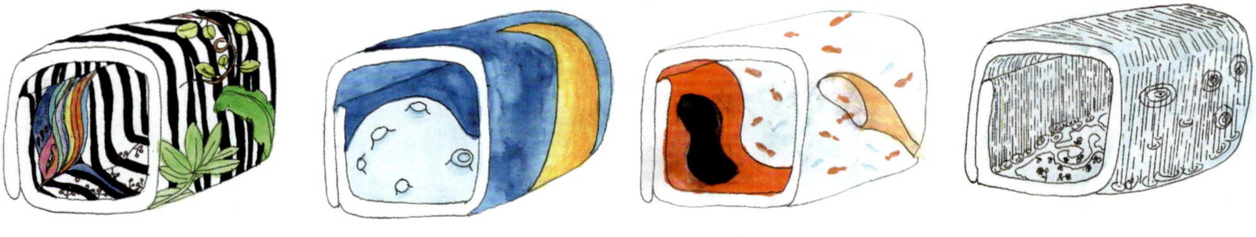

未来 = 城市

Future Equals City

100 年后的城市

City after 100 Years

文 / 朱晔、石岗

Text / Zhu Ye、Shi Gang

100 年后，也就是我如果有孙子的话，我孙子的孙子大概 16 岁的时候。这小兔崽子即将发育成熟，即将走上社会开始祸害了。这天他一早把我给叫了起来，他说老爷爷咱们去城里逛街吧。我说你到底要去城里干嘛，因为进城是要检验 DNA 的。他说去城里找个女孩。我说好啊，真是英雄出少年啊，老爷爷陪你去给你指点指点吧。

1 农业城市

100 年后城市里其实没有什么人了，我和孙子以及孙子的孙子们都住在离城市很远的地方，就是住在现在的农村。城市的地越来越少，越来越拥挤，空气也越来越差，食品安全依旧没啥保证，更关键的是还发生了好几次全球性的食物危机。在这样的情况下，自己做一个农民是最好的选择。从我的孙子辈开始，我们家就往郊区移，而且越移越远。直到有了自己的农田、鱼塘和牧场。自己种粮食，收谷子，养奶牛，生产一些日常需要的东西已经成了社会的风尚了，有一个牧场甚至成了让人羡慕的事。等我们每年的余粮都能卖很高的价钱甚至出口给英国的时候，我想起小时候在幼儿园（大概在 30 年前），老师问我们你们长大了想做啥啊？小朋友一个个地回答：解放军！工人！科学家！医生！等到我这儿已经没啥好说的了，我大声喊：农民！这样的回答，在 100 年后来看是多么明智啊。

2 自我移动城市

我们准备出门了，因为离城市很远，小猪，也就是我的孙子的小孙子说给我准备了会飞的鸡蛋。这个东西有些像机器猫的“竹蜻蜓”，这个东西的发明还要托汽

没土地了、没能源了、没粮食了，结果大家都
要脸的小偷。争来吵去，城市越来越糟糕，大
一个帝国到来，大家终于破除了民族国家的边

There is no land, no energy and no food, as a result, we fight for energy, start war and pl
struggling and quarrelling, the city and its inhabitants will undertake the bad result. So
and take a joint effort to develop.

车的福呢。每一辆汽车实际上就是一个可以自我移动的机器，能源紧张的时候，科学家就想啊，为什么人就只能骑车和开车呢？人运动时产生的能量能不能从体内转移到交通工具上呢？后来有个胖子大伯在身上插满各种插头，接在有太阳能板的座舱上，就有了现在这种叫“空中鸡蛋”的交通方式：鸡蛋装上轮子可以在地上跑，插上螺旋桨可以在天上飞，当然飞得不高，我体力不好也就飞不快，要是摔下来当然也摔不死，因为里边是充气的，而且一进入城市就必须在30~40m的限定公共交通管道里飞。后来，这个发明被几个国家看中了，汽车大佬们纷纷转行，在里边又加定位系统啊，又实现电子导航、内装修啊啥的，还批量生产了入门级、动力级、超速级、至尊级、公主级，想想和现在那些各个牌子的名车也没啥区别，而且一样要考驾照！

3 公共交通城市

大概30分钟过后，我就和小猪一起飞进了城市交通管道。这个管道很高很宽，里面飞满了“鸡蛋”，还有就是公共交通车。100年后已经没有汽车了，因为地球上的汽油啥的已经消耗得差不多了，而且城市越修路越卖车越堵车，城市就像个得了严重心血管病的患者，每天都要急救好多次。实际上，太阳能技术早就发明出来了，结果就被西方万恶的资本家买断了扔在仓库里，因为一旦有太阳能交通工具，庞大的汽车工业就一文不值了。100年后，交通被以更高级的方式进行管制，大家只好在离地30m以上的空中管道里跑来跑去，然后直接跑到你要去的大楼里。公共交通工具的好处是在里边有专门悬浮的轨道，我和小猪可以在家里预约上门服务，但是到了地面上你就只好走路了。因为地面为了改善城市环境除了种树就只有各种庆典广场，留给国家元首啊、大型庆祝啊、游行示威啊这些活动用。

4 信息城市

谢小萌在《疯狂的石头》里说：“城市是个母体，我们就生活在她的子宫里。”现在城市真的是母体了，它是信息的母体。100年后是个信息过剩的年代，每天会产生无数的信息垃圾，城市里留下的是那些信息的控制者和以信息技术作为特征的权力中枢。与此相适应的，是城市里充满了各类高级信息的控制者们，他们每天忙忙碌碌地处理着权力信息、经济信息，但是最核心的还是技术信息。因为每个个体和家庭基本上都有了自给自足的能力，只有没办法自我生活或者想有更多权力的人才会去机构工作，所以为了拉动全球消费，高级信息都有偿供给。我国规定的高级信息指史前到公元2000年的信息，而美国的相对宽松些，截至2010年。农业信息尤其贵，“花要晒太阳”一般要卖一千块，而一条怎样给小麦浇水的信息属于“绝活”，足够我们买一台42寸的液晶电视了，因为大部分的小孩都以为只要把植物放到电脑旁边它们就能活下来。这样的规定是那些权力控制者们为了使得更多的人学不会以前是怎样种地啊、沤肥啊、养牛啊这些可以自力更生的技能，从而可以让更多的人依附信息控制者们。历史经验一下子就很值钱，这就是我这个做老爷爷的骄傲。我在100年后简直就是活字典，尽管里边有很多错漏的地方、还掉了很多页。

源、打仗、使坏，自己是强盗还要说别人是不再争下去结果只有集体完蛋。于是 100 年后，上联手发展的道路。

rick. After a lot of struggle and quarrel, city is getting worse. We find that if we continue later, with the arrival of an empire, we finally abolish borders between different nations,

5 无隐私城市

100 年后的城市，隐私成了一件很困难的事，而保护隐私则是要收钱的。城市是各类监视器的集合地，也是各类隐私的提取处。实际上你的一举一动天上都有卫星给监视着，而且据说卫星都塞车了，联合国只好开了好几次外太空使用大会，宣布围绕地球的轨道要按规定使用，离地球最近的是民用卫星轨道，然后依次为企业用、国家用、军事用卫星轨道。还有一条轨道好像比较远，叫“移民轨道”，租给移民到外太空的人的电视台了，让他们好经常知道地球上发生了什么。有时候一场区域冲突无非是逼迫对方全面开放数据库。小猪告诉我赵大头家的花花给他在信息银行里存了些录像，这些录像不像互联网那样，是全部保密的。所以我们先要去第二（信息）银行一趟。信息银行是隐私货币化之后的产物，最早是为了保护情人啊、二奶三奶、还有就是给那些贪污的人去说商业秘密或忏悔的。后来国家看这买卖不错，就都收归国有了。第二银行主要向老百姓开放，每次只收三百块，可以保存 20G 的影像一周时间。第一银行很贵，据说可以保留 50 年，很多有钱人就天天在里边说自己的回忆录和婆婆妈妈的事。第六银行是高度保密的，主要存放军事试验和人体试验的隐私。新开的第八银行好像比较特别，可以在里边睡觉并把梦给存起来。

6 娱乐之城

小猪看完花花的录像后就很兴奋，告诉我说花花在“城市娱乐中心”等他。我去过隔壁的“城市休闲中心”，是我的重孙子也就是小猪他爸带我去的，那次去我们花了一千块每人来了次“欲望之旅”，好家伙，闭上眼睛竟然就做了六个春梦，还边做边旅行，把我年轻时没得逞的事都做了一遍。我想还是等小猪 18 岁以后再带他来这里吧，于是就说：小猪，我不给你们当灯泡，我帮你们一把哈，我带你们去自己制作（DIY）一部你们自己的电影就行了，这件事其实我在 100 年前就想到了。DIY 影院里面存了很多的老电影，你一进去就先把你的样子啊、动作啊、表情啊都给扫描记录了，然后就选剧本。我帮小猪选了一部《罗马假日》，小猪演记者，花花演公主，我演那个摄影师朋友。然后我们就看电影，就像自己演的一样。小猪和花花看着看着就拖手了，哎，还是年轻好啊。不过回来的路上我嘱咐小猪说，以后要想分手，就去和她演《杀死比尔》。

7 机器之城

看完电影后我们准备吃些东西，但是说实话，城市里吃的东西糟糕透了，都是化学合成的。吃饭的地方 100 年前是社交和家庭聚会的场所，现在已经变成迫不得已才会去的地方了。餐厅里的服务员都是机器人，广场上的荧光屏里也在反复播着机器人的广告，因为机器人除了服务业需要外，大多卖不出去，大家早就不相信这样的军转民技术真的会造福人类了。就像手机一样，到了最后还不就变成了定时炸弹。实际上，机器人武器已经广泛地在各种军队里使用，城市啊、建筑物啊都被那些权威说成“一个有机的生命体”，其实根本不是生命，就是便于操纵的机器。但是机器被操纵久了也会产生自我意识，一个《我，机器人》的时代即将在再过

100年后到来，嘿嘿，我知道但是就是不说。最近频繁出现的飞碟（UFO），使得各国都宣布增加军费，研制更高科技的机器人武器，说要对付宇宙恐怖主义的袭击。老百姓也没法反对，因为军队这时候是种职业，高福利、高风险、高收入，保卫国家和外星人战斗都是他们的事，大家都习惯了过谁也不相信的日子。

8 中性城市

我们其实都很习惯有机器人，因为机器人都装作不大想事情的样子。其实想问题也是100年后的人的难题，因为他们基本不思考。他们并不是笨，只是他们并不会什么批判啊、论战啊、思辨啊什么的。100年后会想问题的人就和现在的同性恋一样，既时髦又边缘，既前卫又原始，既高雅又恶俗，既卫生又肮脏，既正常又病态，既哲学又虚无。母体其实因为自己既是爸爸又是妈妈，所以也有些性别不清，所以母体拒绝孩子们的自我认知和复杂思维训练，孩子们基本上是既奴隶又主人，既美貌又英俊，既纯洁又滥交，既主流又少数，既思考又无知，既阳痿又风骚，既恋母又恋父，有阴道有肛门，有阳具有指头，有工作没工资，有老婆有丈夫，既法定又无约定，虽然三妻四妾，老公也一大堆，但是嘴里却说的都是：我只爱你一个人！我估计小猪和花花以后也会这样，虽然他们现在正含情脉脉地一起喝太空水。

9 抖腿城市

我们没说很多的话，分手的时候，我教小猪向花花挥了挥手，花花激动地冲过来就把小猪给抱住了。原来100年后，挥手是表示我永远爱你的意思。因为空气污染，大家在50年后就习惯天天戴口罩出门了，后来科技加进化就整出了一个脑电波交流器，这样的交流器使得说话的人还没张嘴，对方就已经明白他的意思了。大家躲在各种性感口罩后面，这样一来，说话变得没必要了，人的嘴巴和声带一代比一代小，嘴巴成了真正的隐私处，舌头完全退化为口交和吞食两种功能，反而肢体动作变得很重要。其中最重要的表达方式，就是抖腿。尤其是那些电视台的主持人和政治家们，他们会各种抖腿的技巧，比如左抖右不抖、右抖左不抖、双腿一起抖、猫尾抖、狗尾抖、摇头抖、触电抖、寒冷抖、逆风抖、抽筋抖等。抖腿使得语言没有了国界，也就再没有什么英语四六级考试啊之类的了。这真的是一个平等的时代，聋哑人不会再为学手语而烦恼，但是挥手不是谁都会的，只有老一辈的人知道手势的含义，并且近乎失传了。

10 连连看城市

说实话，100年后的城市很枯燥，大家只好发明各种现实的游戏来找乐子，其中最流行的一种就是“城市连连看”。这是一种很刺激的游戏，只要你的目的地有和你相同性别、年龄、高度、体重的人，你就可以突然置换，瞬间你就连接到他的位置去了，非常快。这样的移动由母体通过脑电波读取进行控制，不过也得得到对方同意，虽然达成一致从而交换位置的谈判是耗费时间的，但是也是值得的。关键是谈判的过程，大家都要通过脑电波感受对方抖腿的强度，如果你在街上看见一个人在无缘无故地抖腿，那么他一定是在和另一个和他自己相像的人正进行着激烈的“连连看”的谈判。甚至有的人谈累了，实在抖得不行了就在路上使劲地用“抽筋抖”。这是抖腿的最高境界，如果另一方这时愿意，那么他表示同意只要伸一下手，因为手势才是更高级的含义。但是也有累得不行突然伸手的，结果瞬间就和对方换了位置，再要回去就没那么容易了。不过，“城市连连看”依旧高居“真实游戏榜”头名达三年之久，因为无游戏不人生！

11 边缘城市

回家的路上，小猪缠着我问其他城市的情况，因为这些高级信息都是平时电脑不会教他的。我说和日常我们生活的城市不同，我知道在地球上还有着其他类型的城市，比如飘在天上的飘浮城市、钻在地下的地底城市、长在树丛里的森林城市、躲在大泡泡里的软体城市，还有建在沙漠里的沙漠城市，长在海底的水泡城市。小猪的下巴快掉到地上了，他说电脑和电视都不说这些啊。我说是啊，这些城市的人可幸福了，平时就像兄弟姐妹一样，可以放心地亲嘴，关键是吃饭都不要钱。他说老爷爷你好强啊，知道这么多，它们都在哪儿啊，我想去。我说去是去不了啦，他们都在一个叫乌托邦的地方，我们的城市和这些城市曾经打过一次仗，实际上人家都不愿意和我们打，就假装放了些烟雾弹逃跑了，后来就再也没人知道在哪儿了。历史课本里不是有这样的考题嘛：2088年8月8日，我们打败8个城市联合进攻的著名战役叫什么？小猪说，叫边缘城市战役。我说对了嘛，这就是电视和电脑教你的，别信！其实我知道这些城市在哪儿，因为信息走私犯们和我是好朋友。

12 怀旧城市

信息走私犯们靠贩卖那些高级信息过日子，其实他们都是一群怀旧主义者。大概在他们的爷爷的爷爷辈就留下了汽车的基因，所以他们对汽车特别着迷，等到城市说要取消汽车的时候，他们就集体搬到了城市和农村的边缘，住在汽车里。没有汽油了他们就四处找柴油，没有柴油了他们就找工业酒精，等工业酒精也禁止使用了，他们就发明了从二氧化碳和尿里边提取能量的办法，总之一条原则：打死也不坐太阳能汽车。比起老式汽车来，太阳能汽车又慢又没噪声也没尾气好闻，所以一点都没感觉。大概30年前，这群汽车爱好者们开始聚集在一起，除了喜欢汽车外，他们还有以下共同特征：①不用电脑；②使用无线电发报机；③不看电视；④看书；⑤写诗；⑥看21世纪的老电影；⑦喜欢说话和接吻；⑧拒绝脑电波做爱；⑨喜欢幻想；⑩好吃懒做。我有几个好朋友的孙子、孙女就住在里边，所以每次和他们说话，我还可以顺便接接吻，并且交换一些高级信息。其实他们不知道，他们早就被监视起来了，并且还被制成了24h直播的电视节目，叫做《迷失在怀旧公园》。

13 宇宙城市

快回到农场的时候，已经是晚上了。小猪说老爷爷，天上的星星好多啊。我说快别傻了，它们中的70%都是人工城市，要不就是监视卫星，模拟成了星星的样子在骗你。100年后，宇宙越来越稀薄，真正的恒星也越来越远。另一方面地球的垃圾越堆越多，最后就干脆在太空里集中建了好几个太空垃圾站，后来又有人提出搞宇宙地产，各国就联手在火星和月球周边的垃圾站边上又开发出了很多生态别墅、高级宇宙豪宅。因为宣传说上去了就能返老还童，还就真的有有钱人去，哪怕那些豪宅贵得可以买现在的一座城市了。宇宙旅游也随即兴旺了起来，在宇宙中建起了“锦绣世界”、“欢乐人间”、“野生宇宙”等景点，随后“太空影视基地”、“宇宙拉斯韦加斯”都开发了出来。短线宇宙游一般是看看太空站啊，住住行星房啊，看看月亮升起啊，在月球比跳高啊这样一些常规项目。参加豪华旅游团的话还可以坐上“宇宙泰坦尼克号”，在“宇宙娱乐城”里享受“1080°全景太空房”、体验“真空吸氧”、食用“纯宇宙蔬菜”、畅享“火星美容泥”。最重要的是，每个人都会发一本书，这可是100年后很珍贵的东西，书名叫《宇宙漫游指南》。

14 帝国城市

晚上，我怎么也睡不着。今天的城市怎么就变成100年后的这幅面孔了呢？想来想去，我生活的城市大概在70年前终于奔向了发达资本主义国家大概100年前的小康，而非洲的兄弟国家在50年前终于也有了高楼林立的面貌。没土地了、没能源了、没粮食了，结果大家都去争能源、打仗、使坏，自己是强盗还要说别人是不要脸的小偷。争来吵去，城市越来越糟糕，大家发现再争下去结果只有集体完蛋。于是100年后，一个帝国到来，大家终于破除了民族国家的边界，走上联手发展的道路。帝国的都城按照洲设了六个，北京在和东京、新德里、迪拜的竞争中脱颖而出，成为了亚洲的首都。而帝国的首都，则设在纽约。资本和信息开始无国界地流动，人们过起了我开始说的那样的生活。我也终于可以克隆一个自己，并且和孙子的孙子逛了一回100年后的城市。

这幅画指的是一种读法和画法，读懂它必须了解
体验，读懂它需要熟悉城市建设的手段和历史，
须分清楚水平和垂直的关系，读懂它要能够熟练
准备中，不管你是女超人、套子人、单车怪、吃
画画痴、上班癫、正常者、猴子王、跳伞佬、解
健美花、万人迷、偷美男、熊熊妹、猪、果子、
箭喷等，还是谁谁谁，你都得认识“了解、具备
词的递进关系，也得能够将这些动词严格按照作
化解你固有的身份，像一般人一样一般性地读懂
时间一样漫长，说来慢，其实快，嘿嘿，经过至
读懂了，里面最大的秘密是没有画我妈、我爸，
是一个坏人，我是一个好人，我其实有点好有点
我边写文章边听音乐。猴子王在 QQ 里说：我知
英文字母 A ，然后被一个圈套起来。就像画里一样
并熟练地运用超级、奇观、足够爽等词汇。这些
里面的文字又像小说，又像杂文，又像诗歌，就
里面的画又好看，又难看，又彩色，又黑白，也就
我还准备给书定一个价，不会太贵，也不便宜，
幅画的读法而使得这幅画变得诡异、怪诞，带有
习读法时被想象的阴影。这幅画就此多了些背景
我和女超人、猴子王、吃鼻屎、猪、果子等的关
腰、耸耸肩、阿牛和 GOTH 有一天来找我，说要
你们知道吗，这幅画叫“迷恋都·具体城”……

性的建筑知识，读懂它还应具备足够多样的审美
它要事先掌握进入城市的手段和路线，读懂它必
适地运用超级诸如此类的形容词。在以上读法的
司机，还是读书迷、演讲狂、跳水怪、按摩癖、
兔子、VIP 顾客、黑社会老大、领导、囚犯、
苯、撤退组织者、哲学宗、锡纸包、黑鸽子、火
悉、掌握、分清楚、熟练并合适运用”这几个动
要求，运用在他所叙述的读法中，这样你就可以
画了。这样的准备是漫长的，就如同似乎静止的
年的准备，女超人第一个给我写信说：你的画我
就是你忘记了画太阳。两天之后套子人说：我不
最坏的时候是我边看电视边那个，最好的时候是
我说话的方式，就是说点点点点，或者说大写的
有很多人都给我叙述了一下他们对这幅画的认识，
我都记录了下来，我准备编一本书，很厚的那种。
们肯定没见过的那种，但愿是你们期待的那种。
们肯定没见过的那种，也但愿是你们期待的那种。
上好卖，也不好卖。总之，因为很多人学会了这
根本不该有的味道，带有了在没有看过它之前学
原，多了些价值，多了些原因。这些都影响到了
当时也管不了那么多了……又过了大半年，扭扭
这幅画的画法。我没办法，就开始教他们，我说：
《迷恋都·具体城》

未来 = 教育

Future Equals Education

危

未来 = 健康

Future Equals Health

公厕
公 厕
电话：68570595

千禧保健城
TEL: 13983181103
请上二楼
香香住宿
香香住宿
淋浴伍元
杠炭

未来 = 活力
Future Equals Energy

1984。

未来 = 休闲

Future Equals Leisure

Party Pier

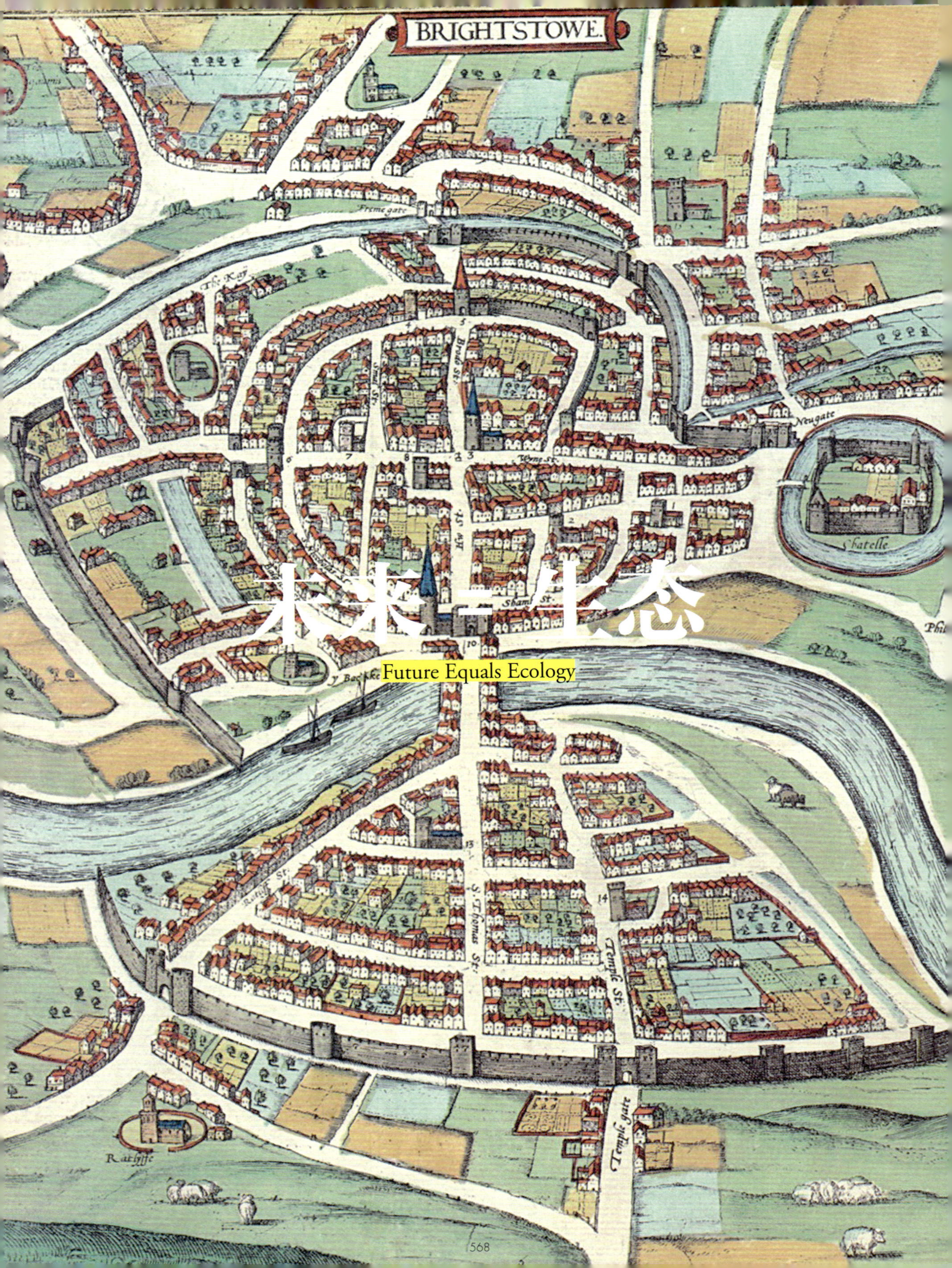

未来=生态

Future Equals Ecology

Future Equals Work

重庆电力

未来 = 消费

Future Equals Consumption

百事可乐

LOUIS VUITTON

未来 = 秀场

Future Equals Show Time

江北区创市级文明城区　建商圈交通文明示范街
启动仪式
主办：中共江北区委宣传部
天街2号

动物是人类的朋友
人与动物应和谐相处
动物表演是人与动物
交流和嬉戏的乐园

未来=科技
Future Equals Technology

下载
电影 图片
音乐 铃声
MP3
电子书

中国移动通信 专营联盟(文秀)店
CHINA MOBILE
移动家庭计划-手机、座机免费拿，拨打低至8分钱
手机
专业维修
硬软解
件件通
家庭 网
拨打
接听
座机
拨打低
预存
送手机
接听不要钱
0.20
0.12

未来 = 娱乐

Future Equals Entertainment

未来＝老龄化

Future Equals Aging

皮鞋

型设计
欢迎光顾
CHINA MOBILE
市话:前3分钟0.2元以后0.1元

PH
Only 5¢

未来 = 日常生活

Future Equals Everyday Life

05

后记与索引

Index & Postscript

ZHUBO
DESIGN
筑 | 博 | 设 | 计

筑博简介

筑博设计集团股份有限公司，成立于 1996 年 3 月，具有建筑设计甲级资质和城市规划乙级资质的综合设计机构。公司现任中国勘察设计协会理事，广东省勘察设计协会理事，深圳市勘察设计行业协会副会长；自 2006 年以来连续五年被深圳市福田区人民政府评为“福田区年度纳税百佳民营企业”；2009 年被深圳市发展和改革委员会认定为深圳市第一批总部企业；自 2004 年以来，连续七年在“di • 年度全国民营设计机构排行榜”中名列前三。

筑博现有高素质的各类专业技术及管理人才 1000 余人，国家一级注册建筑师 32 人，国家一级注册结构工程师 40 人，注册公用设备工程师 20 人，注册规划师 5 人，高级工程师 45 人，工程师 126 人，博士、硕士 70 余人。公司以完善的现代企业管理制度、雄厚的人力资源、先进的技术设备、独特的设计理念、丰富的实践经验，始终如一的为客户提供一流的服务。筑博的战略是以深圳总部为核心，成立深圳区域公司、北京区域公司、上海区域公司、重庆区域公司、及武汉办事处，形成总部——区域公司一体化的管控模式。公司配备有总建筑师室、总规划师室、建筑工作室、规划设计部、城市设计部、休闲建筑部、室内艺术部、结构部、机电部、技术管理部、质量管理部等部门；根据市场及专业特点进行专业化细分，设置了办公建筑、医疗及体育建筑、城市综合体、高密度住宅、低密度住宅等专业部门，并配备经验丰富，富有创新精神的设计师。

凭借完备的高素质人才队伍、良好的信誉以及出色的设计水平，筑博公司赢得了各著名房地产的青睐与合作机会。凭借创新的设计理念、独特的设计构思，筑博公司在多次公共建筑及政府投标中取得优异的成绩，并与政府机构及大型城市综合体开发集团形成良好的合作关系。凭借规模优势和品牌优势，筑博在竞争日益激烈、优胜劣汰的房地产市场上不仅屹立不倒，还顺利地驶入了高速发展的轨道。多年以来，公司完成的各类建筑工程设计项目得到了众多建设单位的好评，并多次获奖。其中：南方科技大学、深圳中心区水晶岛项目、深圳华强北立体街道、深圳宝荷医院、深圳体工大队训练馆、深圳市档案中心、深圳华强广场等项目得到社会各界的好评，成为在深圳和全国颇具影响力的精品工程。

筑博设计一直关注建筑对平常人和日常生活的影响，关注建筑如何介入社会关系的建构，调整社会利益关系。这使我们的建筑设计追求具有了社会学维度，逐步脱离了中国当前建筑设计一味迎合市场商业化倾向和单一追求视觉美学的形式主义倾向。

我们积极投身中国大规模的城市化和空间生产进程，以城市设计、建筑设计为媒介，尝试推动空间资源的合理配置，建构平常人的人居尊严。在设计实践之外，我们还通过理论研究保持着对中国当下空间生产状态的揭示和描述，不断对城市、建筑和建筑师自身进行批判性反思。

Profile

Established in March 1996, Zhubo Architectural and Engineering Design Co., LTD. is a comprehensive design agency with Class A Qualification Certificate for Architecture Design and Class B Qualification Certificate for Urban Planning. It currently holds the post of council member of China Exploration & Design Association, council member of Guangdong Exploration & Design Association, Vice Chairman of Shenzhen Exploration & Design Association; it has appraised by the People's Government of Futian District of Shenzhen as one of "Annual Top 100 Tax Payers of Futian District" for three consecutive years since 2006; it was rated as Excellent Exploration and Design Enterprise in Shenzhen in 2005; it was listed in the first batch of Headquarters Enterprises of Shenzhen by Development and Reform Commission of Shenzhen Municipality in 2009; it has ranked in top three in "di • Annual National Private Design Institutions List" for seven consecutive years since 2004.

Zhubo has more than 1,000 high-quality professional technical and management staff, including 32 National First-class Registered Architects, 40 National First-class Registered Structural Engineers, 20 Registered Public Facilities Engineer, 5 Registered Planner, 45 Senior Engineers, 126 Engineers, and more than 70 doctors and masters. In possession of improved modern enterprise management system, abundant human resources, advanced technology and equipments, unique design concept and abundant practical experience, Zhubo consistently provides customers with best service. Zhubo's strategy is taking Shenzhen Headquarters as its core, and then establishing regional companies in Shenzhen, Beijing, Shanghai and Chongqing, and setting up Wuhan office, to form an integrated control mode of headquarters-regional company. Zhubo owns Chief Architect Room, Chief Planner Room, Architectural Studio, Planning and Design Department, Urban Design Department, Recreation Building Department, Indoor Art Department, Structure Department, Electromechanical Department, Technical Management Department, Quality Management Department and so on; Zhubo sets up several professional sectors of office building, medical and sports building, urban complex, high-density residence, low-density residence, etc. according to market and professional characteristics, and is equipped with experienced and innovative designers.

By virtue of a comprehensive team of high-quality talents, good reputation and excellent design, Zhubo has won the favor of many well-known real estate companies and gained cooperative opportunities. By virtue of innovative design concept, unique design idea, Zhubo has achieved excellent results in a number of public building tenders and government tenders, and formed a good working relationship with governmental agencies and large urban complex development groups. By virtue of its advantages in scale and brand, Zhubo not only survives in the increasingly competitive real estate market, but also successfully rolls into the track of rapid development. Over the years, Zhubo has completed the design of various types of construction projects, obtained the praise of many construction units, and won numerous awards, involving South University of Science and Technology project, Crystal Island in Shenzhen downtown, stereoscopic street of Shenzhen Huaqiang North, Shenzhen Baohe Hospital project, training center of Shenzhen Sports Team, Shenzhen Archives Center project, and Shenzhen Huaqiang Square project which have become influential projects in Shenzhen and the whole country.

Zhubo has always concerned about the impact of buildings on people and their everyday life, how can buildings get involved in the construction of social relations, how to adjust social interests. This allows us to pursue with sociological dimension of architectural designs, and break away from China's current commercially-oriented tendency that architectural designs simply pander to market and Pharisaism tendency of the pursuit of visual aesthetics homogeneously.

We take active part in China's massive urbanization process and the process of space production. With urban design and architectural design as intermediary, we try to promote the rational allocation of space resources and build up living dignity of ordinary people. Apart from design practice, we also reveal and describe China's current state of space production by means of theory research, and conduct critical reflection on city, architectures and architects.

01
城市与日常生活
City and Everyday Life

城市 = 经验
City Equals Experience
城市经验的谱系
Pedigree of Urban Experiences
文 / 汪民安
Text / Wang Min'an

城市 = 日常生活
City Equals Everyday Life
日常生活与空间实践
Everyday Life and Spatial Practice
文 / 朱晔
Text / Zhu Ye

城市 = 生产
City Equals Production

城市 = 政绩
City Equals Political Achievements
城市资本、复制性空间及其未来
Urban Capital, Duplicated Space and Its Future
文 / 徐敏
Text /Xu Min

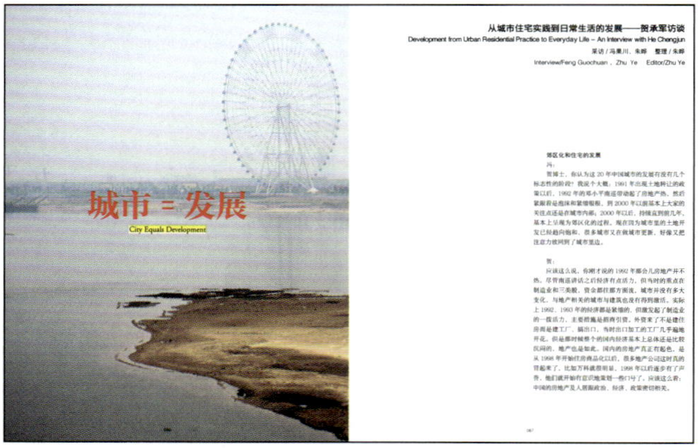
城市 = 发展
City Equals Development
从城市住宅实践到日常生活的发展——贺承军访谈
Development from Urban Residential Practice to Everyday Life – An Interview with He Chengjun

城市 = 土地
City Equals Land
土地制度是中国人居问题的关键——黄伟文访谈
Land System is the Key to China's Inhabitation Problem – An Interview with Huang Weiwen

城市 = 造城者
City Equals City Builders
造城者和他们的城市
City-Makers and Their Cities
文 / 冯果川
Text / Feng Guochuan

珠三角 1793—2003 年的镀金史

Gold Plating History of Pearl River Delta, 1793– 2003

文 / 冯原、杨小彦

Text / Feng Yuan，Yang Xiaoyan

普通居住之镜的两侧：违章建筑与商品房

Ordinary Housing on Both Sides of the Mirror—Illegal Construction and Commercial Housing

文 / 冯果川

Text / Feng Guochuan

城市 = 基建

02 居住与日常生活

Inhabitation and Everyday Life

鹏兴花园是深圳莲塘地区最早的一批住宅，也是筑博最早的项目之一。随着早期地产商在城市中的大举拿地，分期建设，小型建筑公司也迅速加入到大面积造城的过程中。在这个时期，对于消费者来说，住宅的"有"或"大"已远远不够，他们需要更优质、舒适、愉悦的居住体验。在鹏兴花园中对普通人生活的关注与设计实践，为日后的诸多项目奠定了基础。

1996

"城市中心的建筑应该是什么样子？"是筑博在鼎盛时代项目思考的重点，我们尝试让城市中心区的建筑造型能低调并优雅地融入周边环境。其立面开槽等造型手法在当时建筑业内颇为先进，赢得诸多好评，这种手法后来在全国被普遍学习，成为点式住宅的设计范式之一。

1998

在加州地带（现名嘉洲豪园）的设计中，筑博将中国传统家庭伦理观念投射到住宅设计中，以对生活方式的关注，从细节处改善居住环境。观光电梯在住宅中的运用在全国尚属先例，这源于筑博对住宅的思考——居住怎么可以更舒适，更愉快。这些细节一改普通住宅效率、功能至上的表达方式，对享受和娱乐的关注，实际上是在构建普通人的生活尊严。

1999

内地对于城市综合体最早的理解来自香港。香港因为人多地少为了节约用地，在建筑底层安插数层商业，上层塔楼布置办公，酒店，住宅等其他功能。城市综合体在国内的大规模建设，事实上是在2007年之后，通常伴随着城市更新和旧区改造。千禧年之前，城市富余用地尚多，城市综合体的引入，更多的是为市民提供了一种关于高密度"国际大都市"奢侈及消费生活的想象与体验。

1999

都会100位于华强北地区中心，在设计过程中筑博尝试去除一个建筑过多的矫饰，而让建筑以谦虚的形象融入城市，成为城市中低调的一位普通人。这种建筑称为普通建筑，它们不需要特殊的表达和宏大叙事，它们仅仅是以平常的手法在书写城市的历史，它们可以存在于任何一个像深圳这样快速发展的城市。是普通建筑在建构我们的城市，与我们的生活发生最密切的关系，它们是城市生活的主体。

2000

金域蓝湾项目中，筑博尝试用设计酒店的方式来设计住宅，使普通住宅拥有豪华酒店般的入住体验。在筑博的建议下，甲方请了一家专业酒店景观设计公司来进行本案的景观设计，使金域蓝湾的小区景观风格上接近东南亚酒店。同时我们用自创的“入户的七个步骤”来为住户回家的路程营造连续、错落、丰富的体验，这些方法延续到筑博的各个项目中，以低调但贴心的方式改善着无数人的日常生活。

2001

地租竞争与城市景观的多重性

Multiplicity of Rental Competition and Urban Landscape

文 / 冯原

Text / Feng Yuan

地产商是大型建筑公司主要的服务客户，在与各地产商的合作中，筑博完成了大量的住宅项目。在众多项目之中，筑博从没有将逐利作为首要目标，而是在诸多设计条件和各方利益的限制之下，尽可能使用建筑师的知识和技术，为普通人营造舒适、有尊严的居住环境，为城市创造更优美、更现代的都市天际线。

2002

千禧年之后，随着城市中心区的建设，开发商在城市中心的拿地困难及成本逐渐提高，他们开始将眼光投向城市的郊区。以郊野情趣、绿色自然、美国梦等一系列以郊区生活为卖点的超大面积楼盘在全国出现。产品多样，为各级消费群体提供了新的购房选择。郊区化印证了城市的步伐开始大规模向郊区迈进，人们开始向郊区寻求新的生活可能。

2006

随着中国城市郊区化的进程，小区的功能日益完善并多样，规模也逐渐扩大。如何使居住在小区内的居民在远离城市的环境下，在远郊的住宅内形成关于“家”的归属感，并融入社区文化，成为这个阶段筑博思考的重点。

2006

从阳光海岸开始，筑博在全国开展了大规模的风格化项目实践，技艺也在此过程中迅速精进，完成了大批优秀、高品质的项目。与略显冰冷的现代主义建筑不同，风格化项目都带有浓郁的人文主义气质。

2003

花园洋房作为多层住宅的一个类型，其定位和设计方法决定了它与普通多层住宅的区别——与自然的紧密关系。随着生活水平的提高，对“野趣”的向往，奠定了市场同类产品的消费背景。筑博以餐厅为主要关注对象所设计的花园洋房一经推出，即受到甲方与市场的极大好评，在全国被大量复制和运用。以筑博为代表的此类户型花园洋房几年间在全国修建了数千万平方米，成为花园洋房的范式和标杆。

2004

在城市向郊区发展的过程中，城市内部也在积极进行着更新，原有城市区域过于老旧，无法适应城市发展的功能需求。在这些区域的原址上，诞生了一系列的新建筑，它们以新的面貌激发着城市活力。城市更新从另一方面也反映出郊区化的步伐正在放缓，人们重新开始审视城市的魅力，呼唤更多样化功能的城市。
日常生活 = 回城
Everyday Life Equals Returning to City
2007

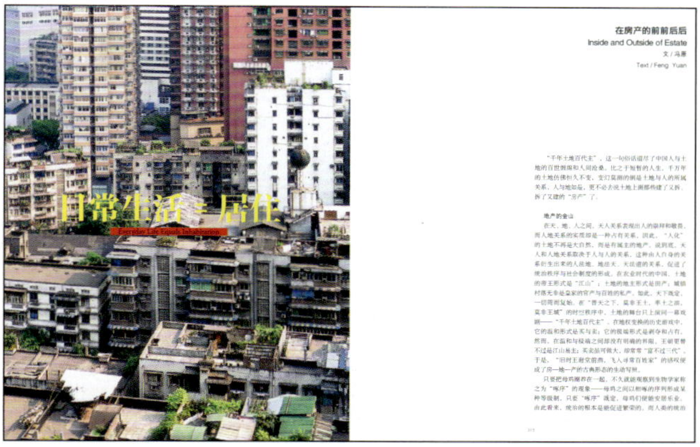
日常生活 = 居住
Everyday Life Equals Inhabitation
在房产的前前后后
Inside and Outside of Estate
文 / 冯原
Text / Feng Yuan

03
公共与日常生活
Commonality and Everyday Life

日常生活 = 真实生活
Everyday Life Equals Real Life
那一根压倒骆驼的伟大稻草——纪念简·雅各布斯
A Great Straw that Overwhelms Camel —In Memory of Jane Jacobs
文 / 冯果川
Text / Feng Guochuan

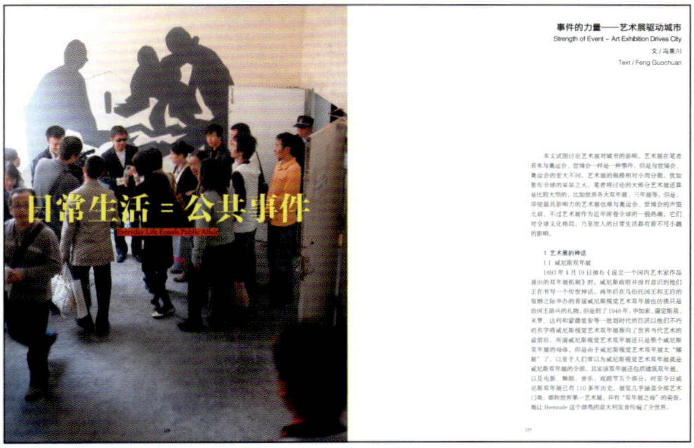
日常生活 = 公共事件
Everyday Life Equals Public Affair
事件的力量——艺术展驱动城市
Strength of Event – Art Exhibition Drives City
文 / 冯果川
Text / Feng Guochuan

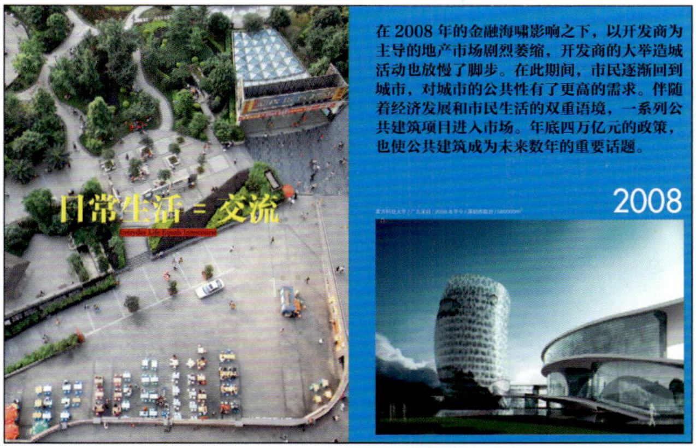
在2008年的金融海啸影响之下，以开发商为主导的地产市场剧烈萎缩，开发商的大举造城活动也放慢了脚步。在此期间，市民逐渐回到城市，对城市的公共性有了更高的需求。伴随着经济发展和市民生活的双重语境，一系列公共建筑项目进入市场。年底四万亿元的政策，也使公共建筑成为未来数年的重要话题。
日常生活 = 交流
Everyday Life Equals Intercourse
2008

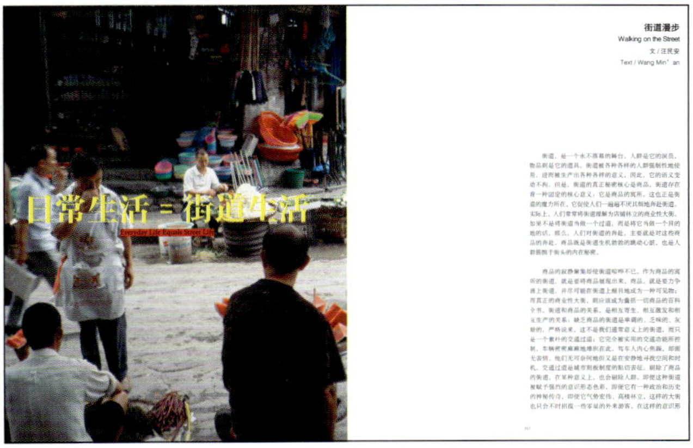
日常生活 = 街道生活
Everyday Life Equals Street Life
街道漫步
Walking on the Street
文 / 汪民安
Text / Wang Min'an

当城市被住宅小区和巨大的商业体所分割时，城市的公共性却在逐渐削弱，原本作为主要城市公共空间的街道逐渐沦为车辆和物流的活动场。筑博在华强北项目中，用轻柔的方式来重新激活城市活力，保护市民在街道中漫游的权力。
日常生活 = 市民生活
Everyday Life Equals Civic Life
2009

在现有的城市规划体系下，"市民广场"通常并不"市民"，其超大的尺度、单一的功能、不便的通达性，都在表述着"市民"缺席的必然性。信息时代的发达，将人之间的交流和娱乐变得更遥远。筑博尝试用建筑的方法，解散广场的权力景象，将市民重新带回"广场"，让广场重新成为市民的乐园。
2009
日常生活 = 快乐生活
Everyday Life Equals Happy Life

随着城市规模的日益扩大，城际交流的便捷程度变得至关重要。一个城市的对外交通决定着这个城市未来的生命力，光明火车站作为深圳光明地区的重要枢纽之一，不但肩负着人流及物流的责任，同时还以城市中心区的身份影响着周边地区的发展。通过一系列城市设计项目，筑博思考着城市的未来应该是怎样的。
2010
日常生活 = 交通
Everyday Life Equals Traffic

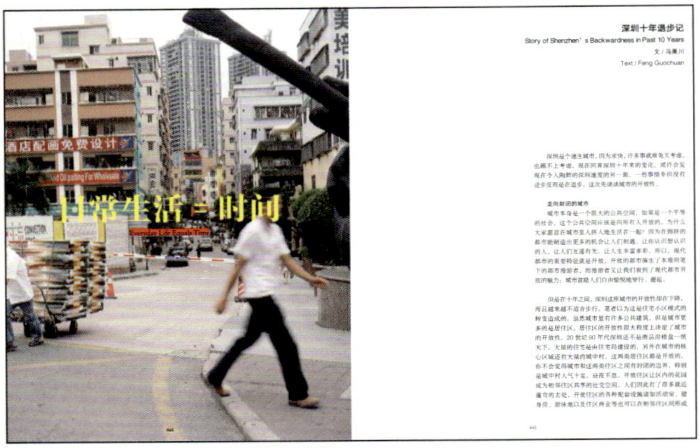
日常生活 = 时间
Everyday Life Equals Time
深圳十年退步记
Story of Shenzhen's Backwardness in Past 10 Years
文 / 冯果川
Text / Feng Guochuan

随着城市地价的不断攀升，城市内部的逐步更新，城市密度的增高，复合型的城市综合体在全国风起云涌般地出现。消费市场一方面在细化和多元化，一方面也在进行集中。人们已经不满足纯粹目的性的消费，而更多地将消费日常生活的各个方面，对健康、文化、休闲、教育等方面提出了更高的要求。
2010
日常生活 = 消费
Everyday Life Equals Consumption

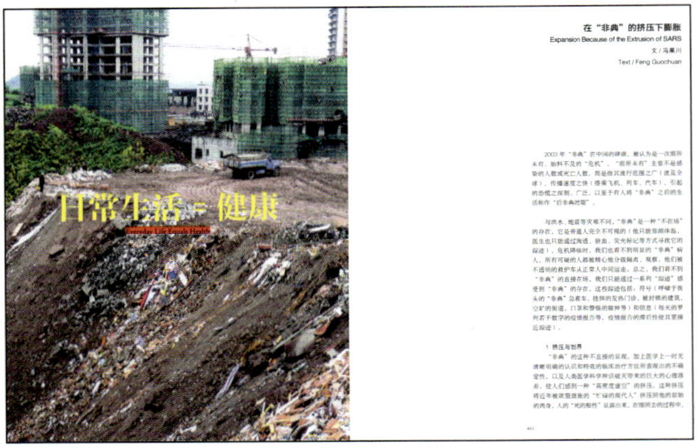
日常生活 = 健康
Everyday Life Equals Health
在"非典"的挤压下膨胀
Expansion Because of the Extrusion of SARS
文 / 冯果川
Text / Feng Guochuan

日常生活 = 老年生活
Everyday Life Equals Aging Life

日常生活 = 休闲生活
Everyday Life Equals Leisure Life

日常生活 = 上班
Everyday Life Equals Going to Work

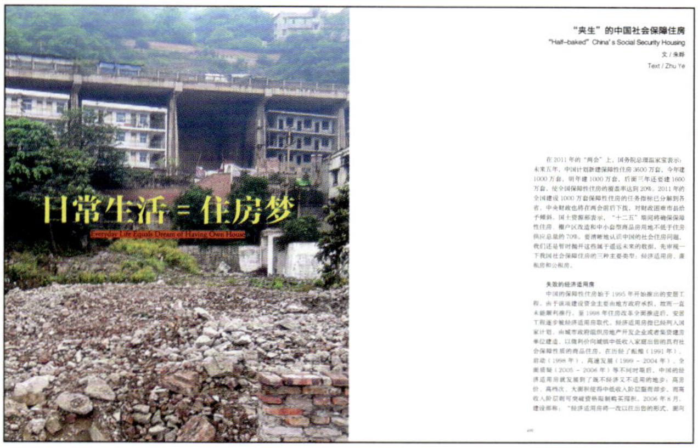
"夹生"的中国社会保障住房
"Half-baked" China's Social Security Housing
文 / 朱晔
Text / Zhu Ye
日常生活 = 住房梦
Everyday Life Equals Dream of Having Own House

04
日常生活的未来
Future of Everyday Life

政府大楼的形态就是其权力运作的形态。新形态的政府如同其性质本身，是昌明的、市民的、轻松的、开放的。这也符合"十一五"规划中对行政体制改革的阐述：逐渐将管制型、全能型政府转为管理型、服务型、法治型政府。
世界人民大团结万岁
未来 = 服务
Future Equals Service
2011

未来 = 可持续
Future Equals Sustainable

宜居重庆
Livable Chongqing
未来 = 住有所居
Future Equals Home to live in

100 年后的城市
City after 100 Years
文 / 朱晔，石岗
Text / Zhu Ye，Shi Gang
未来 = 城市
Future Equals City
新 县 城

PHILLIES
未来 = 日常生活
Future Equals Everyday Life

作者简介

朱晔：城市研究者，独立艺术家与策展人，《城市中国》前执行主编，嗯工作室合伙人。

杨为众：东南大学建筑学本科及建筑学硕士，现任深圳市筑博工程设计有限公司总建筑师。

冯果川：重庆大学城市规划专业本科，北京大学人文地理学专业硕士，现任深圳市筑博工程设计有限公司执行总建筑师，建筑工作室总经理。

汪民安：北京外国语大学外国文学研究所教授。

徐敏：中国传媒大学文学院教授。

杨小彦：中山大学传播与设计学院副院长、教授，广州美术学院客座教授。

冯原：中山大学传播与设计学院教授。

姜珺：城市问题专家，独立艺术家与策展人，《城市中国》前执行主编，下划线工作室主持人。

石岗：民航新时代机场设计研究院有限公司设计师、一级注册规划师、实验艺术家。

Author Biography

Zhu Ye: Urban Researcher, Independent Artist and Curator, Former Editor-in-Chief of "*Urban China*", Copartner of Noffice .

Yang Weizhong: Bachelor and Master of Architecture of Southeast University, Chief Architect of Zhubo Architectural and Engineering Design Co., Ltd.

Feng Guochuan: Bachelor of Urban Planning of Chongqing University, Master of Human Geography of Peking University, Executive Chief Architect a General Manager of Architectural Studio of Zhubo Architectural and Engineering Design Co., Ltd..

Wang Min'an: Professor of Research Institute of Foreign Literature, Beijing Foreign Studies University.

Xu Min: Professor of College of Communication University of China.

Yang Xiaoyan: Vice President and Professor of School of Communication and Design, Sun Yat-sen University, Guest Professor of Guangzhou Acade of Fine Arts.

Feng Yuan: Professor of School of Communication and Design, Sun Yat-sen University.

Jiang Jun: City Expert, Independent Artist and Curator, Former Editor-in-Chief of "*Urban China*", Underline Office.

Shi Gang: Designer of CAAC New Era Airport Design & Research Institute Co.,LTD.. First-class Registered Planner, Experimental Artist.

采访嘉宾简介

贺承军：清华大学建筑学院博士，深圳市朋和置业投资有限公司总经理，建筑及社会批评家。

黄伟文：深圳市规土委副总工程师，深圳市公共艺术中心主任，深圳市城市设计促进中心主任，深圳·香港城市、建筑双城双年展主要推动者，哈佛设计学院 Loeb Fellow 学者，“土木再生”志愿机构共同发起人。

Interviewee Biography

He Chengjun: Doctor of School of Architecture, Tsinghua University, General Manager of Shenzhen Penghe Property Investment Co., Ltd., Architectural and Social Critic.

Huang Weiwen: Assistant Chief Engineer of Urban Planning, Land and Resources Commission of Shenzhen Municipality, Director of Shenzhen Public Center, Director of Shenzhen Center for Design, Main Propellent of Shenzhen & Hong Kong Bi-City Biennale of Urbanism/Architectu "Loeb Fellow" Expert at Harvard Graduate School of Design, Cosponsor of "Building Regeneration" Voluntary Organization.

信地址

zhubo.com www.zhubo.com

总部
市福田区车公庙泰然六路雪松大厦 B 座
层
：86-755-83238818
部：86-755-83321696
：86-755-83239818
：518040

区域公司
市福田区车公庙泰然六路雪松大厦 B 座
：86-755-83263788
部：86-755-83991908
：86-755-83276241
：518040

北京区域公司
北京市朝阳区东土城路 12 号怡和阳光大厦 C 座
20 层
总机：86-10-59259088
市场部：86-10-59259035
传真：86-10-59259089
邮编：100013

上海区域公司
上海市卢湾区蒙自路 169 号智造局 5 号楼 102 室
总机：86-21-53026262
市场部：86-21-53026216
传真：86-21-53026231
邮编：200023

区域公司
市江北区观音桥未来国际大厦 42 层
：86-23-67868616
部：86-23-67868650
：86-23-67868631
：400020

武汉办事处
武汉市洪山区珞瑜路 716 号华乐商务中心 1110 室
总机 :86-27-87538889
传真 :86-27-87538889
邮编： 430000

筑博科技
深圳市福田区笋岗西路 3001 号市政设计大厦 10 层
总机：86-755-83991908
传真：86-755-83246430
邮编：518029

图书在版编目(CIP)数据

城市日常生活——1996-2011筑博的设计研究与实践/朱晔编著. —北京：中国建筑工业出版社，2011.12
ISBN 978-7-112-13827-2

Ⅰ.①城… Ⅱ.①朱… Ⅲ.①住宅-建筑设计-研究-中国-现代 Ⅳ.①TU241

中国版本图书馆 CIP 数据核字（2011）第245562号

责任编辑：陆新之 何 楠 李 东
责任校对：王雪竹

城市日常生活
——1996-2011 筑博的设计研究与实践
朱 晔 编著
*
中国建筑工业出版社出版、发行（北京西郊百万庄）
各地新华书店、建筑书店经销
北 京 嘉 泰 利 德 公 司 制 版
北京画中画印刷有限公司印刷
*
开本：787×1092 毫米 1/16 印张：38 字数：700 千字
2011 年 12 月第一版 2011 年 12 月第一次印刷
定价：239.00 元
ISBN 978-7-112-13827-2
(21600)